北京理工大学“双一流”建设精品出版工程

扫描书内二维码

Spacecraft Orbit and Attitude Dynamics and Control (2nd Edition)

航天器轨道姿态动力学与控制

（第2版）

乔　栋　李翔宇　温昶煊　编著

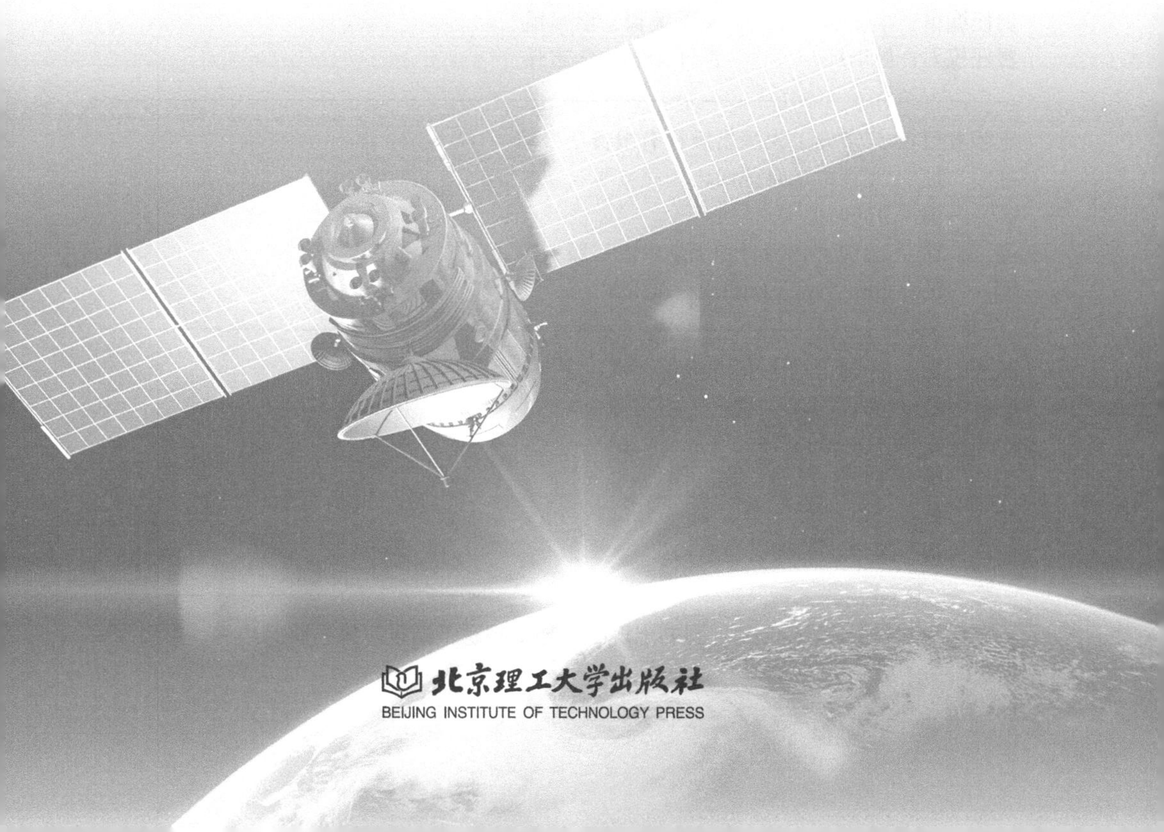

北京理工大学出版社
BEIJING INSTITUTE OF TECHNOLOGY PRESS

图书在版编目（CIP）数据

航天器轨道姿态动力学与控制 / 乔栋，李翔宇，温昶煊编著. --2 版. --北京 ：北京理工大学出版社，2024. 7.

ISBN 978-7-5763-3911-6

Ⅰ. V412.4；V448.22

中国国家版本馆 CIP 数据核字第 20247YR705 号

责任编辑：李颖颖　　**文案编辑**：李颖颖
责任校对：周瑞红　　**责任印制**：李志强

出版发行 / 北京理工大学出版社有限责任公司
社　　址 / 北京市丰台区四合庄路 6 号
邮　　编 / 100070
电　　话 /（010）68944439（学术售后服务热线）
网　　址 / http://www.bitpress.com.cn

版 印 次 / 2024 年 7 月第 2 版第 1 次印刷
印　　刷 / 廊坊市印艺阁数字科技有限公司
开　　本 / 710 mm × 1000 mm　1/16
印　　张 / 17.75
字　　数 / 329 千字
定　　价 / 87.00 元

前言

（第2版）

习近平总书记指出，“探索浩瀚宇宙，发展航天事业，建设航天强国，是我们不懈追求的航天梦”。党的二十大报告再次作出对加快建设航天强国的重要部署，为我国航天科技实现高水平自立自强指明了前进方向。我国已开启全面建设航天强国的新征程。

航天动力学是开展航天任务设计的基础理论，是研究航天器、运载器和运输器在飞行中所受的力及其在力作用下运动的学科。其主要包括航天器的质心运动，即航天器轨道运动；航天器相对于自身质心的运动，即航天器姿态运动。理解航天器的轨道运动规律和姿态运动规律是进行航天器总体设计的重要前提，更是人类探索太空的必经之路。航天器轨道姿态动力学与控制早在牛顿时代就已经奠定了理论基础，但如今依然充满活力。近年来，随着空间任务的日益增多和空间技术的不断发展，航天器轨道姿态动力学产生了新的应用场景，如空间大尺度编队设计、空间高精度星座构型优化、地外多天体系统探测等，孕育出了新的理论需求。在此背景下，需要对本书的内容进行更新迭代。本书深入贯彻党的二十大精神，在第1版的基础上，有机融入航天精神并增加创新实践环节，力求为高质量推动航天强国建设，培养新时代航天专业创新型人才助力。航天工程专业领域的学生通过对本书的学习，可以掌握理论基础、理解理论概念、熟悉公式推导，为后续完成更复杂的航天设计任务、开发更智能的航天系统夯实基础，以期推动航天轨道姿态动力学与控制领域的发展。

本书在第1版的基础上再版，结合国家航天重大工程和国际航天科技前沿发展，更新了部分知识点，并补充了习题，同时增加了可供教师和学生参考的数字资源。

参与本书修订的师生包括乔栋、李翔宇、温昶煊、周星宇、李振宇、潘倩等，在此一并感谢。本书的再版得到了北京理工大学出版社的大力支持，在此表示深深的感谢。由于在撰写过程中时间紧张，书中难免出现不妥之处，敬请读者批评指正，欢迎提出宝贵意见。

编著者

前言
（第1版）

地球是人类的摇篮，但人类不可能永远停留在摇篮之中。理解航天器的轨道运动规律和姿态运动规律是进行航天器总体设计的重要前提，更是人类探索太空的必经之路。航天器轨道姿态动力学与控制早在牛顿时代就已经奠定了理论基础，但如今依然充满活力。随着工程技术的进步不断产生新的理论需求，如空间复杂编队、大型星座构型保持与控制、深空低能转移探测等，不断激发出航天领域内新的研究点。在此背景下，首次接触航天工程专业领域的学生更应深入理解航天器轨道姿态动力学特性及控制的工程实现方法，通过掌握理论基础、理解重要概念、熟悉公式推导，为后续完成更复杂的航天任务设计、开发更智能的航天系统夯实基础，以期推动航天器轨道姿态动力学与控制领域的发展。

本书是编著者在多年的本科生教学和研究生指导经验中总结凝练出的航天器轨道姿态动力学与控制课程教材，面向高年级本科生和研究生。本书要求学生具备高等数学、理论力学等学科的相关基础知识，同时建议在学习的过程中多动手编写程序，以加深对理论知识的理解，并提早适应科研与工程要求。

本书共有10章。第1章介绍空间环境概况；第2、第3章以地球附近轨道为背景介绍航天器轨道的描述方法与特点；第4、第5章介绍航天器轨道机动方法与航天器轨道确定方法；第6、第7章从航天器相对运动的角度出发阐述对接、编队飞行以及星座设计与保持相关内容；第8章以深空探测为背景介绍在深空探测背景下的轨道设计方法；第9、第10章介绍航天器姿态运动规律与控制方法。

航天领域所涉及的知识丰富且涉猎领域宽泛，本书尚不能完全覆盖航天类专业学生所需掌握的全部知识。基于此，编著者在各章节的末尾罗列出了本书所引用的全部参考资料，这些本领域内的相关书籍对于有兴趣做更深层次探索的读者定会有所裨益。

本书的第1、第5、第7、第8、第9、第10章由乔栋撰写，第2、第3、第4、第6章由温昶煊撰写。对本书作出贡献的还有李翔宇、韩宏伟、程潏、贾飞达、庞博、罗燕、杨柳、姚其家。

本书的出版得到了北京理工大学出版社的大力支持，在此表示深深的感谢。由于在撰写过程中时间紧张，书中难免出现不妥之处，敬请读者批评指正，欢迎提出宝贵建议。

编著者

目　录

第 1 章

空间环境概况

扫码获取课程资源

认识空间环境不仅具有重要的科学意义，更为航天活动提供重要理论基础。然而，不同航天任务所面临的空间环境各异，与之对应的力学和扰动环境迥异。本章将从近地空间环境、地月空间环境和太阳系空间环境三个方面对空间环境概况进行阐述，为后续航天动力学分析奠定基础。

1.1 近地空间环境

1.1.1 地球形状及引力场

地球（Earth）是继水星（Mercury）和金星（Venus）之后距离太阳第三远的行星，也是目前人类已知的唯一存在生命的天体。地球绕太阳公转轨道的半长轴约为 1.5 亿 km，偏心率约为 0.016 7，公转周期为 365.256 36 天。

地球是一个两极略扁而赤道区域稍鼓的不规则椭圆球体，其平均半径约为 6 371 km 。地球的赤道半径约长 6 378.137 km，两极半径约长 6 356.8 km，因此地球的扁率为 0.003 352 8 。

地球的质量约为 5.97×10^{24} kg，表面的重力加速度 g 约为 9.806 65 $\mathrm{m/s^2}$ 。地球的引力常数 μ 约为 $3.986\,004\,418\times10^{14}\ \mathrm{m^3\cdot s^{-2}}$，希尔球（引力影响范围）的半径大约是 1.5×10^6 km，天体必须进入希尔球范围内才能形成稳定的绕地轨道，否则在太阳引力摄动下轨道会变得不稳定，并有可能逃逸。

地球引力场的建模通常有两种方法：一种是拉普拉斯方法，将地球引力位表示成球谐函数级数，取前几个偶阶项作为正常位，并根据正常位求得正常重力；另一种是斯托克斯方法。

1.1.2　地球大气

地球大气层是包围着海洋和陆地的气体圈层。大气层没有确切的上界，在 2 000～16 000 km 高空仍有稀薄的气体和基本粒子。地球大气层气体的总质量约为 5.136×10^{18} kg，相当于地球总质量的 0.86%，其主要成分为氮、氧、氩、二氧化碳和不到 0.04%的微量气体。由于地心引力作用，几乎全部的气体都集中在离地面 100 km 的高度范围内，其中 75%的大气集中对流层内。

1.1.3　地球磁场与辐射带

地球磁场是地球周围空间分布的磁场，地磁南极大致指向地理北极附近，地磁北极则大致指向地理南极附近。赤道附近磁场的方向是水平的，磁场最弱；两极附近则与地表垂直，磁场最强。

地球磁场由基本磁场、外源磁场和磁异常三部分组成。基本磁场是一种内源磁场，主要由地核内电流的对流形成，占地球磁场的 99%以上。外源磁场是起源于地球外部的各种短期磁变化，主要包括与太阳黑子活动周期一致的磁变化、与太阳辐射对高空电离层的影响有关的日变化以及磁暴。磁异常是地下岩矿石或地质构造受地磁场磁化后，在其周围空间形成的次生磁场。

地球磁场会受到外界扰动的影响，其中影响最大的是太阳风作用。由于太阳风是一种等离子体，因此会产生磁场。然而，在地球磁场的有效阻挡作用下，太阳风会绕过地球磁场继续向前运动，形成一个被太阳风包围的、彗星状的地球磁场区域，这就是磁层。

地球磁层位于距大气层顶 600～1 000 km 高处，其外边界为磁层顶，离地面 50 000～70 000 km。在太阳风的压缩下，地球磁力线在背着太阳一面的空间延伸得很远，形成一条长长的尾巴，称为磁尾。在磁赤道附近，有一个特殊的界面，在界面两边，磁力线突然改变方向，北面的磁力线向着地球，南面的磁力线离开地球，此界面称为磁尾中性片。磁尾中性片的厚度大约有 1 000 km，其中的磁场强度微乎其微。

1.2 地月空间环境

1.2.1 地月系统的运转特性

月球是太阳系中卫星—行星体积比最大的卫星。月球的引力虽然不大，但是可以引起地球上的潮汐。月球公转的方向与地球自转的方向相同，但是地球自转的角速度却比月球公转的角速度快得多（地球自转周期为 1 天，而月球公转周期为 1 个月）。所以被月球吸引的海水跟不上地球自转的速度，导致其运动方向与地球自转的方向相反，而引起海水与海底的摩擦，虽然该摩擦力很小，但也足够使地球的自转速度变慢。因为月球与地球的互相影响不可忽略，所以通常称为地月系统。

月球以椭圆轨道绕地球运转，其轨道平面在天球上截得的大圆称白道。白道平面不与天赤道重合，也不平行于黄道面，而且空间位置呈现周期为 27.32 天的变化。月球轨道（白道）对地球轨道（黄道）的平均倾角为 5° 09′。

月球在绕地球公转的同时进行自转，其自转轴与黄道面的法线存在 1.542 4° 的夹角。月球自转的周期为 27.321 66 天，正好是一个恒星月。因为月球的自转和公转周期相同，所以月球永远用同一面对着地球，而月球背面对地球永不可见，这种现象称为潮汐锁定。在潮汐长期的作用下，地球自转的部分角动量转变为月球绕地公转的角动量，导致月球以每年约 38 mm 的速度远离地球；而地球的自转也因此变慢，每百年会比原地球自转速度减慢约 2 ms。

地球非球形摄动导致白道面与黄道面的交点在顺时针转动，也即进动，其周期为 18.596 6 年。由于地球赤道与黄道面夹角为 23.45°，因此白道面相对于地球赤道面的夹角变化范围为 23.45° ± 5.15°，也即在 18.30° ～28.60° 变化。同样地，月球自转轴与白道面的夹角变化范围为 5.15° ± 1.54°（即 3.60° ～6.69°）。月球轨道的这些变化又反过来引起地球自转轴的倾角出现 ± 0.002 56° 的摆动，称为章动。

1.2.2 月球形状及引力场

月球的平均半径为 1 738 km，约为地球半径的 3/11。月球并不是理想的正球体，记其指向地球方向、轨道运动方向和极方向的半径分别为 a、b 和 c，则

$a-c=1.09$ km，$a-b=0.31$ km，但在一般计算中可将月球看作圆球。月球的体积为 2.2×10^{10} km^3，约为地球体积的 1/49。月球质量为 7.35×10^{22} kg，与地球的质量比约为 1/81.3，远大于太阳系中任何其他双星系统的质量比。月球的平均密度为 3.34 g/cm^3，约为地球平均密度的 3/5。月球表面的引力加速度为 1.62 m/s^2，约为地球表面引力加速度的 1/6。月球上的逃逸速度约为 2.4 km/s，约为地球上逃逸速度的 1/5。

在地球引力长期的作用下，月球的质心已经不在其几何中心上，而是在靠近地球的一边，使月球相对于地球的引力势能变得最小。在月球绕地球公转的过程中，月球的质心永远朝向地球的一边。

1.3 太阳系空间环境

1.3.1 太阳系的基本构成

太阳系（见图 1.1）是由太阳引力约束在一起的恒星系统，包括太阳以及直接或间接围绕太阳运动的天体。直接围绕太阳运动的天体中除了八大行星外，还包括矮行星、太阳系小行星和彗星等。间接围绕太阳运动的天体主要包括行星、卫星。

图 1.1　太阳系示意图

太阳是位于太阳系中心的恒星，它是热等离子体与磁场交织的一个几乎理想的球体。太阳的直径大约是 1.392×10^6 km，相当于地球直径的 109 倍；体积大约是地球的 130 万倍；质量大约是 2×10^{30} kg，约是地球的 33 万倍，占据了太阳系所有已知质量的 99.86%。太阳质量的大约 3/4 是氢，剩下的几乎都是氦，包括氧、碳、氖、铁和其他的重元素质量少于 2%。太阳通过核聚变的方式向太空释放光和热。

1.3.1.1 行星

太阳系内的八大行星包括水星、金星、地球和火星（Mars）4 颗太阳系内侧类地行星，以及木星（Jupiter）、土星（Saturn）、天王星（Uranus）和海王星（Neptune）4 颗质量远大于类地行星的外侧巨行星。类地行星主要由岩石和金属构成；而行星中的木星和土星都是气态巨行星，主要成分是氢和氦；最外侧的天王星和海王星是冰巨星，主要由一些熔点比氢和氦更高的挥发成分组成，如水、氨和甲烷等。几乎所有的行星都在靠近黄道平面的近圆轨道上运行。

1. 水星

水星距离太阳仅 0.4 AU，是最靠近太阳的行星，也是太阳系内质量最小的行星。水星没有天然卫星，地质特征中除了撞击坑外，只有浅裂的山脊或大概是在早期历史扩张与收缩期间产生的峭壁。水星大气层非常稀薄，是由太阳风炸飞表面的原子形成的。

2. 金星

金星距离太阳约 0.7 AU，体积与地球相似，也没有天然的卫星。金星大气层密度比地球高 90 倍，主要成分是二氧化碳以及少量的氮。金星表面的温度超过 400 ℃，很可能是大气层中有大量的温室气体造成的。

3. 地球

地球距离太阳 1 AU，是质量和密度都最大的内行星，也是唯一存在生命的天体。地球存在一颗天然卫星——月球，是太阳系类地行星拥有的唯一大卫星。地球还拥有类地行星中独一无二的水圈。

4. 火星

火星距离太阳 1.5 AU，质量仅为地球的 10.7%，有两颗天然卫星，分别是火卫一和火卫二，相对较小。由于土壤中含有氧化铁，因此火星表面呈红色。火星上存在较多的裂谷和火山，并且在之前的 200 万年间都存在火山活动。火星大气主要由二氧化碳组成，气压大约只有地球的 0.6%。

5. 木星

木星距离太阳 5.2 AU，主要由氢和氦组成，质量为地球的 318 倍，为其他行星质量总和的 2.5 倍。木星已知卫星有 95 颗，其中最大的 4 颗，木卫一、木卫二、木卫三、木卫四称为伽利略卫星，最大的为盖尼美德，比水星还大，是太阳系中最大卫星。木星大气层中存在云带和大红斑一类半永久性特征，其原因是木星内部存在的丰沛热能。

6. 土星

土星距离太阳 9.5 AU，体积是木星的 60%，但质量不到木星的 1/3，其密度低于水。土星最大的特征是由小冰块和岩石颗粒组成的土星环。土星已知卫星有 145 颗，其中最大的泰坦是太阳系的第二大卫星，也是太阳系中唯一存在大气层的卫星。

7. 天王星

天王星距离太阳 19.2 AU，作为最轻的外行星，其质量是地球的 14 倍。天王星已知的卫星有 28 颗，其中最大的是泰坦妮亚。与其他巨行星相比，天王星的核心是最冷的，因此辐射到太空的热量也很少。天王星对黄道的转轴倾角超过 90°，侧躺在轨道上，十分独特。

8. 海王星

海王星距离太阳 30.1 AU，质量是地球的 17 倍，海王星体积略小于天王星，密度较高。海王星已知的卫星有 14 颗，其中最大的卫星是海卫，在其表面有冰火山和液态氮，并且地质活动异常活跃。另外，海卫一是唯一有逆行轨道的大卫星。海王星同样会散发较多内热，但少于木星、土星。

1.3.1.2　小行星和小行星带

太阳系还包含一些较小的天体，包括火星和木星轨道之间由岩石与金属组成的主小行星，海王星轨道之外主要由冰组成的柯伊伯带和离散盘，以及更外空间的类塞德娜天体（Sedna Object）。在这些天体中，能靠自身的重力形成球体的为矮行星，包括小行星带的谷神星以及海王星外天体的冥王星与阋神星。另外，在两个区域之间还存在大量自由运动的小型天体，包括彗星、半人马小行星和行星际尘，其中半人马小行星是位于木星和海王星之间的许多类似彗星的天体。4 颗太阳系外行星都存在由尘埃和小天体构成的行星环，另外除了 6 颗行星以外，还都存在天然的卫星。

在主小行星带距离太阳 2.3～3.3 AU 的范围内，是太阳系形成时遗留下的物质。小行星带包含数百万颗小天体，总质量不到地球质量的千分之一。距离太阳 2.77 AU 的谷神星是最大的矮行星，其直径略低于 1 000 km，且由于质量足够大而形成球体。主小行星带中也包含彗星，称为主带彗星，可能是地球上水的来源。

柯伊伯带由大量碎屑组成，主要成分是冰，延伸到距离太阳 30～50 AU 的区域，主要由太阳系小天体组成，还可能包含直径数百米到数千米的矮行星。柯伊伯带有 100 000 颗直径大于 50 km 的小天体，但总质量不到地球的 1/10。许多柯伊伯带天体有多颗卫星，而且大多数轨道在黄道平面之外。根据轨道周期，可将柯伊伯带分成共振带和传统带，共振带内天体的轨道周期和海王星的轨道周期呈简单的整数比；而传统带内的天体则不与海王星共振，散布在 39.4～47.7 AU 的区域。

离散盘在黄道部分与柯伊伯带重叠，并进一步向外延伸。多数离散盘天体的近日点在柯伊伯带内，但远日点则远在柯伊伯带以外，甚至能到 150 AU。离散盘天体的轨道相对于黄道面高度倾斜，甚至会垂直于黄道面。一些观点认为，离散盘天体只是柯伊伯带的另一个区域，并称其为“离散柯伊伯带天体”。有些天文学家将半人马小行星归类为内离散柯伊伯带天体，而一并将离散盘天体归类为向外离散柯伊伯带天体。

1.3.1.3 彗星

彗星是太阳系小天体，成分大部分是挥发性冰，直径通常只有几千米。彗星的轨道离心率很大，近日点在内行星的区域内，而远日点远在冥王星轨道之外。当彗星进入内太阳系时，会导致其冰冷的表面升华和电离，形成由气体和尘埃构成、地球上肉眼可见的长长彗尾。

短周期彗星是轨道周期短于 200 年的彗星，起源于柯伊伯带；而起源于奥尔特云长周期彗星的轨道周期则可长达数千年。许多彗星群体，如克鲁兹族彗星，是单一母彗星的解体。有些轨道为双曲线的彗星可能是来自太阳系外，很难对其轨道进行精确测量。

1.3.2 太阳活动

太阳活动是太阳大气层里一切活动现象的总称，主要有太阳黑子、光斑、谱斑、耀斑、日珥和日冕瞬变事件等，是太阳大气中的电磁过程引起的。太阳活动时烈时弱，平均周期为 11 年。当太阳处于活动剧烈期时，会辐射出大量紫外线、X 射线、粒子流和强射电波，进而引起地球上极光、磁暴和电离层扰动等现象。

1.3.2.1　太阳黑子

太阳的光球表面有时会出现一些暗的区域，称为太阳黑子。太阳黑子是磁场聚集的地方，也是太阳表面可见的最突出的现象，一个中等大小的太阳黑子可达到地球尺寸。太阳黑子中心最黑的部分称为本影，本影是磁场最强的区域。本影周围不太黑、呈条纹状的区域为半影。太阳黑子随太阳表面一起旋转，大约经过 27 天完成一次自转。

经过长期观测发现，太阳黑子出现较多的时候，其他太阳活动现象也会比较频繁。比如，太阳黑子附近的光球中总会出现光斑，太阳黑子上空的色球中总会出现谱斑，其附近经常有日珥（暗条）。同时，绝大多数的太阳爆发活动现象也发生在太阳黑子上空的大气中。以太阳黑子为核心会形成一个活动中心，也即太阳活动区，太阳黑子既是活动区的核心，也是活动区最明显的标志。

1.3.2.2　光斑

光斑是在太阳光球层边缘出现的明亮斑点。太阳光球层边缘有太阳黑子的地方就会出现光斑，但是有时候没有太阳黑子的地方也会出现光斑。与太阳黑子有关的光斑呈纤维状，宽 5 000～10 000 km，长约 50 000 km，寿命一般是太阳黑子的 3 倍。与太阳黑子无关的光斑略呈圆形，面积较小，直径约 2 300 km，平均寿命约 0.5 h。光斑温度比光球高，但是由于光斑不处于辐射平衡，底部温度要稍低一些，而上层的平均温度则比周围高约 100 K，亮度强 10%左右。光斑向外延伸到色球层，便成为谱斑。

1.3.2.3　太阳风

太阳风是指从太阳上层大气射出的超声速等离子体带电粒子流，由于其流动时的效应与空气流动类似，故得其名。与地球上每立方厘米有 $2\,687\times10^{16}$ 个分子的风密度相比，太阳风的密度微不足道，在地球附近的行星际空间中，太阳风每立方厘米只有几个到几十个粒子。太阳风虽然十分稀薄，但是非常猛烈，在地球附近能保持 350～450 km/s 的速度，最猛烈时可达 800 km/s 以上，是地球风速的上万倍。

1.3.2.4 耀斑

耀斑是发生在太阳大气局部区域的一种最剧烈的爆发现象，在短时间内释放大量能量，引起局部区域瞬时加热，并向外发射各种电磁辐射，同时伴随粒子辐射突然增强。耀斑发生时，包括 X 射线和紫外光短波辐射以及射电波段的几乎全波段，都会出现电磁辐射增强的现象，并发射能量为 10^3～10^{11} eV 的各种粒子流。

1.3.3 太阳辐射

太阳辐射是指太阳向宇宙空间发射的电磁波和粒子流，所传递的能量称为太阳辐射能。地球所接收到的太阳辐射能仅为太阳总辐射能的二十二亿分之一，但却是地球大气运动以及地球光热能的主要能量源泉。

太阳辐射波长 99% 以上在 0.15～4.0 μm，比地面和大气辐射波长（3～120 μm）小得多，所以通常称太阳辐射为短波辐射，地面和大气辐射为长波辐射。太阳辐射中的一部分通过大气到达地面，称为直接太阳辐射；另一部分被大气分子、大气中的微尘、水汽等吸收、散射和反射，被散射的太阳辐射一部分返回宇宙空间，另一部分到达地面，到达地面的这部分称为散射太阳辐射。到达地球大气上界的太阳辐射称为天文太阳辐射，天文太阳辐射是地球温度差异的主要原因，其在地球纬度上的不均匀分布（赤道最大，极地最小），导致地表各纬度的气温差异，从而出现热带、温带和寒带气候；天文太阳辐射的季节性变化（夏天大，冬天小），则导致地球夏季温度高而冬季温度低。

思考题

1. 空间环境对航天任务实施有什么影响?
2. 针对地球和其他天体的探测轨道设计有何异同?
3. 地月系统与其他天体系统的差异是什么？如何影响轨道设计?

第 2 章

航天器轨道的基本特性

扫码获取课程资源

二体轨道动力学是航天器轨道运动的理想模型，认识航天器二体轨道运动的基本特性是揭示航天器轨道运动规律的基础。本章将主要讨论理想二体轨道动力学下航天器的开普勒轨道运动特征及规律，具体内容安排如下：2.1 节将介绍航天器轨道的时间系统与坐标系统；2.2 节将推导二体运动方程及其积分，并引入轨道根数的概念；2.3 节将对以拉格朗日系数和普适变量描述的轨道初值问题进行阐述；2.4 节将讨论观测角、星下点、覆盖区等星地几何关系。

| 2.1　航天器轨道的时间系统与坐标系统 |

2.1.1　航天器轨道的时间系统

精确的时间系统对准确描述航天器运动非常重要。常用的航天器轨道时间系统包括原子时（Atomic Time，AT）、恒星时（Sidereal Time，ST）、协调世界时（Coordinate Universal Time，UTC）、儒略日期（Julian Date，JD）、太阳日和恒星日。

1. 原子时

1967 年，第十三届国际计量大会引入新的秒长定义，即将铯原子 Cs^{133} 基态的两个超精细能级间在零磁场下跃迁辐射振荡 9 192 631 770 周所持续的时间定义为一个原子时秒，称为国际单位制（SI）秒。

以原子时秒为基础确定的时间系统称为国际原子时（TAI）。国际原子时的起点是取 1958 年 1 月 1 日 0 时 0 分 0 秒世界时的瞬时作为同年同月同日 0 时 0 分 0 秒的 TAI。事实上，发现该瞬时原子时与世界时的时刻相差 0.003 9 s，即

$$(\mathrm{TAI}-\mathrm{UT})_{1958.0}=-0^{\mathrm{s}}.003\,9 \tag{2.1}$$

国际原子时是在地心参考系中定义的以国际单位制秒为基准的时间系统。从 1984 年起，TAI 正式取代历书时（Ephemeris Time，ET）作为动力学中的均匀时间尺度，并由此引入地球动力学时（Terrestrial Dynamic Time，TDT），根据 1977 年 1 月 1 日 $00^h00^m00^s$（TAI）对应的 TDT 为 1977 年 1 月 $1^d.000\ 372\ 5$，即可得到 TDT 与 TAI 的关系为

$$\mathrm{TDT} = \mathrm{TAI} + 32^s.184 \tag{2.2}$$

此起始历元的差别就是该时刻历书时与国际原子时的差别。这样定义起始历元便于用 TDT 系统代替 ET 系统。

2. 恒星时

以春分点为参考点，由它的周日视运动所确定的时间称为恒星时。春分点连续两次通过某观测地子午圈的时间间隔，称为恒星日。春分点相对于某观测地当地子午圈的时角称为该地的地方恒星时。恒星时即为春分点的时角，它的数值 S 与上中天恒星的赤经 α 相等，即

$$S = \alpha \tag{2.3}$$

这是 λ 经度处的地方恒星时。格林尼治（Greenwich）恒星时 S_G 与世界时密切相关，可以表示为

$$S_G = S - \lambda \tag{2.4}$$

由于岁差和章动的影响，春分点分为平春分点和真春分点，相应地，恒星时分为格林尼治真恒星时（GAST）和格林尼治平恒星时（GMST）。恒星时是由地球自转决定的，通过恒星时与均匀时间尺度的差别可以测定地球自转的不均匀性。

3. 协调世界时

均匀的时间系统可满足对时间间隔精度要求较高的历书时，但无法代替与地球自转相关的不均匀时间系统，而协调世界时的引入，可建立这两种时间系统的协调机制。协调世界时仍是一种均匀的时间系统，其秒长与原子时秒长一致，而时刻上则尽量与世界时接近。从 1972 年起规定两者的差值保持在 $\pm 0^s.39$ 以内。为此，在每年的年中或年底对 UTC 做一整秒的调整，又称闰秒（即拨慢 1 s）。具体调整由国际时间局根据天文观测资料确定。

4. 儒略日期

以上述几种时间系统为基础，存在几种常见的历元，每种历元所对应的年

的长度也有所差异。一种是贝塞尔历元（Besselian Epoch），是指太阳平黄经等于 280° 的时刻。贝塞尔历元通常采用字母 B 开头，用年加一个小数位部分表示，如 B1950.0，对应世界时为 1949 年 12 月 31 日 $22^h09^m42^s$（而非 1950 年 1 月 1 日 0 时）。贝塞尔年的长度是平回归年的长度，即 365.242 198 8 平太阳日。另一种就是儒略历元（Julian Epoch）。儒略历元通常采用字母 J 开头，用年加一个小数位部分表示，如 J2000.0 对应世界时为 2000 年 1 月 1 日 12 时。儒略年长度为 365.25 平太阳日。由于使用儒略年较为方便，从 1984 年起，贝塞尔历元被儒略历元代替。

为了方便，常用缩短有效字长的儒略日期，即简化儒略日期（Modified Julian Date，MJD），其定义为

$$\mathrm{MJD}=\mathrm{JD}-2\,400\,000.5 \tag{2.5}$$

与上述两种时间长度对应的回归世纪（100 年）和儒略世纪的长度分别为 36 524.22 平太阳日和 36 525 平太阳日。

5. 太阳日和恒星日

地球在一天内自转一周的周期为 24 h，这一时长是按地方平太阳时测定的，即平太阳连续两次通过同一子午圈上中天的时间间隔，又称太阳日。由于地球在这段时间内也会在黄道上移过一个角度，因而这个时间间隔不完全等于地球在惯性空间自转一周所需的时间。而春分点连续两次通过同一子午圈上中天的时间间隔才是地球在惯性空间自转的周期，这个时间间隔称为恒星日，如图 2.1 所示。由天文学可知，在一个回归年，即太阳连续两次通过春分点的时间间隔，共有 365.242 个平太阳日，也即 366.242 个恒星日。

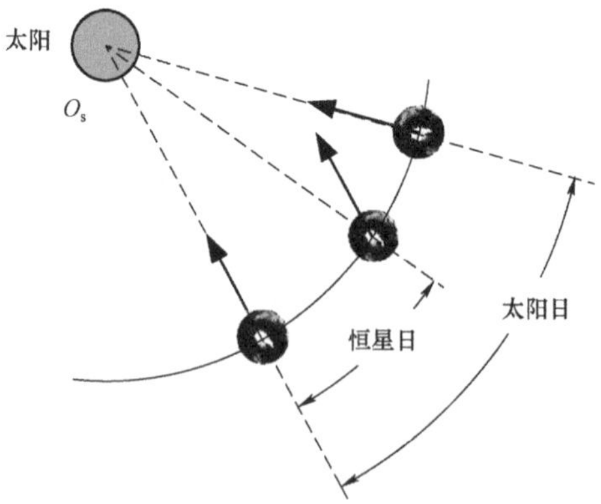

图 2.1　太阳日和恒星日

2.1.2 航天器轨道的坐标系统

在航天器轨道动力学中有很多常用的坐标系，下面将介绍这些坐标系的定义及各坐标系之间的转换关系。

1. 黄道坐标系

黄道坐标系包括日心黄道坐标系和地心黄道坐标系，它们都是惯性坐标系（或惯性系）。日心黄道坐标系 $O_s-x_sy_sz_s$ 如图 2.2 所示。原点 O_s 位于太阳中心，x_sy_s 平面与地球绕太阳公转的黄道平面重合，x_s 轴指向春分点，即春分时刻地球—太阳连线所指的方向，z_s 轴与地球绕太阳公转的角速度方向一致；y_s 轴与 x_s 轴和 z_s 轴满足右手系（或右手坐标系）。地心黄道坐标系 $O-x_sy_sz_s$，记为 $\boldsymbol{S}_s$，原点 O 位于地心；x_s 轴、y_s 轴、z_s 轴的方向与日心黄道坐标系 $O_s-x_sy_sz_s$ 的相应轴平行。

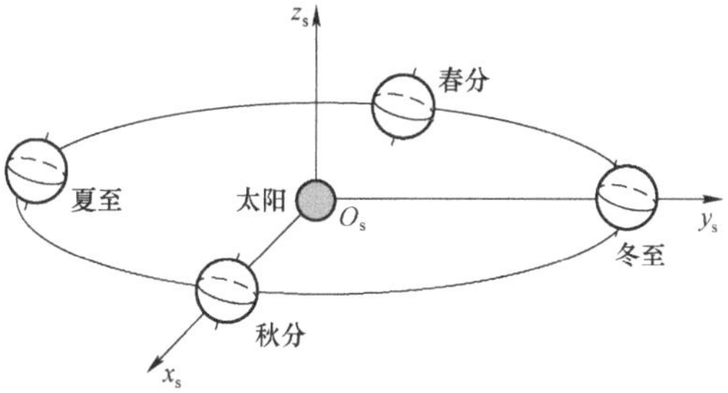

图 2.2 日心黄道坐标系 $O_s-x_sy_sz_s$

在黄道坐标系中，通常用球坐标 (r,α,β) 来表示某个质点的位置：r 是指该质点至天体中心的距离；α 称为黄经，是指质点位置矢量 $\boldsymbol{r}$ 在黄道平面 x_sy_s 上的投影与 x_s 轴（即春分点方向）的夹角，从春分点方向向东度量，其范围为 $0°\leqslant\alpha<360°$；β 称为黄纬，是指位置矢量 $\boldsymbol{r}$ 与黄道平面 x_sy_s 的夹角，从黄道平面向北度量，其范围为 $-90°\leqslant\beta\leqslant 90°$。

在地心黄道坐标系 $\boldsymbol{S}_s$ 中，太阳的黄纬 β 恒等于 0°，而太阳的黄经 α 在一年之内从春分时刻开始从 0° 变化到 360°。

2. 地心赤道惯性坐标系

地心赤道惯性坐标系 $O-x_iy_iz_i$ 如图 2.3 所示。由于通常忽略春分点的微小摆动及地球绕太阳运行所引起的惯性力，将此坐标系作为惯性坐标系，符号记为 $\boldsymbol{S}_i$。原点 O 位于地心；x_iy_i 平面与地球赤道平面重合；x_i 轴指向春分点，且与地心黄道坐标系的 x_s 轴一致；z_i 轴沿地球旋转轴（即垂直于赤道平面）方向，指向北极；y_i 轴与 x_i 轴和 z_i 轴满足右手系。地心黄道坐标系 $\boldsymbol{S}_s$ 与地心赤道惯性坐标系 $\boldsymbol{S}_i$ 的关系可表示为

$$\boldsymbol{S}_i \xrightarrow{L_x(\varepsilon)} \boldsymbol{S}_s \tag{2.6}$$

式中，ε 称为黄赤交角，即黄道面与赤道面之间的角度，平均为 23°26′。由于地球自转轴的章动，ε 以 18.6 年为周期有 ±9″ 的波动。

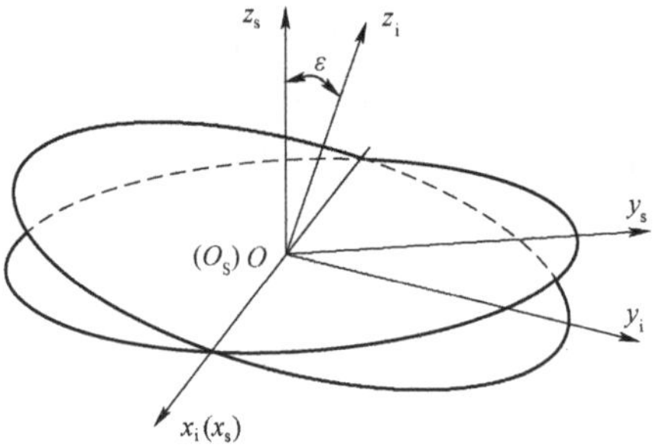

图 2.3　地心赤道惯性坐标系 $O-x_iy_iz_i$

本书统一用 $\boldsymbol{L}_x, \boldsymbol{L}_y, \boldsymbol{L}_z$ 表示基元变换矩阵，分别为

$$\boldsymbol{L}_x(\alpha)=\begin{bmatrix}1 & 0 & 0\\ 0 & \cos\alpha & \sin\alpha\\ 0 & -\sin\alpha & \cos\alpha\end{bmatrix}$$

$$\boldsymbol{L}_y(\alpha)=\begin{bmatrix}\cos\alpha & 0 & -\sin\alpha\\ 0 & 1 & 0\\ \sin\alpha & 0 & \cos\alpha\end{bmatrix} \tag{2.7}$$

$$\boldsymbol{L}_z(\alpha)=\begin{bmatrix}\cos\alpha & \sin\alpha & 0\\ -\sin\alpha & \cos\alpha & 0\\ 0 & 0 & 1\end{bmatrix}$$

式（2.6）中 $\boldsymbol{L}_x(\varepsilon)$ 就是一个基元变换矩阵。

在地心赤道惯性坐标系 $\boldsymbol{S}_i$ 中，可以用两组坐标表示质点或航天器的位置。一组是直角坐标 (x_i, y_i, z_i)，即从地心指向航天器的矢径 $\boldsymbol{r}$ 在 $\boldsymbol{S}_i$ 中的分量。另一组是球坐标 (r,α,δ)，如图 2.4 所示，其中，r 是从地心到航天器的距离；α 为赤经，是矢径 $\boldsymbol{r}$ 在赤道平面上的投影与 x_i 轴的夹角，从春分点向东度量，范围是 $0°\leqslant\alpha\leqslant 360°$；$\delta$ 为赤纬，是矢径 $\boldsymbol{r}$ 与赤道平面 Ox_iy_i 的夹角，从赤道平面向

北度量，范围是 $-90° \leqslant \delta \leqslant 90°$。这两组坐标之间的转换关系是

$$\begin{cases} r = \sqrt{x_i^2 + y_i^2 + z_i^2} \\ \sin\delta = \dfrac{z_i}{r} \\ \tan\alpha = \dfrac{y_i}{x_i} \end{cases} \tag{2.8}$$

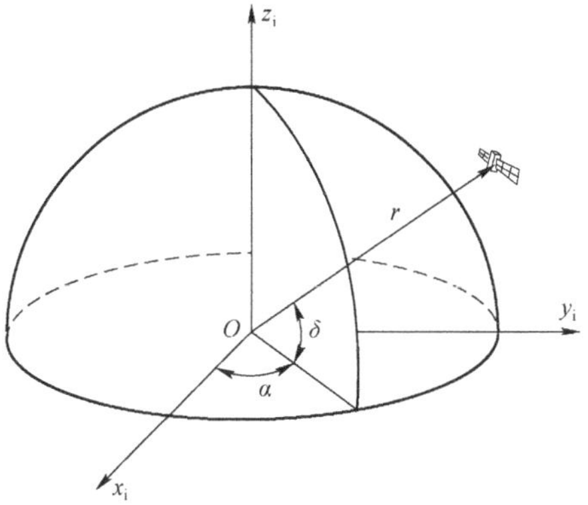

图 2.4　地心赤道惯性球坐标系

3. 地心拱线坐标系

地心拱线坐标系 $O-x_p y_p z_p$，记为 $\boldsymbol{S}_p$，如图 2.5 所示。坐标原点 O 位于地心；x_p 轴沿轨道拱线方向，指向近地点 P；z_p 轴垂直于轨道平面指向轨道角动量方向；y_p 轴在轨道平面内且垂直于拱线，构成右手系。若不考虑轨道的摄动，地心拱线坐标系在空间是静止的。

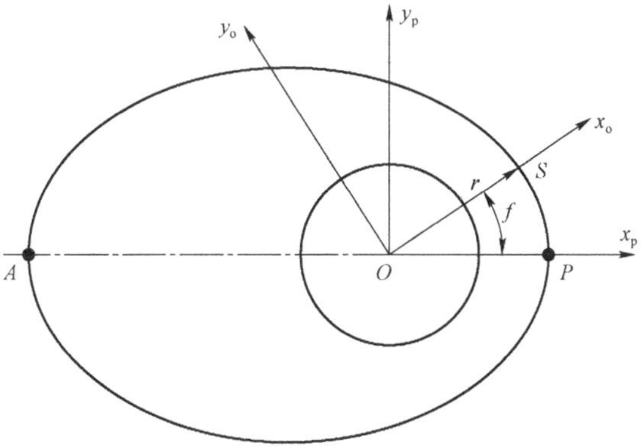

图 2.5　地心拱线坐标系和地心轨道坐标系

地心拱线坐标系 $\boldsymbol{S}_{\mathrm{p}}$ 与地心赤道惯性坐标系 $\boldsymbol{S}_{\mathrm{i}}$ 之间的关系：首先绕 $O-x_{\mathrm{i}}y_{\mathrm{i}}z_{\mathrm{i}}$ 坐标系的 z_{i} 轴转过角 Ω，然后绕 x' 轴转过角 i，再绕 z_{p} 轴转过角 ω，$O-x_{\mathrm{i}}y_{\mathrm{i}}z_{\mathrm{i}}$ 就与坐标系 $O-x_{\mathrm{p}}y_{\mathrm{p}}z_{\mathrm{p}}$ 重合，用符号表示为

$$\boldsymbol{S}_{\mathrm{i}} \xrightarrow{\boldsymbol{L}_z(\Omega)} o \xrightarrow{\boldsymbol{L}_x(i)} o \xrightarrow{\boldsymbol{L}_z(\omega)} \boldsymbol{S}_{\mathrm{p}} \tag{2.9}$$

根据表达式（2.9），可推导出由 $\boldsymbol{S}_{\mathrm{i}}$ 到 $\boldsymbol{S}_{\mathrm{p}}$ 的坐标转换矩阵为

$$\begin{aligned}
\boldsymbol{L}_{\mathrm{pi}}(\Omega,i,\omega) &= \boldsymbol{L}_z(\omega)\boldsymbol{L}_x(i)\boldsymbol{L}_z(\Omega)\\
&= \begin{bmatrix} \cos\omega & \sin\omega & 0 \\ -\sin\omega & \cos\omega & 0 \\ 0 & 0 & 1 \end{bmatrix}\begin{bmatrix} 1 & 0 & 0 \\ 0 & \cos i & \sin i \\ 0 & -\sin i & \cos i \end{bmatrix}\begin{bmatrix} \cos\Omega & \sin\Omega & 0 \\ -\sin\Omega & \cos\Omega & 0 \\ 0 & 0 & 1 \end{bmatrix}\\
&= \begin{bmatrix} \cos\omega\cos\Omega-\sin\omega\cos i\sin\Omega & \cos\omega\sin\Omega+\sin\omega\cos i\cos\Omega & \sin\omega\sin i \\ -\sin\omega\cos\Omega-\cos\omega\cos i\sin\Omega & -\sin\omega\sin\Omega+\cos\omega\cos i\cos\Omega & \cos\omega\sin i \\ \sin i\sin\Omega & -\sin i\cos\Omega & \cos i \end{bmatrix}
\end{aligned} \tag{2.10}$$

变换矩阵 $\boldsymbol{L}_{\mathrm{pi}}$ 表示两个坐标系之间的转换：

$$\begin{bmatrix} x_{\mathrm{p}} \\ y_{\mathrm{p}} \\ z_{\mathrm{p}} \end{bmatrix} = \boldsymbol{L}_{\mathrm{pi}}\begin{bmatrix} x_{\mathrm{i}} \\ y_{\mathrm{i}} \\ z_{\mathrm{i}} \end{bmatrix} \tag{2.11}$$

而逆向变换是

$$\begin{bmatrix} x_{\mathrm{i}} \\ y_{\mathrm{i}} \\ z_{\mathrm{i}} \end{bmatrix} = \boldsymbol{L}_{\mathrm{ip}}\begin{bmatrix} x_{\mathrm{p}} \\ y_{\mathrm{p}} \\ z_{\mathrm{p}} \end{bmatrix} \tag{2.12}$$

式中

$$\boldsymbol{L}_{\mathrm{ip}} = \boldsymbol{L}_{\mathrm{pi}}^{\mathrm{T}} \tag{2.13}$$

4. 地心轨道坐标系

地心轨道坐标系 $O-x_{\mathrm{o}}y_{\mathrm{o}}z_{\mathrm{o}}$，记为 $\boldsymbol{S}_{\mathrm{o}}$。原点 O 位于地心，x_{o} 轴沿轨道矢径 $\boldsymbol{r}$ 方向；z_{o} 轴垂直于轨道平面指向轨道角动量方向；y_{o} 轴在轨道平面内，且垂直于矢径 $\boldsymbol{r}$，形成右手系。根据定义可知，此坐标系的 z_{o} 轴与地心拱线坐标系的 z_{p} 轴一致，而 x_{o} 轴与 x_{p} 轴之间的夹角即为航天器轨道真近点角 f，如图 2.5 所示。这两个坐标系的关系是

$$\boldsymbol{S}_{\mathrm{p}} \xrightarrow{\boldsymbol{L}_z(f)} \boldsymbol{S}_{\mathrm{o}} \tag{2.14}$$

其转换矩阵为

$$
\boldsymbol{L}_{\mathrm{op}} = \boldsymbol{L}_z(f) = \begin{bmatrix} \cos f & \sin f & 0 \\ -\sin f & \cos f & 0 \\ 0 & 0 & 1 \end{bmatrix} \tag{2.15}
$$

在某些场景下，将坐标原点定义在航天器的质心 S ，而坐标轴的方向与上述 $\boldsymbol{S}_{\mathrm{o}}$ 的轴相同，将这种坐标系称为轨道坐标系，亦以 $\boldsymbol{S}_{\mathrm{o}}$ 表示。

5. 地心赤道旋转坐标系

为了更准确地描述航天器相对于地球的运动，定义一个与地球固连一同旋转的坐标系，即地心赤道旋转坐标系 $O-x_{\mathrm{e}}y_{\mathrm{e}}z_{\mathrm{e}}$ ，记为 $\boldsymbol{S}_{\mathrm{e}}$ 。该坐标系的原点 O 位于地心； z_{e} 轴沿地球自转轴方向指向北极； x_{e} 轴通过赤道平面与格林尼治子午线的交点； y_{e} 轴在赤道面内形成右手系。此坐标系为动坐标系，其旋转的角速度为地球自旋角速度 ω_{e} 。

在地心赤道旋转坐标系中，航天器的位置可用直角坐标 $(x_{\mathrm{e}}, y_{\mathrm{e}}, z_{\mathrm{e}})$ 或球坐标 (r, λ, φ) 表示。若采用球坐标表示，则 φ 为地心纬度，即矢径 $\boldsymbol{r}$ 与赤道平面之间夹角，从赤道平面向北度量为正，其范围是 $-90° \leqslant \varphi \leqslant 90°$ ； λ 为地理经度，即航天器所在的子午面与格林尼治子午面之间的夹角，从格林尼治子午面向东度量为正，其范围是 $0° \leqslant \lambda \leqslant 360°$ （或 $-180° \leqslant \lambda \leqslant 180°$ ）。这两组坐标之间的关系为

$$
\begin{cases} r = \sqrt{x_{\mathrm{e}}^2 + y_{\mathrm{e}}^2 + z_{\mathrm{e}}^2} \\ \sin\varphi = \dfrac{z_{\mathrm{e}}}{r_{\mathrm{e}}} \\ \tan\lambda = \dfrac{y_{\mathrm{e}}}{x_{\mathrm{e}}} \end{cases} \tag{2.16}
$$

地心赤道旋转坐标系 $\boldsymbol{S}_{\mathrm{e}}$ 与地心赤道惯性坐标系 $\boldsymbol{S}_{\mathrm{i}}$ 之间的关系如图 2.6 所示。它们的 z_{e} 轴和 z_{i} 轴一致， x_{e} 轴与 x_{i} 轴之间有随时间变化的角度 α_{G} ，即格林尼治赤经，因而这两个坐标系之间的转换关系是

$$
\boldsymbol{S}_{\mathrm{i}} \xrightarrow{L_z(\alpha_{\mathrm{G}})} \boldsymbol{S}_{\mathrm{e}} \tag{2.17}
$$

其转换矩阵为

$$
\boldsymbol{L}_{\mathrm{ei}} = \boldsymbol{L}_z(\alpha_{\mathrm{G}}) = \begin{bmatrix} \cos\alpha_{\mathrm{G}} & \sin\alpha_{\mathrm{G}} & 0 \\ -\sin\alpha_{\mathrm{G}} & \cos\alpha_{\mathrm{G}} & 0 \\ 0 & 0 & 1 \end{bmatrix} \tag{2.18}
$$

利用矩阵 $\boldsymbol{L}_{\mathrm{ei}}$ 可进行直角坐标的变换。

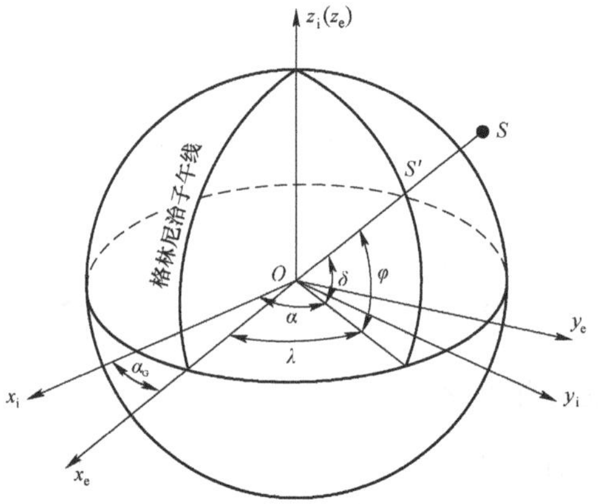

图 2.6　地心赤道旋转坐标系 S_e 与地心赤道惯性坐标系 S_i 之间的关系

这两个坐标系对应的球坐标变换，可根据图 2.6 所示的几何关系直接得出

$$\begin{cases}\varphi=\delta \\ \lambda=\alpha-\alpha_G\end{cases} \tag{2.19}$$

2.2　二体轨道动力学

二体问题是天体力学中的经典问题，也是航天器轨道动力学中的基础理论问题。二体问题主要研究两个可视为质点的天体在相互之间万有引力作用下的动力学问题。

2.2.1　二体问题运动方程

假设两个天体 P_1 和 P_2 位置矢量分别为 $\boldsymbol{r}_1$ 和 $\boldsymbol{r}_2$，其质量分别为 m_1 和 m_2，如图 2.7 所示，二者之间的相对位置矢量 $\boldsymbol{r}$ 可表示为

$$\boldsymbol{r}=\boldsymbol{r}_1-\boldsymbol{r}_2 \tag{2.20}$$

假设 $\boldsymbol{r}_c$ 为二体系统质心 O 的位置矢量，根据质心的定义，则有

$$m_1(\boldsymbol{r}_1-\boldsymbol{r}_c)+m_2(\boldsymbol{r}_2-\boldsymbol{r}_c)=\boldsymbol{0} \tag{2.21}$$

联立式（2.20）和式（2.21），消去 $\boldsymbol{r}_2$ 可得

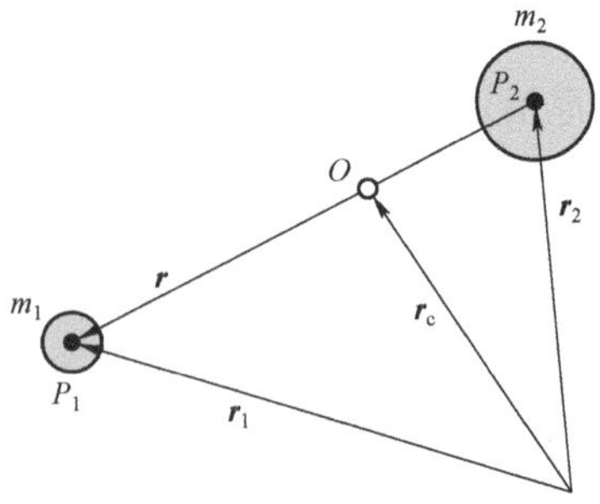

图 2.7　二体问题示意图

$$\boldsymbol{r}_1 = \boldsymbol{r}_c + \frac{m_2}{m_1 + m_2}\boldsymbol{r} \tag{2.22}$$

同理，消去 $\boldsymbol{r}_1$ 可得

$$\boldsymbol{r}_2 = \boldsymbol{r}_c - \frac{m_1}{m_1 + m_2}\boldsymbol{r} \tag{2.23}$$

假设作用在天体 P_1 和 P_2 上的力分别为 $\boldsymbol{F}_1$ 和 $\boldsymbol{F}_2$，根据牛顿第二定律，有

$$\begin{cases} \boldsymbol{F}_1 = m_1\ddot{\boldsymbol{r}}_1 = m_1\ddot{\boldsymbol{r}}_c + \dfrac{m_1 m_2}{m_1 + m_2}\ddot{\boldsymbol{r}} \\ \boldsymbol{F}_2 = m_2\ddot{\boldsymbol{r}}_2 = m_2\ddot{\boldsymbol{r}}_c - \dfrac{m_1 m_2}{m_1 + m_2}\ddot{\boldsymbol{r}} \end{cases} \tag{2.24}$$

根据牛顿第三定律，有

$$\boldsymbol{F}_1 = -\boldsymbol{F}_2 \tag{2.25}$$

将式（2.24）代入式（2.25）可得

$$m_1\ddot{\boldsymbol{r}}_c = -m_2\ddot{\boldsymbol{r}}_c \tag{2.26}$$

故 $\ddot{\boldsymbol{r}}_c = 0$，即二体系统的质心加速度为零。二体系统作为一个整体，不受外力作用，质心的加速度必然为零，该结果符合牛顿运动定律。由于二体系统的质心保持静止或匀速直线运动状态，故可把惯性参考坐标系的原点设置在二体系统的质心。

将 $\ddot{\boldsymbol{r}}_c = 0$ 代入式（2.24）可得

$$\boldsymbol{F}_1 = -\boldsymbol{F}_2 = \frac{m_1 m_2}{m_1 + m_2}\ddot{\boldsymbol{r}} \tag{2.27}$$

根据万有引力定律，有

$$\boldsymbol{F}_1 = -\boldsymbol{F}_2 = -G\frac{m_1 m_2}{r^3}\boldsymbol{r} \tag{2.28}$$

式中，G 为万有引力常数，$r = \|\boldsymbol{r}\|$，表示两个天体之间的距离。将式（2.28）代入式（2.27）可得

$$\ddot{\boldsymbol{r}} + \frac{\mu}{r^3}\boldsymbol{r} = 0 \tag{2.29}$$

式中，$\mu = G(m_1 + m_2)$。式（2.29）是二体系统相对运动的基本动力学方程。

如果在二体问题中 $m_1 \ll m_2$，即一个天体的质量远远小于另一个天体，则将该问题称为限制性二体问题。例如，人造地球卫星的质量 m_1 相对地球质量 m_2 可忽略不计，因此人造地球卫星环绕地球的运动问题属于限制性二体问题。在限制性二体问题中，由于 $m_1 \ll m_2$，因此有 $\mu = G(m_1 + m_2) \approx Gm_2$，称为天体引力

常数。此时，二体系统的质心 O 与天体 P_2 近似重合，因此，$\ddot{r}_2 \approx 0$，即天体 P_1 对天体 P_2 的运动几乎不产生影响。

2.2.2 二体问题的 6 个积分

二体系统相对运动的基本动力学方程（2.29）是一个二阶非线性矢量微分方程，具有解析解。通过矢量运算，可将动力学方程转化为 6 个独立的代数积分形式，并进一步找出可以表征二体系统运动特性的 6 个积分常数。

1. 动量矩积分

用位置矢量 $\boldsymbol{r}$ 叉乘二体系统的基本动力学方程（2.29），有

$$\boldsymbol{r}\times\ddot{\boldsymbol{r}}+\frac{\mu}{r^3}\boldsymbol{r}\times\boldsymbol{r}=\boldsymbol{r}\times\ddot{\boldsymbol{r}}=\boldsymbol{0} \tag{2.30}$$

根据矢量的微分法则，有

$$\frac{\mathrm{d}}{\mathrm{d}t}(\boldsymbol{r}\times\dot{\boldsymbol{r}})=\boldsymbol{r}\times\ddot{\boldsymbol{r}}+\dot{\boldsymbol{r}}\times\dot{\boldsymbol{r}}=\boldsymbol{r}\times\ddot{\boldsymbol{r}} \tag{2.31}$$

综合式（2.30）和式（2.31），可得

$$\frac{\mathrm{d}}{\mathrm{d}t}(\boldsymbol{r}\times\dot{\boldsymbol{r}})=\boldsymbol{0} \tag{2.32}$$

定义单位质量的动量矩 $\boldsymbol{h}$：

$$\boldsymbol{h}=\boldsymbol{r}\times\boldsymbol{v}=\boldsymbol{r}\times\dot{\boldsymbol{r}} \tag{2.33}$$

则由式（2.32），有 $\dot{\boldsymbol{h}}=\boldsymbol{0}$，故 $\boldsymbol{h}$ 为常矢量。式（2.33）称为二体运动的动量矩积分。显然，二体运动的动量矩 $\boldsymbol{h}$ 始终垂直于位置矢量 $\boldsymbol{r}$ 和速度矢量 $\dot{\boldsymbol{r}}$，而 $\boldsymbol{h}$ 为常矢量说明二体运动的位置与速度矢量始终处于惯性空间中某固定平面内，由此可得出结论：二体运动是平面运动。

动量矩 $\boldsymbol{h}$ 的单位矢量 $\hat{\boldsymbol{h}}=\boldsymbol{h}/h$ 表征二体运动平面的法向方向，大小 $h=|\boldsymbol{h}|$ 表征二体运动的面积变化率常数。总体而言，动量矩 $\boldsymbol{h}$ 决定了轨道面在空间的方位。

在中心天体的赤道坐标系 $O-xyz$ 中，轨道平面与天球相交形成的大圆与赤道坐标系的 xy 平面的两个交点记为 N 与 N'，分别称为轨道的升交点和降交点。升降交点的连线 NN' 称为节线，如图 2.8 所示。定义轨道平面和参考坐标系 xy 平面（赤道面）的夹角为 i，称为轨道倾角。定义 ON 和赤道坐标系 x 轴的夹角为 Ω，称为升交点赤经。利用球面三角形的余弦公式，可推导出轨道面法向单位矢量 $\hat{\boldsymbol{h}}$ 在赤道坐标系 $O-xyz$ 中的表达式为

$$\hat{\boldsymbol{h}}=\frac{\boldsymbol{r}\times\dot{\boldsymbol{r}}}{h}=\begin{bmatrix}\hat{h}_x\\ \hat{h}_y\\ \hat{h}_z\end{bmatrix}=\begin{bmatrix}\sin i\sin\Omega\\ -\sin i\cos\Omega\\ \cos i\end{bmatrix} \tag{2.34}$$

式中包含 h、i 和 Ω 三个积分常数，其中 h 是二体运动的面积变化率常数，i 和 Ω 则确定了轨道平面的空间方向。

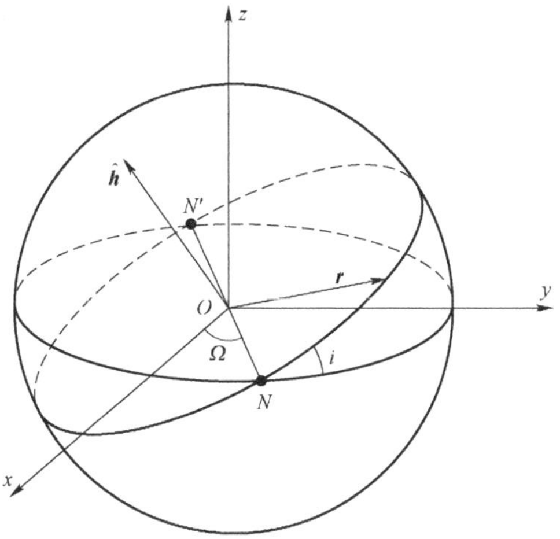

图 2.8　二体运动轨道平面的空间方位

2. 面内轨道积分和活力公式

由动量矩积分可知二体运动是平面运动，引入平面极坐标 (r,θ)，对应坐标轴的单位矢量分别记为 $\hat{\boldsymbol{r}}$、$\hat{\boldsymbol{\theta}}$，如图 2.9 所示，可在该平面内讨论降阶后的运动方程。在极坐标下，位置矢量 $\boldsymbol{r}$ 及其一阶、二阶导数分别记为

$$\begin{cases}\boldsymbol{r}=r\hat{\boldsymbol{r}}\\ \dot{\boldsymbol{r}}=\dot{r}\hat{\boldsymbol{r}}+r\dot{\theta}\hat{\boldsymbol{\theta}}\\ \ddot{\boldsymbol{r}}=(\ddot{r}-r\dot{\theta}^2)\hat{\boldsymbol{r}}+(2\dot{r}\dot{\theta}+\dot{r}\ddot{\theta})\hat{\boldsymbol{\theta}}\end{cases} \tag{2.35}$$

将关系式（2.35）代入二体相对运动方程（2.29），得到径向分量（$\hat{\boldsymbol{r}}$ 方向）满足

$$\ddot{r}-r\dot{\theta}^2=-\frac{\mu}{r^2} \tag{2.36}$$

横向分量（$\hat{\boldsymbol{\theta}}$ 方向）满足

$$r\ddot{\theta}+2\dot{r}\dot{\theta}=\frac{1}{r}\cdot\frac{\mathrm{d}}{\mathrm{d}t}(r^2\dot{\theta})=0 \tag{2.37}$$

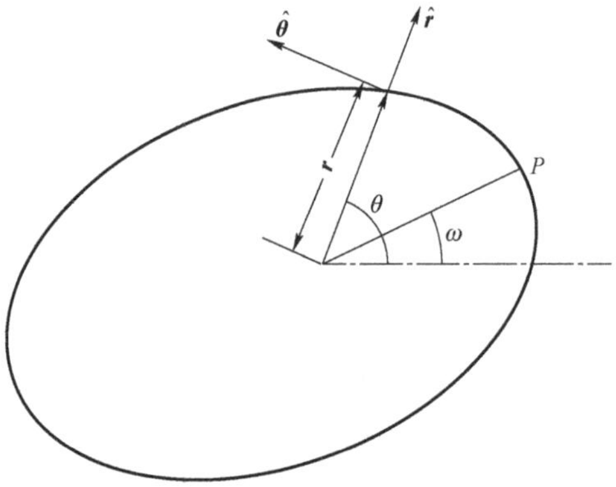

图 2.9　平面极坐标表示的二体运动轨道

方程（2.37）给出了一个积分常数 $r^2\dot{\theta}$。将关系式（2.35）代入动量矩积分式（2.33），得到

$$\boldsymbol{h} = \boldsymbol{r} \times \dot{\boldsymbol{r}} = r^2\dot{\theta}\hat{\boldsymbol{r}} \times \hat{\boldsymbol{\theta}} = h\hat{\boldsymbol{h}} \tag{2.38}$$

因此

$$r^2\dot{\theta} = h \tag{2.39}$$

式（2.39）为动量矩积分式（2.33）的标量形式。

至此，式（2.36）和式（2.39）构成了平面运动系统对应的二阶常微分方程组，需要再寻找 3 个独立积分。

由常微分方程的基础知识可知，对于上述这类不显含自变量 t 的方程组，通过分离自变量 t 的方法可使它降阶。可讨论 r 对 θ 的变化规律，为此记 $r' = \mathrm{d}r/\mathrm{d}\theta$， $r'' = \mathrm{d}^2r/\mathrm{d}\theta^2$，由式（2.39）可得

$$\begin{cases} \dot{r} = \dfrac{\mathrm{d}r}{\mathrm{d}\theta}\dot{\theta} = \dfrac{h}{r^2}r' \\ \ddot{r} = \dfrac{\mathrm{d}\dot{r}}{\mathrm{d}\theta}\dot{\theta} = \dfrac{h^2}{r^2}\left(-\dfrac{2}{r^3}r'^2 + \dfrac{1}{r^2}r''\right) \end{cases} \tag{2.40}$$

将式（2.40）代入式（2.36），即可得到 r 对 θ 的二阶方程，但相应的方程仍不便于求解。对 r 进行如下变量变换， $\rho = 1/r$，可进一步简化求解

$$r = \frac{1}{\rho},\ r' = -r^2\rho',\ r'' = 2r^3\rho'^2 - r^2\rho'' \tag{2.41}$$

将式（2.41）代入式（2.40）可得

$$\dot{r} = -h\rho',\ \ddot{r} = -h^2\rho^2\rho'' \tag{2.42}$$

将式（2.42）代入式（2.36），可得到 ρ 对 θ 的一个常系数二阶微分方程，即

$$\rho'' + \rho = \frac{\mu}{h^2} \tag{2.43}$$

该方程是可积的，积分后可得到一个轨道积分，即

$$r = \frac{1}{\rho} = \frac{h^2 / \mu}{1 + e\cos(\theta - \omega)} \tag{2.44}$$

式中，e 和 ω 为两个新的积分常数。

在一定条件下，式（2.44）表示的圆锥曲线是椭圆，中心天体（点 O）在椭圆的一个焦点上。本书主要讨论椭圆运动的情况，对于抛物线和双曲线轨道，有类似的结果，这里不再赘述。

对于椭圆运动，令

$$p = h^2 / \mu \tag{2.45}$$

那么，由积分式（2.39）和式（2.44）可得

$$r^2\dot{\theta} = h = \sqrt{\mu p} \tag{2.46}$$

$$r = \frac{p}{1 + e\cos(\theta - \omega)} \tag{2.47}$$

式中，p 为椭圆的半通径；e 为偏心率；ω 为运动天体过近心点 P 的幅角；如图 2.9 所示。

由于在点 P 方向时，r 达到最小值，故称点 P 方向为近心点方向。椭圆的半通径 p 和偏心率 e 与半长轴 a 的关系满足

$$p = a(1 - e^2) \tag{2.48}$$

由式（2.35）可知，二体运动的速度大小 $v = |\dot{\boldsymbol{r}}|$ 满足

$$v^2 = \dot{r}^2 + r^2\dot{\theta}^2 \tag{2.49}$$

对式（2.47）求导数得到

$$\dot{r} = -\sqrt{\frac{\mu}{p}} e\sin(\theta - \omega) \tag{2.50}$$

同时，由式（2.46）可得

$$r\dot{\theta} = \frac{h}{r} = \sqrt{\frac{\mu}{p}}[1 + e\cos(\theta - \omega)] \tag{2.51}$$

将式（2.50）和式（2.51）代入式（2.49），化简后可得

$$v^2 = \dot{r}^2 + r^2\dot{\theta}^2 = \mu\left(\frac{2}{r} - \frac{1}{a}\right) \tag{2.52}$$

式（2.52）即为活力公式（the Vis–Viva Equation）。

若记椭圆轨道运行的周期为 T，则轨道运行一个周期矢径 $\boldsymbol{r}$ 扫过的面积就是椭圆的面积。对椭圆轨道，椭圆的面积表示为 $\pi a^2\sqrt{1-e^2}$，用椭圆面积除以周期 T，得到面积变化率，满足

$$h=\sqrt{\mu a(1-e^2)}=2\pi a\sqrt{1-e^2}/T \tag{2.53}$$

整理可得

$$\frac{a^3}{T^2}=\frac{\mu}{4\pi^2} \tag{2.54}$$

记轨道平均角速度为 $n=2\pi/T$，则式（2.54）进一步改写为

$$n^2a^3=\mu \tag{2.55}$$

表达式（2.54）和式（2.55）就是由万有引力定律导出的开普勒第三定律。

3. 第六个积分——开普勒方程

式（2.52）按 $\mathrm{d}r/\mathrm{d}t$ 积分，则有

$$\dot{r}^2=\mu\left(\frac{2}{r}-\frac{1}{a}\right)-\mu\frac{p}{r^2} \tag{2.56}$$

通过式（2.55）消去 μ，整理可得

$$n\mathrm{d}t=\frac{r\mathrm{d}r}{a\sqrt{a^2e^2-(a-r)^2}} \tag{2.57}$$

对于椭圆轨道，r 的极大值和极小值分别为

$$r_{\max}=a(1+e),\qquad r_{\min}=a(1-e) \tag{2.58}$$

因此，有 $|a-r|\leqslant ae$，引入辅助变量 E，满足

$$a-r=ae\cos E \tag{2.59}$$

进而有

$$r=a(1-e\cos E) \tag{2.60}$$

将式（2.60）代入式（2.57），有

$$n\mathrm{d}t=(1-e\cos E)\mathrm{d}E \tag{2.61}$$

积分式（2.61）二体运动方程的第六个积分，即

$$E-e\cos E=n(t-\tau) \tag{2.62}$$

式（2.62）即称为开普勒方程。式中，τ 为积分常数；当 $t=\tau$ 时，$E=0$，相应地，$r=r_{\min}$，故 τ 是近心点时刻。这里引入两个角度 f 和 M，表达式分别为

$$f=\theta-\omega,\qquad M=n(t-\tau) \tag{2.63}$$

则 f、M 和 E 之间的转化关系满足

$$\cos E = \frac{e + \cos f}{1 + e\cos f} \tag{2.64}$$

$$M = E - e\cos E \tag{2.65}$$

式中，f、M 和 E 分别为轨道的真近点角、平近点角和偏近点角。

对于抛物线轨道，方程（2.65）可以改写成

$$M = \frac{1}{2}\tan\frac{f}{2} + \frac{1}{6}\tan^3\frac{f}{2} \tag{2.66}$$

对于双曲线轨道，方程（2.65）则变换为

$$M = e\sinh F - F \tag{2.67}$$

式中

$$\sinh F = \frac{\sqrt{e^2 - 1}\sin f}{1 + e\cos f}，\quad F = \ln\left[\frac{\sqrt{e+1} + \sqrt{e-1}\tan(f/2)}{\sqrt{e+1} - \sqrt{e-1}\tan(f/2)}\right] \tag{2.68}$$

2.2.3　轨道根数及坐标转换

2.2.3.1　经典轨道根数及坐标转换

轨道根数是二体运动微分方程相互独立的一组积分常数，也称轨道要素或轨道参数，它们确定了轨道的特性。由 2.2.2 节推导，一般取经典轨道根数为 $\sigma = \{a, e, i, \Omega, \omega, \tau\}$ 六个量。①半长轴 a 和偏心率 e 确定轨道的大小和形状。②轨道倾角 i 和升交点赤经 Ω 确定轨道面的空间方位，轨道倾角 i 为在升交点处由参考平面逆时针旋转至轨道平面的角度，一般将 $i \leqslant 90^\circ$ 的轨道称为顺行轨道，$i > 90^\circ$ 的轨道称为逆行轨道，升交点赤经 Ω 由参考点（春分点）起，逆时针方向度量为正，如图 2.10 所示。③近心点幅角 ω 确定拱线在轨道面内的指向，从升交点起沿航天器运动方向度量为正。④过近心点的时刻 τ 确定任意时刻航天器在轨道上的位置。用 τ 确定航天器的位置需要求出真近点角 f，且真近点角具有更加明确的几何意义，当然也可以用不同的近心点角度（M 或 E）来代替 τ。近心点角度不是积分常数，它们只是在功能上与 τ 等价且使用更加方便的参数。因此，经典轨道根数通常定义为

$$\sigma = \{a, e, i, \Omega, \omega, f\} \tag{2.69}$$

描述二体系统相对运动的微分方程是二阶矢量微分方程，因此已知 5 个积分常数就可以确定唯一轨道。积分常数可以是某时刻航天器的运动状态参数（位置和速度）或轨道根数。轨道根数与运动状态参数是描述航天器运动最基本的两组可以相互转换的变量。

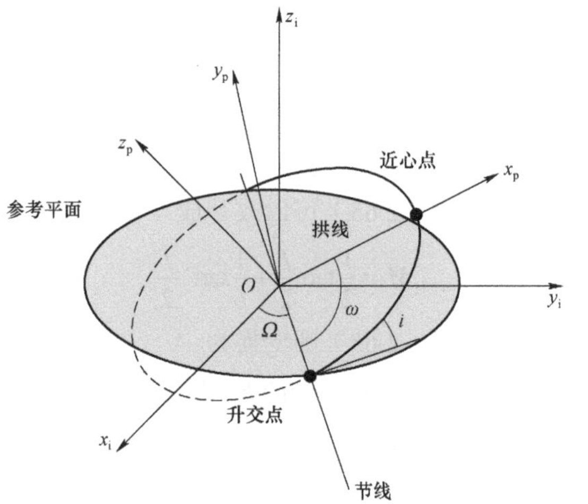

图 2.10　经典轨道根数

1. 轨道坐标系及其转换矩阵

常采用地心拱线坐标系 $O-x_py_pz_p$ 进行轨道计算和轨道分析，如图 2.10 所示。坐标系的原点取在地心，x_py_p 平面为轨道面，x_p 轴指向轨道近心点方向，y_p 轴在轨道平面内指向半通径方向，z_p 轴垂直于轨道面沿动量矩 $\boldsymbol{h}$ 方向，从而构成一个右手坐标系。地心拱线坐标系 $O-x_py_pz_p$ 的三轴单位矢量常用 $\boldsymbol{i}_e$、$\boldsymbol{i}_p$ 和 $\boldsymbol{i}_h$ 表示。

惯性坐标系 $O-x_iy_iz_i$ 与第一轨道坐标系 $O-x_py_pz_p$ 的转换关系可以根据图 2.10 的几何关系得到，为

$$\boldsymbol{L}_{ip}=\boldsymbol{L}_z(-\Omega)\boldsymbol{L}_x(-i)\boldsymbol{L}_z(-\omega)$$
$$=\begin{bmatrix}\cos\Omega\cos\omega-\sin\Omega\cos i\sin\omega & -\cos\Omega\sin\omega-\sin\Omega\cos i\cos\omega & \sin\Omega\sin i\\ \sin\Omega\cos\omega+\cos\Omega\cos i\sin\omega & -\sin\Omega\sin\omega-\cos\Omega\cos i\cos\omega & -\cos\Omega\cos i\\ \sin i\sin\omega & \sin i\cos\omega & \cos i\end{bmatrix} \tag{2.70}$$

2. 由运动状态参数计算轨道根数

根据某时刻航天器的位置矢量 $\boldsymbol{r}$ 与速度矢量 $\boldsymbol{v}$，计算相应的轨道根数的步骤如下。

1）计算轨道倾角 i 和升交点赤经 Ω

根据轨道角动量 $\boldsymbol{h}$ 的定义，有

$$\boldsymbol{h}=\boldsymbol{r}\times\boldsymbol{v}=[h_x\quad h_y\quad h_z]^{\mathrm{T}} \tag{2.71}$$

从而可计算得到轨道倾角 i 和升交点赤经 Ω，满足

$$\cos i = \frac{h_z}{h}, \quad \tan \Omega = -\frac{h_x}{h_y} \tag{2.72}$$

式中，$h = \sqrt{h_x^2 + h_y^2 + h_z^2}$；$0 \leqslant i \leqslant \pi$；$0 \leqslant \Omega < 2\pi$。

2）计算偏心率 e 和近心点幅角 ω

根据偏心率矢量 $\boldsymbol{e}$ 的定义，有

$$\boldsymbol{e} = \frac{\boldsymbol{v} \times \boldsymbol{h}}{\mu} - \frac{\boldsymbol{r}}{r} = \begin{bmatrix} e_x \\ e_y \\ e_z \end{bmatrix} \tag{2.73}$$

由此可得到偏心率 e 为

$$e = \sqrt{e_x^2 + e_y^2 + e_z^2} \tag{2.74}$$

根据方向余弦阵（2.70），有

$$\begin{bmatrix} e_x \\ e_y \\ e_z \end{bmatrix} = \boldsymbol{L}_{\mathrm{ip}} \begin{bmatrix} e \\ 0 \\ 0 \end{bmatrix} = \begin{bmatrix} \cos\Omega\cos\omega - \sin\Omega\cos i\sin\omega \\ \sin\Omega\cos\omega + \cos\Omega\cos i\sin\omega \\ \sin i\sin\omega \end{bmatrix} \tag{2.75}$$

故近心点幅角 ω 为

$$\tan\omega = \frac{e_z}{(e_x\cos\Omega + e_y\sin\Omega)\sin i} \tag{2.76}$$

3）计算半长轴 a

半长轴 a 为

$$a = \frac{p}{1-e^2} = \frac{h^2}{\mu(1-e^2)} \tag{2.77}$$

4）计算真近点角 f

与 ω 的计算类似，航天器的纬度幅角 u 满足

$$\tan u = \frac{z}{(x\cos\Omega + y\sin\Omega)\sin i} \tag{2.78}$$

式中，x、y 和 z 为位置矢量 $\boldsymbol{r} = [x \quad y \quad z]^{\mathrm{T}}$ 的分量。根据 u 计算 f 为

$$f = u - \omega \tag{2.79}$$

3. 由轨道根数计算运动状态参数

根据任意时刻 t 的航天器轨道根数，可由开普勒方程和轨道方程求解出真近点角 f 和地心距 r。轨道坐标系中航天器的位置坐标可描述为

$$\begin{bmatrix} x_{\mathrm{p}} \\ y_{\mathrm{p}} \\ z_{\mathrm{p}} \end{bmatrix} = \begin{bmatrix} r\cos f \\ r\sin f \\ 0 \end{bmatrix} \tag{2.80}$$

根据惯性坐标系与轨道坐标系的方向余弦阵（2.70），可得到惯性坐标系中的位置坐标为

$$\boldsymbol{r}=[r_x \quad r_y \quad r_z]^{\mathrm{T}}=r\cos f\cdot\boldsymbol{i}_{\mathrm{e}}+r\sin f\cdot\boldsymbol{i}_{\mathrm{p}} \tag{2.81}$$

式中，$\boldsymbol{i}_{\mathrm{e}}$ 和 $\boldsymbol{i}_{\mathrm{p}}$ 为轨道坐标系 x_{p} 轴和 y_{p} 轴方向在惯性坐标系中的单位矢量，分别表示为

$$\boldsymbol{i}_{\mathrm{e}}=\boldsymbol{L}_{\mathrm{ip}}\begin{bmatrix}1\\0\\0\end{bmatrix}=\begin{bmatrix}\cos\Omega\cos\omega-\sin\Omega\cos i\sin\omega\\\sin\Omega\cos\omega+\cos\Omega\cos i\sin\omega\\\sin i\sin\omega\end{bmatrix} \tag{2.82}$$

$$\boldsymbol{i}_{\mathrm{p}}=\boldsymbol{L}_{\mathrm{ip}}\begin{bmatrix}0\\1\\0\end{bmatrix}=\begin{bmatrix}-\cos\Omega\sin\omega-\sin\Omega\cos i\cos\omega\\-\sin\Omega\sin\omega-\cos\Omega\cos i\cos\omega\\\sin i\cos\omega\end{bmatrix} \tag{2.83}$$

速度矢量的表达式可通过对式（2.81）求导得到

$$\boldsymbol{v}=(\dot{r}\cos f-r\dot{f}\sin f)\cdot\boldsymbol{i}_{\mathrm{e}}+(\dot{r}\sin f+r\dot{f}\cos f)\cdot\boldsymbol{i}_{\mathrm{p}} \tag{2.84}$$

将式（2.79）代入式（2.84）可得

$$\boldsymbol{v}=-\frac{\mu}{h}\sin f\cdot\boldsymbol{i}_{\mathrm{e}}+\frac{\mu}{h}(e+\cos f)\cdot\boldsymbol{i}_{\mathrm{p}} \tag{2.85}$$

2.2.3.2 春分点轨道根数及坐标转换

经典轨道根数 $\sigma=\{a,e,i,\Omega,\omega,f\}$ 的某些量在特殊的情况下会出现难以确定的情况。例如，当 $e\to 0$ 时，轨道近似为圆形，由于近心点不定使得 ω 和 f 难以确定，或者当 $i\to 0^\circ$ 或 180° 时，由于升交点不定使得 Ω 和 ω 难以确定。为了避免上述奇异现象的出现，引入春分点轨道根数，其定义为

$$\begin{cases}a=a\\e_x=e\cos(\Omega+\omega)\\e_y=e\sin(\Omega+\omega)\\i_x=\tan\left(\dfrac{i}{2}\right)\cos\Omega\\i_y=\tan\left(\dfrac{i}{2}\right)\sin\Omega\\l=M+\Omega+\omega\end{cases} \tag{2.86}$$

式中，l 为平赤经，对应平近点角，也可用偏经度 F 或真经度 L 来代替 l，它们分别对应偏近点角和真近点角：

$$F=E+\Omega+\omega \tag{2.87}$$

$$L = f + \Omega + \omega \tag{2.88}$$

由定义式（2.86）可知，春分点轨道根数在 $e \to 0$ ，$i \to 0°$ 或 $90°$ 时都不会出现奇异。当然，在 $i = 180°$ 时会存在奇异，但这类轨道在实际应用中很少见到。由式（2.86）可得到由春分点轨道根数到经典轨道根数的反变换为

$$\begin{cases} a = a \\ e = 2\sqrt{e_x^2 + e_y^2} \\ i = 2\arctan\sqrt{i_x^2 + i_y^2} \\ \Omega = \arctan\left(\dfrac{i_y}{i_x}\right) \\ \omega = \arctan\left(\dfrac{e_y}{e_x}\right) - \Omega \\ M = l - \arctan\left(\dfrac{e_y}{e_x}\right) \end{cases} \tag{2.89}$$

可由 E 或 f 的变换公式代替式（2.89）中的最后一式：

$$E = F - \arctan\left(\frac{e_y}{e_x}\right) \tag{2.90}$$

$$f = L - \arctan\left(\frac{e_y}{e_x}\right) \tag{2.91}$$

春分点轨道根数是与春分点坐标系 $O-x_q y_q z_q$ 紧密结合的，其定义如图 2.11 所示。

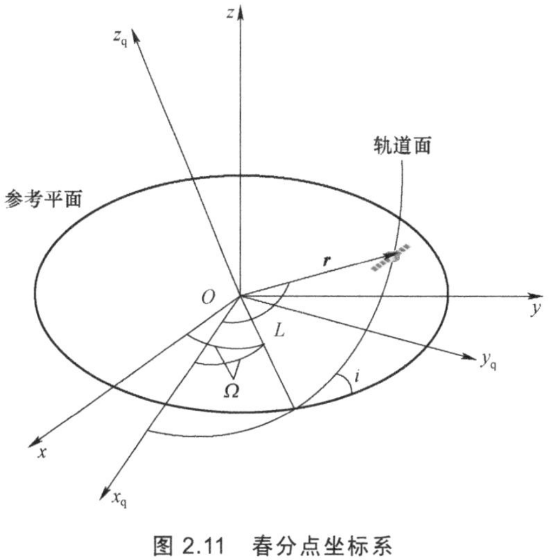

图 2.11　春分点坐标系

坐标系的 x_q 轴和 y_q 轴都在轨道平面内，x_q 轴由升交点起顺时针转动 Ω，z_q 轴沿轨道角动量方向。所以，轨道根数 e_x 和 e_y 分别表示偏心率矢量 $\boldsymbol{e}$ 在 x_q 轴和 y_q 轴上的投影，真经度 L 表示航天器的地心矢径 $\boldsymbol{r}$ 与 x_q 轴的夹角。

春分点坐标系与地心惯性系的转换矩阵为

$$\boldsymbol{L}_{iq}=\boldsymbol{L}_z(-\Omega)\cdot\boldsymbol{L}_x(-i)\cdot\boldsymbol{L}_z(\Omega)$$
$$=\begin{bmatrix}\cos^2\Omega+\sin^2\Omega\cos i & \sin\Omega\cos\Omega-\sin\Omega\cos\Omega\cos i & \sin\Omega\sin i\\ \sin\Omega\cos\Omega-\sin\Omega\cos\Omega\cos i & \sin^2\Omega+\cos^2\Omega\cos i & -\cos\Omega\cos i\\ -\sin\Omega\sin i & \cos\Omega\sin i & \cos i\end{bmatrix}\tag{2.92}$$

根据式（2.89），春分点根数表示的方向余弦阵可简化为

$$\boldsymbol{L}_{iq}=\frac{1}{1+i_x^2+i_y^2}\begin{bmatrix}1-i_y^2+i_x^2 & 2i_xi_y & 2i_y\\ 2i_xi_y & 1+i_y^2-i_x^2 & -2i_x\\ -2i_y & 2i_x & 1-i_y^2-i_x^2\end{bmatrix}\tag{2.93}$$

进而可得，春分点坐标系三轴的单位矢量在惯性坐标系中的分量为

$$\begin{cases}\hat{\boldsymbol{x}}_q=\dfrac{1}{1+i_x^2+i_y^2}\begin{bmatrix}1-i_y^2+i_x^2\\ 2i_xi_y\\ -2i_y\end{bmatrix}\\ \hat{\boldsymbol{y}}_q=\dfrac{1}{1+i_x^2+i_y^2}\begin{bmatrix}2i_xi_y\\ 1+i_y^2-i_x^2\\ 2i_x\end{bmatrix}\\ \hat{\boldsymbol{z}}_q=\dfrac{1}{1+i_x^2+i_y^2}\begin{bmatrix}2i_y\\ -2i_x\\ 1-i_y^2-i_x^2\end{bmatrix}\end{cases}\tag{2.94}$$

由式（2.94）可知，3 个单位矢量只与轨道根数 i_x 和 i_y 有关。

将定义式（2.86）代入开普勒方程（2.62），可得

$$l-(\Omega+\omega)=F-(\Omega+\omega)-e\sin[F-(\Omega+\omega)]\tag{2.95}$$

简化后可得开普勒方程用春分点根数表示的形式，即

$$l=F-e_x\sin F+e_y\cos F\tag{2.96}$$

将 F 的定义式（2.87）代入轨道方程（2.60），得

$$r=a[1-e\cos(F-\Omega-\omega)]\tag{2.97}$$

则轨道方程用春分点根数表示为

$$r=a(1-e_x\cos F-e_y\sin F)\tag{2.98}$$

1. 由春分点根数求解位置和速度

航天器的位置矢量 $\boldsymbol{r}$ 和速度矢量 $\boldsymbol{v}$ 位于轨道平面内，可将其表示为

$$\boldsymbol{r}=x_{\mathrm{q}}\hat{\boldsymbol{x}}_{\mathrm{q}}+y_{\mathrm{q}}\hat{\boldsymbol{y}}_{\mathrm{q}},\quad \boldsymbol{v}=\dot{x}_{\mathrm{q}}\hat{\boldsymbol{x}}_{\mathrm{q}}+\dot{y}_{\mathrm{q}}\hat{\boldsymbol{y}}_{\mathrm{q}} \tag{2.99}$$

式中，$x_{\mathrm{q}}=r\cos(f+\Omega+\omega)$，$y_{\mathrm{q}}=r\sin(f+\Omega+\omega)$。对 x_{q} 有

$$x_{\mathrm{q}}=r\cos f\bullet\frac{e_x}{e}-r\sin f\bullet\frac{e_y}{e} \tag{2.100}$$

根据二体运动理论，有

$$r\cos f=a(\cos E-e),\quad r\sin f=a\sqrt{1-e^2}\sin E \tag{2.101}$$

同时，根据定义式（2.87），有

$$\cos E=\frac{e_x\cos F+e_y\sin F}{\sqrt{e_x^2+e_y^2}},\quad \sin E=\frac{e_x\sin F-e_y\cos F}{\sqrt{e_x^2+e_y^2}} \tag{2.102}$$

将式（2.102）代入式（2.100）可得

$$x_{\mathrm{q}}=a\left[\frac{e_x^2+e_y^2\sqrt{1-e_y^2-e_x^2}}{e_x^2+e_y^2}\cos F+\frac{e_xe_y\left(1-\sqrt{1-e_y^2-e_x^2}\right)}{e_x^2+e_y^2}\sin F-e_x\right] \tag{2.103}$$

引入 $\beta=1\Big/\left(1+\sqrt{1-e_x^2-e_y^2}\right)$，则 x_{q} 的表达式为

$$x_{\mathrm{q}}=a\left[\left(1-e_y^2\beta\right)\cos F+e_xe_y\beta\sin F-e_x\right] \tag{2.104}$$

同理，可得 y_{q} 的表达式为

$$y_{\mathrm{q}}=a\left[e_xe_y\beta\cos F+\left(1-e_x^2\beta\right)\sin F-e_y\right] \tag{2.105}$$

对式（2.104）和式（2.105）求导可得

$$\begin{cases}\dot{x}_{\mathrm{q}}=a\left[-\left(1-e_y^2\beta\right)\sin F+e_xe_y\beta\cos F\right]\dot{F}\\ \dot{y}_{\mathrm{q}}=a\left[-e_xe_y\beta\sin F+\left(1-e_x^2\beta\right)\cos F\right]\dot{F}\end{cases} \tag{2.106}$$

根据式（2.96）可得

$$l=l_0+n(t-t_0)=F-e_x\sin F+e_y\cos F \tag{2.107}$$

式中，l_0 为初始时刻 t_0 的平经度。对式（2.107）求导可得

$$\dot{F}=\frac{n}{1-e_x\cos F-e_y\sin F} \tag{2.108}$$

将轨道方程（2.98）代入式（2.108）可得

$$\dot{F}=\frac{na}{r} \tag{2.109}$$

由此得到 $\dot{x}_{\mathrm{q}}$ 和 $\dot{y}_{\mathrm{q}}$ 的表达式为

$$\begin{cases}\dot{x}_{\mathrm{q}}=\dfrac{na^2}{r}\left[-\left(1-e_y^2\beta\right)\sin F+e_xe_y\beta\cos F\right]\\ \dot{y}_{\mathrm{q}}=\dfrac{na^2}{r}\left[-e_xe_y\beta\sin F+\left(1-e_x^2\beta\right)\cos F\right]\end{cases} \tag{2.110}$$

将式（2.94）、式（2.104）、式（2.105）和式（2.110）代入式（2.99），就可得到航天器在惯性系中的位置和速度。

2. 由位置和速度求解春分点根数

若已知航天器在惯性系中的位置矢量 $\boldsymbol{r}$ 和速度矢量 $\boldsymbol{v}$，为求解春分点根数，可先根据式（2.73）和式（2.77），求出偏心率矢量 $\boldsymbol{e}$ 和半长轴 a。

由于 $\hat{\boldsymbol{z}}_{\mathrm{q}}$ 轴沿角动量方向，有

$$\hat{\boldsymbol{z}}_{\mathrm{q}}=\frac{\boldsymbol{r}\times\boldsymbol{v}}{|\boldsymbol{r}\times\boldsymbol{v}|}=\begin{bmatrix}z_{\mathrm{q}x}\\z_{\mathrm{q}y}\\z_{\mathrm{q}z}\end{bmatrix} \tag{2.111}$$

又根据式（2.94）可得

$$\begin{cases}i_x=\dfrac{-z_{\mathrm{q}y}}{1+z_{\mathrm{q}z}}\\ i_y=\dfrac{z_{\mathrm{q}x}}{1+z_{\mathrm{q}z}}\end{cases} \tag{2.112}$$

求出 i_x 和 i_y 后，根据式（2.94）就可得到 $\hat{\boldsymbol{x}}_{\mathrm{q}}$ 和 $\hat{\boldsymbol{y}}_{\mathrm{q}}$。

因为 e_x 和 e_y 是偏心率矢量 $\boldsymbol{e}$ 在 $\hat{\boldsymbol{x}}_{\mathrm{q}}$ 轴和 $\hat{\boldsymbol{y}}_{\mathrm{q}}$ 轴上的投影，故有

$$e_x=\boldsymbol{e}\hat{\boldsymbol{x}}_{\mathrm{q}},\quad e_y=\boldsymbol{e}\hat{\boldsymbol{y}}_{\mathrm{q}} \tag{2.113}$$

根据式（2.104）和式（2.105）可得到

$$\begin{cases}\sin F=e_y+\dfrac{y_{\mathrm{q}}\left(1-e_y^2\beta\right)-e_xe_y\beta x_{\mathrm{q}}}{a\sqrt{1-e_x^2-e_y^2}}\\ \cos F=e_x+\dfrac{x_{\mathrm{q}}\left(1-e_x^2\beta\right)-e_xe_y\beta y_{\mathrm{q}}}{a\sqrt{1-e_x^2-e_y^2}}\end{cases} \tag{2.114}$$

式中，$x_{\mathrm{q}}=\boldsymbol{r}\hat{\boldsymbol{x}}_{\mathrm{q}}$，$y_{\mathrm{q}}=\boldsymbol{r}\hat{\boldsymbol{y}}_{\mathrm{q}}$。根据式（2.114）可求出偏经度 F，再根据式（2.96）即可求得平经度 l。

2.3　二体轨道初值问题

由给定初始时刻 t_0 的状态 $(\boldsymbol{r}_0,\boldsymbol{v}_0)$ 来确定将来时刻 t_1 的状态 $(\boldsymbol{r}_1,\boldsymbol{v}_1)$ 是二体轨道初值问题（Initial Value Problem）的内涵。该问题可直接将 $(\boldsymbol{r}_0,\boldsymbol{v}_0)$ 转化成对应的轨道根数，并通过求解开普勒方程（2.62），确定时刻 t 的轨道根数，再将其转化成对应的状态 $(\boldsymbol{r}_1,\boldsymbol{v}_1)$。

2.3.1　拉格朗日系数

为了求解二体轨道初值问题，这里首先需要求取 $(\boldsymbol{r}_1,\boldsymbol{v}_1)$ 对应的拉格朗日系数。由式（2.81）和式（2.85），可得

$$\begin{cases}\boldsymbol{r}_0 = r_0\cos f_0 \cdot \boldsymbol{i}_\mathrm{e} + r_0\sin f_0 \cdot \boldsymbol{i}_\mathrm{p} \\ \boldsymbol{v}_0 = -\dfrac{\mu}{h}\sin f_0 \cdot \boldsymbol{i}_\mathrm{e} + \dfrac{\mu}{h}(e+\cos f_0)\cdot \boldsymbol{i}_\mathrm{p}\end{cases} \tag{2.115}$$

和

$$\begin{cases}\boldsymbol{r}_1 = r_1\cos f_1 \cdot \boldsymbol{i}_\mathrm{e} + r_1\sin f_1 \cdot \boldsymbol{i}_\mathrm{p} \\ \boldsymbol{v}_1 = -\dfrac{\mu}{h}\sin f_1 \cdot \boldsymbol{i}_\mathrm{e} + \dfrac{\mu}{h}(e+\cos f_1)\cdot \boldsymbol{i}_\mathrm{p}\end{cases} \tag{2.116}$$

由式（2.115）可得到

$$\begin{cases}\boldsymbol{i}_\mathrm{e} = \dfrac{\mu}{h^2}(e+\cos f_0)\cdot \boldsymbol{r}_0 - \dfrac{r_0\sin f_0}{h}\cdot \boldsymbol{v}_0 \\ \boldsymbol{i}_\mathrm{p} = \dfrac{\mu}{h^2}\sin f_0 \cdot \boldsymbol{r}_0 + \dfrac{r_0}{h}\cos f_0 \cdot \boldsymbol{v}_0\end{cases} \tag{2.117}$$

将式（2.117）代入式（2.116），即可得到如下关系式：

$$\begin{cases}\boldsymbol{r}_1 = f\cdot \boldsymbol{r}_0 + g\cdot \boldsymbol{v}_0 \\ \boldsymbol{v}_1 = f_\mathrm{t}\cdot \boldsymbol{r}_0 + g_\mathrm{t}\cdot \boldsymbol{v}_0\end{cases} \tag{2.118}$$

式中，f、g、f_t、g_t 为拉格朗日系数，且表达式为

$$f = \frac{r_1\mu}{h^2}(e\cos f_1 + \cos f_1\cos f_0 + \sin f_1\sin f_0) \tag{2.119}$$

$$g = \frac{r_1 r_0}{h}(\sin f_1\cos f_0 - \sin f_0\cos f_1) \tag{2.120}$$

$$f_{\mathrm{t}}=\frac{\mu^2}{h^3}(e\sin f_0-e\sin f_1+\cos f_1\sin f_0-\cos f_0\sin f_1) \tag{2.121}$$

$$g_{\mathrm{t}}=\frac{\mu r_0}{h^2}(\sin f_1\sin f_0+\cos f_1\cos f_0+e\cos f_0) \tag{2.122}$$

由于 $\boldsymbol{v}_1=\dot{\boldsymbol{r}}_1$，故拉格朗日系数满足

$$f_{\mathrm{t}}=\dot{f},\ g_{\mathrm{t}}=\dot{g} \tag{2.123}$$

因此，式（2.118）可表示为

$$\begin{cases}\boldsymbol{r}_1=f\cdot\boldsymbol{r}_0+g\cdot\boldsymbol{v}_0\\ \boldsymbol{v}_1=\dot{f}\cdot\boldsymbol{r}_0+\dot{g}\cdot\boldsymbol{v}_0\end{cases} \tag{2.124}$$

由于轨道角动量 $\boldsymbol{h}$ 守恒，也即 $\boldsymbol{h}=\boldsymbol{r}_0\times\boldsymbol{v}_0=\boldsymbol{r}_1\times\boldsymbol{v}_1$，因此有

$$f\cdot\dot{g}-g\cdot\dot{f}=1 \tag{2.125}$$

定义真近点角距

$$\Delta\theta=f_1-f_0 \tag{2.126}$$

由式（2.44），可知

$$e\cos f_1=\frac{h^2}{\mu r_1}-1,\ e\cos f_0=\frac{h^2}{\mu r_0}-1 \tag{2.127}$$

将式（2.126）和式（2.127）代入式（2.119），可得

$$f=1-\frac{\mu r_1}{h^2}(1-\cos\Delta\theta) \tag{2.128}$$

同理，

$$g=\frac{r_1r_0}{h}\sin\Delta\theta \tag{2.129}$$

$$\dot{g}=1+\frac{\mu r_0}{h^2}(\cos\Delta\theta-1) \tag{2.130}$$

将式（2.128）～式（2.130）代入式（2.125），可得

$$\dot{f}=\frac{\mu}{h}\cdot\frac{1-\cos\Delta\theta}{\sin\Delta\theta}\left[\frac{\mu}{h^2}(1-\cos\Delta\theta)-\frac{1}{r_0}-\frac{1}{r_1}\right] \tag{2.131}$$

式（2.128）～式（2.131）给出了真近点角距 $\Delta\theta$ 形式的拉格朗日系数。

显然，利用拉格朗日系数求解轨道初值问题，仍需通过求解开普勒方程（2.62）来计算真近点角距 $\Delta\theta$。为了避免讨论轨道类型，便于计算，通常还会将普适变量（Universal Variable）的概念和普适变量描述的开普勒方程引入轨

道初值问题。

2.3.2　普适变量描述的初值问题

1. 普适变量的定义

采用普适变量来描述开普勒轨道，可避免对不同轨道类型的讨论。对于开普勒轨道，通常有

$$h = r^2\dot{\theta} = \sqrt{\mu p} \tag{2.132}$$

$$E = \frac{1}{2}v^2 - \frac{\mu}{r} = \frac{-\mu}{2a} \tag{2.133}$$

式中，速度可表示为

$$v^2 = \dot{r}^2 + (r\dot{\theta})^2 \tag{2.134}$$

将式（2.134）代入式（2.133），并利用 $r\dot{\theta} = \sqrt{\mu p}/r$，可得

$$\dot{r}^2 = \frac{-\mu p}{r^2} + \frac{2\mu}{r} - \frac{\mu}{a} \tag{2.135}$$

引入独立变量χ，满足

$$\dot{\chi} = \frac{\sqrt{\mu}}{r} \tag{2.136}$$

这里 χ 为普适变量。

用式（2.135）除以式（2.136）的平方，可得到

$$\left(\frac{\mathrm{d}r}{\mathrm{d}\chi}\right)^2 = -p + 2r - \frac{r^2}{a} \tag{2.137}$$

分离变量后，可得到

$$\mathrm{d}\chi = \frac{\mathrm{d}r}{\sqrt{-p + 2r - r^2/a}} \tag{2.138}$$

对于 $e \neq 1$，不定积分式（2.138）可得

$$\chi + c_0 = \sqrt{a}\sin^{-1}\frac{(r/a-1)}{\sqrt{1-p/a}} = \sqrt{a}\sin^{-1}\frac{(r/a-1)}{e} \tag{2.139}$$

因此，可进一步求解得到

$$r = a\left(1 + e\sin\frac{\chi + c_0}{\sqrt{a}}\right) \tag{2.140}$$

将式（2.140）代入式（2.136），可得

$$\sqrt{\mu}\mathrm{d}t = a\left(1+e\sin\frac{\chi+c_0}{\sqrt{a}}\right)\mathrm{d}\chi \tag{2.141}$$

对式（2.141）积分得到

$$\sqrt{\mu}t = a\chi - ae\sqrt{a}\left(\cos\frac{\chi+c_0}{\sqrt{a}} - \cos\frac{c_0}{\sqrt{a}}\right) \tag{2.142}$$

这里假设了 $t=0$ 时 $\chi=0$。

2. 飞行时间的普适变量描述

式（2.140）和式（2.142）给出了由普适变量 χ 描述的位置矢量 $\boldsymbol{r}$ 和时间 t，但其中的积分常数 c_0 仍待定。由于假设了 $t=0$ 时 $\chi=0$，代入式（2.140）有

$$e\sin\frac{c_0}{\sqrt{a}} = \frac{r_0}{a} - 1 \tag{2.143}$$

对式（2.30）关于时间 t 求导，得到

$$\dot{r} = \frac{ae}{\sqrt{a}}\left(\cos\frac{\chi+c_0}{\sqrt{a}}\right)\dot{\chi} = \frac{ae}{\sqrt{a}}\left(\cos\frac{\chi+c_0}{\sqrt{a}}\right)\frac{\sqrt{\mu}}{r} \tag{2.144}$$

将初始状态 $\boldsymbol{r}_0$ 和 $\boldsymbol{v}_0$ 代入式（2.144），有

$$r_0\dot{r}_0 = \frac{\sqrt{\mu}ae}{\sqrt{a}}\cos\frac{c_0}{\sqrt{a}} \tag{2.145}$$

又由 $r_0\dot{r}_0 = \boldsymbol{r}_0 \cdot \dot{\boldsymbol{r}}_0 = \boldsymbol{r}_0 \cdot \boldsymbol{v}_0$ 可知

$$e\cos\frac{c_0}{\sqrt{a}} = \frac{\boldsymbol{r}_0 \cdot \boldsymbol{v}_0}{\sqrt{\mu a}} \tag{2.146}$$

利用三角余弦函数的相关特性，式（2.142）可表示为

$$\sqrt{\mu}t = a\chi - ae\sqrt{a}\left(\cos\frac{\chi}{\sqrt{a}}\cos\frac{c_0}{\sqrt{a}} - \sin\frac{\chi}{\sqrt{a}}\sin\frac{c_0}{\sqrt{a}} - \cos\frac{c_0}{\sqrt{a}}\right) \tag{2.147}$$

将式（2.143）和式（2.146）代入式（2.147），最终得到

$$\sqrt{\mu}t = a\left(\chi - \sqrt{a}\sin\frac{\chi}{\sqrt{a}}\right) + \frac{\boldsymbol{r}_0 \cdot \boldsymbol{v}_0}{\sqrt{\mu}}a\left(1-\cos\frac{\chi}{\sqrt{a}}\right) + r_0\sqrt{a}\sin\frac{\chi}{\sqrt{a}} \tag{2.148}$$

类似地，式（2.140）也可表示为

$$r = a + a\left[\frac{\boldsymbol{r}_0 \cdot \boldsymbol{v}_0}{\sqrt{\mu a}}\sin\frac{\chi}{\sqrt{a}} + \left(\frac{r_0}{a}-1\right)\cos\frac{\chi}{\sqrt{a}}\right] \tag{2.149}$$

引入一个新的变量

$$z = \frac{\chi^2}{a} \tag{2.150}$$

因此，$a = \chi^2 / z$，故式（2.148）可改写为

$$\begin{aligned}\sqrt{\mu}t &= \frac{\chi^2}{z}\left(\chi - \frac{\chi}{\sqrt{z}}\sin\sqrt{z}\right) + \frac{\boldsymbol{r}_0 \cdot \boldsymbol{v}_0}{\sqrt{\mu}} \cdot \frac{\chi^2}{z}\left(1-\cos\sqrt{z}\right) + r_0 \frac{\chi}{\sqrt{z}}\sin\sqrt{z} \\ &= \frac{\sqrt{z}-\sin\sqrt{z}}{\sqrt{z^3}}\chi^3 + \frac{\boldsymbol{r}_0 \cdot \boldsymbol{v}_0}{\sqrt{\mu}} \cdot \chi^2 \cdot \frac{1-\cos\sqrt{z}}{z} + \frac{r_0\chi\sin\sqrt{z}}{\sqrt{z}}\end{aligned} \tag{2.151}$$

同理，式（2.149）也可改写为

$$r = \frac{\chi^2}{z} + \frac{\boldsymbol{r}_0 \cdot \boldsymbol{v}_0}{\sqrt{\mu}} \cdot \frac{\chi}{\sqrt{z}}\sin\sqrt{z} + r_0\cos\sqrt{z} - \frac{\chi^2}{z}\cos\sqrt{z} \tag{2.152}$$

当 $z \to 0$ 时，式（2.151）和式（2.152）会出现奇异。为了克服奇异现象，引入如下两个展开式：

$$C(z) = \frac{1-\cos\sqrt{z}}{z} = \frac{1-\cosh\sqrt{-z}}{z} = \frac{1}{2!} - \frac{z}{4!} + \frac{z^2}{6!} - \frac{z^3}{8!} + \cdots = \sum_{k=0}^{\infty}\frac{(-z)^k}{(2k+2)!} \tag{2.153}$$

$$S(z) = \frac{\sqrt{z}-\sin\sqrt{z}}{\sqrt{z^3}} = \frac{\sinh\sqrt{-z}-\sqrt{-z}}{\sqrt{(-z)^3}} = \frac{1}{3!} - \frac{z}{5!} + \frac{z^2}{7!} - \frac{z^3}{9!} + \cdots = \sum_{k=0}^{\infty}\frac{(-z)^k}{(2k+3)!} \tag{2.154}$$

利用式（2.153）和式（2.154），式（2.151）和式（2.152）可表示为

$$\sqrt{\mu}t = \frac{\boldsymbol{r}_0 \cdot \boldsymbol{v}_0}{\sqrt{\mu}}\chi^2 C + \left(1 - \frac{r_0}{a}\right)\chi^3 S + r_0\chi \tag{2.155}$$

$$r = \sqrt{\mu}\frac{\mathrm{d}t}{\mathrm{d}\chi} = \chi^2 C + \frac{\boldsymbol{r}_0 \cdot \boldsymbol{v}_0}{\sqrt{\mu}}\chi(1-zS) + r_0(1-zC) \tag{2.156}$$

式（2.155）给出了普适变量描述的飞行时间，下面将讨论如何从飞行时间 t 求解普适变量 χ 。

3. 普适变量的迭代求解

由式（2.156）可以看出，确定飞行时间 t 对应的普适变量 χ 是求解二体轨道初值问题的关键。普适变量也需要通过迭代求解方程（2.155）得到，这与利用开普勒方程（2.156）迭代求解偏近点角 E 类似。可采用牛顿迭代法求解式（2.155）所表示的超越方程。假设初始时刻 $t_0 = 0$，且用符号下标 $(\bullet)_n$ 表示第 n 次迭代的迭代量，则有

$$\sqrt{\mu}t_n = \frac{\boldsymbol{r}_0 \cdot \boldsymbol{v}_0}{\sqrt{\mu}}\chi_n^2 C_n + \left(1-\frac{r_0}{a}\right)\chi_n^3 S_n + r_0\chi_n \tag{2.157}$$

利用牛顿迭代法，其迭代变量可表述为

$$\chi_{n+1} = \chi_n + \frac{t-t_n}{\mathrm{d}t/\mathrm{d}\chi|_{\chi=\chi_n}} \tag{2.158}$$

式中，$\mathrm{d}t/\mathrm{d}\chi|_{\chi=\chi_n}$ 是时间 t 相对于普适变量 χ 在 $\chi=\chi_n$ 处的导数。

导数 $\mathrm{d}t/\mathrm{d}\chi$ 的解析表达式可直接从式（2.136）得到

$$\frac{\mathrm{d}t}{\mathrm{d}\chi} = \frac{1}{\dot{\chi}} = \frac{r}{\sqrt{\mu}} \tag{2.159}$$

将式（2.156）代入式（2.159），可得

$$\frac{\mathrm{d}t}{\mathrm{d}\chi} = \frac{1}{\sqrt{\mu}}\left[\chi^2 C + \frac{\boldsymbol{r}_0 \cdot \boldsymbol{v}_0}{\sqrt{\mu}}\chi(1-zS) + r_0(1-zC)\right] \tag{2.160}$$

因此，普适变量可通过式（2.157）、式（2.158）和式（2.160）求解得到。

4. 普适变量描述的初值问题

利用拉格朗日系数 f、g、$\dot{f}$、$\dot{g}$ 及式（2.124）可对二体轨道初值问题进行求解，其中，f、g、$\dot{f}$、$\dot{g}$ 的真近点角距 $\Delta\theta$ 的表达式见式（2.128）～式（2.131）。为了利用普适变量求解轨道初值问题，这里给出基于普适变量 χ 的拉格朗日系数 f、g、$\dot{f}$、$\dot{g}$ 的等价表达式：

$$f = 1-\frac{a}{r_0}\left(1-\cos\frac{\chi}{\sqrt{a}}\right) = 1-\frac{\chi^2}{r_0}C \tag{2.161}$$

$$g = t-\frac{\chi^3}{\sqrt{\mu}}S \tag{2.162}$$

$$\dot{g} = 1-\frac{a}{r}+\frac{a}{r}\cos\frac{\chi}{\sqrt{a}} = 1-\frac{\chi^2}{r}C \tag{2.163}$$

$$\dot{f} = -\frac{\sqrt{\mu a}}{r_0 r}\sin\frac{\chi}{\sqrt{a}} = \frac{\sqrt{\mu a}}{r_0 r}\chi(zS-1) \tag{2.164}$$

基于普适变量求解轨道初值问题的过程可总结如下。

（1）由 $\boldsymbol{r}_0$ 和 $\boldsymbol{v}_0$ 计算 r_0 和 a。

（2）确定飞行时间 $t=t_1-t_0$，由式（2.155）迭代计算普适变量 χ。

（3）将求解的普适变量 χ 代入式（2.161）～式（2.164）计算拉格朗日系数 f、g、$\dot{f}$、$\dot{g}$。

（4）由式（2.124）确定 $\boldsymbol{r}_1$ 和 $\boldsymbol{v}_1$。

2.4　星地空间基本几何关系

2.4.1　高低角和方位角

通信是航天器在轨飞行保障任务正常执行的关键，需要其与地面站保持密切联系，即航天器与地面站可见。地面站与航天器的位置关系如图 2.12 所示。假设地球模型为球体，其等效半径为 R；航天器的位置为 S，其对应的星下点位置为 B，轨道半径为 r，该航天器星下点经度为 θ_1；地面站位置为 P，其经度为 θ，纬度为 ξ。

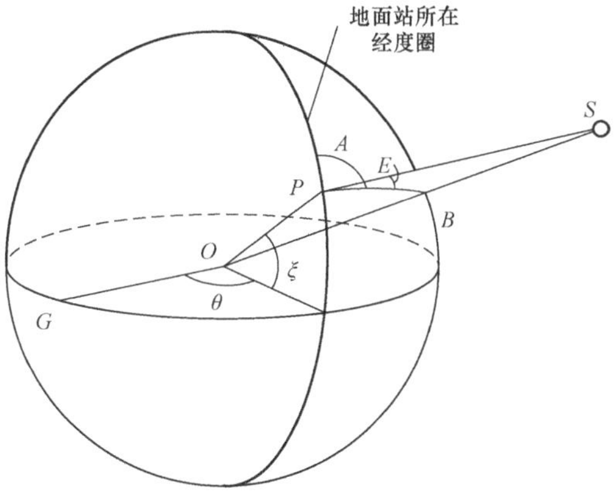

图 2.12　地面站与航天器的位置关系

根据以上定义，下面介绍两个常用概念，即高低角和方位角。

高低角是地面站所在地的地平面水平线与航天器视线形成的角度，记为 E，利用球面三角形正弦定理、余弦定理，推导出其计算公式为

$$E = \tan^{-1}\frac{\cos(\theta-\theta_1)-R/r}{\sqrt{1-\cos^2(\theta-\theta_1)\cos^2\xi}} \tag{2.165}$$

方位角是从地面站到航天器的视线在接收点水平面上的投影线与地面站正北方向的夹角，顺时针为正，记为 A。利用球面三角形正弦定理、余弦定理，可得到其计算公式为

$$A = 180^\circ + \tan^{-1}\frac{\tan(\theta-\theta_1)}{\sin\xi} \tag{2.166}$$

2.4.2 星下点轨迹

星下点是指航天器和地心的连线与地球表面的交点，航天器星下点在地球表面通过的路径称为星下点轨迹。星下点轨迹是航天器轨道运动和地球自转运动的合成，通常采用航天器的矢径与地球表面交点的地心经度和纬度表示。在赤道惯性系下，由航天器的位置坐标 (x, y, z) 可得到其赤经 α 和赤纬 δ 分别为

$$\alpha = \arctan\left(\frac{y}{x}\right) \tag{2.167}$$

$$\delta = \arctan\left(\frac{z}{(x^2+y^2+z^2)^{\frac{1}{2}}}\right) \tag{2.168}$$

或由轨道根数得到赤经 α 和赤纬 δ 分别为

$$\alpha = \Omega + \arctan(\tan u \cos i) \tag{2.169}$$

$$\delta = \arcsin(\sin u \sin i) \tag{2.170}$$

式中，$u = \omega + f$ 为航天器的纬度幅角，真近地点角 f 可由开普勒方程求出。

航天器赤经和格林尼治恒星时角之差等于航天器的地心经度 λ，即

$$\lambda = \alpha - [G_0 + \omega_e(t - t_0)] \tag{2.171}$$

式中，G_0 为起始时刻格林尼治的恒星时角；ω_e 为地球自转角速度，$\omega_e = 7.2921158\times10^{-5}$ rad/s。

在计算星下点轨迹时，通常也会采用航天器地理纬度等。下面将给出航天器的地心纬度 φ 与赤纬和地理纬度的关系。

地球沿子午线方向的截面是一个半长轴 a_e 为赤道半径、短半轴 b_e 为地球极半径的椭圆，椭圆的扁率 f_e 和偏心率 e 分别定义为

$$f_e = \frac{a_e - b_e}{a_e},\ e^2 = \frac{a_e^2 - b_e^2}{a_e^2} \tag{2.172}$$

式中，基本常数分别为 $a_e = 6\,378.145$ km，$b_e = a_e(1-f_e) = 6\,356.76$ km，$f_e = 1/298.257$ 和 $e = 0.08182$，则地心纬度 φ 和地理纬度 φ' 的转换式为

$$\tan\varphi = (1-f_e)^2\tan\varphi' \tag{2.173}$$

2.4.3 可见覆盖区

地面站可见覆盖区是以地面观测点 P 为中心的可观测区域，星下点在此圈

内的航天器均可观，其几何关系如图 2.13 所示。航天器视线方向与观测点水平面之间的夹角称为高度角，又称仰角。可见覆盖区又可描述为以点 P 为中心，满足某固定仰角 E 的星下点 B 相对点 P 的分布区域。地面观测航天器的可见范围受仰角的限制，地面观测点与航天器之间的视线方向在当地的仰角应大于 5°。

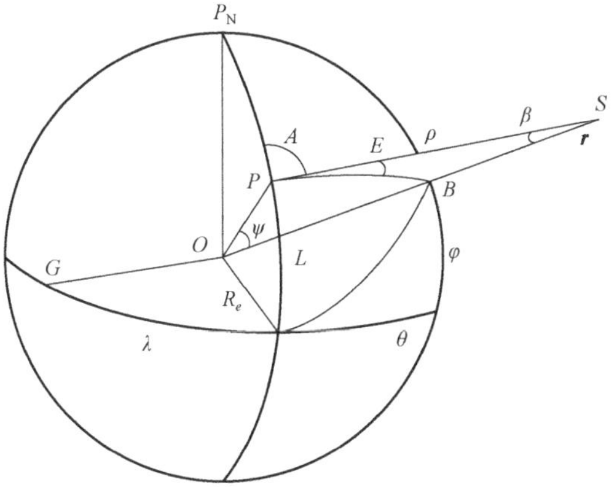

图 2.13　可见覆盖区几何关系

仰角 E 在含观测点 P 、地心 O 和航天器 S 的平面内。观测点 P 在平面 OPS 内，其斜距 ρ 和仰角 E 分别为

$$\rho = (R_e^2 + r^2 - 2rR_e\cos\psi)^{\frac{1}{2}} \qquad (2.174)$$

$$E = \arccos r\sin\psi/\rho \qquad (2.175)$$

式中，ψ 为航天器星下点 B 与观测点 P 之间的地心夹角。由图 2.13 中的球面三角形 P_NPB ，可得

$$\cos\psi = \cos L\cos\varphi\cos\alpha + \sin L\sin\varphi \qquad (2.176)$$

式中，L 为观测点的地心纬度。

同时球面三角形 P_NPB ，可得方位角 A 为

$$A = \arcsin(\sin\theta\cos\varphi/\sin\psi) \qquad (2.177)$$

式中，θ 为观测点相对航天器星下点子午线的经度。

对于给定仰角 E ，覆盖圈上星下点 B 相对点 P 的经纬度关系可根据球面三角形 P_NPB 求解得到

$$\theta = \arccos[(\cos\psi - \sin\varphi\sin L)/(\cos\varphi\cos L)] \qquad (2.178)$$

式中，ψ 为航天器可见覆盖区的角半径，它的 2 倍是航天器的最大可观弧段，

直接决定于航天器的高度和仰角。

由图 2.13 也可得三角关系式：

$$\psi=\frac{\pi}{2}-E-\arcsin\left(\frac{R_e}{r}\cos E\right)=\arccos\left(\frac{R_e}{r}\cos E\right)-E \tag{2.179}$$

从式（2.178）给定观测点的地心纬度 A，可得到覆盖圈上各点 B 的纬度 φ 和相应的相当于点 P 子午线的经度 θ。

航天器天底角 β 是指从航天器上观测地球的几何角，定义为航天器相对地面观测点 P 与星下点 B 之间的角距。航天器天底角 β 与仰角 E 的关系式可由图 2.13 中的三角形 OPS 得到

$$r\sin\beta=R_e\cos E \tag{2.180}$$

参 考 文 献

[1] 章仁为. 卫星轨道姿态动力学与控制［M］. 北京：北京航空航天大学出版社，1998.
[2] 刘林. 航天器轨道理论［M］. 北京：国防工业出版社，2000.
[3] 杨嘉墀. 航天器轨道动力学与控制［M］. 北京：中国宇航出版社，2001.
[4] 周军. 航天器控制原理［M］. 西安：西北工业大学出版社，2001.
[5] CURTIS H D. 轨道力学［M］. 周建华，徐波，冯全胜，译. 北京：科学出版社，2009.
[6] 西迪. 航天器动力学与控制［M］. 杨保华，译. 北京：航空工业出版社，2011.
[7] 赵钧. 航天器轨道动力学理论与方法［M］. 哈尔滨：哈尔滨工业大学出版社，2011.
[8] 张洪波. 航天器轨道动力学理论与方法［M］. 北京：国防工业出版社，2015.

思考题

1. 地球自转轴变化对各类惯性坐标系定义的影响有哪些？

2. 如何利用开普勒积分来计算卫星一定时间内的相角变化？

3. 除了采用直角坐标系下的位置和速度描述轨道运动，是否还有其他表达方法？

第 3 章

航天器轨道摄动理论

扫码获取课程资源

理想开普勒轨道是仅受中心引力作用的航天器轨道。而实际任务中，航天器除受中心引力外还受到许多微弱作用力的影响，称为摄动力。摄动力使航天器的实际运动偏离理想开普勒轨道。航天器的实际运动相对于理想开普勒轨道的偏差称为轨道摄动。本章将主要讨论航天器轨道摄动的基本理论和演化规律，具体内容安排如下：3.1 节将介绍基本的轨道摄动方程，包括拉格朗日型轨道摄动方程和高斯型轨道摄动方程；3.2～3.4 节将系统地阐述地球轨道航天器受到的主要摄动力作用，包括地球非球形引力摄动、大气阻力摄动、第三体引力摄动和光压摄动等；3.5 节将给出利用自然摄动力的一系列特殊航天器轨道。

3.1 轨道摄动方程

设航天器受到的所有摄动作用加速度为 $\boldsymbol{F}_{\mathrm{p}}$，则航天器的动力学方程可表示为

$$\ddot{\boldsymbol{r}}=-\frac{\mu}{r^3}\boldsymbol{r}+\boldsymbol{F}_{\mathrm{p}} \tag{3.1}$$

轨道摄动方程就是要描述方程（3.1）下航天器的运行特性。

3.1.1 密切轨道根数

对理想的、不考虑摄动力作用的开普勒轨道，轨道根数 a，e，i，Ω 和 ω 都是常值。若考虑摄动力的作用，航天器轨道不再是理想开普勒轨道，因此经典的开普勒轨道根数也就不存在了。为方便讨论，这里引入密切轨道根数的概念。

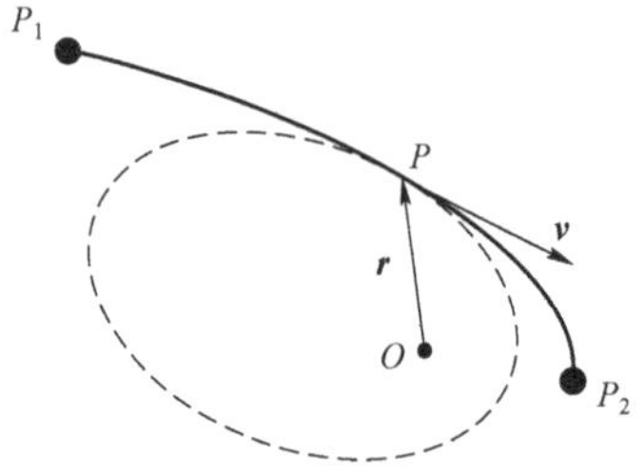

图 3.1 航天器密切轨道根数示意图

假设在中心引力和摄动力共同的作用下，航天器的实际飞行轨道为 P_1P_2，如图 3.1 所示。显然实际飞行轨道 P_1P_2 不再是一条理想开普勒轨道（圆锥曲线）。设航天器在轨道上点 P 的位置和速度矢量分别为 $\boldsymbol{r}$ 和 $\boldsymbol{v}$，那么以 $\boldsymbol{r}$ 和 $\boldsymbol{v}$ 为初

值代入理想的二体运动模型，必然能够得到一条与之对应的开普勒轨道，即图 3.1 中虚线椭圆所示。这条由 $\boldsymbol{r}$ 和 $\boldsymbol{v}$ 确定的开普勒轨道记为点 P 处的密切轨道。密切轨道可理解为，若某一时刻 t_{p} 航天器所受到的摄动力突然消失，只剩下中心引力作用，那么航天器将在 $t > t_{\mathrm{p}}$ 沿着密切轨道方向运行。由于密切轨道是一个开普勒轨道，因此其对应的 6 个经典的轨道根数，称为密切轨道根数。

由上述定义可以看到，航天器真实轨道 P_1P_2 上的不同位置对应着不同的密切轨道和密切轨道根数。因此，密切轨道根数随时间变化的量，记为 $a(t)$，$e(t)$，$i(t)$，$\Omega(t)$，$\omega(t)$ 和 $\tau(t)$。可以看到，密切轨道根数是笛卡儿坐标系下位置矢量 $\boldsymbol{r}$ 和速度矢量 $\boldsymbol{v}$ 的等价表达。引入密切轨道根数的目的就是要将摄动作用下笛卡儿坐标描述的动力学方程（3.1）等价地转化为由轨道根数变化率表示的动力学方程，即

$$\frac{\mathrm{d}a(t)}{\mathrm{d}t},\frac{\mathrm{d}e(t)}{\mathrm{d}t},\frac{\mathrm{d}i(t)}{\mathrm{d}t},\frac{\mathrm{d}\Omega(t)}{\mathrm{d}t},\frac{\mathrm{d}\omega(t)}{\mathrm{d}t},\frac{\mathrm{d}\tau(t)}{\mathrm{d}t} \tag{3.2}$$

式（3.2）表示的是轨道摄动方程。下面将给出两种轨道摄动方程的表达形式。

3.1.2　拉格朗日型轨道摄动方程

在分析天体引力对航天器的摄动作用时，常通过引入引力位函数来完成。若引力场在空间任意一点的位函数为 U，那么处在该点单位质量航天器受到的引力作用可表示为

$$\boldsymbol{F} = \mathbf{grad}(U) \tag{3.3}$$

式中，$\mathbf{grad}(\cdot) = \partial / \partial \boldsymbol{r}$ 是梯度算子。若天体的质量 m 集中于一点，则它的位函数为

$$U_o = \frac{Gm}{r} \tag{3.4}$$

式中，G 表示引力常数；r 表示质点到空间某点的距离。

若摄动力是保守力（如地球、日、月等天体引力摄动力），位函数由两部分组成：

$$U = U_o + R \tag{3.5}$$

式中，R 表示摄动力的位函数，称为摄动函数。航天器的运动方程为

$$\ddot{\boldsymbol{r}} = -\frac{Gm}{r^3}\boldsymbol{r} + \mathbf{grad}(R) \tag{3.6}$$

根据所研究问题的不同，动力学方程（3.6）的具体形式也各不相同。需要

说明的是，式（3.6）中作用力都归一化为作用在单位航天器质量上的力，相当于加速度。

对比式（3.6）和式（3.1），摄动作用加速度 $\boldsymbol{a}_{\mathrm{p}}$ 可表示为

$$\boldsymbol{a}_{\mathrm{p}} = \mathbf{grad}(R) \tag{3.7}$$

对这种情况，轨道根数变化率可采用拉格朗日型摄动方程描述。这里不做推导地给出由经典轨道根数描述的拉格朗日型摄动方程，其形式如下：

$$\begin{cases} \dfrac{\mathrm{d}a}{\mathrm{d}t} = \dfrac{2}{na} \cdot \dfrac{\partial R}{\partial M} \\ \dfrac{\mathrm{d}e}{\mathrm{d}t} = \dfrac{1-e^2}{na^2 e} \cdot \dfrac{\partial R}{\partial M} - \dfrac{\sqrt{1-e^2}}{na^2 e} \cdot \dfrac{\partial R}{\partial \omega} \\ \dfrac{\mathrm{d}i}{\mathrm{d}t} = \dfrac{1}{na^2\sqrt{1-e^2}\sin i}\left(\cos i \dfrac{\partial R}{\partial \omega} - \dfrac{\partial R}{\partial \Omega}\right) \\ \dfrac{\mathrm{d}\Omega}{\mathrm{d}t} = \dfrac{1}{na^2\sqrt{1-e^2}\sin i} \cdot \dfrac{\partial R}{\partial i} \\ \dfrac{\mathrm{d}\omega}{\mathrm{d}t} = \dfrac{\sqrt{1-e^2}}{na^2 e} \cdot \dfrac{\partial R}{\partial e} - \cos i \dfrac{\mathrm{d}\Omega}{\mathrm{d}t} \\ \dfrac{\mathrm{d}M}{\mathrm{d}t} = n - \dfrac{1-e^2}{na^2 e} \cdot \dfrac{\partial R}{\partial e} - \dfrac{2}{na} \cdot \dfrac{\partial R}{\partial a} \end{cases} \tag{3.8}$$

式中，$n = \sqrt{\mu / a^3}$。注意到式（3.8）的第六个根数没有采用运动天体过近心点的时刻 τ，而是选择了平近点角 M，这是因为

$$M = n(t-\tau) \tag{3.9}$$

是两个根数 a 和 τ 的组合，在相应的摄动运动方程中出现的 $\partial R / \partial a$ 就不再涉及 R 中通过 M 隐含 a 的问题，故此时的 M 本身是独立的。

拉格朗日型轨道摄动方程只适用于保守力场的情况。在有些情况下，摄动力为非保守力（如大气阻力、太阳辐射压力等），这时候则需要采用 3.1.3 节介绍的高斯型轨道摄动方程。

3.1.3 高斯型轨道摄动方程

对于摄动力为非保守力的情况，或是存在有限推力的轨道机动控制，通常使用高斯型轨道摄动方程描述轨道根数的变化率。选取经典轨道根数（半长轴 a、偏心率 e、轨道倾角 i、升交点赤径 Ω、近地点辐角 ω、真近点角 f）描述航天器的运动，则高斯型轨道摄动方程表示为

$$
\begin{cases}
\dfrac{\mathrm{d}a}{\mathrm{d}t}=\dfrac{2a^2}{h}\left[(e\sin f)F_r+\dfrac{p}{r}F_t\right] \\
\dfrac{\mathrm{d}e}{\mathrm{d}t}=\dfrac{1}{h}\{(p\sin f)F_r+[(p+r)\cos f+re]F_t\} \\
\dfrac{\mathrm{d}i}{\mathrm{d}t}=\dfrac{r\cos u}{h}F_n \\
\dfrac{\mathrm{d}\Omega}{\mathrm{d}t}=\dfrac{r\sin u}{h\sin i}F_n \\
\dfrac{\mathrm{d}\omega}{\mathrm{d}t}=-\dfrac{1}{he}(p\cos f)F_r+\dfrac{1}{he}\sin f(p+r)F_t-\dfrac{r\sin u\cos i}{h\sin i}F_n \\
\dfrac{\mathrm{d}f}{\mathrm{d}t}=\dfrac{h}{r^2}+\dfrac{1}{he}[(p\cos f)F_r-\sin f(p+r)F_t]
\end{cases}
\tag{3.10}
$$

式中，$u=\omega+f$ 代表纬度幅角，$p=a(1-e^2)$。摄动力如图 3.2 所示，其中 $\boldsymbol{F}_{\mathrm{p}}=[F_r, F_t, F_n]^{\mathrm{T}}$ 表示轨道坐标系下，$\hat{\boldsymbol{R}}$ 轴沿航天器位置矢量 $\boldsymbol{r}$ 方向、$\hat{\boldsymbol{N}}$ 轴沿航天器轨道角动量方向，$\hat{\boldsymbol{T}}$ 轴与 $\hat{\boldsymbol{R}}$ 轴、$\hat{\boldsymbol{N}}$ 轴构成右手系，轨道面内垂直 $\boldsymbol{r}$ 沿速度方向。

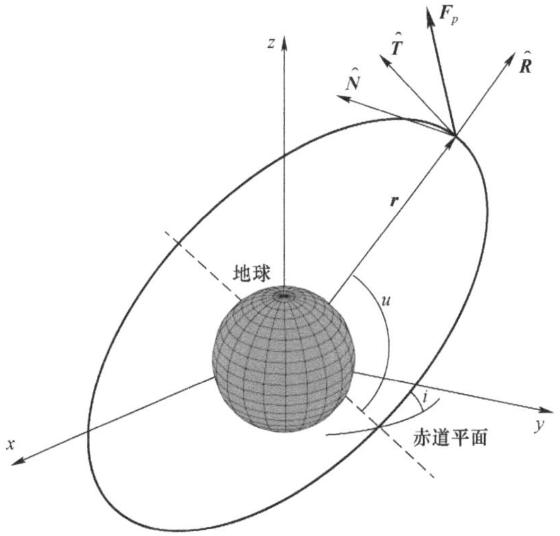

图 3.2　摄动力示意图

注意到，式（3.10）中偏心率 e 或轨道倾角 i 均出现在分母中。因此，摄动方程在偏心率 e 或轨道倾角 i 趋近于零时会出现奇异。为了避免经典轨道根数下高斯型轨道摄动方程的奇异现象，可引入春分点轨道根数 (a,e_x,e_y,i_x,i_y,l)，给出基于春分点轨道根数的高斯型轨道摄动方程可表示为

$$
\begin{cases}
\dfrac{\mathrm{d}a}{\mathrm{d}t}=\dfrac{2a^2}{h}\left[(e_x\sin L-e_y\cos L)F_r+\dfrac{p}{r}F_t\right]\\
\dfrac{\mathrm{d}e_x}{\mathrm{d}t}=\dfrac{r}{h}\left\{\left(\dfrac{p}{r}\sin L\right)F_r+\left[e_x+\left(1+\dfrac{p}{r}\right)\cos L\right]F_t+e_y(i_y\cos L-i_x\sin L)F_n\right\}\\
\dfrac{\mathrm{d}e_y}{\mathrm{d}t}=\dfrac{r}{h}\left\{\left(-\dfrac{p}{r}\cos L\right)F_r+\left[e_y+\left(1+\dfrac{p}{r}\right)\sin L\right]F_t-e_x(i_y\cos L-i_x\sin L)F_n\right\}\\
\dfrac{\mathrm{d}i_x}{\mathrm{d}t}=\dfrac{r}{2h}\left(1+i_x^{\ 2}+i_y^{\ 2}\right)\cos L\cdot F_n\\
\dfrac{\mathrm{d}i_y}{\mathrm{d}t}=\dfrac{r}{2h}\left(1+i_x^{\ 2}+i_y^{\ 2}\right)\sin L\cdot F_n\\
\dfrac{\mathrm{d}l}{\mathrm{d}t}=n-\dfrac{r}{h}\left\{\begin{aligned}&\left[\dfrac{a}{a+b}\left(\dfrac{p}{r}\right)(e_y\sin L+e_x\cos L)+\dfrac{2b}{a}\right]F_r\\&+\dfrac{a}{a+b}\left(1+\dfrac{p}{r}\right)(e_y\cos L-e_x\sin L)F_t+(i_y\cos L-i_x\sin L)F_n\end{aligned}\right\}
\end{cases}
\tag{3.11}
$$

式中，$L=f+\Omega+\omega$为真经度，且

$$
b=a\sqrt{1-e_x^2-e_y^2} \tag{3.12}
$$

3.2 地球非球形引力摄动

3.2.1 地球引力场的位函数

假设地球是均匀球体，地球对航天器的径向引力只与地心距的平方成反比，称为中心引力。航天器在地球中心引力场中的运动特性满足开普勒定律。

事实上，地球并非均匀球体，而是形状不规则的扁状球体。例如，地球赤道的平均半径超过极轴的半径约 21.4 km，同时赤道又呈轻微的椭圆状。因此，地球引力位函数的等位面不是球面。在真实的地球引力位函数中，要附加一系列球谐函数，这些函数称为摄动函数。地球引力位函数U具有以下一般形式：

$$
U=\frac{\mu}{r}\left\{1-\sum_{n=2}^{\infty}\left(\frac{R_e}{r}\right)^n\left[J_nP_n(\sin\varphi)-\sum_{m=1}^{n}J_{nm}P_{nm}(\sin\varphi)\cdot\cos m(\lambda-\lambda_{nm})\right]\right\} \tag{3.13}
$$

式中，r，λ 和 φ 分别表示航天器在地心球坐标上的地心距、地心经度和地心纬度；R_e 是地球的平均赤道半径；P_n，P_{nm} 为勒让德多项式：

$$P_n(z)=\frac{1}{2^n n!}\cdot\frac{\mathrm{d}^n}{\mathrm{d}z^n}(z^2-1)^n \tag{3.14}$$

$$P_{nm}(z)=(1-z^2)^{\frac{m}{2}}\frac{\mathrm{d}^m}{\mathrm{d}z^m}P_n(z) \tag{3.15}$$

如取 $n=2$，$m=2$，有

$$P_2(\sin\varphi)=\frac{3}{2}\sin^2\varphi-\frac{1}{2} \tag{3.16}$$

$$P_{22}(\sin\varphi)=3\cos^2\varphi \tag{3.17}$$

注意到，在位函数（3.13）中包含 $P_n(\sin\varphi)$ 项的正负号，在 $-90°\leqslant\varphi\leqslant 90°$ 范围内交替变化 n 次。这些项与航天器的经度 λ 无关，它使引力位函数沿地心纬度方向呈现出正负交替的环带。因此，将 $P_n(\sin\varphi)$ 称为带谐项，前面的系数 J_n 为带谐项系数。式（3.13）中，包含 $P_{nm}(\sin\varphi)\cdot\cos m(\lambda-\lambda_{nm})$ 项，在 $-90°<\varphi<90°$ 范围内有 $n-m$ 个零点，在 $0°\leqslant\lambda-\lambda_{nm}\leqslant 180°$ 范围内有 $2m$ 个零点，它使位函数沿经度和纬度方向均呈现出正负交替的变化。因此，称 $P_{nm}(\sin\varphi)\cdot\cos m(\lambda-\lambda_{nm})$ 为田谐项，前面的系数 J_{nm} 为田谐项系数。表 3.1 列出了地球模型 4 阶以内的带谐项和 3 阶以内田谐项系数数值。

表 3.1　地球模型 4 阶以内的带谐项和 3 阶以内的田谐项系数数值

n	$J_n/(\times10^{-6})$	nm	$J_{nm}/(\times10^{-6})$	$\lambda_{nm}/(°)$
2	1 082.63	22	1.812 22	−14.545
3	−2.535 6	31	2.207 92	7.080 5
4	−1.623 36	32	0.371 90	−17.464 9
		33	0.219 84	21.209 7

3.2.2　引力摄动作用下的航天器运动

研究地球引力摄动函数及其对航天器运动的影响时常用球坐标形式的运动方程。在赤道惯性系 $O-xyz$ 中，航天器空间位置 $\boldsymbol{r}$ 球坐标表示为 (r,α,φ)，其中，r 表示航天器的地心距，α 和 φ 分别表示航天器的赤经和赤纬，如图 3.3 所示。航天器定义以航天器质心为原点的 3 个正交单位矢量 $\boldsymbol{u}_r$，$\boldsymbol{u}_\alpha$ 和 $\boldsymbol{u}_\varphi$，其中，$\boldsymbol{u}_r$ 沿航天器地心距方向，$\boldsymbol{u}_\alpha$ 沿航天器所在纬度圈的切线方向，$\boldsymbol{u}_\varphi$ 沿航天器所在子午圈的切线方向。

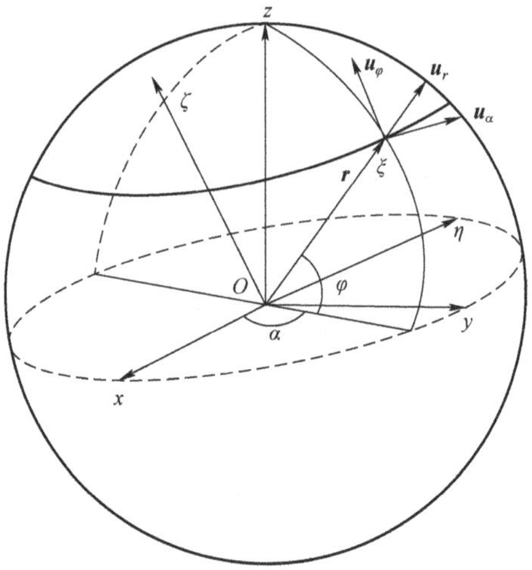

图 3.3　航天器空间位置球坐标表示

定义以地心为原点的球面坐标系 $O-\xi\eta\zeta$：3 个坐标轴 $O\xi$，$O\eta$ 和 $O\zeta$ 分别与 $\boldsymbol{u}_r$，$\boldsymbol{u}_\alpha$ 和 $\boldsymbol{u}_\varphi$ 平行，$O\xi$ 轴与地心距 $\boldsymbol{r}$ 的方向一致。显然，坐标系 $O-\xi\eta\zeta$ 是一个跟随航天器在空间转动的动坐标系。动坐标系 $O-\xi\eta\zeta$ 与赤道惯性系 $O-xyz$ 之间的坐标转换关系满足

$$(\boldsymbol{r})_\mathrm{s} = \boldsymbol{L}_\mathrm{si} \cdot (\boldsymbol{r})_\mathrm{i} \tag{3.18}$$

式中，下标 i 表示在惯性坐标 $O-xyz$ 的投影；下标 s 表示在球面坐标系 $O-\xi\eta\zeta$ 的投影；坐标旋转矩阵 $\boldsymbol{L}_\mathrm{si}$ 表示为

$$\boldsymbol{L}_\mathrm{si} = \begin{bmatrix} \cos\alpha\cos\varphi & \sin\alpha\cos\varphi & \sin\varphi \\ -\sin\alpha & \cos\alpha & 0 \\ \cos\alpha\sin\varphi & -\sin\alpha\sin\varphi & \cos\varphi \end{bmatrix} \tag{3.19}$$

令航天器动坐标系 $O-\xi\eta\zeta$ 的旋转角速度为 $\boldsymbol{\omega}$，则此 $\boldsymbol{\omega}$ 在惯性系 $O-xyz$ 中的各分量为

$$(\boldsymbol{\omega})_\mathrm{i} = \begin{bmatrix} \dot{\varphi}\sin\alpha \\ -\dot{\varphi}\cos\alpha \\ \dot{\alpha} \end{bmatrix} \tag{3.20}$$

进而，利用式（3.18）得到 $\boldsymbol{\omega}$ 在球面坐标系中的各分量为

$$(\boldsymbol{\omega})_\mathrm{s} = \boldsymbol{L}_\mathrm{si} \cdot (\boldsymbol{\omega})_\mathrm{i} = \begin{bmatrix} \dot{\alpha}\sin\varphi \\ -\dot{\varphi} \\ \dot{\alpha}\cos\varphi \end{bmatrix} \tag{3.21}$$

因此，动坐标系角速度矢量 $\boldsymbol{\omega}$ 可表示为

$$\boldsymbol{\omega}=\dot{\alpha}\sin\varphi\boldsymbol{u}_r-\dot{\varphi}\boldsymbol{u}_\alpha+\dot{\alpha}\cos\varphi\boldsymbol{u}_\varphi \tag{3.22}$$

利用式（3.22），可计算单位矢量 $\boldsymbol{u}_r$， $\boldsymbol{u}_\alpha$ 和 $\boldsymbol{u}_\varphi$ 的变化率

$$\begin{cases}\dot{\boldsymbol{u}}_r=\boldsymbol{\omega}\times\boldsymbol{u}_r=\dot{\alpha}\cos\varphi\boldsymbol{u}_\alpha+\dot{\varphi}\boldsymbol{u}_\varphi\\ \dot{\boldsymbol{u}}_\alpha=\boldsymbol{\omega}\times\boldsymbol{u}_\alpha=\dot{\alpha}\sin\varphi\boldsymbol{u}_\varphi-\dot{\alpha}\cos\varphi\boldsymbol{u}_r\\ \dot{\boldsymbol{u}}_\varphi=\boldsymbol{\omega}\times\boldsymbol{u}_\varphi=-\dot{\varphi}\boldsymbol{u}_\alpha-\dot{\alpha}\sin\varphi\boldsymbol{u}_\alpha\end{cases} \tag{3.23}$$

进而，可以导出航天器运动的速度和加速度分别为

$$\dot{\boldsymbol{r}}=\frac{\mathrm{d}r}{\mathrm{d}t}\boldsymbol{u}_r+r\frac{\mathrm{d}\boldsymbol{u}_r}{\mathrm{d}t}=\dot{r}\boldsymbol{u}_r+r(\dot{\alpha}\cos\varphi\boldsymbol{u}_\alpha+\dot{\varphi}\boldsymbol{u}_\varphi) \tag{3.24}$$

$$\begin{aligned}\ddot{\boldsymbol{r}}=&(\ddot{r}-r\dot{\alpha}^2\cos^2\varphi-r\dot{\varphi}^2)\boldsymbol{u}_r+(r\ddot{\alpha}\cos\varphi+2\dot{r}\dot{\alpha}\cos\varphi-2r\dot{\alpha}\dot{\varphi}\sin\varphi)\boldsymbol{u}_\alpha+\\&(r\ddot{\varphi}+2\dot{r}\dot{\varphi}+r\dot{\alpha}^2\sin\varphi\cos\varphi)\boldsymbol{u}_\varphi\end{aligned} \tag{3.25}$$

因此，航天器运动的球坐标方程为

$$\begin{cases}\ddot{r}-r\dot{\alpha}^2\cos^2\varphi-r\dot{\varphi}^2=F_r\\ r\ddot{\alpha}\cos\varphi+2\dot{r}\dot{\alpha}\cos\varphi-2r\dot{\alpha}\dot{\varphi}\sin\varphi=F_\alpha\\ r\ddot{\varphi}+2\dot{r}\dot{\varphi}+r\dot{\alpha}^2\sin\varphi\cos\varphi=F_\varphi\end{cases} \tag{3.26}$$

式中， F_r， F_α 和 F_φ 分别表示沿三个球面坐标轴方向作用在航天器上的力。

若只考虑地球引力，则 F_r， F_α 和 F_φ 为引力位函数 $U(r,\alpha,\varphi)$ 沿 $\boldsymbol{u}_r$， $\boldsymbol{u}_\alpha$ 和 $\boldsymbol{u}_\varphi$ 三个方向的导数。以 $\mathrm{d}s_r$， $\mathrm{d}s_\alpha$ 和 $\mathrm{d}s_\varphi$ 表示 $\boldsymbol{u}_r$， $\boldsymbol{u}_\alpha$ 和 $\boldsymbol{u}_\varphi$ 三个方向的微分，有

$$\mathrm{d}s_r=\mathrm{d}r,\quad \mathrm{d}s_\alpha=r\cos\varphi\mathrm{d}\alpha,\quad \mathrm{d}s_\varphi=r\mathrm{d}\varphi \tag{3.27}$$

因此，这三个引力分量与航天器坐标的关系为

$$F_r=\frac{\partial U}{\partial r},\quad F_\alpha=\frac{1}{r\cos\varphi}\cdot\frac{\partial U}{\partial\alpha},\quad F_\varphi=\frac{1}{r}\cdot\frac{\partial U}{\partial\varphi} \tag{3.28}$$

最后，将地球引力位函数（3.13）代入式（3.28），进一步代入航天器运动的球坐标方程（3.26），即可得到引力摄动作用下航天器的运动方程。

3.2.3 地球 J_2 项引力摄动

近地轨道受到的主要引力摄动来自地球的扁率，也即 J_2 项摄动。在地球引力位函数中，可以略去田谐项。这里以仅考虑带谐项 J_2 为例分析地球扁率摄动对轨道根数的直接影响。由式（3.13）可知，摄动位函数（略去中心引力项）可列为

$$R=\frac{\mu J_2R_\mathrm{e}^2}{2r^3}(3\sin^2\varphi-1) \tag{3.29}$$

由式（3.28）得引力摄动力在球坐标下的分量为

$$\begin{cases} F_r = \dfrac{\partial R}{\partial r} = \dfrac{3}{2}J_2\dfrac{\mu R_e^2}{r^4}(3\sin^2\varphi - 1) \\ F_\alpha = \dfrac{\partial R}{\partial \alpha}\cdot\dfrac{1}{r\cos\varphi} = 0 \\ F_\varphi = \dfrac{\partial R}{\partial \varphi}\cdot\dfrac{1}{r} = -\dfrac{3}{2}J_2\dfrac{\mu R_e^2}{r^4}\sin 2\varphi \end{cases} \tag{3.30}$$

由航天器球坐标 (r,α,φ) 与轨道坐标系 $\hat{\boldsymbol{R}}\hat{\boldsymbol{T}}\hat{\boldsymbol{N}}$ 的转换关系，二者的径向摄动力相同，切向和法向的摄动力 F_t 和 F_n 的转换关系为

$$\begin{cases} F_t = F_\varphi\cos\beta \\ F_n = F_\varphi\sin\beta \end{cases} \tag{3.31}$$

式中，β 为轨道面与航天器所在子午面的夹角。由球面三角形有关系式

$$\begin{cases} \cos i = \cos\varphi\sin\beta \\ \sin\varphi = \sin i\sin(\omega + f) \\ \cos\beta = \tan\varphi\cot(\omega + f) \end{cases} \tag{3.32}$$

综合式（3.30）～式（3.32），可得轨道坐标系 $\hat{\boldsymbol{R}}\hat{\boldsymbol{T}}\hat{\boldsymbol{N}}$ 下的 J_2 摄动力为

$$\begin{cases} F_r = -\dfrac{3}{2}J_2\dfrac{\mu R_e^2}{r^4}[1 - 3\sin^2 i\sin^2(\omega + f)] \\ F_t = -\dfrac{3}{2}J_2\dfrac{\mu R_e^2}{r^4}\sin^2 i\sin 2(\omega + f) \\ F_n = -\dfrac{3}{2}J_2\dfrac{\mu R_e^2}{r^4}\sin 2i\sin(\omega + f) \end{cases} \tag{3.33}$$

将摄动力代入高斯型轨道摄动方程（3.10），可得到 J_2 摄动作用下轨道根数的变化率。将轨道根数的变化率沿轨道积分一圈，可得 J_2 摄动作用下轨道根数在一个轨道周期内的平均摄动。定义符号 $\bar{E}$ 表示密切轨道根数 E 对应的平均轨道根数。以轨道升交点赤经 $\varOmega$ 为例，有

$$\begin{aligned} \dot{\bar{\varOmega}} &= \frac{1}{T}\int_0^T\left(\frac{\mathrm{d}\varOmega}{\mathrm{d}t}\right)\mathrm{d}t = \frac{n}{2\pi}\int_0^{2\pi}\frac{r\sin(\omega + f)}{na^2\sqrt{1 - e^2}\sin i}F_n\cdot\frac{1}{n}\cdot\left(\frac{r}{a}\right)^2\cdot\frac{1}{\sqrt{1 - e^2}}\mathrm{d}f \\ &= \frac{n}{2\pi}\int_0^{2\pi}\frac{-3J_2\mu R_e^2\cos i}{na^5(1 - e^2)^2}(1 + e\cos f)\sin^2(\omega + f)\mathrm{d}f \\ &= -\frac{3}{2}\cdot\frac{nJ_2}{(1 - e^2)^2}\cdot\left(\frac{R_e}{a}\right)^2\cdot\cos i \end{aligned} \tag{3.34}$$

在式（3.34）的推导中引入了 $\mathrm{d}t$ 和 $\mathrm{d}f$ 的转换关系，由轨道角动量表达式 $h = r^2\dot{f}$

易知

$$dt = \frac{1}{n} \cdot \left(\frac{r}{a}\right)^2 \cdot \frac{1}{\sqrt{1-e^2}} df \tag{3.35}$$

类似地，可得到其他轨道根数的平均摄动方程。因此，地球 J_2 项摄动引起的平均轨道根数摄动方程可表示为

$$\dot{\bar{a}} = 0 \tag{3.36}$$

$$\dot{\bar{e}} = 0 \tag{3.37}$$

$$\dot{\bar{i}} = 0 \tag{3.38}$$

$$\dot{\bar{\Omega}} = -\frac{3}{2} \cdot \frac{nJ_2}{(1-e^2)^2} \cdot \left(\frac{R_e}{a}\right)^2 \cdot \cos i \tag{3.39}$$

$$\dot{\bar{\omega}} = -\frac{3}{2} \cdot \frac{nJ_2}{(1-e^2)^2} \cdot \left(\frac{R_e}{a}\right)^2 \cdot \left(\frac{5}{2}\sin^2 i - 2\right) \tag{3.40}$$

$$\dot{\bar{M}} = n - \frac{3}{2} \cdot \frac{nJ_2}{(1-e^2)^{\frac{3}{2}}} \cdot \left(\frac{R_e}{a}\right)^2 \cdot \left(\frac{3}{2}\sin^2 i - 1\right) \tag{3.41}$$

由式（3.36）～式（3.38）可以看到，地球扁状摄动 J_2 项不引起平半长轴、平偏心率和平轨道倾角的变化。

定义轨道连续两次通过赤道面升交点的时间间隔为交点周期 T_N，如图 3.4 所示。由半长轴 a 决定的周期称为密切周期 T。则在地球扁状摄动 J_2 影响下，交点周期 T_N 和 T 之间满足

$$T_N = T \cdot \left\{1 - \frac{3}{4} \cdot \frac{J_2}{(1-e^2)^{1/2}} \cdot \left(\frac{R_e}{a}\right)^2 \cdot \left[\frac{2+3e^2}{(1-e^2)^{5/2}} + \frac{4-5\sin^2 i}{(1+e\cos\omega)^2}\right]\right\} \tag{3.42}$$

式中，a，e，i，ω 都是平均轨道根数。

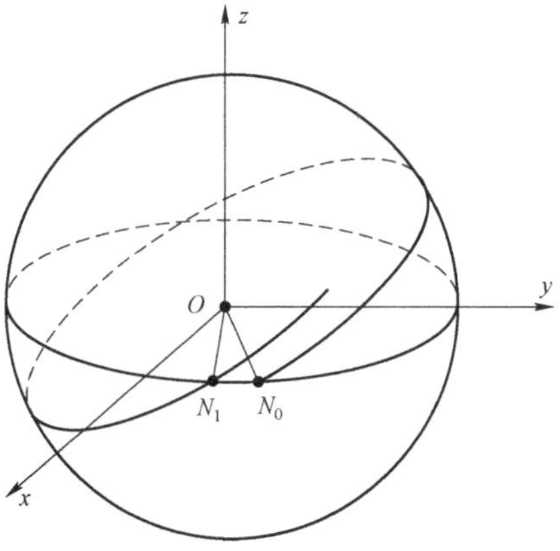

图 3.4　交点周期

3.3 大气阻力摄动

尽管近地轨道上的大气相对稀薄，但由于航天器长时间以极高的速度在高层大气穿行，微小大气阻力的积累效应会导致轨道衰减。以大气分子撞击航天器表面建立阻力模型，表示为

$$\boldsymbol{D}=-\frac{1}{2}c_d\rho Sv_d\cdot\boldsymbol{v}_d \tag{3.43}$$

式中，c_d 为阻力系数；ρ 为大气密度；S 为迎风横截面积，即几何面积乘以面积外法线与速度的方向余弦；$\boldsymbol{v}_d$ 为航天器质心相对于大气的速度。

为了方便解析计算，做以下假设：①大气不随地球旋转；②航天器的迎风横截面积不随时间改变。在假设条件下，大气阻力简化模型只引起沿轨道速度相反方向的摄动力：

$$\boldsymbol{F}_d=\frac{\boldsymbol{D}}{m}=-\frac{1}{2}\cdot\frac{c_d\rho S}{m}v\cdot\boldsymbol{v} \tag{3.44}$$

其在轨道径向和切向坐标的分量为

$$\begin{cases}F_r=-F_d\sin\gamma\\ F_t=-F_d\cos\gamma\end{cases} \tag{3.45}$$

式中，γ 为飞行角，即航天器速度与当地水平线的夹角。气动力主要引起航天器轨道半长轴和偏心率的摄动，将式（3.45）代入高斯型轨道摄动方程得

$$\frac{\mathrm{d}a}{\mathrm{d}t}=-\left(\frac{c_d\rho S}{m}\right)\cdot\frac{na^2}{(1-e^2)^{\frac{3}{2}}}(1+e^2+2e\cos f)^{\frac{3}{2}} \tag{3.46}$$

$$\frac{\mathrm{d}e}{\mathrm{d}t}=-\left(\frac{c_d\rho S}{m}\right)\cdot\frac{na^2}{(1-e^2)^{\frac{1}{2}}}(e+\cos f)(1+e^2+2e\cos f)^{\frac{1}{2}} \tag{3.47}$$

式（3.35）可改写为

$$\mathrm{d}t=\frac{(1-e^2)^{\frac{3}{2}}}{n(1+e\cos f)^2}\mathrm{d}f \tag{3.48}$$

利用式（3.48），在轨道一圈内半长轴和偏心率的增量分别为

$$\Delta a=-\left(\frac{c_d\rho S}{m}\right)a^2\int_0^{2\pi}\frac{(1+e^2+2e\cos f)^{\frac{3}{2}}}{(1+e\cos f)^2}\mathrm{d}f \tag{3.49}$$

$$\Delta e=-\left(\frac{c_d\rho S}{m}\right)a(1-e^2)\int_0^{2\pi}\frac{(1+e^2+2e\cos f)^{\frac{1}{2}}}{(1+e\cos f)^2}(e+\cos f)\mathrm{d}f \tag{3.50}$$

可以看到，式（3.49）和式（3.50）仍然比较复杂。这里进一步考虑圆轨道，可用能量法估计轨道高度的衰减。大气摄动对航天器做功 $-\boldsymbol{v}\cdot\boldsymbol{F}_d$，等于轨道能量的变化 $\mathrm{d}E/\mathrm{d}t$，根据能量式 $E=-\mu/2a$，有

$$\frac{\mu}{2a^2}\cdot\frac{\mathrm{d}a}{\mathrm{d}t}=-\boldsymbol{v}\cdot\boldsymbol{F}_d \tag{3.51}$$

对于圆轨道，有 $a=r$ 和 $v=\sqrt{\mu/r}$，再引入高层大气密度的指数近似模型

$$\rho=\rho_0\mathrm{e}^{-H/h_0} \tag{3.52}$$

式中，$H=r-R_\mathrm{e}$ 为轨道高度；ρ_0 为参考大气密度；h_0 为高层大气的标高。因此，式（3.51）可简化为

$$\frac{\mathrm{d}r}{\mathrm{d}t}=\left(\frac{c_d S}{m}\right)\sqrt{\mu r}\,\rho_0\mathrm{e}^{-H/h_0} \tag{3.53}$$

对式（3.53）积分可得

$$\int_{H_0}^{H}\frac{\mathrm{e}^{H/h_0}}{\sqrt{R_\mathrm{e}+H}}\mathrm{d}H=-\sqrt{\mu}\left(\frac{c_d S}{m}\right)\rho_0(t-t_0) \tag{3.54}$$

式中，t_0 和 H_0 分别为初始时间和初始轨道高度。对于近地圆轨道可引用近似关系 $R_\mathrm{e}\gg H$，由式（3.54）的积分可得轨道高度的衰减过程为

$$H(t)=H_0\ln\left[\mathrm{e}^{H_0/h_0}-\frac{1}{h}\sqrt{\mu R_\mathrm{e}}\left(\frac{c_d S}{m}\right)\rho_0(t-t_0)\right] \tag{3.55}$$

| 3.4 第三体引力摄动和光压摄动 |

3.4.1 第三体引力摄动

近地轨道航天器在实际飞行过程中，除受到地球引力外，还会受到第三体（日、月等）的引力摄动作用，使航天器轨道偏离理想开普勒轨道。

设下标 e 和 1 分别为地球和第三体。在惯性坐标系 $O-xyz$ 下，地球、航天器和第三体的位置矢量分别记为 $\boldsymbol{\rho}_\mathrm{e}$，$\boldsymbol{\rho}$ 和 $\boldsymbol{\rho}_1$。航天器和第三体相对于地球的位

置矢量分别为 $\boldsymbol{r}$ 和 $\boldsymbol{r}_{e1}$，如图 3.5 所示，并满足几何关系

$$\boldsymbol{r}=\boldsymbol{\rho}-\boldsymbol{\rho}_e=\boldsymbol{r}_{e1}-\boldsymbol{r}_1 \tag{3.56}$$

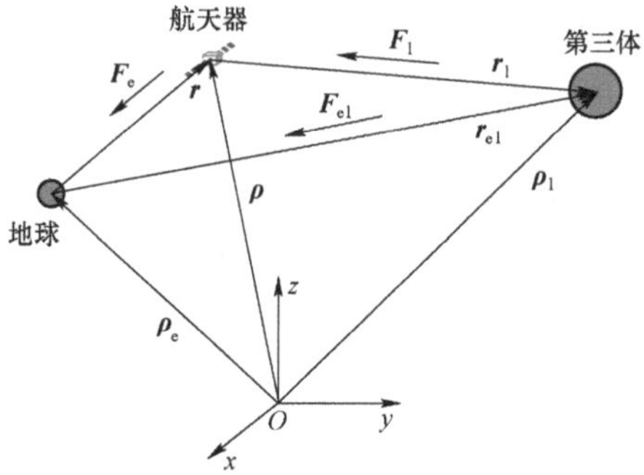

图 3.5　地球、航天器和第三体的相对位置示意图

根据万有引力定律，引力 $\boldsymbol{F}_e$，$\boldsymbol{F}_1$ 和 $\boldsymbol{F}_{e1}$ 为

$$\boldsymbol{F}_e=-G\frac{m_e m}{r^3}\boldsymbol{r},\quad \boldsymbol{F}_1=-G\frac{mm_1}{r_1^3}\boldsymbol{r}_1,\quad \boldsymbol{F}_{e1}=-G\frac{m_e m_1}{r_{e1}^3}\boldsymbol{r}_{e1} \tag{3.57}$$

因此，航天器和地球受到的引力加速度分别为

$$\ddot{\boldsymbol{\rho}}=\frac{1}{m}(\boldsymbol{F}_e-\boldsymbol{F}_1) \tag{3.58}$$

$$\ddot{\boldsymbol{\rho}}_e=\frac{1}{m_e}(-\boldsymbol{F}_e-\boldsymbol{F}_{e1}) \tag{3.59}$$

利用式（3.56）～式（3.59），航天器相对于地球的加速度可表示为

$$\ddot{\boldsymbol{r}}=\ddot{\boldsymbol{\rho}}-\ddot{\boldsymbol{\rho}}_e=-G(m+m_e)\frac{\boldsymbol{r}}{r^3}+Gm_1\left(\frac{\boldsymbol{r}_1}{r_1^3}-\frac{\boldsymbol{r}_{e1}}{r_{e1}^3}\right)=\boldsymbol{f}_e+\boldsymbol{f}_g \tag{3.60}$$

式（3.60）中 $\boldsymbol{f}_e$ 是地球对航天器的引力加速度。由于航天器质量远小于地球质量，$m_1 \ll m_e$，因此，$G(m+m_e)\approx Gm_e=\mu$，有

$$\boldsymbol{f}_e\approx -Gm_e\frac{\boldsymbol{r}}{r^3}=-\mu\frac{\boldsymbol{r}}{r^3} \tag{3.61}$$

式（3.60）中 $\boldsymbol{f}_g$ 是第三体引力引起的摄动加速度：

$$\boldsymbol{f}_g=Gm_1\left(\frac{\boldsymbol{r}_1}{r_1^3}-\frac{\boldsymbol{r}_{e1}}{r_{e1}^3}\right) \tag{3.62}$$

可以看到，第三体对航天器的引力摄动作用是由引力对航天器和地球的作用之差决定的。

类似地，若同时考虑多个天体的引力摄动情况，则航天器相对于地球的加

速度可表示为

$$\ddot{\boldsymbol{r}}=-\mu\frac{\boldsymbol{r}}{r^3}+\sum_i Gm_i\left(\frac{\boldsymbol{r}_i}{r_i^3}-\frac{\boldsymbol{r}_{ei}}{r_{ei}^3}\right) \tag{3.63}$$

接下来，需要评估第三体引力摄动相对于地球中心引力的量级。对近地航天器，由于其地心距比地球离日、月的距离小得多，可近似

$$r_1\approx r_{e1} \tag{3.64}$$

由式（3.62），第三体引力引起的摄动加速度的幅值近似等于

$$\boldsymbol{f}_g=Gm_1\left(\frac{\boldsymbol{r}_1}{r_1^3}-\frac{\boldsymbol{r}_{e1}}{r_{e1}^3}\right)\approx -Gm_1\left(\frac{\boldsymbol{r}}{r_{e1}^3}\right) \tag{3.65}$$

故第三体引力引起的摄动加速度 $\boldsymbol{f}_g$ 与地球对航天器的中心引力加速度 $\boldsymbol{f}_e$ 之比为

$$\frac{\|\boldsymbol{f}_g\|}{\|\boldsymbol{f}_e\|}\approx\frac{m_1}{m_e}\cdot\left(\frac{r}{r_{e1}}\right)^3 \tag{3.66}$$

根据天文学中的数据，日、月引力对地球同步航天器轨道航天器的摄动力与地球中心引力之比分别为 0.75×10^{-5} 和 1.63×10^{-5}。相比之下，地球带谐项摄动力与地球中心引力之比的量级为 3.7×10^{-5}。因此，对地球同步轨道航天器，日、月引力摄动和地球带谐项摄动是同一量级的。

如图 3.6 所示，航天器和第三体之间的几何关系可表示为

$$\begin{cases}\boldsymbol{r}_1=\boldsymbol{r}_{e1}-\boldsymbol{r}\\ r_1^2=r^2+r_{e1}^2-2rr_{e1}\cos\theta\end{cases} \tag{3.67}$$

式中，θ 为第三体与航天器相对地心的张角，有

$$\cos\theta=\frac{\boldsymbol{r}}{r}\cdot\frac{\boldsymbol{r}_{e1}}{r_{e1}} \tag{3.68}$$

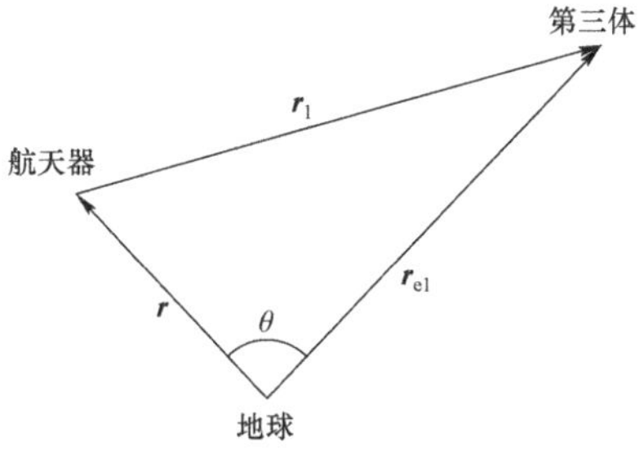

图 3.6　航天器、地球对第三体的指向

由式（3.62），第三体引力作用在单位质量航天器上的摄动加速度 $\boldsymbol{f}_g$ 可以表示为

$$\boldsymbol{f}_{\mathrm{g}}=\frac{Gm_1}{r_{\mathrm{e1}}^3}\cdot\left[\left(\frac{r_{\mathrm{e1}}}{r_1}\right)^3\boldsymbol{r}_1-\boldsymbol{r}_{\mathrm{e1}}\right] \tag{3.69}$$

根据式（3.67），应用勒让德多项式将 $1/r_1$ 展开为

$$\begin{aligned}\frac{1}{r_1}&=\frac{1}{r_{\mathrm{e1}}}\left[1-2\left(\frac{r}{r_{\mathrm{e1}}}\right)\cos\theta+\left(\frac{r}{r_{\mathrm{e1}}}\right)^2\right]^{-\frac{1}{2}}=\frac{1}{r_{\mathrm{e1}}}\sum_{n=0}^{\infty}P_n(\cos\theta)\left(\frac{r}{r_{\mathrm{e1}}}\right)^n\\&=\frac{1}{r_{\mathrm{e1}}}\left[1+\left(\frac{r}{r_{\mathrm{e1}}}\right)\cos\theta+\left(\frac{r}{r_{\mathrm{e1}}}\right)^2\left(\frac{3}{2}\cos^2\theta-\frac{1}{2}\right)+\cdots\right]\end{aligned} \tag{3.70}$$

将式（3.70）代入式（3.69），因航天器的地心距 $r\ll r_{\mathrm{e1}}$，可略去 (r/r_{e1}) 的平方项，引入几何关系式（3.67），可得第三体引力引起的摄动加速度 $\boldsymbol{f}_{\mathrm{g}}$ 的简化式：

$$\boldsymbol{f}_{\mathrm{g}}=\frac{Gm_1}{r_{\mathrm{e1}}^3}r\left[(3\cos\theta)\frac{\boldsymbol{r}_{\mathrm{e1}}}{r_{\mathrm{e1}}}-\frac{\boldsymbol{r}}{r}\right] \tag{3.71}$$

与式（3.69）相比，式（3.71）仅含第三体（日、月等）相对地球的方向矢量。

在航天器轨道坐标系 $\hat{\boldsymbol{R}}\hat{\boldsymbol{T}}\hat{\boldsymbol{N}}$ 下，航天器坐标轴矢量 $\hat{\boldsymbol{R}}$ 沿航天器地心距方向；$\hat{\boldsymbol{T}}$ 位于轨道平面内，垂直于 $\hat{\boldsymbol{R}}$，指向航天器速度方向；$\hat{\boldsymbol{N}}$ 垂直于轨道平面，则 $\boldsymbol{f}_{\mathrm{g}}$ 的分量形式可表示为

$$\begin{cases}F_r=\boldsymbol{f}_{\mathrm{g}}\cdot\hat{\boldsymbol{R}}=rn_1^2(3\cos\theta-1)\\F_t=\boldsymbol{f}_{\mathrm{g}}\cdot\hat{\boldsymbol{T}}=3rn_1^2\cos\theta\left(\dfrac{\boldsymbol{r}_{\mathrm{e1}}}{r_{\mathrm{e1}}}\cdot\hat{\boldsymbol{T}}\right)\\F_n=\boldsymbol{f}_{\mathrm{g}}\cdot\hat{\boldsymbol{N}}=3rn_1^2\cos\theta\left(\dfrac{\boldsymbol{r}_{\mathrm{e1}}}{r_{\mathrm{e1}}}\cdot\hat{\boldsymbol{N}}\right)\end{cases} \tag{3.72}$$

式中

$$n_1=\sqrt{\frac{Gm_1}{r_{\mathrm{e1}}^3}} \tag{3.73}$$

考虑日、月相对地球的方向矢量。首先考虑太阳的方向矢量，以太阳视运动的黄经 l_{s} 和黄道倾角 i_{s} 表示太阳在地球赤道惯性系的方向为

$$\frac{\boldsymbol{r}_{\mathrm{e1}}}{r_{\mathrm{e1}}}=\hat{\boldsymbol{S}}=\begin{bmatrix}\cos l_{\mathrm{s}}\\\sin l_{\mathrm{s}}\cos i_{\mathrm{s}}\\\sin l_{\mathrm{s}}\sin i_{\mathrm{s}}\end{bmatrix} \tag{3.74}$$

其次考虑月球的方向矢量，以 $\varOmega_{\mathrm{m}}$ 和 i_{m} 分别表示月球白道面相对地球赤道惯性

系的升交点赤经和轨道倾角，以 β_{m} 表示月球在月球轨道上相距白道升交点的角距，则月球方向在地球赤道惯性系中表示为

$$\frac{\boldsymbol{r}_{\mathrm{el}}}{r_{\mathrm{el}}}=\hat{\boldsymbol{M}}=\begin{bmatrix}\cos\beta_{\mathrm{m}}\cos\Omega_{\mathrm{m}}-\sin\beta_{\mathrm{m}}\sin\Omega_{\mathrm{m}}\cos i_{\mathrm{m}}\\ \cos\beta_{\mathrm{m}}\sin\Omega_{\mathrm{m}}-\sin\beta_{\mathrm{m}}\cos\Omega_{\mathrm{m}}\cos i_{\mathrm{m}}\\ \sin\beta_{\mathrm{m}}\sin i_{\mathrm{m}}\end{bmatrix} \tag{3.75}$$

3.4.2　光压摄动

航天器受太阳光照射时，太阳辐射能量的一部分会被吸收，另一部分被反射。这一过程会使航天器受到力的作用，称为太阳辐射压力，简称光压。通常，在 8 000 km 以下的轨道空间，航天器主要受大气阻力摄动的影响，而在更高的轨道上则主要受光压摄动的影响。

作用在航天器单位表面积 dA 上的光压可由式（3.76）估算：

$$\mathrm{d}\boldsymbol{F}=-p\mathrm{d}A\,|\cos\alpha|\,[(1-c)\boldsymbol{u}_1-c'\boldsymbol{u}_{\mathrm{F}}] \tag{3.76}$$

式中，$p=4.56\times10^{-6}\,\mathrm{N/m^2}$ 为光压强度；α 为太阳光入射角；$\boldsymbol{u}_1$ 和 $\boldsymbol{u}_{\mathrm{F}}$ 为入射光和反射光方向的单位矢量；c 和 c' 为航天器表面的吸收率和反射率。

为了分析简单，可近似认为光压的方向与太阳光的入射方向一致。因此，作用在单位航天器质量上的光压可以表示为

$$\boldsymbol{F}_{\mathrm{s}}=-Kp\left(\frac{A}{m}\right)\hat{\boldsymbol{S}} \tag{3.77}$$

式中，A 为垂直于太阳光的航天器截面积；m 为航天器质量；K 为取决于航天器表面材料反射性能的系数：①对于完全透光材料，$K=0$，②对于完全吸收材料，$K=1$，③对于完全反射材料，$K=2$；$\hat{\boldsymbol{S}}$ 为从地心到太阳的单位矢量，由于航天器的地心距与太阳的地心距的比值很小，故可用 $\hat{\boldsymbol{S}}$ 近似表示太阳相对于航天器的方向。

在地球同步轨道上，航天器受到的光压 F_{s} 与地心中心引力 F_{e} 之比为

$$\frac{F_{\mathrm{s}}}{F_{\mathrm{e}}}=-\frac{Kp}{g}\cdot\left(\frac{A}{m}\right)\cdot\left(\frac{r_{\mathrm{s}}}{R_{\mathrm{e}}}\right)^2 \tag{3.78}$$

若航天器的面质比 A/m 为 $0.1\,\mathrm{m^2/kg}$，则光压 $F_{\mathrm{s}}=-0.2\times10^{-5}F_{\mathrm{e}}$，与地球形状摄动和日、月引力摄动属于同一量级。

将光压在航天器轨道坐标系 $\hat{\boldsymbol{R}}\hat{\boldsymbol{T}}\hat{\boldsymbol{N}}$ 中投影，得到 3 个分量为

$$\begin{cases}F_r=-F_{\mathrm{s}}(\hat{\boldsymbol{S}}\cdot\hat{\boldsymbol{R}})\\ F_t=-F_{\mathrm{s}}(\hat{\boldsymbol{S}}\cdot\hat{\boldsymbol{T}})\\ F_n=-F_{\mathrm{s}}(\hat{\boldsymbol{S}}\cdot\hat{\boldsymbol{N}})\end{cases} \tag{3.79}$$

式中，$\hat{\boldsymbol{R}}$，$\hat{\boldsymbol{T}}$ 与 $\hat{\boldsymbol{N}}$ 为航天器所在点的径向、横向和法向的单位矢量。

太阳方向 $\hat{\boldsymbol{S}}$ 在赤道惯性系中可用赤经 α_s 和赤纬 δ_s 表示，也可以借助式（3.75），用太阳视运动的黄经 l_s 和黄赤夹角 i_s。将 $\hat{\boldsymbol{S}}$ 代入式（3.79），可得光压摄动的 3 个分量为

$$\begin{cases} F_r = -\dfrac{F_s}{2}[(1-\cos i_s)\cos(\Omega+u+l_s)+(1+\cos i_s)\cos(\Omega+u-l_s)] \\ F_t = \dfrac{F_s}{2}[(1-\cos i_s)\cos(\Omega+u+l_s)+(1+\cos i_s)\sin(\Omega+u-l_s)] \\ F_n = -\dfrac{F_s}{2}\sin i_s \sin l_s \end{cases} \tag{3.80}$$

式中，$u=\omega+f$。

光压引起的轨道摄动主要表现在轨道面内春分点轨道根数 e_x 和 e_y 的变化。对于静止轨道，有 $e \ll 1$，$n \approx \omega_e$，$f \approx M$，由高斯型轨道摄动方程（3.11），轨道根数 e_x 和 e_y 的摄动方程可简化为

$$\begin{cases} \dfrac{\mathrm{d}e_x}{\mathrm{d}t} = \dfrac{1}{v_s}(F_r \sin l + 2F_t \cos l) \\ \dfrac{\mathrm{d}e_y}{\mathrm{d}t} = \dfrac{1}{v_s}(-F_r \cos l + 2F_t \sin l) \end{cases} \tag{3.81}$$

式中，$v_s = h/r$ 为静止轨道航天器的速度；$l = \Omega + \omega + M$ 为航天器的平赤经。将式（3.80）代入式（3.81），并沿轨道积分一圈（假定轨道一圈内 l_s 为常值），得每天偏心率的变化为

$$\begin{cases} \dfrac{\delta e_x}{\delta t} = \dfrac{1}{2\pi}\displaystyle\int_0^{2\pi}\left(\dfrac{\mathrm{d}e_x}{\mathrm{d}t}\right)\mathrm{d}l = -\dfrac{3F_s}{2v_s}\sin l_s \cos i_s = \dfrac{3F_s}{2v_s}\cos i_s \cdot \cos\left(l_s + \dfrac{\pi}{2}\right) \\ \dfrac{\delta e_y}{\delta t} = \dfrac{1}{2\pi}\displaystyle\int_0^{2\pi}\left(\dfrac{\mathrm{d}e_y}{\mathrm{d}t}\right)\mathrm{d}l = \dfrac{3F_s}{2v_s}\cos l_s = \dfrac{3F_s}{2v_s}\sin\left(l_s + \dfrac{\pi}{2}\right) \end{cases} \tag{3.82}$$

若忽略黄赤交角 $\cos i_s$，式（3.82）描述的一天内偏心率的变化方向为 $l_s + \pi/2$，垂直于太阳方向。

接下来，分析偏心率在一年内的变化，将式（3.82）沿太阳视运动轨道进行积分，令

$$l_s = n_s(t-t_0) = l_s(t) - l_s(t_0)$$

式中，n_s 为地球绕太阳公转的角速度，得

$$\begin{cases} e_x(t) = e_x(t_0) + \dfrac{3F_s}{2v_s n_s}[\cos l_s(t) - \cos l_s(t_0)]\cos i_s \\ e_y(t) = e_y(t_0) + \dfrac{3F_s}{2v_s n_s}[\sin l_s(t) - \sin l_s(t_0)] \end{cases} \tag{3.83}$$

式中，$e_x(t_0)$ 和 $e_y(t_0)$ 为初始偏心率，等式右侧第二项表示偏心率增量 $\Delta e_x(t_0)$ 和 $\Delta e_y(t_0)$。

在赤道坐标面上，后两项随太阳视运动描述一个通过坐标原点的圆周，圆心在太阳方向上，位于 $[-\cos l_s(t_0), -\sin l_s(t_0)]$，圆半径 ρ 为

$$\rho = \frac{3F_s}{2v_s n_s} \approx 0.011\left(\frac{A}{m}\right) \tag{3.84}$$

式（3.83）的合成如图 3.7 所示。光压使偏心率 e 的端点在偏心率圆上移动，偏心率圆的圆心位置和初始 $e(t_0)$ 与 $l_s(t_0)$ 有关。

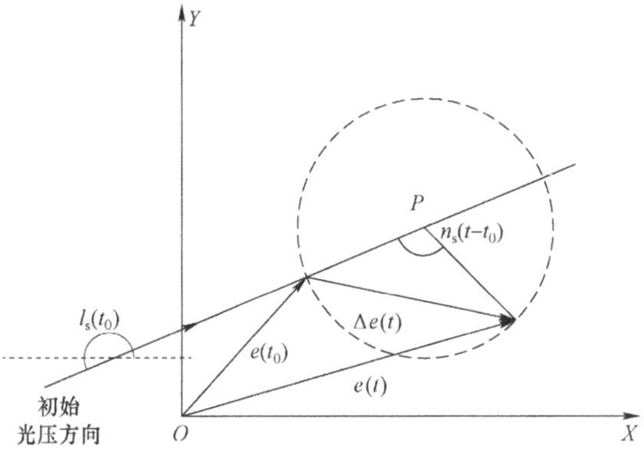

图 3.7　偏心率在一年内的变化规律

若静止轨道航天器的初始偏心率 $e(t_0)$ 指向太阳，幅值又等于偏心率圆半径 ρ，则式（3.83）可化为

$$\begin{cases} e_x(t) = \rho\cos l_s(t) \\ e_y(t) = \rho\sin l_s(t) \end{cases} \tag{3.85}$$

说明在光压的作用下，偏心率矢量的幅值保持为常值，但方向随太阳旋转。

3.5 利用摄动力的特殊轨道

3.5.1 太阳同步轨道

太阳同步轨道（Sun-Synchronous Orbit，SSO）是一类特殊的轨道族，其轨道平面指向相对于太阳保持恒定。太阳同步轨道是自然摄动力（地球 J_2 项）

的典型应用。

考虑地球 J_2 项的轨道摄动，由式（3.34）计算轨道升交点赤经的平均变化率为

$$\dot{\Omega}=-\frac{3nJ_2R_e^2}{2a^2(1-e^2)^2}\cos i \tag{3.86}$$

式中，a 和 e 为轨道的半长轴和偏心率；n 为轨道平均角速度；$J_2=0.001\,082$。

对于圆轨道，$e=0$，式（3.86）可改写为一天内的变化增量

$$\begin{aligned}\Delta\Omega&=86\,400\cdot\dot{\Omega}=-86\,400\cdot\frac{3J_2\sqrt{\mu}}{2R_e^{3/2}}\cdot\left(\frac{R_e}{a}\right)^{7/2}\cdot\cos i\\&\approx-9.97\left(\frac{R_e}{a}\right)^{7/2}\cdot\cos i\end{aligned} \tag{3.87}$$

式中，$\Delta\Omega$ 的单位为(°)/天。显然，如果轨道倾角 $i<90°$，则 $\dot{\Omega}<0$，为西进轨道；如果轨道倾角 $i>90°$，则 $\dot{\Omega}>0$，为东进轨道。

由于地球绕太阳的公转周期为 365.256 36 天，因此，平均每天地球绕太阳周年转动的角度为

$$\Delta\Omega_e=\frac{360°}{365.256\,36\text{天}}=0.985\,6°/\text{天} \tag{3.88}$$

在合适的轨道半长轴 a 和倾角 i 组合下，使轨道进动方向和速率与地球绕太阳周年转动的方向和速率相同，也即

$$\Delta\Omega=\Delta\Omega_e \tag{3.89}$$

称为太阳同步轨道。图 3.8 给出了太阳同步轨道倾角 i_{sso} 随轨道高度 h_{sso} 的变化情况。

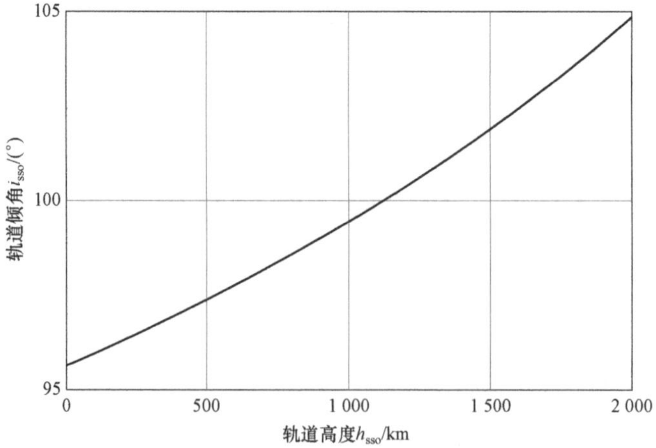

图 3.8　太阳同步轨道倾角 i_{sso} 随轨道高度 h_{sso} 的变化情况

太阳同步轨道的轨道面法线和太阳方向在赤道面上的投影之间的夹角保持恒定。由于太阳同步轨道上航天器的太阳照射角、太阳能源接收量、同纬度星下点的地方平太阳时、同纬度星下点的照度、地影时间等参数的周年变化为最小，因此太阳同步轨道特别适用于近地轨道的遥感卫星。

定义轨道法线与太阳方向视线的夹角为轨道太阳角 β，有

$$\beta = \arccos(\sin\Omega_s \cos\delta_s \sin i + \sin\delta_s \cos i) \tag{3.90}$$

式中，Ω_s 为升交点的地方平太阳时角，$\Omega_s = \Omega - \alpha_s$，对于太阳同步轨道 Ω_s 为常值，其数值取决于发射窗口。在式（3.90）中，仅有太阳赤纬 δ_s 为变量（$-23.5° \leqslant \delta_s \leqslant 23.5°$），因此轨道太阳角随季节变化而变化。

定义 η 为星下点的太阳高度角，则有

$$\eta = \arccos[-\cos\varphi\cos\delta_s \sin(\Omega_s + \Omega_C) + \sin\varphi\sin\delta_s] \tag{3.91}$$

式中，φ 为指定纬度圈的纬度；Ω_C 为经度圈节点与降交点的夹角。由式（3.91）可以看到，对太阳同步轨道上的航天器经过指定纬度圈时，星下点的地方平太阳时和照度仅随季节变化而变化。

3.5.2　临界轨道

地球的非球形引力摄动会引起轨道拱线在轨道平面内转动，同时引起偏心率的变化。仅考虑 J_2 项的影响，由式（3.40）可知，近地点幅角 ω 的平均变化率为

$$\dot{\omega} = -\frac{3nJ_2R_e^2}{2a^2(1-e^2)^2} \cdot \left(\frac{5}{2}\sin^2 i - 2\right) = \frac{3}{4}nJ_2\frac{5\cos^2 i - 1}{(a/R_e)^2(1-e^2)^2} \tag{3.92}$$

由此可见，地球扁率 J_2 项会引起近地点幅角 ω 的改变。因此，轨道每运行一圈，轨道拱线在轨道平面内转过的角度为

$$(\Delta\omega)_{2\pi} = \dot{\omega}T = \frac{3}{2}\pi J_2\frac{5\cos^2 i - 1}{(a/R_e)^2(1-e^2)^2} \tag{3.93}$$

考虑每天拱线转动引起的近地点幅角 ω 的日漂移量为

$$\begin{aligned}(\Delta\omega)_{\text{day}} &= \dot{\omega} \cdot 86\,400 = 86\,400 \cdot \frac{3}{4} \cdot \frac{\sqrt{\mu}J_2}{R_e^{3/2}} \cdot \frac{5\cos^2 i - 1}{(a/R_e)^{7/2}(1-e^2)^2} \\ &\approx 4.982\,0\frac{5\cos^2 i - 1}{(a/R_e)^{7/2}(1-e^2)^2}\end{aligned} \tag{3.94}$$

某些航天器的应用任务要求其轨道的拱线不发生转动。如果要求拱线不得转动，则需满足

$$\dot{\omega}=0 \tag{3.95}$$

由式（3.92），可知轨道倾角应满足

$$5\cos^2 i-1=0 \tag{3.96}$$

方程（3.96）有两个解，即 $i=63.43^\circ$ 的顺行轨道和 $i=116.57^\circ$ 的逆行轨道。

由于绝大部分航天器的轨道为顺行轨道，故将 $i=63.43^\circ$ 的顺行轨道称为临界轨道，对应的倾角 $i=63.43^\circ$ 称为临界倾角。当轨道倾角 $i<63.43^\circ$ 时，拱线在轨道面内沿着轨道运行的方向转动；相反，当 $i>63.43^\circ$ 时，拱线逆着轨道运行的方向转动。

临界轨道的典型应用是服务于高纬度地区的通信航天器，如苏联的 Molnia（闪电）航天器，如图 3.9 所示。该航天器轨道具有大的偏心率 $e=0.715$，轨道倾角为临界倾角 $i=63.43^\circ$，从而保证远地点始终位于高纬度的上空，以此实现对高纬度地区长时间的通信功能。

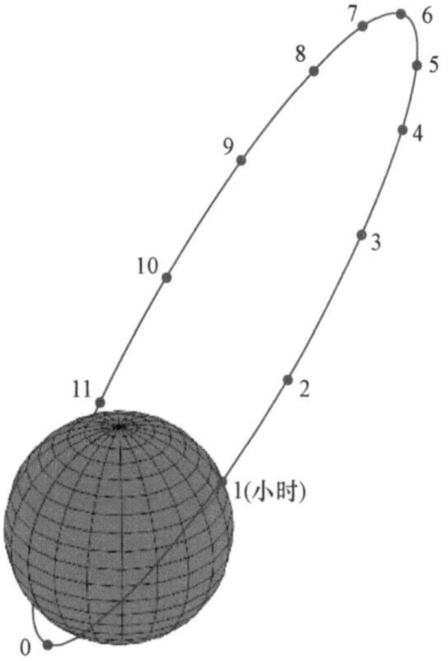

图 3.9 Molnia 航天器的临界轨道

3.5.3 冻结轨道

冻结轨道是一类充分利用自然引力摄动作用的航天器轨道，其轨道倾角、近地点幅角、偏心率等轨道参数能在很长一段时间内保持稳定。航天器运行在冻结轨道上，能够在较少轨道维持控制的条件下仍然保持轨道稳定。

考虑地球扁平摄动项（J_2 和 J_3）对轨道近地点幅角 ω 和偏心率 e 的影响，有

$$\dot{\omega}=-\frac{3nJ_2R_e^2}{2a^2\left(1-e^2\right)^2}\left(\frac{5}{2}\sin^2 i-2\right)\left[1+\frac{J_3R_e}{2J_2a\left(1-e^2\right)}\cdot\left(\frac{\sin^2 i-e\cos^2 i}{\sin i}\right)\cdot\frac{\sin\omega}{e}\right] \tag{3.97}$$

$$\dot{e}=\frac{3nJ_3R_e^3\sin i}{4a^3\left(1-e^2\right)^2}\left(\frac{5}{2}\sin^2 i-2\right)\cos\omega \tag{3.98}$$

为使近地点幅角 ω 保持稳定，可通过选择合适的偏心率，使式（3.97）中括号项等于零；为使轨道偏心率 e 保持稳定，可通过设置合适的近地点幅角，使 $\dot{e}=0$。因此，由式（3.98）可知，合适的轨道近地点幅角设计为

$$\omega=90^\circ \tag{3.99}$$

将式（3.99）代入式（3.97）中的中括号项并使其等于零，得到

$$\frac{2J_2 a}{J_3 R_e}(1-e^2)e = e\frac{\cos^2 i}{\sin i} - \sin i \tag{3.100}$$

对近圆轨道，$e \approx 0$，忽略式（3.100）中偏心率的高阶小量，得到

$$e = \sin i\left(\frac{\cos^2 i}{\sin i} - \frac{2J_2 a}{J_3 R_e}\right)^{-1} \tag{3.101}$$

当轨道根数满足式（3.99）和式（3.101）时，有 $\dot{\omega} = \dot{e} = 0$。因此近地点幅角 ω（冻结在 90°）和 e 保持恒定不变，此类轨道称为冻结轨道。注意到，冻结轨道的偏心率 e 是由轨道倾角 i 和轨道半长轴 a 决定的。

3.5.4　地球静止轨道

地球静止轨道（Geostationary Orbit，GEO）是指星下点位置（经纬度）静止不动的卫星轨道。运行在地球静止轨道上的卫星满足以下特征：①轨道的形状为圆形，偏心率 $e = 0$；②轨道处在地球赤道平面上，倾角 $i = 0$；③轨道的周期与地球自转周期一致，即 $T = 2\pi / \omega_e$，其中 ω_e 为地球自转角速度。

地球自转周期为 1 恒星日，也即

$$1\,\text{恒星日} = 23^{\text{h}}56^{\text{m}}4.090\,524^{\text{s}}\,\text{太阳时} = 86\,164.09\ \text{s} \tag{3.102}$$

因此，地球自转角速度为

$$\omega_e = \frac{2\pi}{86\,164.09}\ \text{rad/s} = 7.292\,115\,9\times10^{-5}\ \text{rad/s} \tag{3.103}$$

地球静止轨道的周期 n_s 与地球自转周期一致，即 $n_s = \omega_e$。故可得到地球同步圆轨道的半径和速度分别为

$$r_s = \left(\frac{\mu}{\omega_e^2}\right)^{1/3} = 42\,164.17\ \text{km} \tag{3.104}$$

$$v_s = r_s\omega_e = 3.074\,7\ \text{km/s} \tag{3.105}$$

由于卫星受到各种摄动力的作用，实际上不存在理想静止轨道。轨道半长轴、偏心率和轨道倾角相对于理想静止轨道的微小偏差，都会使卫星的星下点在东西经度方向和南北纬度方向漂移，而不是静止的。不同轨道要素的微小偏差，对应以下三种典型轨道。

1. 非同步的赤道圆轨道

卫星轨道是非同步的赤道圆轨道，即 $i = 0$，$e = 0$，$a = a_s + \Delta a$，轨道半长轴 a 和期望的同步半长轴 a_s（$a_s = r_s$）不相等。若 $a < a_s$，则轨道转速 n 大于同

步转速 n_s（$n_s=\omega_e$），卫星向东漂移；若 $a>a_s$，则轨道转速 n 小于同步转速 n_s，卫星向西漂移。由卫星平均角速度 $n^2=\mu/a^3$，得

$$n=n_e+\Delta n=\omega_e\left(1-\frac{3}{2}\cdot\frac{\Delta a}{a_s}\right) \tag{3.106}$$

进而得到平近点角 M 的近似公式

$$M=n(t-t_P)=\omega_e(t-t_P)\left(1-\frac{3}{2}\cdot\frac{\Delta a}{a_s}\right) \tag{3.107}$$

式中，t_P 为过近地点时刻。因此，非同步漂移量

$$\Delta M=M-\omega_e(t-t_P)=\frac{3}{2}\cdot\frac{\omega_e\Delta a}{a_s}(t-t_P) \tag{3.108}$$

进而可以计算得到，半长轴增量 Δa 引起卫星在一天内的非同步漂移量 $\Delta M=-0.013\Delta a$，单位为 (°)/km。

2. 非同步的小偏心率赤道轨道

卫星轨道是非同步的小偏心率赤道轨道，即 $i=0$，$\Delta a\neq 0$，$e\neq 0$，且 $\Delta a\ll a_s$，$e\ll 1$。按卫星矢径公式，可得线性化近似

$$r=\frac{a(1-e^2)}{1+e\cos f}\approx a(1-e\cos f)\approx a_s+\Delta a-a_s e\cos f \tag{3.109}$$

卫星真近点角 f 变化率的近似公式（$\Delta a\ll a_s$，$e\ll 1$）可由卫星动量矩公式得到

$$\begin{aligned}\dot f&=\frac{h}{r^2}=\sqrt{\mu a^{-3}(1-e^2)^{-3}}(1+e\cos f)^2\\&\approx\sqrt{\mu}a^{-\frac{3}{2}}(1+e\cos f)^2=\omega_e\left(\frac{a_s}{a}\right)^{\frac{3}{2}}(1+e\cos f)^2\\&\approx\omega_e\left(1-\frac{3}{2}\cdot\frac{\Delta a}{a_s}\right)(1+2e\cos f)\approx\omega_e\left(1-\frac{3}{2}\cdot\frac{\Delta a}{a_s}+2e\cos f\right)\end{aligned} \tag{3.110}$$

同时，当 $\Delta a\ll a_s$，$e\ll 1$ 时，有近似公式

$$\cos f\approx\cos M\approx\cos[\omega_e(t-t_P)] \tag{3.111}$$

因此，式（3.111）真近点角 f 的近似积分公式（积分初始为 t_P）可列为

$$f=\omega_e(t-t_P)\left(1-\frac{3}{2}\cdot\frac{\Delta a}{a_s}\right)+2e\cos[\omega_e(t-t_P)] \tag{3.112}$$

卫星的恒星时角（即赤经）减去格林尼治恒星时角即为卫星地心经度 λ，引用轨道根数，有近似式（$i \ll 1$）

$$\lambda = \Omega + \omega + f - [G_0 + \omega_e(t - t_P)] \tag{3.113}$$

式中，G_0 为 t_0 时刻的格林尼治恒星时角。将式（3.112）代入式（3.113）得

$$\lambda = \bar{\lambda}_0 - \frac{3}{2} \cdot \frac{\Delta a}{a_s} \omega_e (t - t_0) + 2e\sin[\omega_e(t - t_P)] \tag{3.114}$$

式中

$$\bar{\lambda}_0 = \Omega + \omega + \left(1 - \frac{3}{2} \cdot \frac{\Delta a}{a_s}\right) \omega_e (t - t_0) - G_0 \tag{3.115}$$

称为 t_0 时刻的卫星平经度。

偏心率和半长轴偏差使卫星相对平经度位置存在偏离。由式（3.109）可知，在半径方向偏移

$$\Delta r = \Delta a - a_s e\cos[\omega_e(t - t_P)] \tag{3.116}$$

由式（3.114）可知，沿着相对平经度的切向偏移

$$\Delta x = a_s\left(\lambda - \bar{\lambda}_0\right) = -\frac{3}{2}\Delta a \omega_e (t - t_0) + 2a_s e\sin[\omega_e(t - t_P)] \tag{3.117}$$

若 $\Delta a = 0$，则式（3.116）和式（3.117）简化为

$$\begin{cases} \Delta r = -a_s e\cos[\omega_e(t - t_P)] \\ \Delta x = 2a_s e\sin[\omega_e(t - t_P)] \end{cases} \tag{3.118}$$

式（3.118）表明，偏心率使卫星从定点位置移开，进入周期为一天的围绕平经度（定点位置）的椭圆轨道，其长轴沿东西方向，长度为 $4a_s e$，短轴沿东西方向，长度为 $2a_s e$。偏心率引起的卫星经度东西漂移幅度为 $\Delta\lambda = 2e$。

3. 小倾角的同步圆轨道

卫星轨道是小倾角的同步圆轨道，即 $i \neq 0$，$\Delta a = 0$，$e = 0$，由于 $\Delta a = 0$，因此 $n = \omega_e$。如图 3.10 所示，当卫星经过节点 N 时，其地心经度为 λ_N，时间 t 之后，卫星到达点 S，转过纬度幅角 $u = nt = \omega_e t$，节点 N 在空间固定，但格林尼治子午圈转过 $\omega_e t$。由此，可得到卫星的地心经纬度满足

$$\lambda = \lambda_N + \arctan(\cos i \tan u) - \omega_e t = \lambda_N + \arctan(\cos i \tan \omega_e t) - \omega_e t \tag{3.119}$$

$$\varphi = \arcsin(\sin i \sin u) \tag{3.120}$$

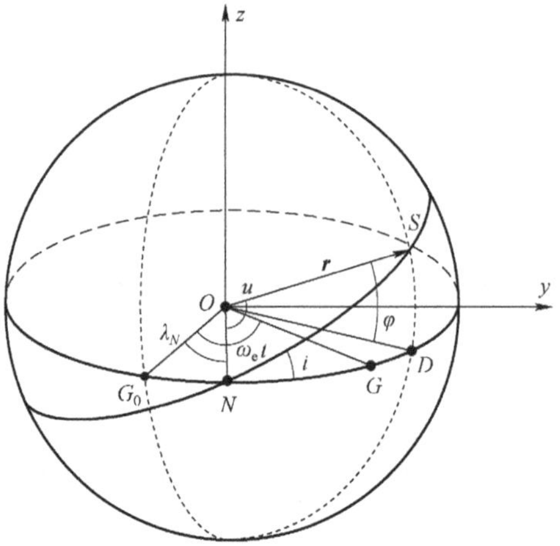

图 3.10　小倾角的同步圆轨道空间几何关系

由式（3.119）看出，由于轨道倾角的存在，在卫星运转一周中，其纬度和相对于参考点 λ_N 的经度差 $\Delta\lambda = \lambda - \lambda_N$ 是周期性变化的，二者的合成运动使漂移轨迹在当地水平面内呈“8”字形，卫星每天在东西、南北方向来回漂移，如图 3.11 所示。此“8”字形在南北方向的最大纬度等于轨道倾角，也即

$$\varphi_{\max} = i \tag{3.121}$$

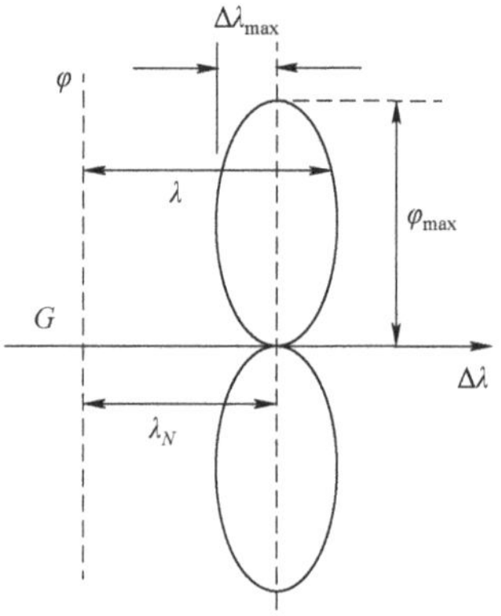

图 3.11　“8”字形漂移轨迹

对于小倾角的同步轨道可将式（3.119）改写为

$$\cos i = \tan(\omega_e t + \Delta\lambda)\cot\omega_e t \tag{3.122}$$

通过三角恒等变换，得

$$1 - \cos i = -\frac{\sin\Delta\lambda}{\sin\omega_e t \cdot \cos(\omega_e t + \Delta\lambda)} \tag{3.123}$$

在小倾角的同步轨道上，$\Delta\lambda$ 为小量，引用 $\cos i$ 的级数展开式，则式（3.123）可得

$$\Delta\lambda = -\frac{i^2}{4}\sin 2\omega_e t \tag{3.124}$$

因此，由倾角引起的东西方向最大偏差为

$$\Delta\lambda_{\max} = i^2/4 \tag{3.125}$$

可见小倾角引起的经度周期性漂移幅度远小于偏心率的影响。

3.5.5　回归轨道

回归轨道是指星下点轨迹满足周期性重访的轨道，也即经过一定时间后，星下点轨迹又重新回到早先通过的路径。回归轨道广泛应用于遥感卫星。

星下点轨迹的横移量是地球自转、轨道节线进动和航天器轨道运动共同作用的。航天器运行一周星下点轨迹相邻两次越过赤道的横移角距 $\Delta\lambda$ 为

$$\Delta\lambda = T_N\left(\omega_e - \dot{\Omega}\right) \tag{3.126}$$

式中，ω_e 为地球自转角速度；$\dot{\Omega}$ 为轨道节线进动的平均变化率；T_N 为式（3.42）给出的轨道交点周期。将轨道周期 $T = 2\pi / n$ 代入，得到包含轨道的平均转速 n 和地球扁平摄动 J_2 作用项的 T_N，表示为

$$T_N = 2\pi\sqrt{\frac{a^3}{\mu}}\left[1 - \frac{3J_2R_e^2}{2a_2}\left(3 - \frac{5}{2}\sin^2 i\right)\right] \tag{3.127}$$

通过合理地选择轨道的半长轴 a 和倾角 i，使轨道交点周期满足

$$RT_N\left(\omega_e - \dot{\Omega}\right) = R \cdot \Delta\lambda = 2\pi \tag{3.128}$$

式中，R 为正整数；$\Delta\lambda$ 为星下点轨迹相邻两次越过赤道的横移角距，$\Delta\lambda = T_N\left(\omega_e - \dot{\Omega}\right)$。满足式（3.128）的轨道称为回归周期为一天的回归轨道，且在一天内轨道圈数为 R。

由于大部分遥感卫星运行在轨道高度为 600～1 000 km 的近地轨道上，在这一轨道高度区间，卫星一天内运行的轨道整圈数 R 可以是 13，14 或 15。由式（3.128），对于一天回归的轨道，相邻轨迹的角距间距 $\Delta\lambda$ 为 27.7°，25.7° 或 24°，相应的地表距离间隔约 2 850 km，这一数值远远超出目前遥感卫星载荷对地观测的幅宽范围。因此，为实现全球覆盖，有必要设计多天回归轨道。

设多天回归轨道的回归周期为 N 天，则多天回归轨道应满足

$$RT_N\left(\omega_e - \dot{\Omega}\right) = R \cdot \Delta\lambda = N \cdot 2\pi \tag{3.129}$$

或写成

$$RT_N = ND_N \tag{3.130}$$

式中，R 和 N 均为正整数；D_N 称为节点日，$D_N = 2\pi\Big/\left(\omega_e - \dot{\Omega}\right)$。式（3.130）表示轨道经过 N 天回归一次，且在回归周期内共转 R 圈。

每天的轨道圈数为非整数，定义回归系数 Q 为

$$Q = \frac{R}{N} = \frac{2\pi}{\Delta\lambda} = I \pm \frac{C}{N} \tag{3.131}$$

式中，I，N 和 C 均为整数，是表征回归轨道的三大要素。可以看到，回归系数 Q 由整数部分 I 和分数部分 C/N 组成。

定义第 I 圈轨迹相对初始轨迹的相移角为 α，则 α 可表示为

$$\alpha = \pm(I \cdot \Delta\lambda - 2\pi) \tag{3.132}$$

如果 $I \cdot \Delta\lambda - 2\pi > 0$，则 α 取正号，表明轨道经过一天轨迹向东移动；如果 $I \cdot \Delta\lambda - 2\pi < 0$，则 α 取负号，表明轨道经过一天轨迹向西移动。

上述两种情况都表明，在连续相邻轨迹的间隔 $\Delta\lambda$ 内，插入每过一天的相移角 α 的轨迹。N 天覆盖又表明每个连续相邻的间隔 $\Delta\lambda$ 被 N 天内通过的轨迹等分割为 N 区，每一区的幅宽约等于 γ:

$$\gamma = \frac{\Delta\lambda}{N} \tag{3.133}$$

即为任意相邻轨迹之间的间隔。实际任务中，需根据星上载荷的幅宽覆盖能力，合理地选择回归天数 N 的数值，使相邻轨迹的幅宽 γ 小于遥感航天器载荷的观测幅宽。

通过设计轨道的交点周期 T_N，可使一天的轨迹相移角 α 等于幅宽角 γ，或等于后者的整数倍，有

$$\alpha = C\gamma \tag{3.134}$$

将式（3.132）和式（3.133）代入式（3.134），得

$$\frac{C}{N} = \pm\left(I - \frac{2\pi}{\Delta\lambda}\right) = \pm\left(I - \frac{D_N}{T_N}\right) \tag{3.135}$$

由式（3.130），得到交点周期 T_N 的设计公式：

$$T_N = \frac{D_N}{I \pm (C/N)} \tag{3.136}$$

式（3.136）表明，回归轨道的交点周期 T_N 主要取决于回归天数 N、每天轨道的圈数 I、正整数 C 及其前置的符号。C 的数值及其前置的符号决定了在每个连续相邻轨道间隔 $\Delta\lambda$ 内的覆盖方式：若 $C=1$，则一天轨迹相移角等于幅宽角，为连续覆盖，即在 N 天内，通过 $\Delta\lambda$ 间隔的轨迹，按日期数连续排列，形成按日期的连续覆盖；若 $C>1$，则一天轨迹相移角等于幅宽角的倍数，在 N 天内，通过 $\Delta\lambda$ 间隔的轨迹不再是按日期数连续排列，形成断续式覆盖。C 值前置的符号 ± 决定了轨迹是东移还是西移：符号取加号，则轨迹东移；符号取减号，则轨迹西移。

参考文献

[1] 肖峰. 人造地球航天器轨道摄动理论 [M]. 长沙：国防科技大学出版社，1997.
[2] 章仁为. 航天器轨道姿态动力学与控制 [M]. 北京：北京航空航天大学出版社，1998.
[3] 刘林. 航天器轨道理论 [M]. 北京：国防工业出版社，2000.
[4] 杨嘉墀. 航天器轨道动力学与控制 [M]. 北京：中国宇航出版社，2001.
[5] 周军. 航天器控制原理 [M]. 西安：西北工业大学出版社，2001.
[6] CURTIS H D. 轨道力学 [M]. 周建华，徐波，冯全胜，译. 北京：科学出版社，2009.
[7] 西迪. 航天器动力学与控制 [M]. 杨保华，译. 北京：航空工业出版社，2011.
[8] 赵钧. 航天器轨道动力学理论与方法 [M]. 哈尔滨：哈尔滨工业大学出版社，2011.
[9] 张洪波. 航天器轨道动力学理论与方法 [M]. 北京：国防工业出版社，2015.
[10] 刘林，侯锡云. 轨道力学基础 [M]. 北京：高等教育出版社，2018.

思考题

1. 不同高度的卫星轨道的主要摄动因素有哪些？
2. 影响卫星寿命的因素有哪些？
3. 假设相机的幅宽角为 8°，回归天数为 7 天，设计满足约束的回归轨道。
4. 轨道摄动有哪些长期项、短周期项和长周期项？
5. 思考同时具有太阳同步轨道和冻结轨道特性的轨道设计与对应的参数选取。

第4章

航天器的轨道机动与保持控制

航天器在轨运行受到的中心引力和自然摄动力等环境力，都属于被动力。除此之外，为实现轨道的改变、修正和保持，则需要航天器利用环境力或自身的推力器来施加主动控制，此类主动运动控制统称为轨道机动。本章将介绍航天器通用的轨道机动与保持控制，具体内容安排如下：4.1 节将介绍航天器轨道机动任务、方式和评估燃料消耗的火箭方程；4.2 节和 4.3 节将结合多种任务场景分别讨论航天器的单脉冲轨道机动和多脉冲轨道机动；4.4 节将讨论航天器的轨道保持原理和控制策略。

| 4.1 航天器轨道机动方式 |

根据轨道机动的目的，可将典型的轨道机动任务分为轨道转移、轨道交会、轨道保持和修正。轨道转移只需将航天器从初始轨道转移到目标轨道上，而对航天器到达目标轨道的具体相位没有要求，因此只约束前五个轨道根数 a ， e ， i ， Ω 和 ω ；而轨道交会不仅要求航天器转移到目标轨道上，还需要约束航天器到达目标轨道的相位角度。

按照推力加速度大小的不同，可将轨道机动方式分为脉冲式和连续推力式两种。本书主要讨论脉冲轨道机动。脉冲轨道机动方式是对大推进加速度变轨方式的一种近似，推力作用时间与航天器的运动过程相比甚短，航天器的位置改变量与其至中心天体的距离相比可以忽略，因此可将推力视为脉冲作用，也即航天器位置不变、仅瞬时速度发生改变，相当于航天器单位质量上推力作用瞬时产生的冲量值。设机动前航天器的位置和速度矢量为 $\boldsymbol{r}_0$ 和 $\boldsymbol{v}_0$ ，则在施加 $\Delta\boldsymbol{v}$ 的脉冲轨道后，航天器的轨道状态满足

$$\begin{cases}\boldsymbol{r}_1 = \boldsymbol{r}_0 \\ \boldsymbol{v}_1 = \boldsymbol{v}_0 + \Delta\boldsymbol{v}\end{cases} \tag{4.1}$$

考虑发动机从 $t=0$ 到 $t=\Delta t$ 的工作过程，来推导航天器在脉冲轨道机动下的燃料消耗。设航天器 $t=0$ 时刻的初始速度为 $\boldsymbol{V}$ ，初始质量为 $m+\Delta m$ ； $t=\Delta t$ 时刻的速度为 $\boldsymbol{V}+\Delta\boldsymbol{V}$ ，质量为 m ，因此，发动机工作期间损失的推进剂质量为 Δm ，下面基于动量守恒原理，来推导发动机的燃料消耗 Δm 与航天器所获得的速度增量 $\Delta\boldsymbol{V}$ 之间的关系。

$t=0$ 时刻，航天器的动量为

$$\boldsymbol{P}_1=(m+\Delta m)\boldsymbol{V} \tag{4.2}$$

$t=\Delta t$ 时刻的动量满足

$$\boldsymbol{P}_2=m(\boldsymbol{V}+\Delta\boldsymbol{V})+\Delta m\boldsymbol{V}_{\mathrm{e}} \tag{4.3}$$

式中，$\boldsymbol{V}_{\mathrm{e}}$ 为推进剂的速度，满足

$$\boldsymbol{V}_{\mathrm{e}}=\boldsymbol{V}-\boldsymbol{v}_{\mathrm{e}} \tag{4.4}$$

式中，$\boldsymbol{v}_{\mathrm{e}}$ 为推进剂相对于火箭的喷气速度。

由牛顿第二定律，系统的动量变化取决于所受的外力 $\boldsymbol{F}_i$ 之和：

$$\sum\boldsymbol{F}_i=\lim_{\Delta t\to 0}\frac{\boldsymbol{P}_2-\boldsymbol{P}_1}{\Delta t} \tag{4.5}$$

将式（4.2）和式（4.3）代入式（4.5），且 $\mathrm{d}m=-\Delta m$ ，得到

$$\sum\boldsymbol{F}_i=\lim_{\Delta t\to 0}\frac{m\Delta\boldsymbol{V}+\Delta m(\boldsymbol{V}_{\mathrm{e}}-\boldsymbol{V})}{\Delta t}=m\frac{\mathrm{d}\boldsymbol{V}}{\mathrm{d}t}+\boldsymbol{v}_{\mathrm{e}}\frac{\mathrm{d}m}{\mathrm{d}t} \tag{4.6}$$

忽略外力作用，式（4.6）变为

$$m\frac{\mathrm{d}\boldsymbol{V}}{\mathrm{d}t}=-\boldsymbol{v}_{\mathrm{e}}\frac{\mathrm{d}m}{\mathrm{d}t} \tag{4.7}$$

若设 $\boldsymbol{v}_{\mathrm{e}}$ 为常量，则积分式（4.7）得到

$$\Delta\boldsymbol{V}=\boldsymbol{v}_{\mathrm{e}}\ln\frac{m_0}{m_1} \tag{4.8}$$

由于 $\Delta\boldsymbol{V}$ 与 $\boldsymbol{v}_{\mathrm{e}}$ 同向，因此式（4.8）还可以表示成标量的形式，也即

$$\Delta V=v_{\mathrm{e}}\ln\frac{m_0}{m_1} \tag{4.9}$$

或等价地

$$m_1=m_0\exp\left(-\frac{\Delta V}{v_{\mathrm{e}}}\right) \tag{4.10}$$

式（4.9）或式（4.10）称为齐奥尔科夫斯基（Tsiolkovsky）火箭方程，是计算航天器轨道机动燃耗与等效速度脉冲时常用的公式。

火箭方程中的 v_{e} 取决于具体的火箭发动机，通常用比冲 I_{sp} 来表示：

$$v_{\mathrm{e}}=I_{\mathrm{sp}}g \tag{4.11}$$

式中，$g=9.806\ 65\ \mathrm{m/s^2}$ 是地球表面的重力加速度。

目前典型推进剂的比冲见表 4.1。其中常见的脉冲机动形式对应的比冲在

200～455 s 范围内，相对较低，但单位时间能产生的推力较大，被各类航天器广泛应用。而连续推力机动形式对应的比冲可达 1 000 s，其中离子推进可达 3 000 s，其比冲与推力大小和输出功率也密切相关。连续推力形式具有较高的推进效率，也日益成为深空转移、长时间轨道维持的主流机动方式。

表 4.1　典型推进剂的比冲

推进剂	比冲/s
冷气推进	50
单组元肼	230
固体推进剂	290
硝酸/单甲基氢氨酸	310
液氢/液氧	455
热核推进	约 1 000
离子推进剂	＞3 000

| 4.2　航天器的单脉冲轨道机动 |

单脉冲轨道机动是指只施加一次脉冲推进，改变航天器的速度，从而使其轨道发生改变的过程。例如，已知航天器在某一时刻 t_0 的位置 $\boldsymbol{r}_0$ 和速度 $\boldsymbol{v}_0$，在该时刻施加脉冲速度增量 $\Delta\boldsymbol{v}$ 之后，卫星的速度变为 $\boldsymbol{v}_1=\boldsymbol{v}_0+\Delta\boldsymbol{v}$，从而进入由状态参数 $\boldsymbol{r}_0$ 和 $\boldsymbol{v}_1$ 确定的另一条轨道。

4.2.1　共面单脉冲轨道机动

考虑共面单脉冲轨道机动，如图 4.1 所示，下标 0 表示脉冲变轨时刻卫星的运动参数，下标 1 表示脉冲作用后新轨道的运动参数和轨道要素。共面单脉冲轨道机动可实现：①半长轴改变，Δa；②偏心率改变，Δe；③拱线改变，$\Delta\omega$。

设脉冲变轨前，航天器的半长轴、偏心率和真近点角分别为 a_0，e_0 和 f_0；变轨后，则分别为 a_1，e_1 和 f_1。设变轨后速度 $\boldsymbol{v}_1$ 与当地水平之间的飞行角为 γ_1，则 r_1，v_1 和 γ_1 三个参数称为变轨射入参数，如图 4.1 所示。

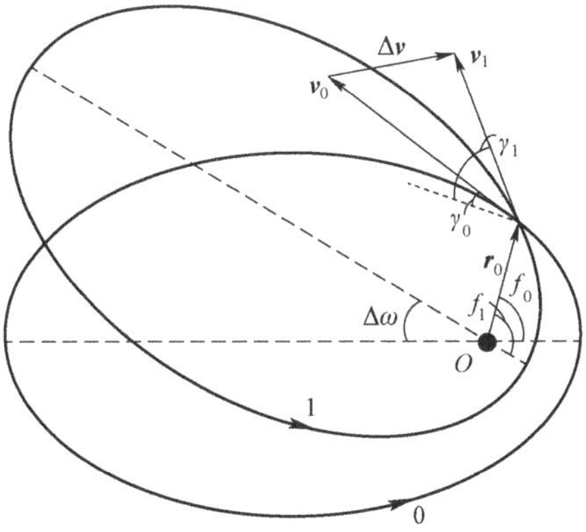

图 4.1　共面单脉冲轨道机动

1. 半长轴改变，Δa

由二体轨道的活力公式（2.52），可知

$$v^2 = \mu\left(\frac{2}{r} - \frac{1}{a}\right) \tag{4.12}$$

进而，得到变轨后航天器的半长轴 a_1 满足

$$a_1 = r_1\left(2 - \frac{r_1 v_1^2}{\mu}\right)^{-1} \tag{4.13}$$

因此，半长轴的改变量为

$$\Delta a = a_1 - a_0 \tag{4.14}$$

对式（4.12）两边取微分，得到

$$2v\delta v = \mu\frac{1}{a^2}\delta a \tag{4.15}$$

故

$$\frac{\delta a}{\delta v} = \frac{2a^2 v}{\mu} \tag{4.16}$$

式（4.16）表明，在轨道速度大的位置施加脉冲更容易改变半长轴。由于椭圆轨道的近地点是轨道速度 v 最大的位置，因此，在近地点执行脉冲轨道机动来改变半长轴的效率更高。

2. 偏心率改变，Δe

由基本的二体轨道理论，变轨后航天器满足

$$\begin{cases} v_1 \cos \gamma_1 = r_1 \dot{f}_1 \\ v_1 \sin \gamma_1 = \dot{r}_1 \end{cases} \tag{4.17}$$

由动量矩公式

$$h_1 = r_1^2 \dot{f}_1 = r_1 v_1 \cos \gamma_1 \tag{4.18}$$

进而得到半通径 p_1 和偏心率 e_1 与射入参数的关系为

$$p_1 = \frac{h_1^2}{\mu} = \frac{1}{\mu} r_1^2 v_1^2 \cos^2 \gamma_1 \tag{4.19}$$

$$e_1 = \sqrt{1 - \frac{p_1}{a_1}} = \sqrt{\left(\frac{r_1 v_1^2}{\mu} - 1\right)^2 \cdot \cos^2 \gamma_1 + \sin^2 \gamma_1} \tag{4.20}$$

由此，得到偏心率改变量

$$\Delta e = e_1 - e_0 \tag{4.21}$$

3. 拱线改变，$\Delta\omega$

由椭圆轨道方程式 $r = p/(1 + e\cos f)$ 及其微分方程可得

$$\cos f_1 = \frac{1}{e_1} \cdot \left(\frac{h_1^2}{\mu r_1} - 1\right) \tag{4.22}$$

$$\sin f_1 = \frac{1}{e_1} \cdot \sqrt{\frac{p}{\mu}} \cdot \dot{r}_1 = \frac{1}{e_1} \cdot \sqrt{\frac{p}{\mu}} \cdot v_1 \sin \gamma_1 \tag{4.23}$$

由此得到真近点角 f_1 与射入参数的关系为

$$\tan f_1 = \frac{(r_1 v_1^2 / \mu) \cos \gamma_1 \cdot \sin \gamma_1}{(r_1 v_1^2 / \mu) \cos^2 \gamma_1 - 1} \tag{4.24}$$

注意到式（4.24）中，若射入参数 $\gamma_1 = 0$，则有

$$f_1 = \arctan\left[\frac{0}{(r_1 v_1^2 / \mu) - 1}\right] \tag{4.25}$$

如 $r_1 v_1^2 / \mu = 1$，则 $e = 0$，f_1 不确定，轨道变为圆轨道；如 $r_1 v_1^2 / \mu > 1$，则 $f_1 = 0°$，变轨点成为新轨道的近地点；如 $r_1 v_1^2 / \mu < 1$，则 $f_1 = 180°$，变轨点成为新轨道的远地点。

由式（4.24）得到 f_1 后，轨道拱线转过的角度 $\Delta\omega$ 为

$$\Delta\omega = f_1 - f_0 \tag{4.26}$$

比较分析式（4.13）和式（4.20），半长轴 a 和偏心率 e 的方程包含 3 个射

入参数 r_1，v_1 和 γ_1，因此，单脉冲可以独立地修正轨道的半长轴和偏心率。例如，调整轨道半长轴而又不引起偏心率的变化，也即 $\Delta a \neq 0$，$\Delta e = 0$。选择变轨点 r_1，由式（4.13），为获得半长轴 a_1，脉冲变轨的速度 v_1 是

$$v_1 = \left(\frac{2\mu}{r_1} - \frac{\mu}{a_1}\right)^{\frac{1}{2}} \tag{4.27}$$

为保持原轨道的偏心率 e_0 不变，由式（4.20）可得，脉冲变轨点速度 v_1 的飞行角 γ_1 为

$$\cos\gamma_1 = \sqrt{\frac{1-e_0^2}{2\left(r_1 v_1^2/\mu\right) - \left(r_1 v_1^2/\mu\right)^2}} \tag{4.28}$$

由图 4.1，脉冲速度增量的幅值可写为

$$\Delta v = \sqrt{v_0^2 + v_1^2 - 2v_0 v_1 \cos(\gamma_1 - \gamma_0)} \tag{4.29}$$

4.2.2　非共面单脉冲轨道机动

单脉冲变轨的另一作用是改变轨道平面。如果两个轨道不共面，则这两个平面必有一条交线 AB，若用单脉冲来实现从原轨道到目标轨道的转移，那么只能在上述两个平面交线上的两个点（点 A 或点 B）来完成，如图 4.2 所示。下标 0 表示脉冲变轨时刻航天器的运动参数，下标 1 表示脉冲作用后新轨道的运动参数和轨道要素。

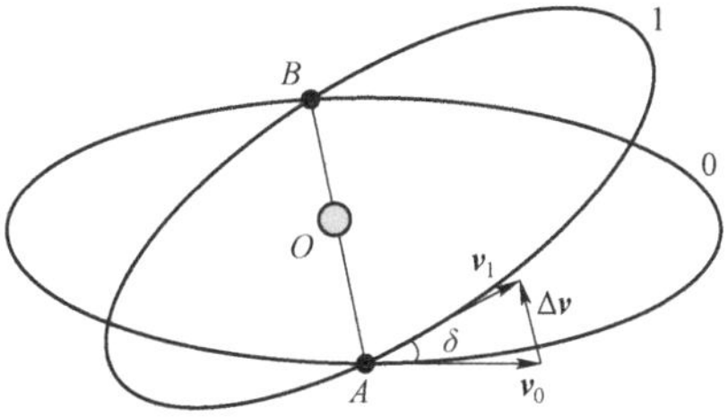

图 4.2　非共面单脉冲轨道机动的几何关系

考虑仅改变轨道平面、不改变轨道形状的非共面转移。假设机动前轨道的速度为 $\boldsymbol{v}_0$、机动后轨道的速度为 $\boldsymbol{v}_1$，且 $\|\boldsymbol{v}_0\| = \|\boldsymbol{v}_1\|$，则所需速度增量为

$$\Delta \boldsymbol{v} = \boldsymbol{v}_1 - \boldsymbol{v}_0 \tag{4.30}$$

即

$$\Delta v = 2v_0 \sin\frac{\delta}{2} \tag{4.31}$$

式中，δ 是轨道机动前后两个速度矢量的夹角。为节省能量，在点 A 和点 B 两个可能轨道机动位置中，选择飞行器与中心天体距离远的点，对应的速度 v_0 较小，所需的 Δv 也较小。

一般情况下，轨道平面改变量 δ 会同时引起升交点赤经 Ω 和轨道倾角 i 的

变化。设原轨道对应升交点赤经和轨道倾角为 Ω_0 和 i_0，单次脉冲导致轨道平面转动角度 δ，则生成的轨道升交点赤经和轨道倾角分别为 Ω_1 和 i_1，如图 4.3 所示。

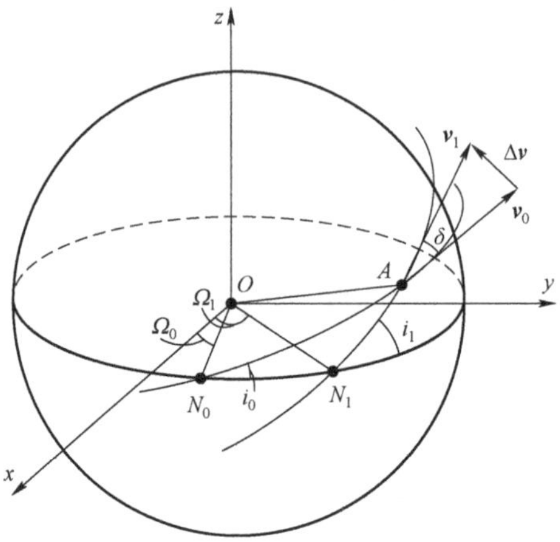

图 4.3　非共面单脉冲轨道机动引起的升交点赤经和轨道倾角变化

设机动位置点 A 在原轨道上的纬度幅角为 u_0，对图 4.3 中的球面三角形 AN_0N_1，可得到如下球面三角形公式：

$$\cos i_1 = \cos i_0 \cdot \cos\delta - \sin i_0 \cdot \sin\delta \cdot \cos u_0 \tag{4.32}$$

$$\cos\delta = \cos i_0 \cdot \cos i_1 + \sin i_0 \cdot \sin i_1 \cdot \cos(\Omega_1 - \Omega_0) \tag{4.33}$$

$$\frac{\sin u_0}{\sin i_1} = \frac{\sin(\Omega_0 - \Omega_1)}{\sin\delta} \tag{4.34}$$

由上述球面三角形公式，可根据初始轨道的 Ω_0 和 i_0，以及轨道面改变量 δ，来计算轨道机动后轨道的升交点赤经 Ω_1 和轨道倾角 i_1。

记原轨道 0 和预定轨道 1 的倾角和升交点经度分别为 i_0，Ω_0 和 i_1，Ω_1，则由式（4.32）～式（4.34）可得到轨道修正量的 δ 和轨道修正位置的纬度幅角需满足

$$\begin{cases} \cos\delta = \cos i_0 \cdot \cos i_1 + \sin i_0 \cdot \sin i_1 \cdot \cos(\Omega_1 - \Omega_0) \\ \sin u_0 = \dfrac{\sin i_1 \cdot \sin(\Omega_0 - \Omega_1)}{\sin\delta} \end{cases} \tag{4.35}$$

从式（4.35）可以看到，若要改变轨道倾角 i，而同时不引起升交点赤经的变化，也即 $\Delta\Omega = \Omega_0 - \Omega_1 = 0$，则要求

$$\sin u_0 = 0 \tag{4.36}$$

故 $u_0 = 0$ 或 $u_0 = 180°$，也即脉冲施加位置位于初始轨道的升降交点处。

4.3　航天器的多脉冲轨道机动

4.3.1　霍曼转移

对在两个共面圆轨道之间进行轨道转移的任务，设内圆轨道的半径为 r_1，外圆轨道的半径为 r_2，对应的轨道速度 v_1 和 v_2 分别为

$$v_1 = \sqrt{\frac{\mu}{r_1}},\ v_2 = \sqrt{\frac{\mu}{r_2}} \tag{4.37}$$

霍曼转移是这类共面圆轨道之间转移的常用转移方式，其转移过渡轨道为霍曼椭圆。霍曼椭圆分别与始末圆轨道相切，切点即过渡轨道的近地点和远地点，如图 4.4 所示。

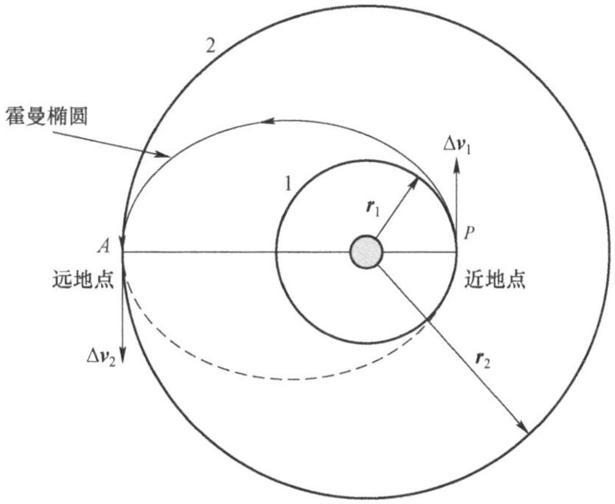

图 4.4　霍曼转移

霍曼椭圆的远地点半径为 $r_a = r_2$，近地点半径为 $r_p = r_1$，因此，其半长轴 a、偏心率 e 和半通径 p 可分别表示为

$$a = \frac{r_p + r_a}{2} = \frac{r_1 + r_2}{2} \tag{4.38}$$

$$e = \frac{r_2 - r_1}{r_2 + r_1} \tag{4.39}$$

$$p = a(1-e^2) = \frac{2r_1r_2}{r_2+r_1} \tag{4.40}$$

因此，霍曼椭圆转移轨道的近地点和远地点速度分别为

$$\begin{cases} v_{\mathrm{p}} = \dfrac{h}{r_1} = \dfrac{\sqrt{\mu p}}{r_1} = \sqrt{\dfrac{\mu}{r_1} \cdot \dfrac{2r_2}{r_2+r_1}} \\ v_{\mathrm{a}} = \dfrac{h}{r_2} = \dfrac{\sqrt{\mu p}}{r_2} = \sqrt{\dfrac{\mu}{r_2} \cdot \dfrac{2r_1}{r_2+r_1}} \end{cases} \tag{4.41}$$

由式（4.37）和式（4.41）可知，霍曼转移两次脉冲机动所需的特征速度应为

$$\begin{cases} \Delta v_1 = v_{\mathrm{p}} - v_1 = \sqrt{\dfrac{\mu}{r_1} \cdot \dfrac{2r_2}{r_2+r_1}} - \sqrt{\dfrac{\mu}{r_1}} = \sqrt{\dfrac{\mu}{r_1}} \cdot \left(\sqrt{\dfrac{2r_2}{r_2+r_1}} - 1\right) \\ \Delta v_2 = v_2 - v_{\mathrm{a}} = \sqrt{\dfrac{\mu}{r_2}} - \sqrt{\dfrac{\mu}{r_2} \cdot \dfrac{2r_1}{r_2+r_1}} = \sqrt{\dfrac{\mu}{r_2}} \cdot \left(1 - \sqrt{\dfrac{2r_1}{r_2+r_1}}\right) \end{cases} \tag{4.42}$$

故霍曼转移总的特征速度为

$$\Delta v_{\mathrm{total}} = \Delta v_1 + \Delta v_2 \tag{4.43}$$

霍曼转移的时间为椭圆轨道周期的 1/2，即

$$T = \frac{\pi}{\sqrt{\mu}} (r_1 + r_2)^{\frac{3}{2}}$$

为了分析霍曼转移所需能量与始末圆轨道半径比的关系，定义霍曼转移两圆轨道半径比为 $\alpha = r_2/r_1$，则由式（4.43）可得

$$\Delta v_{\mathrm{total}} = v_1 \left[\frac{1}{\sqrt{\alpha}} - \frac{\sqrt{2}(1-\alpha)}{\sqrt{\alpha(1+\alpha)}} - 1 \right] \tag{4.44}$$

霍曼转移还可拓展至共轴椭圆轨道间的转移，即两个椭圆轨道的长轴共线时的转移。此时存在两种转移轨道，即从内部椭圆轨道近心点或远心点出发的转移轨道。分析发现，不考虑外部椭圆轨道的形状，从内部椭圆轨道的近地点出发的转移所需的速度增量更低，而当内部轨道为圆轨道时，转移至外部椭圆轨道远心点处所需的速度增量更低。向内侧的转移轨道速度增量也符合该规律，且相反方向的转移轨道所需的速度增量相同。

4.3.2 椭圆转移

对于共面圆轨道之间的转移，除了采用霍曼转移之外，还可采用双椭圆转移的方式，转移过程如图 4.5 所示。需要施加三次脉冲：在初始圆轨道 1 的点 P_1

施加脉冲 $\Delta \boldsymbol{v}_1$，使轨道变为椭圆轨道 2；在椭圆轨道 2 的远地点 A 施加脉冲 $\Delta \boldsymbol{v}_2$，使轨道变为椭圆轨道 3，且椭圆轨道 3 的近心距为 r_2；在椭圆轨道 3 的近地点 P_2 施加速度相反方向的脉冲 $\Delta \boldsymbol{v}_3$，使轨道变为目标圆轨道 4。

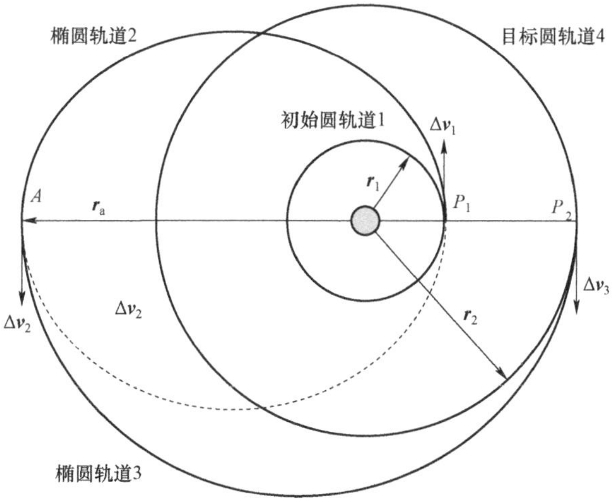

图 4.5　双椭圆转移过程

设 A 的地心距为 r_a，则由式（4.41）可知椭圆轨道 2 在点 P_1 和点 A 的速度分别为

$$v_{2p}=\sqrt{\frac{\mu}{r_1}\cdot\frac{2r_a}{r_a+r_1}},\quad v_{2a}=\sqrt{\frac{\mu}{r_a}\cdot\frac{2r_1}{r_a+r_1}} \tag{4.45}$$

同理，椭圆轨道 3 在点 P_2 和点 A 的速度分别为

$$v_{3p}=\sqrt{\frac{\mu}{r_2}\cdot\frac{2r_a}{r_a+r_2}},\quad v_{3a}=\sqrt{\frac{\mu}{r_a}\cdot\frac{2r_2}{r_a+r_2}} \tag{4.46}$$

由式（4.37）、式（4.45）和式（4.46），得到三次转移所需的速度脉冲分别为

$$\Delta v_1=v_{2p}-v_1=\sqrt{\frac{\mu}{r_1}}\cdot\left(\sqrt{\frac{2r_a}{r_a+r_1}}-1\right) \tag{4.47}$$

$$\Delta v_2=v_{3a}-v_{2a}=\sqrt{\frac{\mu}{r_a}}\cdot\left(\sqrt{\frac{2r_2}{r_a+r_2}}-\sqrt{\frac{2r_1}{r_a+r_1}}\right) \tag{4.48}$$

$$\Delta v_3=v_{3p}-v_2=\sqrt{\frac{\mu}{r_2}}\cdot\left(\sqrt{\frac{2r_a}{r_a+r_2}}-1\right) \tag{4.49}$$

总的特征速度为

$$\Delta v_{total}=\Delta v_1+\Delta v_2+\Delta v_3 \tag{4.50}$$

定义 $\alpha=r_2/r_1$，$\beta=r_a/r_1$，则由式（4.50）可得

$$\Delta v_{\text{total}}=v_1\left[\sqrt{\frac{2(\alpha+\beta)}{\alpha\beta}}-\frac{1+\sqrt{\alpha}}{\sqrt{\alpha}}-\sqrt{\frac{2}{\beta(1+\beta)}}(1-\beta)\right] \tag{4.51}$$

通过分析式（4.44）和式（4.51），可对采用霍曼转移和双椭圆转移两种方案总的特征速度进行评估。一般来说，若 $\alpha<11.9$，则采用霍曼转移更加节省燃料。若 $\alpha>15$，则双椭圆转移更加节省燃料。若 $11.9\leqslant\alpha\leqslant15$，则取决于双椭圆转移所选取的 β 值：β 值越大，则越适合双椭圆转移；相反，β 越小，则越适合霍曼转移。

4.3.3　调相轨道机动

航天器的调相轨道机动可以看作霍曼转移的一种变形，它的初始轨道与目标轨道是同一条轨道，但航天器再次返回初始轨道时相位会发生预期的变化，这是通过选定调相转移轨道的周期来实现的。与霍曼转移不同的是，航天器会在调相转移轨道上运行一个完整的周期。

当所需调整的目标相位领先于当前相位时，应采取向前相位机动，即调相轨道的半长轴小于初始轨道的半长轴，这样运行一圈后卫星的相位将提前 $\Delta\varphi$；相反，当目标相位落后于当前相位时，应采取向后相位机动，即调相轨道的半长轴大于初始轨道的半长轴。以向前相位机动为例，其转移过程如图 4.6 所示。首先，在初始轨道 1 的点 A 施加与速度方向相反的速度脉冲 $\Delta\boldsymbol{v}_1$，使航天器进入调相轨道 2；当航天器沿着调相轨道 2 运行一周返回点 A 时施加第二次速度脉冲 $\Delta\boldsymbol{v}_2$，使航天器返回初始轨道 1。

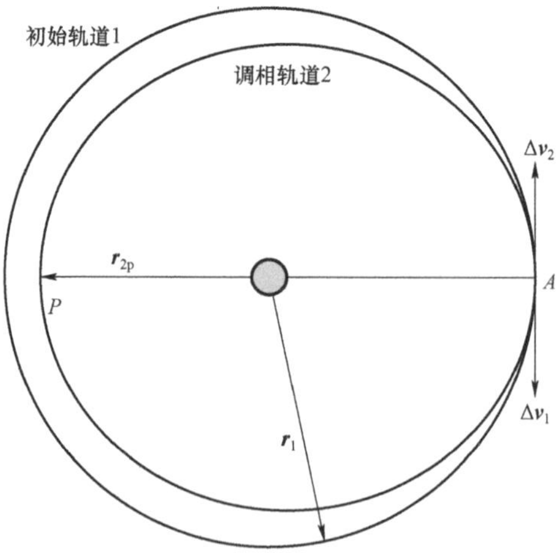

图 4.6　向前相位机动转移过程

设调相轨道的近地点高度为 r_{2p}，则调相轨道的半长轴为

$$a_2 = \frac{r_{2p} + r_1}{2} \tag{4.52}$$

卫星在调相轨道上运行一周回到点 A 的时间为

$$T_2 = 2\pi\sqrt{\frac{a_2^3}{\mu}} \tag{4.53}$$

而相同时间内在初始轨道 1 上扫过的相位 φ_1 为

$$\varphi_1 = \sqrt{\frac{\mu}{r_1^3}}T_2 = 2\pi\sqrt{\frac{a_2^3}{r_1^3}} \tag{4.54}$$

因此，调相转移向前调整的相位为

$$\Delta\varphi = 2\pi\left(1-\sqrt{\frac{a_2^3}{r_1^3}}\right) \tag{4.55}$$

调相机动的特征速度为

$$\Delta v_{\text{total}} = \Delta v_1 + \Delta v_2 = 2\Delta v_1 = 2\sqrt{\frac{\mu}{r_1}} \bullet \left(\sqrt{\frac{2r_{2p}}{r_1 + r_{2p}}} - 1\right) \tag{4.56}$$

由于 r_{2p} 要高于地球稠密大气层的上界，因此一个轨道周期内能够调整的相位有最大值 $\Delta\varphi_{\max}$。当需要调整的相位 $\Delta\varphi > \Delta\varphi_{\max}$ 时，调相机动要通过多个轨道周期来完成。同理，可以得到向后相位机动的相位调整量和变轨特征速度。

4.3.4　兰伯特轨道转移

兰伯特（Lambert）问题是求解航天器固定时间的定点变轨转移方式，广泛应用于航天器的交会、拦截和飞越任务上。本节将详细介绍基于二体模型兰伯特问题的轨道转移理论。

对于一个给定的兰伯特问题，两个飞行器状态分别为 P_1 和 P_2，在惯性坐标系下的位置矢量分别为 $\boldsymbol{r}_1$ 和 $\boldsymbol{r}_2$，由点 P_1 至点 P_2 的飞行时间 Δt 确定，兰伯特问题实质上是求解连接 P_1 和 P_2 两点的飞行轨迹，如图 4.7 中转移轨道所示。

对兰伯特问题的求解可采用多种方法，这里采用普适变量法对兰伯特问题求解进行说明。由 2.3.1 节可知，点 P_2 的状态可由点 P_1 状态通过拉格朗日系数表示，满足

$$\begin{cases} \boldsymbol{r}_2 = f\boldsymbol{r}_1 + g\boldsymbol{v}_1 \\ \boldsymbol{v}_2 = \dot{f}\boldsymbol{r}_1 + \dot{g}\boldsymbol{v}_1 \end{cases} \tag{4.57}$$

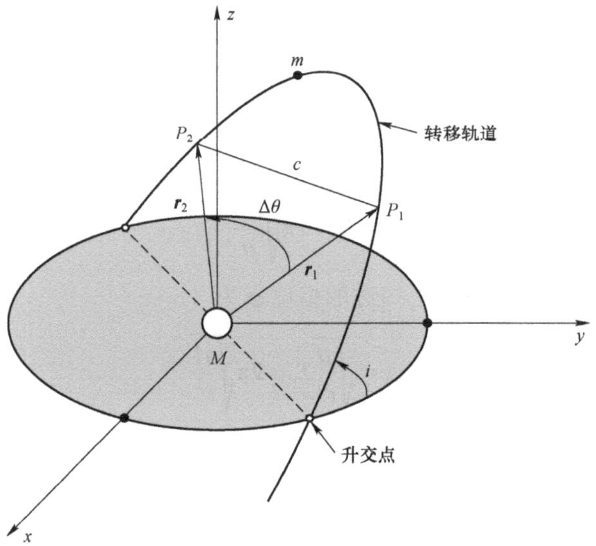

图 4.7　兰伯特问题示意图

从中解出 $\boldsymbol{v}_1$， $\boldsymbol{v}_2$，即

$$\begin{cases} \boldsymbol{v}_1 = \dfrac{1}{g}(\boldsymbol{r}_2 - f\boldsymbol{r}_1) \\ \boldsymbol{v}_2 = \dfrac{1}{g}(\dot{g}\boldsymbol{r}_2 - \boldsymbol{r}_1) \end{cases} \tag{4.58}$$

显然，要求解 $\boldsymbol{v}_1$， $\boldsymbol{v}_2$，首先需确定拉格朗日系数 f， g， $\dot{f}$， $\dot{g}$。它们与真近点角的变化值 $\Delta\theta$ 间的函数关系式为

$$\begin{cases} f = 1 - \dfrac{\mu r_2}{h^2}(1-\cos\Delta\theta) \\ g = \dfrac{r_1 r_2}{h}\sin\Delta\theta \\ \dot{f} = \dfrac{\mu}{h}\cdot\dfrac{1-\cos\Delta\theta}{\sin\Delta\theta}\cdot\left(\dfrac{\mu}{h^2}(1-\cos\Delta\theta) - \dfrac{1}{r_1} - \dfrac{1}{r_2}\right) \\ \dot{g} = 1 - \dfrac{\mu r_1}{h^2}(1-\cos\Delta\theta) \end{cases} \tag{4.59}$$

利用普适变量 χ，且设 t_0 时刻 $\chi = 0$，则 $t_0 + \Delta t$ 时刻的 χ 可由式（4.60）迭代解出：

$$\sqrt{\mu}\Delta t = \frac{\boldsymbol{r}_1 \cdot \boldsymbol{v}_1}{\sqrt{\mu}}\chi^2 C(z) + (1-\alpha r_1)\chi^3 S(z) + r_1\chi \tag{4.60}$$

式中， r_1 为 $t = t_0$ 时刻的半径； $z = \alpha\chi^2$ ； $\alpha = 1/a$ ， a 为半长轴。 $\alpha > 0$ ， $\alpha = 0$ ，

$\alpha<0$分别对应于双曲线、抛物线和椭圆。χ的单位为千米的平方根($\sqrt{\text{km}}$)，$C(z)$和$S(z)$均为斯达姆夫函数，它们用无穷级数定义为

$$C(z)=\sum_{k=1}^{\infty}(-1)^k\frac{z^k}{(2k+3)!} \tag{4.61}$$

$$S(z)=\sum_{k=1}^{\infty}(-1)^k\frac{z^k}{(2k+2)!} \tag{4.62}$$

拉格朗日系数f，g，$\dot{f}$，$\dot{g}$可表示成普适变量χ的形式，它们之间的关系为

$$\begin{cases} f=1-\dfrac{\chi^2}{r_1}C(z) \\ g=\Delta t-\dfrac{1}{\sqrt{\mu}}\chi^3 S(z) \\ \dot{f}=\dfrac{\sqrt{\mu}}{r_1 r_2}\chi^3 S(z) \\ \dot{g}=1-\dfrac{\chi^2}{r_2}C(z) \end{cases} \tag{4.63}$$

式（4.63）中的未知量为h，χ和z。

利用式（4.59）和式（4.63）中g的表达式相等，可得到$\Delta\theta$与Δt之间的关系式

$$\Delta t-\frac{1}{\sqrt{\mu}}\chi^3 S(z)=\frac{r_1 r_2}{h}\sin\Delta\theta \tag{4.64}$$

利用式（4.59）和式（4.63）中关于f的表达式相等，从中解出h，即

$$h=\sqrt{\frac{\mu r_1 r_2(1-\cos\Delta\theta)}{\chi^2 C(z)}} \tag{4.65}$$

将h值代入式（4.64），可得$\Delta\theta$与Δt之间的关系式

$$\sqrt{\mu}\Delta t=\chi^3 S(z)+\chi\sqrt{C(z)}\cdot\left(\sqrt{\frac{r_1 r_2}{1-\cos\Delta\theta}}\sin\Delta\theta\right) \tag{4.66}$$

式（4.66）中等式右侧括号中的项均为已知数组成的常量，将其记作A，即

$$A=\sin\Delta\theta\cdot\sqrt{\frac{r_1 r_2}{1-\cos\Delta\theta}} \tag{4.67}$$

则有

$$\sqrt{\mu}\Delta t=\chi^3 S(z)+A\chi\sqrt{C(z)} \tag{4.68}$$

式（4.68）的等式右侧包含两个未知量χ和z。

为了找出χ和z的关系，利用式（4.59）和式（4.63）中关于$\dot{f}$的表达式相

等，得到

$$\frac{\sqrt{\mu}}{r_1 r_2}\chi^3 S(z)=\frac{\mu}{h}\cdot\frac{1-\cos\Delta\theta}{\sin\Delta\theta}\cdot\left[\frac{\mu}{h^2}(1-\cos\Delta\theta)-\frac{1}{r_1}-\frac{1}{r_2}\right] \tag{4.69}$$

将式（4.65）的 h 代入式（4.69），有

$$\frac{\sqrt{1-\cos\Delta\theta}}{\sqrt{r_1 r_2}\sin\Delta\theta}\cdot\sqrt{C(z)}\left[\chi^2 C(z)-r_1-r_2\right]=zS(z)-1 \tag{4.70}$$

将式（4.67）中的 A 代入式（4.70），并化简可得

$$\chi^2 C(z)=r_1+r_2+A\frac{zS(z)-1}{\sqrt{C(z)}} \tag{4.71}$$

等式右侧仅与 z 有关，将其表示为函数 $y(z)$，所以

$$\chi=\sqrt{\frac{y(z)}{C(z)}} \tag{4.72}$$

式中

$$y(z)=r_1+r_2+A\frac{zS(z)-1}{\sqrt{C(z)}} \tag{4.73}$$

式（4.72）即为需要的 χ 和 z 的关系，将其代入式（4.67），可得

$$\sqrt{\mu}\Delta t=\left[\frac{y(z)}{C(z)}\right]^{\frac{3}{2}}S(z)+A\sqrt{y(z)} \tag{4.74}$$

在已知时间间隔 Δt 的情况下，可以通过牛顿迭代法求解方程（4.74），并解出 z。建立如下函数 $F(z)$ 及其导数 $F'(z)$，即

$$F(z)=\left(\frac{y}{C}\right)^{\frac{3}{2}}S+A\sqrt{y}-\sqrt{\mu}\Delta t \tag{4.75}$$

$$F'(z)=\begin{cases}\left(\frac{y}{C}\right)^{\frac{3}{2}}\cdot\left[\frac{1}{2z}\left(C-\frac{3}{2}\cdot\frac{S}{C}\right)+\frac{3}{4}\cdot\frac{S^2}{C}\right]+\frac{A}{8}\left(3\frac{S}{C}\sqrt{y}+A\sqrt{\frac{C}{y}}\right), & z\neq 0\\ \frac{\sqrt{2}}{40}y^{\frac{3}{2}}+\frac{A}{8}\left[\sqrt{y}+A\sqrt{\frac{1}{2y}}\right], & z=0\end{cases} \tag{4.76}$$

运用牛顿公式进行迭代运算即可求解出 z 的值：

$$z_{i+1}=z_i-\frac{F(z_i)}{F'(z_i)} \tag{4.77}$$

将式（4.72）和式（4.74）代入式（4.63）可求解出只与 z 有关的拉格朗日系数，即

$$\begin{cases} f = 1 - \dfrac{y}{r_1} \\ g = A\sqrt{\dfrac{y}{\mu}} \\ \dot{g} = 1 - \dfrac{y}{r_2} \\ \dot{f} = \dfrac{\sqrt{\mu}}{r_1 r_2} \cdot \sqrt{\dfrac{y}{C}}(zS - 1) \end{cases} \tag{4.78}$$

将式（4.78）代入 $\boldsymbol{v}_1$，$\boldsymbol{v}_2$ 的表达式（4.58）中即可得到兰伯特问题的解。

此时根据初始状态 $(\boldsymbol{r}_1, \boldsymbol{v}_0)$ 和末端状态 $(\boldsymbol{r}_2, \boldsymbol{v}_\mathrm{f})$ 以及兰伯特问题求解结果，可以得到兰伯特轨道转移所需的两次速度脉冲为

$$\begin{cases} \Delta v_1 = \| \boldsymbol{v}_1 - \boldsymbol{v}_0 \| \\ \Delta v_2 = \| \boldsymbol{v}_\mathrm{f} - \boldsymbol{v}_2 \| \end{cases} \tag{4.79}$$

以上就是兰伯特轨道转移机动的原理和求解过程。

4.4　航天器的轨道保持控制

在第 3 章中已经讨论了由于各种摄动力的影响，航天器运行的轨道根数是在不断变化的。为保证运行轨道满足任务目标要求，需要定期修正偏移的轨道根数，也即进行航天器的轨道保持。

4.4.1　轨道保持的修正控制

由于摄动力引起的轨道根数改变是缓慢进行的，因此可认为轨道保持所需的轨道根数修正量为小量，所需的控制速度脉冲也是小量。由经典轨道根数下的高斯型轨道摄动方程（3.10），可得到轨道根数的微小改变量满足

$$\begin{cases} \Delta a = \dfrac{2a^2}{h}\left[(e\sin f)F_r\Delta t + \dfrac{p}{r}F_t\Delta t\right] \\ \Delta e = \dfrac{1}{h}\{(p\sin f)F_r\Delta t + [(p+r)\cos f + re]F_t\Delta t\} \\ \Delta i = \dfrac{r\cos u}{h}F_n\Delta t \\ \Delta\Omega = \dfrac{r\sin u}{h\sin i}F_n\Delta t \\ \Delta\omega = -\dfrac{1}{he}(p\cos f)F_r\Delta t + \dfrac{1}{he}\sin f(p+r)F_t\Delta t - \dfrac{r\sin u\cos i}{h\sin i}F_n\Delta t \end{cases} \tag{4.80}$$

当修正量为小量时，可采用如下近似：

$$\Delta v_i \approx F_i \Delta t,\ i \in \{r,t,n\} \tag{4.81}$$

因此，式（4.80）可改为

$$\begin{cases}\Delta a = \dfrac{2a^2}{h}\left[(e\sin f)\Delta v_r + \dfrac{p}{r}\Delta v_t\right] \\ \Delta e = \dfrac{p}{h}\left\{\sin f \Delta v_r + \left[\left(1+\dfrac{r}{p}\right)\cos f + \dfrac{re}{p}\right]\Delta v_t\right\} \\ \Delta i = \dfrac{r\cos u}{h}\Delta v_n \\ \Delta \Omega = \dfrac{r\sin u}{h\sin i}\Delta v_n \\ \Delta \omega = -\dfrac{1}{he}(p\cos f)\Delta v_r + \dfrac{1}{he}\sin f(p+r)\Delta v_t - \dfrac{r\sin u\cos i}{h\sin i}\Delta v_n \end{cases} \tag{4.82}$$

从式（4.82）可以看到，若要改变某些轨道根数，则需要合理选取施加脉冲的位置和方向。例如，若要对 $\Delta\Omega$ 进行修正，效率最高的位置为幅角 $u=\pi/2$ 或 $3\pi/2$ 处；若要对 Δi 进行修正，则效率最高的地方为升降交点处，即 $u=0$ 或 π。

对于圆轨道或近圆轨道的轨道保持，有 $e=0$ 或 $e\approx 0$。此时，近地点幅角 ω 无定义，式（4.82）不再适用。因此，需要推导改进春分点根数 a，e_x，e_y，i_x，i_y，l 表示的轨道修正控制方程。对圆轨道或近圆轨道，满足如下关系：

$$\begin{cases} a = p = r \\ e_x = e_y = 0 \\ h = rv = nr^2 \end{cases} \tag{4.83}$$

将式（4.83）代入改进春分点的高斯型轨道摄动方程（3.11），有

$$\begin{cases} \dfrac{\mathrm{d}a}{\mathrm{d}t} = \dfrac{2}{n}F_t \\ \dfrac{\mathrm{d}e_x}{\mathrm{d}t} = \dfrac{1}{nr}(\sin L \cdot F_r + 2\cos L \cdot F_t) \\ \dfrac{\mathrm{d}e_y}{\mathrm{d}t} = \dfrac{1}{nr}(-\cos L \cdot F_r + 2\sin L \cdot F_t) \\ \dfrac{\mathrm{d}i_x}{\mathrm{d}t} = \dfrac{1}{2nr}\left(1+i_x^2+i_y^2\right)\cos L \cdot F_n \\ \dfrac{\mathrm{d}i_y}{\mathrm{d}t} = \dfrac{1}{2nr}\left(1+i_x^2+i_y^2\right)\sin L \cdot F_n \end{cases} \tag{4.84}$$

代入式（4.81），得到改进春分点轨道根数的微小改变量满足

$$\begin{cases}\Delta a=\dfrac{2}{n}\Delta v_t\\ \Delta e_x=\dfrac{1}{nr}(\sin L\bullet\Delta v_r+2\cos L\bullet\Delta v_t)\\ \Delta e_y=\dfrac{1}{nr}(-\cos L\bullet\Delta v_r+2\sin L\bullet\Delta v_t)\\ \Delta i_x=\dfrac{1}{2nr}(1+i_x^2+i_y^2)\cos L\bullet\Delta v_n\\ \Delta i_y=\dfrac{1}{2nr}(1+i_x^2+i_y^2)\sin L\bullet\Delta v_n\end{cases}\tag{4.85}$$

式中，$L=f+\Omega+\omega$ 为真经度。

式（4.82）和式（4.85）是轨道保持控制将要用到的基本方程。下面将针对近地圆轨道和静止轨道的轨道保持方案分别进行阐述。

4.4.2　近地圆轨道的轨道保持

近地圆轨道常用于对地遥感观测任务，本节将讨论近地圆轨道的轨道保持原理和方法。对于圆轨道或近圆轨道，由于偏心率很小，为避免奇点引入改进春分点轨道根数，以偏心率矢量 $\boldsymbol{e}$ 作为被控轨道要素，即

$$\boldsymbol{e}=\begin{bmatrix}e_x\\ e_y\end{bmatrix}=\begin{bmatrix}e\cos(\omega+\Omega)\\ e\sin(\omega+\Omega)\end{bmatrix}\tag{4.86}$$

此外，轨道高度也是轨道保持需要控制的量，因此轨道半长轴 a 也是近地圆轨道的被控要素。

将轨道控制加速度分解为相互独立的两项：面内轨道要素的控制，包括切向控制 F_t 和径向控制 F_r；轨道面要素的控制，为法向控制 F_n。则由控制方程（4.84）可知，被控要素 a，e_x，e_y 只受切向控制 F_t 和径向控制 F_r 的作用，满足

$$\begin{cases}\dfrac{\mathrm{d}a}{\mathrm{d}t}=\dfrac{2}{n}F_t\\ \dfrac{\mathrm{d}e_x}{\mathrm{d}t}=\dfrac{1}{nr}(\sin L\bullet F_r+2\cos L\bullet F_t)\\ \dfrac{\mathrm{d}e_y}{\mathrm{d}t}=\dfrac{1}{nr}(-\cos L\bullet F_r+2\sin L\bullet F_t)\end{cases}\tag{4.87}$$

式中，$L=\Omega+u=\Omega+\omega+f$，其中 u 为航天器纬度幅角。

从式（4.87）中可以看到，切向作用 F_t 在控制偏心率矢量的时候效率更高，因此这里假设仅采用单次切向控制来进行轨道保持。由于轨道保持所需的修正量为小量，利用推进系统进行修正所用时间较短，可视为脉冲控制，其积分近似为速度脉冲 Δv_t。因此，轨道平面内的轨道控制方程（4.87）可以改写为切向

速度脉冲 Δv_t 形式。由式（4.85）可知：

$$\begin{cases}\dfrac{\Delta a}{a}=\dfrac{1}{na}\Delta v_t\\ \Delta e_x=\dfrac{2}{na}\Delta v_t\cos L\\ \Delta e_y=\dfrac{2}{na}\Delta v_t\sin L\end{cases}\tag{4.88}$$

由式（4.88）可知，半长轴的修正与脉冲作用位置 L 无关；偏心率增量 $\Delta\boldsymbol{e}$ 受脉冲作用位置 L 的影响。由于 Δa，Δe_x 和 Δe_y 为 3 个控制目标，通过两个控制变量 L 和 Δv_t 无法实现 3 个控制目标。具体来看，由式（4.88）中半长轴改变量 Δa 可确定所需的速度增量 Δv_t，由 Δe_x 和 Δe_y 可确定脉冲作用位置 L，但只能保证偏心率实际控制增量和 $\Delta\boldsymbol{e}$ 方向一致，并不能保证控制量大小和 $\Delta\boldsymbol{e}$ 大小相等。

为了实现轨道保持的控制目标，还需要施加一次切向速度脉冲，从而完成预定的轨道保持控制要求。用下标 1 和下标 2 分别表示一次切向脉冲和二次切向脉冲，且两次脉冲施加位置相隔 π，即 $L_2=L_1+\pi$。由式（4.85）可知：

$$\begin{cases}\dfrac{\Delta a}{a}=\dfrac{2}{na}(\Delta v_{t1}+\Delta v_{t2})\\ \Delta e_x=\dfrac{2}{na}(\Delta v_{t1}\cos L_1+\Delta v_{t2}\cos L_2)=\dfrac{2}{na}(\Delta v_{t1}-\Delta v_{t2})\cos L_1\\ \Delta e_y=\dfrac{2}{na}(\Delta v_{t1}\sin L_1+\Delta v_{t2}\sin L_2)=\dfrac{2}{na}(\Delta v_{t1}-\Delta v_{t2})\sin L_1\end{cases}\tag{4.89}$$

求解方程（4.89）可得到轨道保持的控制变量如下：

$$\begin{cases}\Delta v_{t1}=\dfrac{n\Delta a}{4}+\dfrac{na}{4}\sqrt{\Delta e_x^2+\Delta e_y^2}\\ L_1=\operatorname{atan2}(\Delta e_y,\Delta e_x)\end{cases},\quad\begin{cases}\Delta v_{t2}=\dfrac{n\Delta a}{4}-\dfrac{na}{4}\sqrt{\Delta e_x^2+\Delta e_y^2}\\ L_2=L_1+\pi\end{cases}\tag{4.90}$$

式中，$\operatorname{atan2}(Y,X)$ 表示空间方位角，满足

$$\operatorname{atan2}(y,x)=\begin{cases}\arctan\left(\dfrac{y}{x}\right) & ,x>0\\ \arctan\left(\dfrac{y}{x}\right)+\pi & ,x<0,y>0\\ \arctan\left(\dfrac{y}{x}\right)-\pi & ,x<0,y<0\\ \dfrac{\pi}{2} & ,x=0,y>0\\ -\dfrac{\pi}{2} & ,x=0,y<0\\ \text{undefined} & ,x=0,y=0\end{cases}$$

由式（4.90）可以看到，对大幅度偏心率改变任务而言（$\sqrt{\Delta e_x^2+\Delta e_y^2} > |\Delta a/a|$），式（4.90）求解出的两次速度脉冲 Δv_{t1} 和 Δv_{t2} 是反向的；而对小幅度偏心率改变任务而言（$\sqrt{\Delta e_x^2+\Delta e_y^2} < |\Delta a/a|$），式（4.90）求解出的两次速度脉冲 Δv_{t1} 和 Δv_{t2} 是同向的，此时两次脉冲对偏心率改变量的作用互相抵消，燃耗效率较差。因此，对于这种情况，不宜采用分隔为 π 的两次脉冲施加位置的方案。

对 $\sqrt{\Delta e_x^2+\Delta e_y^2} < |\Delta a/a|$ 的情况，应采用两次大小相同的同向切向脉冲，也即 $\Delta v_{t1}=\Delta v_{t2}=\Delta v_t$，且两次脉冲的施加位置记为 L_1 和 L_2。将其代入式（4.89），得到

$$\begin{cases}\dfrac{\Delta a}{a}=\dfrac{4}{na}\Delta v_t\\ \Delta e_x=\dfrac{2\Delta v_t}{na}(\cos L_1+\cos L_2)\\ \Delta e_y=\dfrac{2\Delta v_t}{na}(\sin L_1+\sin L_2)\end{cases} \tag{4.91}$$

求解方程（4.91）得到

$$\Delta v_{t1}=\Delta v_{t2}=\frac{n\Delta a}{4} \tag{4.92}$$

$$\frac{2a\Delta e_x}{\Delta a}=\cos L_1+\cos L_2 \tag{4.93}$$

$$\frac{2a\Delta e_y}{\Delta a}=\sin L_1+\sin L_2 \tag{4.94}$$

由式（4.93）和式（4.94）可得到

$$\begin{cases}L_1=L^*-\arccos\left(\dfrac{\sqrt{\Delta e_x^2+\Delta e_y^2}}{\Delta a/a}\right)\\ L_2=L^*+\arccos\left(\dfrac{\sqrt{\Delta e_x^2+\Delta e_y^2}}{\Delta a/a}\right)\end{cases} \tag{4.95}$$

式中，$L^*=\mathrm{atan2}(\Delta e_y,\Delta e_x)$。

4.4.3　静止轨道的轨道保持

由于受到地球扁状，日、月引力和光压等主要摄动力的影响，地球静止轨道上的卫星不可能保持绝对静止，而会在东西（经度）方向、南北（纬度）方向产生漂移。静止轨道保持任务是指使卫星偏离定点位置的经纬度漂移量小于

允许的给定值。

4.4.3.1 静止轨道保持的被控轨道根数

理想的静止轨道应满足

$$\begin{cases} a = a_{\rm s} \approx 42\,164.2\ \text{km} \\ e = \sqrt{e_x^2 + e_y^2} = 0 \\ i = \sqrt{i_x^2 + i_y^2} = 0 \\ l = \lambda_{\rm s} + G_t = \Omega + \omega + M \end{cases} \tag{4.96}$$

式中，$\lambda_{\rm s}$为定点地理经度；l为平经度；G_t为格林尼治子午圈的恒星时角。在摄动力作用下，卫星真实轨道偏离标称轨道，因此需要被控制的轨道根数包括半长轴偏差和漂移率、偏心率矢量、轨道倾角矢量、地理经度。

1. 半长轴偏差和漂移率

静止轨道的漂移率主要受半长轴偏差影响，即

$$\Delta a = a - a_{\rm s} \tag{4.97}$$

式中，$a_{\rm s} \approx 42\,164.2\ \text{km}$，其具体数值随地理经度变化而变化。静止轨道的漂移率的表达式如下：

$$D = \sqrt{\frac{\mu}{a^3}} - \sqrt{\frac{\mu}{a_{\rm s}^3}} \tag{4.98}$$

当$a - a_{\rm s}$为小量时，可对式（4.98）中的a在$a_{\rm s}$附近展开，并保留一阶项得到漂移率：

$$D \approx -\frac{3}{2} \cdot \frac{\Delta a}{a_{\rm s}} \tag{4.99}$$

2. 偏心率矢量

由于静止轨道的偏心率均趋近于零，为了避免歧义，通常采用春分点轨道根数描述。静止轨道的偏心率保持控制通常通过控制偏心率矢量来实现，也即

$$\boldsymbol{e} = \begin{bmatrix} e_x \\ e_y \end{bmatrix} = \begin{bmatrix} e\cos(\omega + \Omega) \\ e\sin(\omega + \Omega) \end{bmatrix} \tag{4.100}$$

3. 轨道倾角矢量

由于静止轨道的轨道倾角也趋近于零，升交点赤经无法确定。因此，静止

轨道的轨道面保持控制通常采用轨道倾角矢量保持来实现，定义如下：

$$\boldsymbol{i}=\begin{bmatrix} i_x \\ i_y \end{bmatrix}=\begin{bmatrix} \tan\left(\dfrac{i}{2}\right)\cos\Omega \\ \tan\left(\dfrac{i}{2}\right)\sin\Omega \end{bmatrix} \tag{4.101}$$

4. 地理经度

静止轨道卫星在轨道上的位置一般采用经度和地理经度描述。定义平经度 l 和真经度 L：

$$l=\Omega+\omega+M\ ,\quad L=\Omega+\omega+f \tag{4.102}$$

由此，进一步定义平地理经度 $\bar{\lambda}$ 和真地理经度 λ：

$$\begin{cases} \bar{\lambda}=l-G_t=\Omega+\omega+M-G_t \\ \lambda=L-G_t=\Omega+\omega+f-G_t \end{cases} \tag{4.103}$$

式中，G_t 为格林尼治子午圈的恒星时角，满足

$$G_t=G_0+\omega_{\mathrm{e}}(t-t_0) \tag{4.104}$$

式中，G_0 是 t_0 时刻格林尼治子午圈的恒星时角。

要保持卫星静止，应使 D，e_x，e_y，i_x，i_y 以及 $\lambda-\lambda_{\mathrm{s}}$ 始终为零，当卫星漂到允许范围的边界时，应用星载反作用推力器，使卫星产生速度增量，修正这些轨道要素，从而补偿外界摄动的影响。

4.4.3.2　静止轨道保持的控制方程

对静止轨道，由于 $a=a_{\mathrm{s}}$，$e_x\approx 0$，$e_y\approx 0$，$i_x\approx 0$，$i_y\approx 0$，因此 $l\approx L$。将这些关系式代入式（3.11），可得到静止轨道保持的控制方程：

$$\begin{cases} \dfrac{\mathrm{d}a}{\mathrm{d}t}=\dfrac{2a_{\mathrm{s}}}{v_{\mathrm{s}}}F_t \\ \dfrac{\mathrm{d}e_x}{\mathrm{d}t}=\dfrac{1}{v_{\mathrm{s}}}(F_r\sin l+2F_t\cos l) \\ \dfrac{\mathrm{d}e_y}{\mathrm{d}t}=\dfrac{1}{v_{\mathrm{s}}}(-F_r\cos l+2F_t\sin l) \\ \dfrac{\mathrm{d}i_x}{\mathrm{d}t}=\dfrac{1}{2v_{\mathrm{s}}}F_n\cos l \\ \dfrac{\mathrm{d}i_y}{\mathrm{d}t}=\dfrac{1}{2v_{\mathrm{s}}}F_n\sin l \\ \dfrac{\mathrm{d}l}{\mathrm{d}t}=\sqrt{\dfrac{\mu}{a^3}}-\dfrac{2}{v_{\mathrm{s}}}F_r \end{cases} \tag{4.105}$$

式中，v_s为静止轨道的速度。

为了便于分析位置保持问题，将式（4.105）的轨道要素 l 和 a 改为平经度 $\bar{\lambda}$ 和漂移率 D，分别由式（4.103）和式（4.99）给出，满足关系式：

$$\begin{cases}\bar{\lambda}=l-\omega_e(t-t_0)-G_0\\ \dot{\bar{\lambda}}=\dot{l}-\omega_e=D-\dfrac{2}{v_s}F_r\end{cases} \tag{4.106}$$

利用漂移率的定义 $D=-3\Delta a/2a_s$，由静止轨道保持的控制方程（4.105）得到脉冲控制的轨道要素增量方程为

$$\begin{cases}\Delta\bar{\lambda}=D\Delta t-\dfrac{2}{v_s}\Delta v_r\\ \Delta D=-\dfrac{3}{v_s}\Delta v_t\\ \Delta e_x=\dfrac{1}{v_s}(\Delta v_r\sin l_c+2\Delta v_t\cos l_c)\\ \Delta e_y=\dfrac{1}{v_s}(-\Delta v_r\cos l_c+2\Delta v_t\sin l_c)\\ \Delta i_x=\dfrac{1}{2v_s}\Delta v_n\cos l_c\\ \Delta i_y=\dfrac{1}{2v_s}\Delta v_n\sin l_c\end{cases} \tag{4.107}$$

式中，l_c为轨道机动控制时卫星的位置（恒星时角）；Δv_r，Δv_t和Δv_n分别为沿径向、切向和法向的速度增量。

4.4.3.3 静止轨道保持的控制策略

从控制静止轨道的控制方程（4.107）可以看到，轨道平面内和平面外的控制是互相解耦的。因此，静止轨道保持控制可分为东西保持控制和南北保持控制两部分。

1. 东西保持控制

静止轨道的东西保持需要控制漂移率和偏心率矢量，也即需修正 ΔD，Δe_x，Δe_y。从控制方程（4.107）可以看出，修正位置的漂移率由切向控制实现，与控制时刻卫星的位置无关。偏心率受切向或径向控制，而控制点的位置是一个重要参数，径向控制能改变卫星的平经度。单次切向控制同时改变轨道的漂移率和偏心率，二者是耦合的，需要进行多脉冲控制，才能独立地修正漂移率和

偏心率。

控制漂移率仅与控制量有关，与脉冲作用点 l_c 无关；偏心率的控制不仅与控制量有关，还与脉冲作用点 l_c 有关。最简单有效的控制方式为 180° 相隔的双切向脉冲控制，共有 3 个控制量可以选择，为两个脉冲的控制量 Δv_{t1} 和 Δv_{t2}，与第一个脉冲控制的作用点 l_1，$l_2 = l_1 + \pi$。将其代入控制方程（4.107），得到

$$\begin{cases} \Delta D = -\dfrac{3}{v_s}(\Delta v_{t1} + \Delta v_{t2}) \\ \Delta e_x = \dfrac{1}{v_s}(2\Delta v_{t1}\cos l_1 + 2\Delta v_{t2}\cos l_2) = \dfrac{2}{v_s}(\Delta v_{t1} - \Delta v_{t2})\cos l_1 \\ \Delta e_y = \dfrac{1}{v_s}(2\Delta v_{t1}\sin l_1 + 2\Delta v_{t2}\sin l_2) = \dfrac{2}{v_s}(\Delta v_{t1} - \Delta v_{t2})\sin l_1 \end{cases} \tag{4.108}$$

求解方程（4.108），可得到如下东西保持控制策略：

$$\begin{cases} l_1 = \operatorname{atan2}(\Delta e_y, \Delta e_x) \\ \Delta v_{t1} = \dfrac{v_s}{2}\left(\dfrac{\sqrt{\Delta e_x^2 + \Delta e_y^2}}{2} - \dfrac{\Delta D}{3}\right) \end{cases}, \quad \begin{cases} l_2 = l_1 + \pi \\ \Delta v_{t2} = \dfrac{v_s}{2}\left(-\dfrac{\sqrt{\Delta e_x^2 + \Delta e_y^2}}{2} - \dfrac{\Delta D}{3}\right) \end{cases} \tag{4.109}$$

2. 南北保持控制

静止轨道的南北保持就是要控制轨道倾角矢量，因此需修正 Δi_x 和 Δi_y。由静止轨道控制方程（4.107）可知，南北保持需由法向控制脉冲 Δv_n 来实现。南北保持不仅取决于法向脉冲大小 Δv_n，还取决于脉冲施加位置 l_c。由于只需要修正两个量，同时单次法向脉冲有两个控制变量，因此可采用一次法向脉冲来进行南北保持控制，满足

$$\begin{cases} \Delta i_x = \dfrac{1}{2v_s}\Delta v_n \cos l_c \\ \Delta i_y = \dfrac{1}{2v_s}\Delta v_n \sin l_c \end{cases} \tag{4.110}$$

求解方程（4.110）直接得到南北保持控制策略：

$$\begin{cases} l_c = \operatorname{atan2}(\Delta i_y, \Delta i_x) \\ \Delta v_n = 2v_s\sqrt{\Delta i_x^2 + \Delta i_y^2} \end{cases} \tag{4.111}$$

参考文献

[1] 章仁为. 卫星轨道姿态动力学与控制［M］. 北京：北京航空航天大学出版社，1998.

[2] 刘林. 航天器轨道理论［M］. 北京：国防工业出版社，2000.

[3] 杨嘉墀. 航天器轨道动力学与控制［M］. 北京：中国宇航出版社，2001.

[4] 周军. 航天器控制原理［M］. 西安：西北工业大学出版社，2001.

[5] CURTIS H D. 轨道力学［M］. 周建华，徐波，冯全胜，译. 北京：科学出版社，2009.

[6] 西迪. 航天器动力学与控制［M］. 杨保华，译. 北京：航空工业出版社，2011.

[7] 赵钧. 航天器轨道动力学理论与方法［M］. 哈尔滨：哈尔滨工业大学出版社，2011.

[8] 张洪波. 航天器轨道动力学理论与方法［M］. 北京：国防工业出版社，2015.

[9] 刘林，侯锡云. 轨道力学基础［M］. 北京：高等教育出版社，2018.

思考题

1. 椭圆共面转移存在两种形式，请讨论对比两种形式的燃料消耗大小。

2. 思考如何利用单脉冲机动实现反升交点赤经和近地点幅角的改变。

3. 从近地轨道转移至地球静止轨道的转移轨道通常称为地球同步转移轨道（GTO），求解利用霍曼转移从 200 km 圆轨道共面转移至地球静止轨道所需的速度增量和转移时间。

4. 神舟飞船与空间站交会时常采用调相轨道的方式调整相对相角，假设两者均位于轨道高度为 400 km 的圆轨道，飞船超前空间站相位 10°，若要通过 4 圈的调相轨道实现交会，求解所需施加的速度增量和调相轨道周期。

5. 结合轨道摄动，思考静止轨道的轨道保持燃耗与频率之间的关系。

6. 思考兰伯特轨道转移在空间探测任务中的应用。

第 5 章 航天器轨道的确定

扫码获取课程资源

航天器轨道一般用 6 个参数表征的轨道根数来描述。航天器轨道的确定问题就是要得到最符合观测数据的轨道参数。观测数据包括地面测量站和天基测量设备获得的多种观测数据，其质量越高，确定的轨道就越可靠。

根据二体运动理论，利用 6 个观测数据就可以得到航天器的 6 个轨道根数，二体意义下的定轨问题属于航天器的初始轨道确定问题。本章主要介绍地基测量的航天器初始轨道确定方法。具体内容安排如下：5.1 节给出航天器轨道确定中常用坐标系统的定义及坐标变换过程；5.2 节介绍根据地面观测站所测数据来确定航天器初始轨道的方法；5.3 节将分析常见的地面测控误差的来源。

5.1 航天器轨道确定的坐标系统

航天器定轨通常是基于地面站坐标系来描述航天器状态的。地面站坐标系是指以地表上的观测者位置为中心的坐标系统，常用的有地面站赤道坐标系 $C-xyz$ 和地面站地平坐标系 $C-x_c y_c z_c$。设某物体为 B（卫星或天体），地表的观测者为 C，如图 5.1 所示。B 相对于引力中心 O 的位置矢量为 $\boldsymbol{r}$，观测者 C 相对于 O 的位置矢量为 $\boldsymbol{R}$，B 相对于观测者 C 的位置矢量为 $\boldsymbol{\rho}$。$\boldsymbol{r}$，$\boldsymbol{R}$ 和 $\boldsymbol{\rho}$ 组成了基本的矢量三角形。

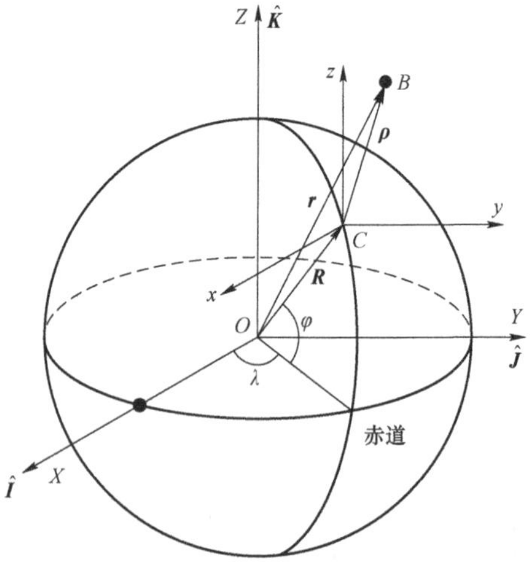

图 5.1　地面站赤道坐标系

1. 地面站赤道坐标系

记地心赤道固连坐标系为 $O-XYZ$。地面站赤道坐标系 $C-xyz$ 的坐标原点为地面站点 C，x 轴、y 轴、z 轴分别与地心赤道坐标系 $O-XYZ$ 的各坐标轴平行，如图 5.1 所示。地面站 C 在地心赤道固连坐标系 $O-XYZ$ 下的位置矢量 $\boldsymbol{R}$

可表示为

$$\boldsymbol{R}=\begin{bmatrix} R\cos\varphi\cos\lambda \\ R\cos\varphi\sin\lambda \\ R\sin\varphi \end{bmatrix} \tag{5.1}$$

式中，R 为地面站 C 的地心距；λ 和 φ 为地面站的地心经度和地心纬度。

2. 地面站地平坐标系

地面站地平坐标系 $C-x_c y_c z_c$ 以地面站点 C 为坐标原点，$x_c y_c$ 为当地水平面，x_c 轴指向东，y_c 轴指向北，z_c 轴沿着当地垂线指向天顶方向，如图 5.2 所示。因此，在地面站地平坐标系中，矢量 $\boldsymbol{\rho}$ 可表示为

$$\boldsymbol{\rho}=\rho\hat{\boldsymbol{\rho}} \tag{5.2}$$

式中，ρ 为模值；$\hat{\boldsymbol{\rho}}$ 为观测目标的视线方向，其在地面站地平坐标系下的分量表示为

$$\hat{\boldsymbol{\rho}}=\begin{bmatrix} \cos E\sin A \\ \cos E\cos A \\ \sin E \end{bmatrix} \tag{5.3}$$

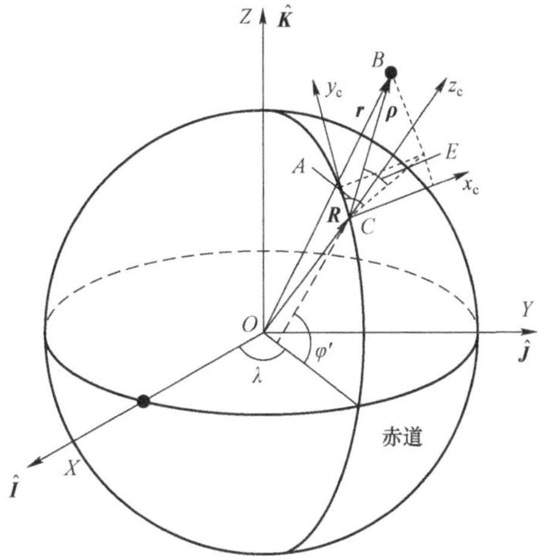

图 5.2　地面站地平坐标系

式中，A 为方位角（由正北开始顺时针为正），$0 \leqslant A \leqslant 360°$；$E$ 为高度角或高度（由水平至物体 B 的视线），$-90° \leqslant E \leqslant 90°$。

若地面站的地理经度和地理纬度分别为 λ 和 φ'（见图 5.2），则地面站位置矢量 $\boldsymbol{R}$ 在地心赤道固连坐标系 $O-XYZ$ 下可表示为

$$\boldsymbol{R}=\begin{bmatrix} (H+h)\cos\varphi'\cos\lambda \\ (H+h)\cos\varphi'\sin\lambda \\ [(1-f_e^2)H+h]\sin\varphi' \end{bmatrix} \tag{5.4}$$

式中，$f_e=0.081\,82$ 为地球的扁率；h 为地面站距地表的高度。

$$H=\frac{R_e}{\sqrt{1-f_e^2\sin^2\varphi'}} \tag{5.5}$$

式中，R_e 为地球的赤道半径。

若地面站能直接测量目标 B 的相对位置矢量 $\boldsymbol{\rho}$ 和相对速度矢量 $\dot{\boldsymbol{\rho}}$，则卫星

在赤道惯性坐标系下的位置矢量 $\boldsymbol{r}$ 和速度矢量 $\boldsymbol{v}$ 可表示为

$$\boldsymbol{r}=\boldsymbol{R}+\boldsymbol{\rho} \tag{5.6}$$

$$\boldsymbol{v}=\dot{\boldsymbol{\rho}}+\boldsymbol{\omega}_{\mathrm{e}}\times\boldsymbol{r} \tag{5.7}$$

式中，$\boldsymbol{\omega}_{\mathrm{e}}$ 为地球自转角速度矢量。

从地面站地平坐标系 $C-x_{\mathrm{c}}y_{\mathrm{c}}z_{\mathrm{c}}$ 到地心赤道固连坐标系 $O-XYZ$ 的坐标转换矩阵可表示为

$$\boldsymbol{L}_{OC}=\boldsymbol{L}_z\left(\frac{\pi}{2}+\lambda\right)\cdot\boldsymbol{L}_x\left(-\frac{\pi}{2}+\varphi'\right) \tag{5.8}$$

记地心赤道惯性坐标系为 $O-X_{\mathrm{i}}Y_{\mathrm{i}}Z_{\mathrm{i}}$，则由 $O-XYZ$ 到 $O-X_{\mathrm{i}}Y_{\mathrm{i}}Z_{\mathrm{i}}$ 的坐标转换矩阵满足

$$\boldsymbol{L}_{IO}=\boldsymbol{L}_z(-G) \tag{5.9}$$

式中，G 表示地球格林尼治的恒星时角。

由于 $\boldsymbol{\rho}$ 和 $\dot{\boldsymbol{\rho}}$ 是表示在地面站地平坐标系 $C-x_{\mathrm{c}}y_{\mathrm{c}}z_{\mathrm{c}}$ 中的，$\boldsymbol{R}$ 则表示在地心赤道固连坐标系 $O-XYZ$ 中，因此，地心赤道固连坐标系 $O-XYZ$ 下的位置 $\boldsymbol{r}$ 和速度 $\boldsymbol{v}$ 分量可表示为

$$\boldsymbol{r}=\boldsymbol{L}_{ZO}\boldsymbol{R}+\boldsymbol{L}_{ZO}\boldsymbol{\rho} \tag{5.10}$$

$$\boldsymbol{v}=\boldsymbol{L}_{IO}\boldsymbol{L}_{OC}\dot{\boldsymbol{\rho}}+\boldsymbol{\omega}_{\mathrm{e}}\times\boldsymbol{r} \tag{5.11}$$

5.2 航天器初始轨道确定

若航天器在地心赤道惯性坐标系中某一时刻（历元）的状态矢量 $\boldsymbol{r}$ 和 $\boldsymbol{v}$ 已知，或 6 个经典的轨道根数已知，则可完全确定其轨道。下面将简述如何根据地面观测站所测数据来确定轨道。

5.2.1 两位置矢量定轨法

两位置矢量定轨法是利用两个地心位置矢量来测定初始轨道的方法。设在两个时刻 t_1 和 t_2（$t_1<t_2<T_{\mathrm{P}}$，T_{P} 为轨道周期）观测一空间目标，得到两个时刻的地心位置矢量分别为 $\boldsymbol{r}_1$ 和 $\boldsymbol{r}_2$。当假定此物体处于二体动力学环境中，定轨的关键在于确定其在 t_1 和 t_2 时刻的速度 $\boldsymbol{v}_1$ 和 $\boldsymbol{v}_2$。

由观测数据可知，两位置的时刻差 Δt 和角度 $\Delta\theta$ 满足

$$\begin{cases}\Delta t = t_2 - t_1 \\ \Delta\theta = \arccos\left(\dfrac{\boldsymbol{r}_1 \cdot \boldsymbol{r}_2}{r_1 r_2}\right)\end{cases} \tag{5.12}$$

因此，对于二体轨道，$\boldsymbol{r}_1$，$\boldsymbol{r}_2$ 和 Δt 构成了一个兰伯特问题。通过求解兰伯特问题，可实现对轨道的确定。

由于二体轨道位于 $\boldsymbol{r}_1$ 和 $\boldsymbol{r}_2$ 张成的轨道平面内，故有如下矢量表达式：

$$\boldsymbol{r}_2 = f\boldsymbol{r}_1 + g\boldsymbol{v}_1 \tag{5.13}$$

式中，f 和 g 称为拉格朗日系数，由式（2.128）和式（2.129）可知，满足

$$\begin{cases}f = 1 - \dfrac{r_2}{p}(1-\cos\Delta\theta) \\ g = \dfrac{r_1 r_2 \sin\Delta\theta}{\sqrt{\mu p}}\end{cases} \tag{5.14}$$

式中，p 是轨道的半通径，且为唯一的未知参数，其余参数都可直接从测量结果中得到。

通常采用迭代法计算半通径 p。设定初值 $p^{(0)}$ 为

$$p^{(0)} = \frac{1}{2}(r_1 + r_2) \tag{5.15}$$

由此，按式（5.16）计算 $e\cos\theta_i$（$i=1,2$）：

$$e\cos\theta_i = \frac{p^{(0)}}{r_i} - 1,\ \ i=1,2 \tag{5.16}$$

由于 $\theta_2 = \theta_1 + \Delta\theta$，故

$$\begin{cases}\cos\theta_2 = \cos\theta_1 \cdot \cos\Delta\theta - \sin\theta_1 \cdot \sin\Delta\theta \\ \cos\theta_1 = \cos\theta_2 \cdot \cos\Delta\theta + \sin\theta_2 \cdot \sin\Delta\theta\end{cases} \tag{5.17}$$

进而

$$\begin{cases}e\sin\theta_1 = \dfrac{1}{\sin\Delta\theta}(e\cos\theta_1 \cdot \cos\Delta\theta - e\cos\theta_2) \\ e\sin\theta_2 = \dfrac{1}{\sin\Delta\theta}(-e\cos\theta_2 \cdot \cos\Delta\theta + e\cos\theta_1)\end{cases} \tag{5.18}$$

由此可计算轨道根数：

$$\begin{cases}e = \sqrt{(e\cos\theta_1)^2 + (e\sin\theta_1)^2} \\ a = p^{(0)} / (1-e^2) \\ n = \sqrt{\mu / a^3}\end{cases} \tag{5.19}$$

进而可计算两位置的偏近点角：

$$\begin{cases}\sin E_i = \dfrac{r_i\sqrt{1-e^2}}{p}\sin\theta_i \\ \cos E_i = \dfrac{r_i}{p}(e+\cos\theta_i)\end{cases},i=1,2 \tag{5.20}$$

最后，由平近点角 M 计算飞行时间 $\Delta t^{(0)}$：

$$\Delta t^{(0)} = \frac{1}{n}(M_2 - M_1) = \frac{1}{n}[(E_2 - E_1) + e(\sin E_1 - \sin E_2)] \tag{5.21}$$

对比时间 $\Delta t^{(0)}$ 和 Δt，可得到时间差值：

$$\delta t = \Delta t - \Delta t^{(0)} \tag{5.22}$$

利用 δt 更新迭代变量 $p^{(1)}$。迭代计算 $p^{(i)}$，直至满足收敛条件 $|\delta t| < \varepsilon_{\text{tol}}$，其中，$\varepsilon_{\text{tol}}$ 为给定的容错误差。

一旦确定半通径 p，可由式（5.14）得到 f 和 g，进一步代入式（5.13），得到速度矢量：

$$\boldsymbol{v}_1 = \frac{1}{g}(\boldsymbol{r}_2 - f\boldsymbol{r}_1) \tag{5.23}$$

由此确定 $\boldsymbol{r}_1$ 和 $\boldsymbol{v}_1$，从而实现了轨道确定。

5.2.2 三位置矢量定轨法

设在 3 个时刻 t_1，t_2 和 t_3（$t_1 < t_2 < t_3 < T_{\text{P}}$，$T_{\text{P}}$ 为轨道周期）观测一空间物体，得到 3 个时刻的地心位置 $\boldsymbol{r}_1$，$\boldsymbol{r}_2$ 和 $\boldsymbol{r}_3$。当假定此物体处于二体动力学环境中，需要通过确定其在 t_1，t_2 和 t_3 时刻的速度 $\boldsymbol{v}_1$，$\boldsymbol{v}_2$ 和 $\boldsymbol{v}_3$ 来确定轨道。该问题的纯矢量解法是由美国学者吉布斯（Gibbs）（1839—1903）提出的。

二体轨道的角动量守恒要求位置矢量必须位于同一平面内。换言之，与 $\boldsymbol{r}_2$ 和 $\boldsymbol{r}_3$ 所张平面相垂直的单位矢量也必定垂直于 $\boldsymbol{r}_1$ 方向的单位矢量。因此，如果记 $\hat{\boldsymbol{u}}_{r1} = \boldsymbol{r}_1 / r_1$ 和 $\hat{\boldsymbol{C}}_{23} = (\boldsymbol{r}_2 \times \boldsymbol{r}_3)/\|\boldsymbol{r}_2 \times \boldsymbol{r}_3\|$，则这两个矢量的点乘为零：

$$\hat{\boldsymbol{u}}_{r1} \cdot \hat{\boldsymbol{C}}_{23} = 0 \tag{5.24}$$

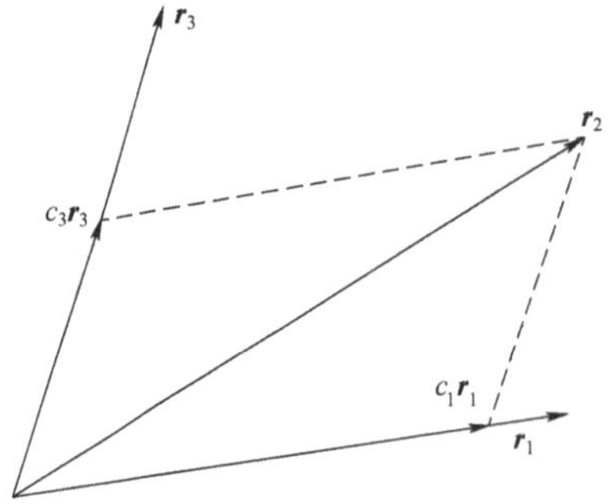

图 5.3　三共面矢量的关系

另外，由图 5.3 可知，$\boldsymbol{r}_1$，$\boldsymbol{r}_2$ 和 $\boldsymbol{r}_3$ 位于同一平面意味着可将 $\boldsymbol{r}_2$ 表达为 $c_1\boldsymbol{r}_1$ 与 $c_3\boldsymbol{r}_3$ 的矢量和：

$$\boldsymbol{r}_2 = c_1\boldsymbol{r}_1 + c_3\boldsymbol{r}_3 \tag{5.25}$$

式中，c_1 和 c_3 分别为 $\boldsymbol{r}_1$ 和 $\boldsymbol{r}_3$ 的标量因子。

$$c_1=\frac{(\boldsymbol{r}_2\times\boldsymbol{r}_3)\cdot(\boldsymbol{r}_1\times\boldsymbol{r}_3)}{\|\boldsymbol{r}_1\times\boldsymbol{r}_3\|},\quad c_3=\frac{(\boldsymbol{r}_2\times\boldsymbol{r}_1)\cdot(\boldsymbol{r}_3\times\boldsymbol{r}_1)}{\|\boldsymbol{r}_1\times\boldsymbol{r}_3\|} \tag{5.26}$$

若求出任意给定 3 个位置 $\boldsymbol{r}$ 的相应速度 $\boldsymbol{v}$，需从二体轨道的拉普拉斯常矢量开始：

$$\boldsymbol{L}=-\mu\frac{\boldsymbol{r}}{r}+\boldsymbol{v}\times\boldsymbol{h} \tag{5.27}$$

进而偏心率矢量满足

$$\boldsymbol{e}=\frac{\boldsymbol{L}}{\mu} \tag{5.28}$$

式中，$\boldsymbol{h}$ 为角动量矢量；$\boldsymbol{e}$ 为偏心率矢量。

利用式（5.27）和式（5.28）可知

$$\boldsymbol{v}\times\boldsymbol{h}=\mu\left(\frac{\boldsymbol{r}}{r}+\boldsymbol{e}\right) \tag{5.29}$$

将式（5.29）两边与角动量做叉乘

$$\boldsymbol{h}\times(\boldsymbol{v}\times\boldsymbol{h})=\mu\left(\frac{\boldsymbol{h}\times\boldsymbol{r}}{r}+\boldsymbol{h}\times\boldsymbol{e}\right) \tag{5.30}$$

进而写为

$$\boldsymbol{h}\times(\boldsymbol{v}\times\boldsymbol{h})=\boldsymbol{v}(\boldsymbol{h}\cdot\boldsymbol{h})-\boldsymbol{h}(\boldsymbol{h}\cdot\boldsymbol{v}) \tag{5.31}$$

但 $\boldsymbol{h}\cdot\boldsymbol{h}=h^2$，且 $\boldsymbol{v}$ 与 $\boldsymbol{h}$ 相互垂直，$\boldsymbol{h}\cdot\boldsymbol{v}=0$，因此

$$\boldsymbol{h}\times(\boldsymbol{v}\times\boldsymbol{h})=h^2\boldsymbol{v} \tag{5.32}$$

即

$$\boldsymbol{v}=\frac{\mu}{h^2}\cdot\left(\frac{\boldsymbol{h}\times\boldsymbol{r}}{r}+\boldsymbol{h}\times\boldsymbol{e}\right) \tag{5.33}$$

在地心拱线坐标系 $O-x_\mathrm{p}y_\mathrm{p}z_\mathrm{p}$ 中，单位矢量 $\hat{\boldsymbol{p}}$ 与偏心率矢量 $\boldsymbol{e}$ 方向相一致，$\hat{\boldsymbol{w}}$ 是垂直于轨道平面与角动量矢量 $\boldsymbol{h}$ 方向相一致的单位矢量，因此可得

$$\begin{cases}\boldsymbol{e}=e\hat{\boldsymbol{p}}\\ \boldsymbol{h}=h\hat{\boldsymbol{w}}\end{cases} \tag{5.34}$$

所以式（5.33）可以写为

$$\boldsymbol{v}=\frac{\mu}{h^2}\cdot\left(\frac{h\hat{\boldsymbol{w}}\times\boldsymbol{r}}{r}+h\hat{\boldsymbol{w}}\times e\hat{\boldsymbol{p}}\right)=\frac{\mu}{h}\left[\frac{\hat{\boldsymbol{w}}\times\boldsymbol{r}}{r}+e(\hat{\boldsymbol{w}}\times\hat{\boldsymbol{p}})\right] \tag{5.35}$$

由于 $\hat{\boldsymbol{p}}$，$\hat{\boldsymbol{q}}$ 和 $\hat{\boldsymbol{w}}$ 为满足右手定则的单位矢量，有

$$\hat{\boldsymbol{w}}\times\hat{\boldsymbol{p}}=\hat{\boldsymbol{q}} \tag{5.36}$$

因此，式（5.35）可化简为

$$\boldsymbol{v}=\frac{\mu}{h}\cdot\left(\frac{\hat{\boldsymbol{w}}\times\boldsymbol{r}}{r}+e\hat{\boldsymbol{q}}\right) \tag{5.37}$$

这是一个重要的结果，因为如果能够利用位置矢量 $\boldsymbol{r}_1$，$\boldsymbol{r}_2$ 和 $\boldsymbol{r}_3$ 计算出 $\hat{\boldsymbol{q}}$，$\hat{\boldsymbol{w}}$，h 和 e，则速度 $\boldsymbol{v}_1$，$\boldsymbol{v}_2$ 和 $\boldsymbol{v}_3$ 可由式（5.37）分别求出。

3 个位置矢量的唯一限制条件是它们共面。要确定其轨道，需将式（5.25）与偏心率矢量 $\boldsymbol{e}$ 做点乘，所得标量方程如下：

$$\boldsymbol{r}_2\cdot\boldsymbol{e}=c_1\boldsymbol{r}_1\cdot\boldsymbol{e}+c_3\boldsymbol{r}_3\cdot\boldsymbol{e} \tag{5.38}$$

又根据式（5.27），可得 h，e 与其对应的位置矢量关系分别为

$$\begin{cases}\boldsymbol{r}_1\cdot\boldsymbol{e}=\dfrac{h^2}{\mu}-r_1\\ \boldsymbol{r}_2\cdot\boldsymbol{e}=\dfrac{h^2}{\mu}-r_2\\ \boldsymbol{r}_3\cdot\boldsymbol{e}=\dfrac{h^2}{\mu}-r_3\end{cases} \tag{5.39}$$

将上述关系代入式（5.38），可得

$$\frac{h^2}{\mu}-r_2=c_1\left(\frac{h^2}{\mu}-r_1\right)+c_3\left(\frac{h^2}{\mu}-r_3\right) \tag{5.40}$$

要消去式（5.40）中的未知系数 c_1 和 c_3，可将式（5.25）分别与 $\boldsymbol{r}_1$，$\boldsymbol{r}_3$ 做叉乘，得到两个右边均含 $\boldsymbol{r}_3\times\boldsymbol{r}_1$ 的表达式：

$$\begin{cases}\boldsymbol{r}_2\times\boldsymbol{r}_1=c_3(\boldsymbol{r}_3\times\boldsymbol{r}_1)\\ \boldsymbol{r}_2\times\boldsymbol{r}_3=-c_1(\boldsymbol{r}_3\times\boldsymbol{r}_1)\end{cases} \tag{5.41}$$

现在将式（5.40）乘以矢量 $\boldsymbol{r}_3\times\boldsymbol{r}_1$，可得

$$\frac{h^2}{\mu}(\boldsymbol{r}_3\times\boldsymbol{r}_1)-r_2(\boldsymbol{r}_3\times\boldsymbol{r}_1)=c_1(\boldsymbol{r}_3\times\boldsymbol{r}_1)\left(\frac{h^2}{\mu}-r_1\right)+c_3(\boldsymbol{r}_3\times\boldsymbol{r}_1)\left(\frac{h^2}{\mu}-r_3\right) \tag{5.42}$$

利用式（5.41），式（5.42）可写为

$$\frac{h^2}{\mu}(\boldsymbol{r}_3\times\boldsymbol{r}_1)-r_2(\boldsymbol{r}_3\times\boldsymbol{r}_1)=-(\boldsymbol{r}_2\times\boldsymbol{r}_3)\left(\frac{h^2}{\mu}-r_1\right)+(\boldsymbol{r}_2\times\boldsymbol{r}_1)\left(\frac{h^2}{\mu}-r_3\right) \tag{5.43}$$

此时 c_1 和 c_3 已经消去。

合并式（5.43）中同类项可得

$$\boldsymbol{N}=\frac{h^2}{\mu}\boldsymbol{D} \tag{5.44}$$

式中

$$\boldsymbol{N}=r_1(\boldsymbol{r}_2\times\boldsymbol{r}_3)+r_2(\boldsymbol{r}_3\times\boldsymbol{r}_1)+r_3(\boldsymbol{r}_1\times\boldsymbol{r}_2) \tag{5.45}$$

$$\boldsymbol{D}=\boldsymbol{r}_1\times\boldsymbol{r}_2+\boldsymbol{r}_2\times\boldsymbol{r}_3+\boldsymbol{r}_3\times\boldsymbol{r}_1 \tag{5.46}$$

从而

$$N=\frac{h^2}{\mu}D \tag{5.47}$$

式中，$N=\|\boldsymbol{N}\|$，$D=\|\boldsymbol{D}\|$。由式（5.47）可知：角动量h可由$\boldsymbol{r}_1$，$\boldsymbol{r}_2$和$\boldsymbol{r}_3$通过如下关系得到：

$$h=\sqrt{\mu\frac{N}{D}} \tag{5.48}$$

由于$\boldsymbol{r}_1$，$\boldsymbol{r}_2$和$\boldsymbol{r}_3$共面，故$\boldsymbol{r}_1\times\boldsymbol{r}_2$，$\boldsymbol{r}_2\times\boldsymbol{r}_3$以及$\boldsymbol{r}_3\times\boldsymbol{r}_1$所对应的矢量方向相同，均垂直于轨道平面。显然，由式（5.46）可知，$\boldsymbol{D}$必与轨道平面垂直。在近焦点坐标系中，可用$\hat{\boldsymbol{w}}$来表示轨道平面的单位法向量。因此

$$\hat{\boldsymbol{w}}=\frac{\boldsymbol{D}}{D} \tag{5.49}$$

目前为止，通过$\boldsymbol{r}_1$，$\boldsymbol{r}_2$和$\boldsymbol{r}_3$已经求出h和$\hat{\boldsymbol{w}}$。同样，还需要求出式（5.37）中$\hat{\boldsymbol{q}}$的表达式。由式（5.34）、式（5.36）、式（5.49），可知

$$\hat{\boldsymbol{q}}=\hat{\boldsymbol{w}}\times\hat{\boldsymbol{p}}=\frac{1}{De}(\boldsymbol{D}\times\boldsymbol{e}) \tag{5.50}$$

代入式（5.46）可得

$$\hat{\boldsymbol{q}}=\frac{1}{De}[(\boldsymbol{r}_1\times\boldsymbol{r}_2)\times\boldsymbol{e}+(\boldsymbol{r}_2\times\boldsymbol{r}_3)\times\boldsymbol{e}+(\boldsymbol{r}_3\times\boldsymbol{r}_1)\times\boldsymbol{e}] \tag{5.51}$$

对右式进行变换可得

$$\begin{cases}(\boldsymbol{r}_1\times\boldsymbol{r}_2)\times\boldsymbol{e}=\boldsymbol{r}_2(\boldsymbol{r}_1\cdot\boldsymbol{e})-\boldsymbol{r}_1(\boldsymbol{r}_2\cdot\boldsymbol{e})\\(\boldsymbol{r}_2\times\boldsymbol{r}_3)\times\boldsymbol{e}=\boldsymbol{r}_3(\boldsymbol{r}_2\cdot\boldsymbol{e})-\boldsymbol{r}_2(\boldsymbol{r}_3\cdot\boldsymbol{e})\\(\boldsymbol{r}_3\times\boldsymbol{r}_1)\times\boldsymbol{e}=\boldsymbol{r}_1(\boldsymbol{r}_3\cdot\boldsymbol{e})-\boldsymbol{r}_3(\boldsymbol{r}_1\cdot\boldsymbol{e})\end{cases} \tag{5.52}$$

再次利用式（5.39），上述表达式可写为

$$\begin{cases}(\boldsymbol{r}_1\times\boldsymbol{r}_2)\times\boldsymbol{e}=\boldsymbol{r}_2\left(\dfrac{h^2}{\mu}-r_1\right)-\boldsymbol{r}_1\left(\dfrac{h^2}{\mu}-r_2\right)=\dfrac{h^2}{\mu}(\boldsymbol{r}_2-\boldsymbol{r}_1)+r_2\boldsymbol{r}_1-r_1\boldsymbol{r}_2\\(\boldsymbol{r}_2\times\boldsymbol{r}_3)\times\boldsymbol{e}=\boldsymbol{r}_3\left(\dfrac{h^2}{\mu}-r_2\right)-\boldsymbol{r}_2\left(\dfrac{h^2}{\mu}-r_3\right)=\dfrac{h^2}{\mu}(\boldsymbol{r}_3-\boldsymbol{r}_2)+r_3\boldsymbol{r}_2-r_2\boldsymbol{r}_3\\(\boldsymbol{r}_3\times\boldsymbol{r}_1)\times\boldsymbol{e}=\boldsymbol{r}_1\left(\dfrac{h^2}{\mu}-r_3\right)-\boldsymbol{r}_3\left(\dfrac{h^2}{\mu}-r_1\right)=\dfrac{h^2}{\mu}(\boldsymbol{r}_1-\boldsymbol{r}_3)+r_1\boldsymbol{r}_3-r_3\boldsymbol{r}_1\end{cases} \tag{5.53}$$

将上述表达式相结合，合并同类项并将结果代入式（5.51），可得

$$\hat{\boldsymbol{q}}=\frac{1}{De}\boldsymbol{S} \tag{5.54}$$

式中

$$\boldsymbol{S}=\boldsymbol{r}_1(r_2-r_3)+\boldsymbol{r}_2(r_3-r_1)+\boldsymbol{r}_3(r_1-r_2) \tag{5.55}$$

最后，将式（5.48）、式（5.49）和式（5.54）代入式（5.37），可得

$$\boldsymbol{v}=\frac{\mu}{h}\cdot\left(\frac{\hat{\boldsymbol{w}}}{r}+e\hat{\boldsymbol{q}}\right)=\sqrt{\frac{\mu}{ND}}\cdot\left(\frac{\boldsymbol{D}\times\boldsymbol{r}}{r}+\boldsymbol{S}\right) \tag{5.56}$$

式中，等式右侧所有项均只与已知的位置矢量 $\boldsymbol{r}_1$，$\boldsymbol{r}_2$ 和 $\boldsymbol{r}_3$ 有关，实现了三位置矢量下的轨道确定。

5.2.3 基于测角数据的初始轨道确定

在使用光学观测（如仅使用望远镜）进行定轨时，只能依靠方位角和高度角这两个角度观测数据来确定轨道。基于测角数据的轨道确定方法有高斯法和双 r 迭代法，两种方法都是利用 3 组按时序排列的测角数据来确定位置和速度，且都需要至少进行三次观测来得到 6 个独立的观测量，测角数据可以由 3 个独立的跟踪站获得。本节后续讨论均假定角度观测量已经转换为地面站赤经 α 和赤纬 δ。

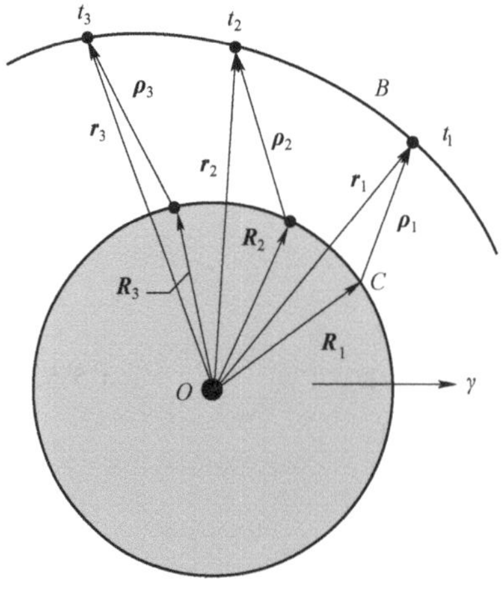

图 5.4　引力中心 O、观察者 C 和被跟踪天体 B

下面以高斯提出的基于单纯角度观测数据的定轨为例进行说明。假设已知航天器在 t_1，t_2 和 t_3 三个时刻的观测量，如图 5.4 所示。由式（5.6）可知：每次观测的地心位置矢量 $\boldsymbol{r}$ 和观测者的位置矢量 $\boldsymbol{R}$ 与斜距 $\boldsymbol{\rho}$ 以及地面站的方向余弦矢量相关，即

$$\begin{cases}\boldsymbol{r}_1=\boldsymbol{R}_1+\rho_1\hat{\boldsymbol{\rho}}_1\\ \boldsymbol{r}_2=\boldsymbol{R}_2+\rho_2\hat{\boldsymbol{\rho}}_2\\ \boldsymbol{r}_3=\boldsymbol{R}_3+\rho_3\hat{\boldsymbol{\rho}}_3\end{cases} \tag{5.57}$$

观测者 C 的位置矢量 $\boldsymbol{R}_1$，$\boldsymbol{R}_2$ 和 $\boldsymbol{R}_3$ 可根据跟踪站的位置与观测时间确定。$\hat{\boldsymbol{\rho}}_1$，$\hat{\boldsymbol{\rho}}_2$ 和 $\hat{\boldsymbol{\rho}}_3$ 可通过天体每次观测时的高低角 E 和偏航角 A 求得［式（5.3）］。式（5.57）包含 3 个矢量方程，即 9 个标量方程，共有 12 个未知数：矢量 $\boldsymbol{r}_1$，$\boldsymbol{r}_2$ 和 $\boldsymbol{r}_3$ 的 3 个分量，再加上 3 个斜距 ρ_1，ρ_2 和 ρ_3。

另外的 3 个方程可由角动量守恒定律得出，即要求 3 个矢量 $\boldsymbol{r}_1$，$\boldsymbol{r}_2$ 和 $\boldsymbol{r}_3$ 位于同一平面内，这样可以再引入 3 个方程。如同 5.2.2 节中的三位置矢量定轨

法所讨论的那样，$\boldsymbol{r}_1$，$\boldsymbol{r}_2$ 和 $\boldsymbol{r}_3$ 的一个线性组合

$$\boldsymbol{r}_2 = c_1\boldsymbol{r}_1 + c_3\boldsymbol{r}_3 \tag{5.58}$$

增加这个矢量方程又同时引进了两个未知数 c_1 和 c_3，与式（5.57）一起得到 12 个标量方程，含有 14 个未知数。

此外，根据二体运动方程可知：利用拉格朗日系数，在轨天体的状态向量 $\boldsymbol{r}$ 和 $\boldsymbol{v}$ 可由任意给定时刻的状态向量来表示。换言之，可以利用 t_2 时刻的位置矢量 $\boldsymbol{r}_2$ 和速度矢量 $\boldsymbol{v}_2$ 来表示出位置矢量 $\boldsymbol{r}_1$ 和 $\boldsymbol{r}_3$：

$$\begin{cases} \boldsymbol{r}_1 = f_1\boldsymbol{r}_2 + g_1\boldsymbol{v}_2 \\ \boldsymbol{r}_3 = f_3\boldsymbol{r}_2 + g_3\boldsymbol{v}_2 \end{cases} \tag{5.59}$$

式中，f_1 和 g_1 为拉格朗日系数在 t_1 时刻的值；而 f_3 和 g_3 为拉格朗日系数在 t_3 时刻的值。若三次观测的时间间隔足够小，则 f 和 g 可以近似认为仅与初始时刻引力中心的距离有关。因此，式（5.59）又产生了 6 个标量方程，同时却只增加了 4 个未知数：$\boldsymbol{v}_2$ 的 3 个分量和半径 r_2。至此，得到了 18 个方程、18 个未知数。因此，问题是确定性的，可以进行求解。其目标就是确定出中间时刻 t_2 时的状态向量 $\boldsymbol{r}_2$ 和 $\boldsymbol{v}_2$。

首先求解式（5.58）中的 c_1 和 c_3，将此式中的每一项与 $\boldsymbol{r}_3$ 叉乘，可得

$$\boldsymbol{r}_2 \times \boldsymbol{r}_3 = c_1(\boldsymbol{r}_1 \times \boldsymbol{r}_3) + c_3(\boldsymbol{r}_3 \times \boldsymbol{r}_3) \tag{5.60}$$

由于 $\boldsymbol{r}_3 \times \boldsymbol{r}_3 = \boldsymbol{0}$，所以式（5.60）化简为

$$\boldsymbol{r}_2 \times \boldsymbol{r}_3 = c_1(\boldsymbol{r}_1 \times \boldsymbol{r}_3) \tag{5.61}$$

将此结果与 $\boldsymbol{r}_1 \times \boldsymbol{r}_3$ 点乘，并解出 c_1：

$$c_1 = \frac{(\boldsymbol{r}_2 \times \boldsymbol{r}_3) \cdot (\boldsymbol{r}_1 \times \boldsymbol{r}_3)}{\| \boldsymbol{r}_1 \times \boldsymbol{r}_3 \|^2} \tag{5.62}$$

与此类似，由式（5.58）可得

$$c_3 = \frac{(\boldsymbol{r}_2 \times \boldsymbol{r}_1) \cdot (\boldsymbol{r}_3 \times \boldsymbol{r}_1)}{\| \boldsymbol{r}_1 \times \boldsymbol{r}_3 \|^2} \tag{5.63}$$

再从 c_1 和 c_3 的表达式中消去 $\boldsymbol{r}_1$ 和 $\boldsymbol{r}_3$。首先

$$\boldsymbol{r}_1 \times \boldsymbol{r}_3 = (f_1\boldsymbol{r}_2 + g_1\boldsymbol{v}_2) \times (f_3\boldsymbol{r}_2 + g_3\boldsymbol{v}_2) = f_1g_3(\boldsymbol{r}_2 \times \boldsymbol{v}_2) + f_3g_1(\boldsymbol{v}_2 \times \boldsymbol{r}_2) \tag{5.64}$$

由于 $\boldsymbol{r}_1 \times \boldsymbol{v}_2 = \boldsymbol{h}$，$\boldsymbol{h}$ 为轨道的角动量常量，所以

$$\boldsymbol{r}_1 \times \boldsymbol{r}_3 = (f_1g_3 - f_3g_1)\boldsymbol{h} \tag{5.65}$$

即

$$\boldsymbol{r}_3 \times \boldsymbol{r}_1 = -(f_1g_3 - f_3g_1)\boldsymbol{h} \tag{5.66}$$

因此

$$\|\boldsymbol{r}_1\times\boldsymbol{r}_3\|^2=(f_1g_3-f_3g_1)^2h^2 \tag{5.67}$$

类似地，可得

$$\boldsymbol{r}_2\times\boldsymbol{r}_3=\boldsymbol{r}_2\times(f_3\boldsymbol{r}_2+g_3\boldsymbol{v}_2)=g_3\boldsymbol{h} \tag{5.68}$$

$$\boldsymbol{r}_2\times\boldsymbol{r}_1=\boldsymbol{r}_2\times(f_1\boldsymbol{r}_2+g_1\boldsymbol{v}_2)=g_1\boldsymbol{h} \tag{5.69}$$

将式（5.65）、式（5.67）和式（5.68）代入式（5.62），可得

$$c_1=\frac{g_3\boldsymbol{h}\cdot(f_1g_3-f_3g_1)\boldsymbol{h}}{(f_1g_3-f_3g_1)^2h^2}=\frac{g_3(f_1g_3-f_3g_1)h^2}{(f_1g_3-f_3g_1)^2h^2} \tag{5.70}$$

即

$$c_1=\frac{g_3}{f_1g_3-f_3g_1} \tag{5.71}$$

类似地，将式（5.66）、式（5.67）和式（5.69）代入式（5.63），可得

$$c_3=-\frac{g_1}{f_1g_3-f_3g_1} \tag{5.72}$$

式（5.58）中系数已经表示为仅与拉格朗日系数相关的函数关系。

截至目前并未做任何近似，但要继续往下推导，将不得不做相应的近似处理。假定观测间隔非常小，在此条件下对 c_1 和 c_3 进行近似处理。引入如下标记：

$$\begin{cases}\tau_1=t_1-t_2\\ \tau_3=t_3-t_2\end{cases} \tag{5.73}$$

式中，τ_1 和 τ_3 为相邻观测量 $\hat{\boldsymbol{\rho}}_1$，$\hat{\boldsymbol{\rho}}_2$ 和 $\hat{\boldsymbol{\rho}}_3$ 之间的时间间隔。若时间间隔 τ_1 和 τ_3 足够小，则可以只保留拉格朗日系数 f 和 g 级数展开前两项，从而得到如下近似值：

$$f_1\approx 1-\frac{1}{2}\cdot\frac{\mu}{r_2^3}\tau_1^2 \tag{5.74}$$

$$f_3\approx 1-\frac{1}{2}\cdot\frac{\mu}{r_2^3}\tau_3^2 \tag{5.75}$$

及

$$g_1\approx \tau_1-\frac{1}{6}\cdot\frac{\mu}{r_2^3}\tau_1^3 \tag{5.76}$$

$$g_3\approx \tau_3-\frac{1}{6}\cdot\frac{\mu}{r_2^3}\tau_3^3 \tag{5.77}$$

只保留 f 和 g 的表达式中的前两项，略去其他项，那么在式（5.74）、式（5.75）和式（5.76）、式（5.77）中就只出现未知的位置量 r_2。

由此，可以计算出式（5.71）和式（5.72）中的分母

$$f_1g_3-f_3g_1=\left(1-\frac{1}{2}\cdot\frac{\mu}{r_2^3}\tau_1^2\right)\cdot\left(\tau_3-\frac{1}{6}\cdot\frac{\mu}{r_2^3}\tau_3^3\right)-\left(1-\frac{1}{2}\cdot\frac{\mu}{r_2^3}\tau_3^2\right)\cdot\left(\tau_1-\frac{1}{6}\cdot\frac{\mu}{r_2^3}\tau_1^3\right) \quad (5.78)$$

右边展开后合并同类项，可得

$$f_1g_3-f_3g_1=(\tau_3-\tau_1)-\frac{1}{6}\cdot\frac{\mu}{r_2^3}(\tau_3-\tau_1)^3+\frac{1}{12}\cdot\frac{\mu^2}{r_2^6}(\tau_1^2\tau_3^3-\tau_1^3\tau_3^2) \quad (5.79)$$

保留 τ_1 和 τ_3 到三次项，并令

$$\tau=\tau_3-\tau_1 \quad (5.80)$$

由式（5.73）可知：$\tau=t_3-t_1$ 为第一次观测与最后一次观测的时间间隔。则式（5.79）可以简化为

$$f_1g_3-f_3g_1\approx\tau-\frac{1}{6}\cdot\frac{\mu}{r_2^3}\tau^3 \quad (5.81)$$

将式（5.77）和式（5.81）代入式（5.71），可得

$$c_1\approx\frac{\tau_3}{\tau}\cdot\left(1-\frac{1}{6}\cdot\frac{\mu}{r_2^3}\tau_3^2\right)\cdot\left(1-\frac{1}{6}\cdot\frac{\mu}{r_2^3}\tau^2\right)^{-1} \quad (5.82)$$

用二项式定理来化简（线性化）式（5.82）等式右侧的最后一项。令二项式展开定理中的 $a=1$，$b=-\frac{1}{6}\cdot\frac{\mu}{r_2^3}\tau^2$ 和 $n=-1$，略去 τ 二次方以上项，可得

$$\left(1-\frac{1}{6}\cdot\frac{\mu}{r_2^3}\tau^2\right)^{-1}\approx1+\frac{1}{6}\cdot\frac{\mu}{r_2^3}\tau^2 \quad (5.83)$$

因此，式（5.82）可写为

$$c_1\approx\frac{\tau_3}{\tau}\cdot\left[1+\frac{1}{6}\cdot\frac{\mu}{r_2^3}(\tau^2-\tau_3^2)\right] \quad (5.84)$$

此处只保留时间的二次方项。同样可得

$$c_3\approx-\frac{\tau_1}{\tau}\cdot\left[1+\frac{1}{6}\cdot\frac{\mu}{r_2^3}\left(\tau^2-\tau_1^2\right)\right] \quad (5.85)$$

现在已经得到了式（5.58）中系数的近似表达式，其只与两次观测的时间间隔以及未知的在 t_2 时刻距引力中心的距离 r_2 相关。下一步就是用 c_1 和 c_3 来表示斜距 ρ_1，ρ_2 和 ρ_3。为此，将式（5.57）代入式（5.58），可得

$$\boldsymbol{R}_2+\rho_2\hat{\boldsymbol{\rho}}_2=c_1(\boldsymbol{R}_1+\rho_1\hat{\boldsymbol{\rho}}_1)+c_3(\boldsymbol{R}_3+\rho_3\hat{\boldsymbol{\rho}}_3) \quad (5.86)$$

整理后

$$c_1\rho_1\hat{\boldsymbol{\rho}}_1-\rho_2\hat{\boldsymbol{\rho}}_2+c_3\rho_3\hat{\boldsymbol{\rho}}_3=-c_1\boldsymbol{R}_1+\boldsymbol{R}_2-c_3\boldsymbol{R}_3 \tag{5.87}$$

将式（5.87）与适当的矢量做点乘，依次将 ρ_1，ρ_2，ρ_3 分离出来。对于 ρ_1，将式（5.87）与 $\hat{\boldsymbol{\rho}}_2\times\hat{\boldsymbol{\rho}}_3$ 点乘，可得

$$\begin{aligned}&c_1\rho_1\hat{\boldsymbol{\rho}}_1\cdot(\hat{\boldsymbol{\rho}}_2\times\hat{\boldsymbol{\rho}}_3)-\rho_2\hat{\boldsymbol{\rho}}_2\cdot(\hat{\boldsymbol{\rho}}_2\times\hat{\boldsymbol{\rho}}_3)+c_3\rho_3\hat{\boldsymbol{\rho}}_3\cdot(\hat{\boldsymbol{\rho}}_2\times\hat{\boldsymbol{\rho}}_3)\\&=-c_1\boldsymbol{R}_1\cdot(\hat{\boldsymbol{\rho}}_2\times\hat{\boldsymbol{\rho}}_3)+\boldsymbol{R}_2\cdot(\hat{\boldsymbol{\rho}}_2\times\hat{\boldsymbol{\rho}}_3)-c_3\boldsymbol{R}_3\cdot(\hat{\boldsymbol{\rho}}_2\times\hat{\boldsymbol{\rho}}_3)\end{aligned} \tag{5.88}$$

由于 $\hat{\boldsymbol{\rho}}_2\cdot(\hat{\boldsymbol{\rho}}_2\times\hat{\boldsymbol{\rho}}_3)=\hat{\boldsymbol{\rho}}_3\cdot(\hat{\boldsymbol{\rho}}_2\times\hat{\boldsymbol{\rho}}_3)=0$，式（5.88）可简化为

$$c_1\rho_1\hat{\boldsymbol{\rho}}_1\cdot(\hat{\boldsymbol{\rho}}_2\times\hat{\boldsymbol{\rho}}_3)=(-c_1\boldsymbol{R}_1+\boldsymbol{R}_2-c_3\boldsymbol{R}_3)\cdot(\hat{\boldsymbol{\rho}}_2\times\hat{\boldsymbol{\rho}}_3) \tag{5.89}$$

令

$$D_0=\hat{\boldsymbol{\rho}}_1\cdot(\hat{\boldsymbol{\rho}}_2\times\hat{\boldsymbol{\rho}}_3) \tag{5.90}$$

假定 D_0 不为零，这意味着 $\hat{\boldsymbol{\rho}}_1$，$\hat{\boldsymbol{\rho}}_2$，$\hat{\boldsymbol{\rho}}_3$ 不在一个平面内。从式（5.89）中解出 ρ_1，即

$$\rho_1=\frac{1}{D_0}\left(-D_{11}+\frac{1}{c_1}D_{21}-\frac{c_3}{c_1}D_{31}\right) \tag{5.91}$$

式中

$$D_{11}=\boldsymbol{R}_1\cdot(\hat{\boldsymbol{\rho}}_2\times\hat{\boldsymbol{\rho}}_3),\quad D_{21}=\boldsymbol{R}_2\cdot(\hat{\boldsymbol{\rho}}_2\times\hat{\boldsymbol{\rho}}_3),\quad D_{31}=\boldsymbol{R}_3\cdot(\hat{\boldsymbol{\rho}}_2\times\hat{\boldsymbol{\rho}}_3) \tag{5.92}$$

与此类似，将式（5.87）分别与 $\hat{\boldsymbol{\rho}}_1\times\hat{\boldsymbol{\rho}}_3$，$\hat{\boldsymbol{\rho}}_1\times\hat{\boldsymbol{\rho}}_2$ 点乘，可得 ρ_2，ρ_3 为

$$\rho_2=\frac{1}{D_0}(-c_1D_{12}+D_{22}-c_3D_{32}) \tag{5.93}$$

式中

$$D_{12}=\boldsymbol{R}_1\cdot(\hat{\boldsymbol{\rho}}_1\times\hat{\boldsymbol{\rho}}_3),\quad D_{22}=\boldsymbol{R}_2\cdot(\hat{\boldsymbol{\rho}}_1\times\hat{\boldsymbol{\rho}}_3),\quad D_{32}=\boldsymbol{R}_3\cdot(\hat{\boldsymbol{\rho}}_1\times\hat{\boldsymbol{\rho}}_3) \tag{5.94}$$

及

$$\rho_3=\frac{1}{D_0}\left(-\frac{c_1}{c_3}D_{13}+\frac{1}{c_3}D_{23}-D_{33}\right) \tag{5.95}$$

式中

$$D_{13}=\boldsymbol{R}_1\cdot(\hat{\boldsymbol{\rho}}_1\times\hat{\boldsymbol{\rho}}_2),\quad D_{23}=\boldsymbol{R}_2\cdot(\hat{\boldsymbol{\rho}}_1\times\hat{\boldsymbol{\rho}}_2),\quad D_{33}=\boldsymbol{R}_3\cdot(\hat{\boldsymbol{\rho}}_1\times\hat{\boldsymbol{\rho}}_2) \tag{5.96}$$

将式（5.84）和式（5.85）代入式（5.93），可得近似的斜距 ρ_2，即

$$\rho_2=A+\frac{\mu B}{r_2^3} \tag{5.97}$$

其中

$$A=\frac{1}{D_0}\left(-D_{12}\frac{\tau_3}{\tau}+D_{22}+D_{32}\frac{\tau_1}{\tau}\right) \tag{5.98}$$

$$B=\frac{1}{6D_0}\left[D_{12}\left(\tau_3^2-\tau^2\right)\frac{\tau_3}{\tau}+D_{32}\left(\tau^2-\tau_1^2\right)\frac{\tau_1}{\tau}\right] \tag{5.99}$$

另外，对式（5.91）、式（5.92）、式（5.95）、式（5.96）做同样代换，可得斜距 ρ_1，ρ_3 的近似值

$$\rho_1=\frac{1}{D_0}\cdot\left[\frac{6\left(D_{31}\dfrac{\tau_1}{\tau_3}+D_{21}\dfrac{\tau}{\tau_3}\right)r_2^3+\mu D_{31}\left(\tau^2-\tau_1^2\right)\dfrac{\tau_1}{\tau_3}}{6r_2^3+\mu\left(\tau^2-\tau_3^2\right)}-D_{11}\right] \tag{5.100}$$

$$\rho_3=\frac{1}{D_0}\cdot\left[\frac{6\left(D_{13}\dfrac{\tau_3}{\tau_1}-D_{23}\dfrac{\tau}{\tau_1}\right)r_2^3+\mu D_{13}(\tau^2-\tau_3^2)\dfrac{\tau_3}{\tau_1}}{6r_2^3+\mu(\tau^2-\tau_1^2)}-D_{33}\right] \tag{5.101}$$

式（5.97）为斜距 ρ_2 和地心半径 r_2 之间的关系式，关于这两个变量的另一个关系式可由式（5.57）求得

$$\boldsymbol{r}_2\cdot\boldsymbol{r}_2=(\boldsymbol{R}_2+\rho_2\hat{\boldsymbol{\rho}}_2)\cdot(\boldsymbol{R}_2+\rho_2\hat{\boldsymbol{\rho}}_2) \tag{5.102}$$

或

$$r_2^2=\rho_2^2+2E\rho_2+R_2^2 \tag{5.103}$$

式中

$$E=\boldsymbol{R}_2\cdot\hat{\boldsymbol{\rho}}_2 \tag{5.104}$$

将式（5.97）代入式（5.103）可得

$$r_2^2=\left(A+\frac{\mu B}{r_2^3}\right)^2+2E\left(A+\frac{\mu B}{r_2^3}\right)+R_2^2 \tag{5.105}$$

展开后合并同类项，可得一个 8 次方程

$$x^8+ax^6+bx^3+c=0 \tag{5.106}$$

式中，$x=r_2$，系数分别为

$$a=-\left(A^2+2AE+R_2^2\right),\quad b=-2\mu B(A+E),\quad c=-\mu^2B^2 \tag{5.107}$$

从式（5.106）中解出 r_2 并将结果代入式（5.97）～式（5.101），可得斜距 ρ_1，ρ_2，ρ_3。然后由式（5.57）可得到位置矢量 $\boldsymbol{r}_1$，$\boldsymbol{r}_2$，$\boldsymbol{r}_3$。

要求出速度矢量 $\boldsymbol{v}_2$，先从式（5.59）中解出 $\boldsymbol{r}_2$：

$$\boldsymbol{r}_2=\frac{1}{f_1}\boldsymbol{r}_1-\frac{g_1}{f_1}\boldsymbol{v}_2 \tag{5.108}$$

进一步可得

$$\boldsymbol{r}_3=\frac{f_3}{f_1}\boldsymbol{r}_1+\left(\frac{f_1g_3-f_3g_1}{f_1}\right)\boldsymbol{v}_2 \tag{5.109}$$

由此解出 $\boldsymbol{v}_2$ 为

$$\boldsymbol{v}_2=\frac{1}{f_1g_3-f_3g_1}(-f_3\boldsymbol{r}_1+f_1\boldsymbol{r}_3) \tag{5.110}$$

这里利用了式（5.74）～式（5.77）中的近似拉格朗日系数。

以上所求的 $\boldsymbol{r}_2$，$\boldsymbol{v}_2$ 可用作迭代的初值，通过迭代运算不断提高 $\boldsymbol{r}_2$，$\boldsymbol{v}_2$ 的精度，直至解收敛。

5.3 地面测定轨的误差源分析

实际测量过程中，观测数据包括多种测量设备获得的多种观测数据，如同时得到的角度、距离、距离变化率等，由于观测手段、观测设备不同等因素的影响，往往无法获得观测对象的真实值。测量数据 z 与真值 z_0 之间总是存在偏差 $\Delta z=z-z_0$，称为测量误差。根据误差特性，外部测量系统和设备的观测误差可分为随机误差与系统误差。

在一定观测条件下，进行多次重复测量或在时间序列上测量时，总存在一种量值和符号都不固定，且在一定边界内无任何变化规律的误差，称为随机误差。

随机误差从表面和个体来看是无规律且不可预测的，因而无法消除；但总体上服从一定的统计分布，可以通过大量的测量和分析，得到它的总体统计特性。比如，在载人航天工程中，外部测量设备对载人飞船测量数据的随机误差常称为随机噪声，通过观察数据的噪声水平可以直观反映出观测设备的稳定性。

除随机误差外，测量时还存在系统误差，也即绝对值和符号保持不变或者按照一定规律变化的误差。按照误差变化的特性，系统误差可分为常值误差、线性漂移误差、周期性误差和复杂规律变化误差等。由于系统误差具有一定的规律，因此可通过合适的模型或表达式等加以修正，从而尽可能地消除系统误差对后续计算的影响。

下面将分别描述航天工程中几类典型的系统误差，以及相应的修正方法。

1. 设备零值及误差

通常在进行设备校准时，当天线的电轴置于水平（$E=0$）或者正北方向（$\mathrm{AZ}=90^\circ$）时，其仰角和方位角度数一般不为零；当用天线测量基准信标时，实际测量距离与理论值往往也存在一定偏差。通常，将设备校准过程中得到的这些量称为设备零值。设备零值属于系统误差中的常值误差，可以通过直接扣除来加以修正，即

$$\zeta = \zeta_{\mathrm{obs}} - \text{零值} \tag{5.111}$$

式中，ζ_{obs} 为实际测量值；ζ 为修正后的观测量。测量设备零值和误差的确定一般都是在地面站完成的。

2. 时间误差修正

各类测量数据对航天器的跟踪必须在统一的时空坐标系内进行处理，才能反映其真实状态。由于电磁波在空间传播的速度有限，因此接收机离散采样得到的数据并不能反映采样时刻的目标状态，而得到的是采样时刻之前或之后某时刻的状态。对近地航天器来说，时间传播延迟大约在毫秒量级，对应距离测量误差大约在米量级。

在精度要求不高的情况下，可采用简单的时标修正，即

$$t' = t \pm \frac{\rho}{c} \tag{5.112}$$

式中，t' 为标识修正后的时标；t 为原始时标；ρ 为测量设备与航天器之间的距离；c 为真空中的光速。正负号表示时标采样位于信号的发端和收端。经过上述时标修正，即将时标置于收发时刻的中点，此时距离计算中可将其处理为瞬时状态模式。

当精度要求比较高时，在数据预处理的过程中不再采用上述简单的时标修正方法，而是在观测量计算中考虑光行时的影响，通过迭代上下行距离求解准确的光行时，从而消除时间系统偏差对轨道计算精度的影响。

3. 传播介质修正

1）对流层折射修正

对流层属于低层大气的范畴，从海平面一直延伸至 12 km 左右的高空，占据整个中性大气质量的绝大部分。由于其介电特性随时间和空间而变化，电磁波在对流层中的传播和在真空中不同。随着大气密度等因素的变化，电磁波传播路径会发生弯曲，传播速度也会发生变化，从而产生大气折射效应。

对流层内气体分子及水汽凝结物具有吸收和散射作用，会造成无线电磁波的衰减，其衰减程度与电磁波频率相关，在 20 GHz 以下频率及其他大气窗口频率上，对流层为非色散介质，但对氧分子和水汽分子除外。对流层对电磁波

传播产生的影响程度可用折射指数 $n=\sqrt{\mu\varepsilon}$ 来表示，其中，μ 为介质磁导率，ε 为介电常数。为方便使用，引入折射率 N：

$$N=(n-1)\times10^{6} \tag{5.113}$$

对流层的大气状态主要受温度 T、大气压强 P 和湿度 e_{w} 的影响，因此对流层大气折射模型主要就是研究大气折射率 N 与气象参数之间的关系。

大气折射修正通常先给出其天顶方向的折射延迟，然后再通过映射函数将其投影到视线路径上，就可以得到对应时刻的对流层折射修正。一般地，航天工程中使用的对流层延迟修正的天顶方向延迟为

$$\begin{cases}\Delta R=\dfrac{N_{\mathrm{s}}^{0}}{C_{\mathrm{a}}}\cdot(1-\mathrm{e}^{-C_{\mathrm{a}}H_{\mathrm{T}}})\times10^{-3}\\ \quad 77\\ N_{\mathrm{s}}^{0}=\dfrac{77.6}{273.16+t}\left(P+\dfrac{4\,810e_{\mathrm{s}}}{273.16+t}\right)\\ e_{\mathrm{s}}=6.107\,8\times10^{\frac{7.63t}{241.9+t}}\times U\\ C_{\mathrm{a}}=\dfrac{1}{1-h_{\mathrm{s}}}\ln\dfrac{N_{\mathrm{s}}^{0}}{105}\end{cases} \tag{5.114}$$

式中，N_{s}^{0} 为地面折射率，表达式第一项为折射率的干项，包含水汽压的第二项为湿项；C_{a} 为折射率随高度的衰减系数，km^{-1}；H_{T} 为目标距离地面的高度，m；e_{s} 为地面水汽压，hPa，也称绝对湿度；U 为地面相对湿度；h_{s} 为地面站大地高度，km；P 为地面大气压，hPa；t 为地面温度，℃。

映射函数的表达式如下，即

$$f=\begin{cases}\dfrac{1}{\sin E+\dfrac{0.001\,43}{\tan E+0.045\,5}}, & E<90^{\circ}\\ 1, & E=90^{\circ}\end{cases} \tag{5.115}$$

式中，E 为航天器相对于地面站的仰角。

2）电离层折射修正

电离层是指分子处于电离状态的高层大气区域，分布于地球大气层的最上层，在地面向上 60～2 000 km 的范围内。电离层含有大量的自由电子和离子，对电磁波传播有显著的影响。此外，电离层为色散介质，因此频率越高，电离层的影响就越小。电磁波在电离层中的折射指数可近似表示为

$$n=\sqrt{1-\frac{80.6N_{\mathrm{e}}}{f^{2}}} \tag{5.116}$$

式中，N_e为电子浓度；f为电磁波频率。当电磁波频率高于 1 GHz 时，式(5.116)可以简化为

$$n=\frac{40.3N_e}{f} \tag{5.117}$$

与电磁波传播紧密相关的电离层参数主要是电子浓度，即单位体积的大气所含自由电子个数。电子浓度一般随空间和时间而改变，其随高度的分布称为电子浓度剖面。用解析公式来近似电子浓度剖面，可简化修正公式，这种电子浓度剖面的数学表达式称为电离层模型。电离层模型可分为理论模型和经验模型两大类。理论模型主要根据电离层的形成机理和电离层物理化学特性推导而得，经验模型则由大量电离层探测资料经统计分析而得。在工程应用中，可根据精度需要选用相应模型进行误差修正。

这里主要以测距修正为例进行说明。由于电离层为色散介质，当电磁波穿过电离层时存在群速度和相速度。测距的电离层延迟改正为

$$\begin{cases}\Delta\rho_g=-\dfrac{0.403}{f^2}N_e\\[2mm]\Delta\rho_p=\dfrac{0.403}{f^2}N_e\end{cases} \tag{5.118}$$

从式（5.118）可得，电离层电子浓度N_e是计算电磁波路径延迟的关键，而N_e与下列因素有关：地理位置、地方时、太阳及其他天体的辐射强度和季节等。大量实测资料表明，白天电离层对 S 波段信号的影响在天顶方向接近 1～5 m，最大可达 10 m。夜晚的影响通常要小一个数量级，冬天比夏天大 1 倍，太阳活动高峰年比太阳活动低峰年大 4 倍，低仰角是天顶方向的几倍。由于目前无法从理论上得到总电子含量N_e与各种影响因素之间准确的函数关系式，所以，通常采用经验公式或双频率改正的方法来实现电离层延迟改正。

电离层对测速数据的影响则主要是由传播介质的时变和局部涨落引起的。由于多普勒观测积分时间很短，因此传播介质的变化对测速影响的量级很小，一般在 2～10 mm/s 量级，相对于目前的测量精度完全可以忽略不计。

4. 相位中心修正

航天器跟踪测量系统描述的都是星上天线（接收机）相位中心和地面天线相位中心的几何关系，而运动方程中力学模型则都是相对于航天器质心建立的。通常情况下，卫星相位中心与质心不重合，存在一定偏差，并且这种偏差

关系随着航天器高度和方位角的变化而变化，消除这种偏差的过程即为卫星天线相位中心修正。

相位中心修正主要包括两部分：星上天线相位中心修正和地面天线相位中心修正。当前国际上对天线相位中心修正的精度已经达到了微米量级。

1）地面天线相位中心修正

设地面站天线相位中心相对站址坐标偏差为 $\Delta\boldsymbol{R}$，则相位中心偏差引起的测距测速计算值误差可以分别由式（5.119）和式（5.120）进行修正，即

$$\Delta\rho_{\text{ttc}} = |\boldsymbol{r}-\boldsymbol{R}-\Delta\boldsymbol{R}| \approx -\frac{(\boldsymbol{r}-\boldsymbol{R})\Delta\boldsymbol{R}}{\rho} \tag{5.119}$$

$$\Delta\dot{\rho}_{\text{ttc}} = \frac{(\dot{\boldsymbol{r}}-\dot{\boldsymbol{R}})\Delta\boldsymbol{R}}{\rho} - \frac{(\boldsymbol{r}-\boldsymbol{R})\Delta\boldsymbol{R}}{\rho^2}\dot{\rho} \tag{5.120}$$

由于地面站天线相位中心位置偏差一般在米量级，因此，式（5.119）和式（5.120）忽略 $\Delta\boldsymbol{R}$ 的高阶项影响所带来的误差一般不超过 1 mm。一般来说，米级的地面站天线相位中心偏差可以带来米级的测距误差，以及 cm/s 级的测速误差。

2）星上天线相位中心修正

航天器在发射入轨之前，设计部门通常会给出卫星质心与天线相位中心的偏差，一般在卫星本体坐标系下描述。而星上天线相位中心的修正，可以通过对卫星质心坐标系进行修正，也可以直接对观测量进行修正。

下面以测距观测量为例，说明相位中心修正的方法。设 $\Delta\boldsymbol{r}_{\text{b}}$ 为卫星本体坐标系下相位中心的偏差向量，如果在惯性系下描述距离观测量，则惯性系下的相位中心偏差为

$$\Delta\boldsymbol{r}_{\text{offset}} = \boldsymbol{L}_{\text{scc}}^{\text{T}}\boldsymbol{L}_{\text{bo}}\Delta\boldsymbol{r}_{\text{b}} \tag{5.121}$$

式中，$\Delta\boldsymbol{r}_{\text{offset}}$ 为惯性系中相位中心偏差；$\boldsymbol{L}_{\text{bo}}$ 为本体系到轨道系的转换矩阵；$\boldsymbol{L}_{\text{scc}}^{\text{T}}$ 为轨道系到惯性系的转换矩阵。

航天器本体坐标系是由卫星设计部门依据工程需要定义的，通常定义为，原点取航天器质心，X 方向沿滚动轴方向指向航天器前端，Y 方向沿俯仰轴方向与 X 轴垂直，Z 轴与 X 轴、Y 轴形成右手系。航天器的姿态角，即俯仰角（θ）、偏航角（ψ）和滚动角（φ），描述的是航天器本体坐标系相对于轨道坐标系的姿态。本体坐标系 $\boldsymbol{S}_{\text{b}}$ 到当地轨道坐标系 $\boldsymbol{S}_{\text{o}}$ 的坐标变换矩阵为

$$\begin{aligned}\boldsymbol{L}_{\text{ob}} &= \boldsymbol{L}_z^{\text{T}}(\psi)\boldsymbol{L}_x^{\text{T}}(\varphi)\boldsymbol{L}_y^{\text{T}}(\theta)\\ &= \begin{bmatrix}\cos\theta\cos\psi-\sin\theta\sin\varphi\sin\psi & -\cos\varphi\sin\psi & \sin\theta\cos\psi+\cos\theta\sin\varphi\sin\psi\\ \cos\theta\sin\psi+\sin\theta\sin\varphi\cos\psi & \cos\varphi\cos\psi & \sin\theta\sin\psi-\cos\theta\sin\varphi\cos\psi\\ -\sin\theta\cos\varphi & \sin\varphi & \cos\theta\cos\varphi\end{bmatrix}\end{aligned} \tag{5.122}$$

距离观测量的相位中心修正可写为

$$\Delta\rho_{sat}=\left(\frac{\boldsymbol{\rho}}{|\boldsymbol{\rho}|}\right)\cdot\Delta\boldsymbol{r}_{offset} \tag{5.123}$$

式中，$\boldsymbol{\rho}$ 为惯性系下的星站距离向量（由卫星指向地面站）；$\Delta\rho_{sat}$ 为卫星天线相位偏差对观测距离的修正值。

如果航天器本身还有自旋，则还会引入测速观测值的计算误差。天线相位中心的修正精度主要取决于航天器姿态运动状态的精度。对 1 m 大小的相位中心偏置，0.1° 的姿态误差可以引入毫米量级的测距误差；0.01°/s 姿态角速度误差可引入 0.1 mm/s 量级的测速误差。

参 考 文 献

[1] CURTIS H D. 轨道力学［M］. 周建华，徐波，冯全胜，译. 北京：科学出版社，2009.

[2] 刘林. 航天器轨道理论［M］. 北京：国防工业出版社，2000.

[3] MONTENBRUCK O，GILL E. 卫星轨道［M］. 王家松，祝开建，胡小工，译. 北京：国防工业出版社，2012.

[4] 黄珹. 参考坐标系及航天应用［M］. 北京：电子工业出版社，2015.

[5] 李征航. 空间大地测量学［M］. 武汉：武汉大学出版社，2010.

[6] 刘利生. 外弹道测量精度分析与评定［M］. 北京：国防工业出版社，2010.

[7] 钟德安. 航天测量船测控通信设备标校与校飞技术［M］. 北京：国防工业出版社，2008.

[8] 闫志闯. GRACE 卫星精密轨道确定与一步法恢复地球重力场［D］. 郑州：解放军信息工程大学，2015.

[9] BOCK H，JÄGGI A，BEUTLER G，et al. GOCE：Precise orbit determination for the entire mission［J］. Journal of geodesy，2014，88（11）：1047–1060.

[10] 郭向，郭靖，张强. GOCE 卫星厘米级精密定轨［J］. 大地测量与地球动力学，2013，33（2）：77–81.

[11] KANG Z，TAPLEY B，BETTADPUR S，et al. Precise orbit determination for the GRACE mission using only GPS data［J］. Journal of geodesy，2006，80（6）：322–331.

[12] 张守建，李建成，邹贤才. GRACE 卫星精密定轨随机模型精化 [J]. 地球物理学报，2010，53 (7)：1554–1561.
[13] 卡普兰. GPS 原理与应用 [M]. 北京：电子工业出版社，2012.
[14] 李征航. GPS 测量与数据处理 [M]. 武汉：武汉大学出版社，2010.
[15] 李征航. 卫星导航定位新技术及高精度数据处理方法 [M]. 武汉：武汉大学出版社，2009.
[16] 秦永元. 卡尔曼滤波与组合导航原理 [M]. 西安：西北工业大学出版社，2012.
[17] 杨元喜. 自适应动态导航定位 [M]. 北京：测绘出版社，2006.
[18] 李荣冰，刘建业，曾庆化，等. 基于 MEMS 技术的微型惯性导航系统的发展现状 [J]. 中国惯性技术学报，2004 (6)：90–96.
[19] MONTENBRUCK O，RAMOS–BOSCH P. Precision real–time navigation of LEO satellites using global positioning system measurements [J]. GPS solutions，2007，12 (3)：187–198.
[20] 陈磊. 空间目标轨道力学与误差分析 [M]. 北京：国防工业出版社，2010.
[21] 王威，于志坚. 航天器轨道确定：模型与算法 [M]. 北京：国防工业出版社，2007.

第 6 章

航天器相对运动

扫码获得更多内容

在第 2～第 5 章中，航天器动力学是建立在相对于引力中心（如地心）的非旋转坐标系，也即质心惯性坐标系中，其动力学方程可以表示为具有牛顿第二定律的普遍形式：$\boldsymbol{F}=m\boldsymbol{a}$。然而，在航天器的相对运动过程，如两个航天器的交会对接任务，通常是从自身的视角，也即从位于固连于自身的、随绝对轨道自由旋转的运动坐标系中来观察另一航天器。

本章旨在研究航天器相对运动问题，将分别从相对运动的建模方法、相对运动控制等方面展开研究。同时，对相关理论方法在空间交会对接、编队飞行等典型相对运动任务中的应用进行探讨。

| 6.1　航天器相对运动的建模方法 |

航天器的相对运动描述的是一个航天器在另一个航天器附近的运行规律。航天器相对运动的建模方法可分为两类：一类是动力学方法（代数法），该方法通过对两航天器的位置矢量计算、动力学分析来得到相对运动模型；另一类是运动学方法（几何法），该方法通过空间几何关系来得到轨道根数差描述的相对运动模型。两种方法的描述方式不同，因此适用于不同场合下的相对运动分析。通常动力学方法适用于相对运动的制导与控制问题，而运动学方法则更适用于轨道设计与摄动演化分析。

6.1.1　航天器相对运动的动力学模型

考虑一个追踪航天器和一个目标航天器的相对运动场景。为描述追踪航天器相对于目标航天器所在坐标系的运动，需定义如下坐标系，如图 6.1 所示。

（1）目标航天器轨道坐标系 $O_t-X_tY_tZ_t$（$\boldsymbol{S}_t$）：也称相对运动坐标系或 Hill 坐标系。原点位于目标航天器质心 O_t，X_t 轴由地心指向目标航天器，Y_t 轴位于目标航天器轨道平面内，垂直 X_t 轴且指向运动方向，Z_t 轴垂直于目标航天器的轨道平面，且与 X_t 轴、Y_t 轴构成右手坐标系。

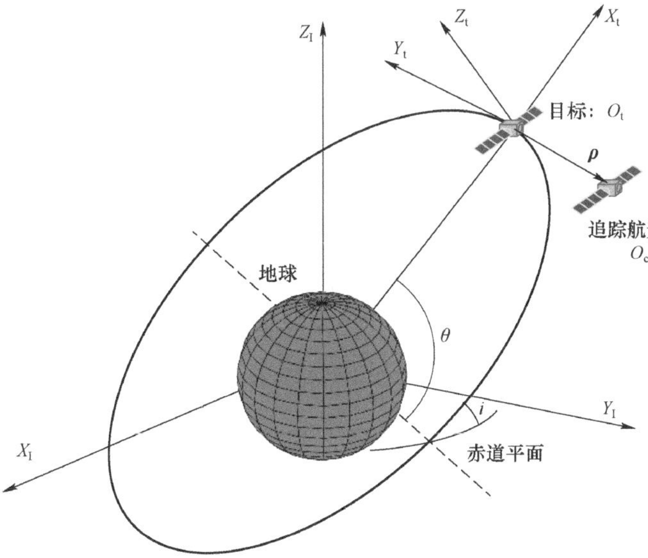

图 6.1 航天器相对运动的坐标系定义

（2）追踪航天器轨道坐标系 $O_c - X_cY_cZ_c$（ $\boldsymbol{S}_c$ ）：坐标原点位于追踪航天器的质心 O_c ，坐标轴定义方式同 $O_t - X_tY_tZ_t$ 。

需要说明的是，下面在推导过程中将地球视为均匀球体，将航天器视作质点，并且认为目标航天器在不施加主动控制的自然力作用下运动。

动力学方法是基于绝对位置矢量来描述两个航天器的相对运动过程。记 $\boldsymbol{R}_c$ ， $\boldsymbol{R}_t$ 分别为追踪航天器和目标航天器在惯性坐标系 $\boldsymbol{S}_I$ 下的绝对位置矢量，则两航天器的动力学方程可分别表示为

$$\ddot{\boldsymbol{R}}_c = -\frac{\mu \boldsymbol{R}_c}{R_c^3} + \boldsymbol{f}_{dc} + \frac{\boldsymbol{F}_c}{m_c} \tag{6.1}$$

$$\ddot{\boldsymbol{R}}_t = -\frac{\mu \boldsymbol{R}_t}{R_t^3} + \boldsymbol{f}_{dt} \tag{6.2}$$

式中， μ 为地球引力常数； $\boldsymbol{f}_{dc}$ ， $\boldsymbol{f}_{dt}$ 分别为追踪航天器、目标航天器除中心引力加速度以外的所有摄动力加速度； $\boldsymbol{F}_c$ 为施加于追踪航天器上的控制力； m_c 为追踪航天器的质量。

记追踪航天器相对于目标航天器的位置矢量为 $\boldsymbol{\rho} = \boldsymbol{R}_c - \boldsymbol{R}_t$ ，联立式（6.1）、式（6.2）可得

$$
\begin{aligned}
\frac{\mathrm{d}^2\boldsymbol{\rho}}{\mathrm{d}t^2} &= \ddot{\boldsymbol{R}}_{\mathrm{c}} - \ddot{\boldsymbol{R}}_{\mathrm{t}} = -\left(\frac{\mu}{r_{\mathrm{c}}^3}\boldsymbol{R}_{\mathrm{c}} - \frac{\mu}{r_{\mathrm{t}}^3}\boldsymbol{R}_{\mathrm{t}}\right) + \Delta\boldsymbol{f}_{\mathrm{d}} + \frac{\boldsymbol{F}_{\mathrm{c}}}{m_{\mathrm{c}}} \\
&= \frac{\mu}{R_{\mathrm{t}}^3}\left[\boldsymbol{R}_{\mathrm{t}} - \left(\frac{R_{\mathrm{t}}}{R_{\mathrm{c}}}\right)^3 \boldsymbol{R}_{\mathrm{c}}\right] + \Delta\boldsymbol{f}_{\mathrm{d}} + \frac{\boldsymbol{F}_{\mathrm{c}}}{m_{\mathrm{c}}}
\end{aligned} \tag{6.3}
$$

式中，$\Delta\boldsymbol{f}_{\mathrm{d}} = \boldsymbol{f}_{\mathrm{dc}} - \boldsymbol{f}_{\mathrm{dt}}$ 为未建模但有界的相对摄动加速度。式（6.3）为惯性坐标系 $\boldsymbol{S}_{\mathrm{I}}$ 下的精确相对运动动力学方程。

在惯性坐标系 $\boldsymbol{S}_{\mathrm{I}}$ 下，矢量 $\boldsymbol{\rho}$ 关于时间的一阶导数和二阶导数分别为

$$
\frac{\mathrm{d}\boldsymbol{\rho}}{\mathrm{d}t} = \dot{\boldsymbol{\rho}} + \boldsymbol{\omega}_{\mathrm{t}} \times \boldsymbol{\rho} \tag{6.4}
$$

$$
\frac{\mathrm{d}^2\boldsymbol{\rho}}{\mathrm{d}t^2} = \frac{\mathrm{d}\dot{\boldsymbol{\rho}}}{\mathrm{d}t} + \frac{\mathrm{d}(\boldsymbol{\omega}_{\mathrm{t}} \times \boldsymbol{\rho})}{\mathrm{d}t} = \ddot{\boldsymbol{\rho}} + 2\boldsymbol{\omega}_{\mathrm{t}} \times \dot{\boldsymbol{\rho}} + \dot{\boldsymbol{\omega}}_{\mathrm{t}} \times \boldsymbol{\rho} + \boldsymbol{\omega}_{\mathrm{t}} \times (\boldsymbol{\omega}_{\mathrm{t}} \times \boldsymbol{\rho}) \tag{6.5}
$$

利用这种关系将式（6.3）转换到目标航天器轨道坐标系 $\boldsymbol{S}_{\mathrm{t}}$ 下，并写成矢量形式，则有

$$
\ddot{\boldsymbol{\rho}} = -\dot{\boldsymbol{\omega}}_{\mathrm{t}} \times \boldsymbol{\rho} - 2\boldsymbol{\omega}_{\mathrm{t}} \times \dot{\boldsymbol{\rho}} - \boldsymbol{\omega}_{\mathrm{t}} \times (\boldsymbol{\omega}_{\mathrm{t}} \times \boldsymbol{\rho}) + \frac{\mu}{R_{\mathrm{t}}^3}\left[\boldsymbol{R}_{\mathrm{t}} - \left(\frac{R_{\mathrm{t}}}{R_{\mathrm{c}}}\right)^3 \boldsymbol{R}_{\mathrm{c}}\right] + \Delta\boldsymbol{f}_{\mathrm{d}} + \frac{\boldsymbol{F}_{\mathrm{c}}}{m_{\mathrm{c}}} \tag{6.6}
$$

式中，$\boldsymbol{\omega}_{\mathrm{t}}$ 为目标航天器的轨道角速度。另外，在轨道坐标系 $\boldsymbol{S}_{\mathrm{t}}$ 下，有

$$
\boldsymbol{\rho} = [x \quad y \quad z]^{\mathrm{T}},\quad \dot{\boldsymbol{\rho}} = [\dot{x} \quad \dot{y} \quad \dot{z}]^{\mathrm{T}} \tag{6.7}
$$

$$
\boldsymbol{\omega}_{\mathrm{t}} = [0 \quad 0 \quad \dot{\theta}]^{\mathrm{T}},\quad \dot{\boldsymbol{\omega}}_{\mathrm{t}} = [0 \quad 0 \quad \ddot{\theta}]^{\mathrm{T}} \tag{6.8}
$$

记 a，e，n，θ 分别为目标航天器轨道的半长轴、偏心率、平均角速度和真近点角，则有

$$
\begin{gathered}
n = \sqrt{\frac{\mu}{a^3}},\ R_{\mathrm{t}} = \frac{a(1-e^2)}{1+e\cos\theta} \\
\dot{\theta} = \frac{n(1+e\cos\theta)^2}{(1-e^2)^{3/2}},\ \ddot{\theta} = \frac{-2n^2 e\sin\theta(1+e\cos\theta)^3}{(1-e^2)^3}
\end{gathered} \tag{6.9}
$$

代入式（6.6）可得

$$
\begin{cases}
\ddot{x} = \dot{\theta}^2 x + \ddot{\theta} y + 2\dot{\theta}\dot{y} + \dfrac{\mu}{R_{\mathrm{t}}^2} - \dfrac{\mu(R_{\mathrm{t}} + x)}{R_{\mathrm{c}}^3} + f_x \\
\ddot{y} = -\ddot{\theta} x + \dot{\theta}^2 y - 2\dot{\theta}\dot{x} - \dfrac{\mu y}{R_{\mathrm{c}}^3} + f_y \\
\ddot{z} = -\dfrac{\mu z}{R_{\mathrm{c}}^3} + f_z
\end{cases} \tag{6.10}
$$

式中

$$[f_x \quad f_y \quad f_z]^{\mathrm{T}} = \left[\Delta \boldsymbol{f}_{\mathrm{d}} + \frac{\boldsymbol{F}_{\mathrm{c}}}{m_{\mathrm{c}}}\right]_{S_{\mathrm{t}}}, \quad R_{\mathrm{c}} = \sqrt{(R_{\mathrm{t}} + x)^2 + y^2 + z^2} \tag{6.11}$$

由矢量三角关系式可知：

$$R_{\mathrm{c}}^2 = R_{\mathrm{t}}^2 + \rho^2 + 2\boldsymbol{\rho} \cdot \boldsymbol{R}_{\mathrm{t}} \tag{6.12}$$

假设追踪航天器与目标航天器之间的相对距离远小于其轨道位置矢径，即 $\rho \ll R_{\mathrm{t}}$，则有

$$\frac{R_{\mathrm{c}}^2}{R_{\mathrm{t}}^2} = 1 + \frac{\rho^2}{R_{\mathrm{t}}^2} + 2\frac{\boldsymbol{\rho} \cdot \boldsymbol{R}_{\mathrm{t}}}{R_{\mathrm{t}}^2} \approx 1 + 2\frac{\boldsymbol{\rho} \cdot \boldsymbol{R}_{\mathrm{t}}}{R_{\mathrm{t}}^2} \tag{6.13}$$

故

$$\frac{R_{\mathrm{t}}^3}{R_{\mathrm{c}}^3} = \left(1 + 2\frac{\boldsymbol{\rho} \cdot \boldsymbol{R}_{\mathrm{t}}}{R_{\mathrm{t}}^2}\right)^{-3/2} \approx 1 - 3\frac{\boldsymbol{\rho} \cdot \boldsymbol{R}_{\mathrm{t}}}{R_{\mathrm{t}}^2} \tag{6.14}$$

将式（6.14）代入式（6.6），得到一阶近似线性化后的相对运动动力学方程：

$$\ddot{\boldsymbol{\rho}} = -\dot{\boldsymbol{\omega}}_{\mathrm{t}} \times \boldsymbol{\rho} - 2\boldsymbol{\omega}_{\mathrm{t}} \times \dot{\boldsymbol{\rho}} - \boldsymbol{\omega}_{\mathrm{t}} \times (\boldsymbol{\omega}_{\mathrm{t}} \times \boldsymbol{\rho}) + \frac{\mu}{R_{\mathrm{t}}^3}\left(-\boldsymbol{\rho} + 3\frac{\boldsymbol{\rho} \cdot \boldsymbol{R}_{\mathrm{t}}}{R_{\mathrm{t}}^2}\boldsymbol{R}_{\mathrm{t}}\right) + \Delta \boldsymbol{f}_{\mathrm{d}} + \frac{\boldsymbol{F}_{\mathrm{c}}}{m_{\mathrm{c}}} \tag{6.15}$$

利用式（6.7）和式（6.8），将式（6.15）改写成如下分量形式：

$$\begin{cases} \ddot{x} - 2\dot{\theta}\dot{y} - \dot{\theta}^2 x - \ddot{\theta} y - \dfrac{2\mu x}{R_{\mathrm{t}}^3} = f_x \\ \ddot{y} + 2\dot{\theta}\dot{x} - \dot{\theta}^2 y + \ddot{\theta} x + \dfrac{\mu y}{R_{\mathrm{t}}^3} = f_y \\ \ddot{z} + \dfrac{\mu z}{R_{\mathrm{t}}^3} = f_z \end{cases} \tag{6.16}$$

式中，$\mu / R_{\mathrm{t}}^3 = n^2(1 + e\cos\theta)^3 / (1 - e^2)^3$。

若目标航天器轨道为圆轨道或近圆轨道，即 $e \approx 0$，此时有

$$\dot{\theta} = n, \quad \ddot{\theta} = 0, \quad \mu / R_{\mathrm{t}}^3 = n^2 \tag{6.17}$$

进而，式（6.16）可简化为

$$\begin{cases} \ddot{x} - 2n\dot{y} - 3n^2 x = f_x \\ \ddot{y} + 2n\dot{x} = f_y \\ \ddot{z} + n^2 z = f_z \end{cases} \tag{6.18}$$

式（6.18）即为轨道坐标系下相对运动的线性简化方程，称为 Clohessy-Wiltshire 方程（CW 方程）。

定义状态矢量 $\boldsymbol{X}=[x \quad y \quad z \quad \dot{x} \quad \dot{y} \quad \dot{z}]^{\mathrm{T}}$，则式（6.18）写成状态方程形式，为

$$\dot{\boldsymbol{X}}=\boldsymbol{A}\boldsymbol{X}+\boldsymbol{B}\boldsymbol{f} \tag{6.19}$$

式中

$$\boldsymbol{A}=\begin{bmatrix} 0 & 0 & 0 & 1 & 0 & 0 \\ 0 & 0 & 0 & 0 & 1 & 0 \\ 0 & 0 & 0 & 0 & 0 & 1 \\ 3n^2 & 0 & 0 & 0 & 2n & 0 \\ 0 & 0 & 0 & -2n & 0 & 0 \\ 0 & 0 & -n^2 & 0 & 0 & 0 \end{bmatrix},\boldsymbol{B}=\begin{bmatrix} 0 & 0 & 0 \\ 0 & 0 & 0 \\ 0 & 0 & 0 \\ 1 & 0 & 0 \\ 0 & 1 & 0 \\ 0 & 0 & 1 \end{bmatrix},\boldsymbol{f}=\begin{bmatrix} f_x \\ f_y \\ f_z \end{bmatrix} \tag{6.20}$$

设初始时刻 $t_0=0$，求解状态方程（6.19）的齐次形式可得到 $\boldsymbol{X}$ 的状态转移矩阵为

$$\boldsymbol{\Phi}(t)=[\boldsymbol{\Phi}_r(t) \quad \boldsymbol{\Phi}_v(t)]=\begin{bmatrix} \boldsymbol{\Phi}_{rr}(t) & \boldsymbol{\Phi}_{rv}(t) \\ \boldsymbol{\Phi}_{vr}(t) & \boldsymbol{\Phi}_{vv}(t) \end{bmatrix} \tag{6.21}$$

式中

$$\boldsymbol{\Phi}_{rr}(t)=\begin{bmatrix} 4-3\cos nt & 0 & 0 \\ 6\sin nt-6nt & 1 & 0 \\ 0 & 0 & \cos nt \end{bmatrix},\quad \boldsymbol{\Phi}_{rv}(t)=\frac{1}{n}\begin{bmatrix} \sin nt & 2-2\cos nt & 0 \\ 2\cos nt-2 & 4\sin nt-3nt & 0 \\ 0 & 0 & \sin nt \end{bmatrix}$$

$$\boldsymbol{\Phi}_{vr}(t)=n\begin{bmatrix} 3\sin nt & 0 & 0 \\ 6\cos nt-6 & 0 & 0 \\ 0 & 0 & -\sin nt \end{bmatrix},\quad \boldsymbol{\Phi}_{vv}(t)=\begin{bmatrix} \cos nt & 2\sin nt & 0 \\ -2\sin nt & 4\cos nt-3 & 0 \\ 0 & 0 & \cos nt \end{bmatrix}$$

式（6.19）是一个线性非齐次方程，其满足初始条件 $\boldsymbol{X}(t_0)=\boldsymbol{X}_0$ 的特解为

$$\boldsymbol{X}(t)=\boldsymbol{\Phi}(t,t_0)\boldsymbol{X}_0+\int_{t_0}^{t}\boldsymbol{\Phi}_v(t,\tau)\boldsymbol{f}(\tau)\mathrm{d}\tau \tag{6.22}$$

式（6.22）即为一般情况下航天器相对状态传递的 CW 方程形式。

设初始时刻 $t_0=0$，当航天器除地球引力之外所受外力为零时，即 $\boldsymbol{f}=\boldsymbol{0}$，航天器处于自由飞行状态，航天器相对状态的 CW 方程可以化简为

$$\boldsymbol{X}(t)=\boldsymbol{\Phi}(t,t_0)\boldsymbol{X}_0 \tag{6.23}$$

将式（6.23）改写成位置分量形式，表示为

$$\begin{cases} x(t) = -A\cos[n(t-t_0)+\phi] + X_{\text{off}} \\ y(t) = 2A\sin[n(t-t_0)+\phi] - \dfrac{3}{2}n(t-t_0)X_{\text{off}} + Y_{\text{off}} \\ z(t) = B\cos[n(t-t_0)+\psi] \\ \dot{x}(t) = An\sin[n(t-t_0)+\phi] \\ \dot{y}(t) = 2An\cos[n(t-t_0)+\phi] - \dfrac{3}{2}nX_{\text{off}} \\ \dot{z}(t) = -Bn\sin[n(t-t_0)+\psi] \end{cases} \tag{6.24}$$

式中

$$\begin{aligned} &A = \sqrt{\left(\frac{2\dot{y}_0}{n}+3x_0\right)^2 + \left(\frac{\dot{x}_0}{n}\right)^2},\ \cos\phi = \left(\frac{2\dot{y}_0}{n}+3x_0\right)\Big/A,\ \sin\phi = \left(\frac{\dot{x}_0}{n}\right)\Big/A \\ &B = \sqrt{z_0^2 + \left(\frac{\dot{z}_0}{n}\right)^2},\ \cos\psi = \frac{z_0}{B},\ \sin\psi = \frac{-\dot{z}_0}{Bn} \\ &X_{\text{off}} = 4\left(x_0 + \frac{\dot{y}_0}{2n}\right),\ Y_{\text{off}} = y_0 - \frac{2\dot{x}_0}{n} \end{aligned} \tag{6.25}$$

当航天器所受外力为常值时，即 $\boldsymbol{f} = [f_x \quad f_y \quad f_z]^{\mathrm{T}} = \text{const}$，航天器相对状态的 CW 方程为

$$\boldsymbol{X}(t) = \boldsymbol{\Phi}(t,t_0)\boldsymbol{X}_0 + \boldsymbol{G}(t)\boldsymbol{f} \tag{6.26}$$

式中

$$\boldsymbol{G}(t) = \frac{1}{n^2}\begin{bmatrix} 4(1-\cos nt) - \dfrac{3}{2}n^2t^2 & 0 & 2(nt-\sin nt) \\ 0 & 1-\cos nt & 0 \\ 2(\sin nt - nt) & 0 & 1-\cos nt \\ 4n\sin nt - 3n^2t & 0 & 2n(1-\cos nt) \\ 0 & n\sin nt & 0 \\ 2n(\cos nt - 1) & 0 & n\sin nt \end{bmatrix} \tag{6.27}$$

6.1.2 航天器相对运动的运动学模型

沿用 6.1.1 节中定义的坐标系，目标航天器轨道坐标系和追踪航天器轨道坐标的定义相同。利用下标 t 和 c 来分别表示目标航天器和追踪航天器。

目标航天器和追踪航天器要构成稳定的编队，其轨道根数应满足半长轴相等，从而确保周期相同；轨道倾角和偏心率之间则有微小差异，以确保航天器之间存在一定距离，用来构建空间基线；纬度幅角基本相同，确保各航天器伴

随飞行。

从地心赤道惯性坐标系 $\boldsymbol{S}_{\mathrm{I}}$ 到目标航天器轨道坐标系 $\boldsymbol{S}_{\mathrm{t}}$ 和追踪航天器轨道坐标系 $\boldsymbol{S}_{\mathrm{c}}$ 的转换矩阵分别为

$$\begin{aligned}\boldsymbol{L}_{\mathrm{cI}} &= \boldsymbol{L}_z(u_{\mathrm{c}})\boldsymbol{L}_x(i_{\mathrm{c}})\boldsymbol{L}_z(\Omega_{\mathrm{c}})\\ \boldsymbol{L}_{\mathrm{tI}} &= \boldsymbol{L}_z(u_{\mathrm{t}})\boldsymbol{L}_x(i_{\mathrm{t}})\boldsymbol{L}_z(\Omega_{\mathrm{t}})\end{aligned} \tag{6.28}$$

式中，下标 t 为目标航天器；c 为追踪航天器。

在目标航天器轨道系 $\boldsymbol{S}_{\mathrm{t}}$ 中建立相对运动方程为

$$\begin{bmatrix} x\\ y\\ z\end{bmatrix} = \boldsymbol{L}_{\mathrm{tI}}\boldsymbol{L}_{\mathrm{cI}}^{\mathrm{T}}\begin{bmatrix} R_{\mathrm{c}}\\ 0\\ 0\end{bmatrix} - \begin{bmatrix} R_{\mathrm{t}}\\ 0\\ 0\end{bmatrix} \tag{6.29}$$

如果给定两航天器的轨道根数，则可以利用式（6.29）精确求解追踪航天器相对于目标航天器的运动轨迹，但由于其展开式比较复杂，不便进行相对运动的特性分析。

对三角函数，若 $\Delta\theta$ 为小量，则有

$$\begin{aligned}\cos(\theta+\Delta\theta) &\approx \cos\theta - \sin\theta\cdot\Delta\theta\\ \sin(\theta+\Delta\theta) &\approx \sin\theta + \cos\theta\cdot\Delta\theta\end{aligned} \tag{6.30}$$

利用式（6.30）的近似关系，若 $\Delta\Omega = \Omega_{\mathrm{c}} - \Omega_{\mathrm{t}}$， $\Delta i = i_{\mathrm{c}} - i_{\mathrm{t}}$， $\Delta u = u_{\mathrm{c}} - u_{\mathrm{t}}$ 为小量，可得

$$\begin{cases}\boldsymbol{L}_z(\Omega_{\mathrm{c}}) = \boldsymbol{L}_z(\Omega_{\mathrm{t}}+\Delta\Omega) \approx \boldsymbol{L}_z(\Omega_{\mathrm{t}}) + \Delta\boldsymbol{L}_z(\Omega_{\mathrm{t}})\Delta\Omega\\ \boldsymbol{L}_x(i_{\mathrm{c}}) = \boldsymbol{L}_x(i_{\mathrm{t}}+\Delta i) \approx \boldsymbol{L}_x(i_{\mathrm{t}}) + \Delta\boldsymbol{L}_x(i_{\mathrm{t}})\Delta i\\ \boldsymbol{L}_z(u_{\mathrm{c}}) = \boldsymbol{L}_z(u_{\mathrm{t}}+\Delta u) \approx \boldsymbol{L}_z(u_{\mathrm{t}}) + \Delta\boldsymbol{L}_z(u_{\mathrm{t}})\Delta u\end{cases} \tag{6.31}$$

式中

$$\Delta\boldsymbol{L}_x(\theta) = \begin{bmatrix} 0 & 0 & 0\\ 0 & -\sin\theta & \cos\theta\\ 0 & -\cos\theta & -\sin\theta\end{bmatrix},\ \Delta\boldsymbol{L}_z(\theta) = \begin{bmatrix} -\sin\theta & \cos\theta & 0\\ -\cos\theta & -\sin\theta & 0\\ 0 & 0 & 0\end{bmatrix} \tag{6.32}$$

将式（6.31）代入式（6.28），同时，略去高阶项可得到

$$\begin{aligned}\boldsymbol{L}_{\mathrm{cI}} = \boldsymbol{L}_{\mathrm{tI}} &+ \Delta\boldsymbol{L}_z(\Omega_{\mathrm{t}})\boldsymbol{L}_x(i_{\mathrm{t}})\boldsymbol{L}_z(u_{\mathrm{t}})\Delta\Omega + \boldsymbol{L}_z(\Omega_{\mathrm{t}})\Delta\boldsymbol{L}_x(i_{\mathrm{t}})\boldsymbol{L}_z(u_{\mathrm{t}})\Delta i +\\ &\boldsymbol{L}_z(\Omega_{\mathrm{t}})\boldsymbol{L}_x(i_{\mathrm{t}})\Delta\boldsymbol{L}_z(u_{\mathrm{t}})\Delta u\end{aligned} \tag{6.33}$$

将式（6.33）代入式（6.29），可得相对运动的一阶近似表示为

$$\begin{bmatrix} x\\ y\\ z\end{bmatrix} = \begin{bmatrix} R_{\mathrm{c}} - R_{\mathrm{t}}\\ R_{\mathrm{c}}(\Delta u + \Delta\Omega\cos i_{\mathrm{t}})\\ R_{\mathrm{c}}(-\Delta\Omega\sin i_{\mathrm{t}}\cos u_{\mathrm{t}} + \Delta i\sin u_{\mathrm{t}})\end{bmatrix} \tag{6.34}$$

1. 近圆轨道附近相对运动

下面用轨道根数来描述近圆轨道上的相对运动方程。由于近圆轨道偏心率 e_t、e_c 为小量，略去其高阶小量，有

$$\begin{cases} E_t \approx M_t + e_t \sin M_t \\ E_c \approx M_c + e_c \sin M_c \end{cases} \tag{6.35}$$

$$\begin{cases} \theta_t \approx M_t + 2e_t \sin M_t \\ \theta_c \approx M_c + 2e_c \sin M_c \end{cases} \tag{6.36}$$

将式（6.35）、式（6.36）代入式（6.34），整理后得

$$\begin{cases} x(t) = -aA_{xy}\cos(nt + M_t + \theta) \\ y(t) = -a[2A_{xy}\sin(nt + M_t + \theta) + \Delta\lambda + \Delta\Omega\cos i_t] \\ z(t) = -aA_z\cos(nt + M_t + \omega_t + \eta) \end{cases} \tag{6.37}$$

式中

$$\begin{aligned} & A_{xy} = \sqrt{(e_c\cos\Delta M - e_t)^2 + (e_c\sin\Delta M)^2} \\ & A_z = \sqrt{(\Delta\Omega\sin i_t)^2 + (\Delta i)^2} \\ & \sin\theta = \frac{e_c\sin\Delta M}{A_{xy}}, \ \cos\theta = \frac{e_c\cos\Delta M - e_t}{A_{xy}} \\ & \sin\eta = \frac{\Delta i}{A_z}, \ \cos\eta = \frac{\Delta\Omega\sin i_t}{A_z} \\ & \Delta\lambda = (\omega_c + M_c) - (\omega_t + M_t) \\ & \Delta M = M_c - M_t \end{aligned} \tag{6.38}$$

式中，A_{xy} 为轨道面内运动分量的振幅；A_z 为法向运动分量的振幅。

式（6.37）为轨道根数描述的相对运动方程，若不考虑摄动因素，三维空间相对运动的一阶近似都可视作简谐振动，且沿迹向运动振幅为沿径向运动振幅的 2 倍，相位角相差 π/2，而法向运动与轨道面内的运动解耦。

2. 椭圆轨道附近相对运动

相比近圆轨道，当参考轨道为椭圆轨道时，相对运动更为复杂。椭圆编队的相对运动方程通常有真近点角和平近点角两种表达方式。假设编队航天器周期相等，$a = a_c = a_t$，且航天器相对距离与地心距相比为小量，则线性假设依然成立。

由

$$R(e,\theta) = a(1 - e^2)/(1 + e\cos\theta) \tag{6.39}$$

当 Δe，$\Delta\theta$ 为小量时，追踪航天器地心距可在目标地心距附近泰勒展开，保留一阶项得

$$R_{\mathrm{c}}=R(e_{\mathrm{t}}+\Delta e,\theta_{\mathrm{t}}+\Delta\theta)=R(e_{\mathrm{t}},\theta_{\mathrm{t}})+\left.\frac{\partial R}{\partial e}\right|_{\substack{e=e_{\mathrm{t}}\\ \theta=\theta_{\mathrm{t}}}}\cdot\Delta e+\left.\frac{\partial R}{\partial\theta}\right|_{\substack{e=e_{\mathrm{t}}\\ \theta=\theta_{\mathrm{t}}}}\cdot\Delta\theta \tag{6.40}$$

将式（6.40）代入式（6.34），略去二阶小量，可得相对运动的一阶近似：

$$\begin{cases}x=\dfrac{a}{(1+e_{\mathrm{t}}\cos\theta_{\mathrm{t}})^2}\{-[2e_{\mathrm{t}}+(1+e_{\mathrm{t}}^2)\cos\theta_{\mathrm{t}}]\Delta e+e_{\mathrm{t}}(1-e_{\mathrm{t}}^2)\sin\theta_{\mathrm{t}}\Delta\theta\}\\ y=\dfrac{a(1-e_{\mathrm{t}}^2)}{1+e_{\mathrm{t}}\cos\theta_{\mathrm{t}}}(\Delta\omega+\Delta\theta+\cos i_{\mathrm{t}}\Delta\Omega)\\ z=\dfrac{a(1-e_{\mathrm{t}}^2)}{1+e_{\mathrm{t}}\cos\theta_{\mathrm{t}}}(-\cos u_{\mathrm{t}}\sin i_{\mathrm{t}}\Delta\Omega+\sin u_{\mathrm{t}}\Delta i)\end{cases} \tag{6.41}$$

若不考虑摄动，式中，Δe，Δi，$\Delta\Omega$，$\Delta\omega$ 为常数；$\Delta\theta$ 呈周期性变化。设目标航天器近地点时刻为 τ_{t}，则 $\theta_{\mathrm{t}}(\tau_{\mathrm{t}})=0$，设此时真近点角差为 $\Delta\theta(\tau_{\mathrm{t}})=\theta_{\mathrm{c}}(\tau_{\mathrm{t}})-\theta_{\mathrm{t}}(\tau_{\mathrm{t}})=\Delta\theta_0$。

令平近点角 $M(e,\theta)$ 为偏心率和真近点角的函数：

$$M_{\mathrm{t}}(\tau_{\mathrm{t}})=M(e_{\mathrm{t}},\theta_{\mathrm{t}}(\tau_{\mathrm{t}}))=0 \tag{6.42}$$

由于 Δe，$\Delta\theta$ 为小量，将追踪航天器 τ_{t} 时刻平近点角泰勒展开保留一阶项，得

$$M_{\mathrm{c}}(\tau_{\mathrm{t}})=M(e_{\mathrm{c}},\theta_{\mathrm{c}}(\tau_{\mathrm{t}}))=M_{\mathrm{t}}(\tau_{\mathrm{t}})+\left.\frac{\partial M}{\partial e}\right|_{\substack{e=e_{\mathrm{t}}\\ \theta=0}}\cdot\Delta e+\left.\frac{\partial M}{\partial\theta}\right|_{\substack{e=e_{\mathrm{t}}\\ \theta=0}}\cdot\Delta\theta(\tau_{\mathrm{t}}) \tag{6.43}$$

于是

$$\Delta M(\tau_{\mathrm{t}})=M_{\mathrm{c}}(\tau_{\mathrm{t}})-M_{\mathrm{t}}(\tau_{\mathrm{t}})=\frac{(1-e_{\mathrm{t}})^2}{\sqrt{1-e_{\mathrm{t}}^2}}\cdot\Delta\theta_0 \tag{6.44}$$

令真近点角 $\theta(e,M)$ 为偏心率和平近点角的函数。目标航天器 t 时刻的平近点角为 $M_{\mathrm{t}}(t)=\sqrt{\mu/a^3}(t-\tau_{\mathrm{t}})$，且由于半长轴相同，追踪航天器相对目标航天器平近点角之差不变。所以

$$\begin{aligned}\Delta\theta(t)=\theta_{\mathrm{c}}(t)-\theta_{\mathrm{t}}(t)&=\left.\frac{\partial\theta}{\partial e}\right|_{\substack{e=e_{\mathrm{t}}\\ M=M_{\mathrm{t}}}}\cdot\Delta e+\left.\frac{\partial\theta}{\partial M}\right|_{\substack{e=e_{\mathrm{t}}\\ M=M_{\mathrm{t}}}}\cdot\Delta M\\ &=\frac{\sin\theta_{\mathrm{t}}(2+e_{\mathrm{t}}\cos\theta_{\mathrm{t}})}{1-e_{\mathrm{t}}^2}\cdot\Delta e+\left(\frac{1+e_{\mathrm{t}}\cos\theta_{\mathrm{t}}}{1+e_{\mathrm{t}}}\right)^2\cdot\Delta\theta_0\end{aligned} \tag{6.45}$$

将式（6.45）代入式（6.41），可得

$$\begin{cases} x = R_{\rm t}\left[-\dfrac{\cos\theta_{\rm t}(1+e_{\rm t}\cos\theta_{\rm t})}{1-e_{\rm t}^2}\Delta e + \dfrac{e_{\rm t}\sin f_{\rm t}(1+e_{\rm t}\cos\theta_{\rm t})}{(1+e_{\rm t})^2}\Delta\theta_0\right] \\ y = R_{\rm t}\left[\Delta\omega + \dfrac{\sin\theta_{\rm t}(2+e_{\rm t}\cos\theta_{\rm t})}{1-e_{\rm t}^2}\cdot\Delta e + \left(\dfrac{1+e_{\rm t}\cos\theta_{\rm t}}{1+e_{\rm t}}\right)^2\cdot\Delta\theta_0 + \cos i_{\rm t}\Delta\Omega\right] \\ z = R_{\rm t}\left[-\cos(\omega_{\rm t}+\theta_{\rm t})\sin i_{\rm t}\Delta\Omega + \sin(\omega_{\rm t}+\theta_{\rm t})\Delta i\right] \end{cases} \quad (6.46)$$

式（6.46）即为用真近点角偏差表示的航天器相对运动一阶近似形式。

由于真近点角偏差可以用偏心率偏差 Δe 和平近点角偏差 ΔM 的线性形式来表示，因此可以给出一种更简洁的表达形式。将式（6.45）代入式（6.40），可得

$$\begin{cases} \Delta\theta = \dfrac{\sin\theta_{\rm t}}{\eta_{\rm t}^2}(2+e_{\rm t}\cos\theta_{\rm t})\cdot\Delta e + \eta_{\rm t}\left(\dfrac{a_{\rm t}}{r_{\rm t}}\right)^2\cdot\Delta M \\ \Delta R = \dfrac{R_{\rm t}}{a_{\rm t}}\cdot\Delta a - a_{\rm t}\cos\theta_{\rm t}\cdot\Delta e + \dfrac{a_{\rm t}e_{\rm t}}{\eta_{\rm t}}\sin\theta_{\rm t}\cdot\Delta M \end{cases} \quad (6.47)$$

式中，$\eta_{\rm t} = \sqrt{1-e_{\rm t}^2}$。

将式（6.47）代入式（6.34），整理后可得

$$\begin{cases} x = R_{\rm t}[\Delta L + 2A\cos(\theta_{\rm t}+\alpha) + e_{\rm t}A\cos(2\theta_{\rm t}+\alpha)] \\ y = R_{\rm t}[\Delta\lambda + \Delta\kappa - 4A\sin(\theta_{\rm t}+\alpha) - e_{\rm t}A\sin(2\theta_{\rm t}+\alpha)] \\ z = R_{\rm t}\cdot B\sin(\theta_{\rm t}+\omega_{\rm t}-\beta) \end{cases} \quad (6.48)$$

式中

$$\begin{aligned} &\Delta L = \frac{\Delta a}{a_{\rm t}} - \frac{e_{\rm t}\Delta e}{2\eta_{\rm t}^2}, \quad A = -\frac{1}{2\eta_{\rm t}^2}\sqrt{\Delta e^2 + \frac{e_{\rm t}^2}{\eta_{\rm t}^2}\cdot\Delta M^2} \\ &\sin\alpha = -\frac{e_{\rm t}\Delta M}{2\eta_{\rm t}^3 A}, \quad \cos\alpha = -\frac{\Delta e}{2\eta_{\rm t}^2 A} \\ &\Delta\kappa = \left(1+\frac{e_{\rm t}^2}{2}\right)\cdot\frac{\Delta M}{\eta_{\rm t}^3}, \quad \Delta\lambda = \Delta\Omega\cos i_{\rm t} + \Delta\omega, \quad B = \sqrt{\Delta i^2 + \Delta\Omega^2\sin^2 i_{\rm t}} \\ &\sin\beta = \frac{\Delta\Omega\sin i_{\rm t}}{B}, \quad \cos\beta = \frac{\Delta i}{B} \end{aligned} \quad (6.49)$$

式（6.48）更为直观地给出了椭圆轨道相对运动的组成成分，包括 1 倍和 2 倍轨道频率的周期项。

6.2 航天器的相对运动控制

航天器的相对运动控制与其推力模式密切相关。推力模式通常分为脉冲推力和连续推力两类，其中脉冲推力可近似为作用时间较短的机动过程，可将作用时间近似为零，该过程仅改变航天器的速度矢量，不改变航天器的位置；而连续推力下航天器因受到大小和方向都连续变化的推力，在机动过程中时刻改变位置和速度。

6.2.1 脉冲推力的相对运动控制

脉冲相对运动的控制问题可表述为，对于给定的初始状态和末端状态，利用给定的脉冲机动策略（施加脉冲的位置和大小），从而实现预定的相对运动轨迹控制。根据施加脉冲次数的不同，可以将其分为单脉冲、双脉冲与多脉冲控制问题。

通过式（6.23），可以求得任意时刻 t，初始状态为 $\boldsymbol{X}_0$ 条件下的状态 $\boldsymbol{X}_t$。那么反过来，如果给定初始位置 $\boldsymbol{r}_0$、时间 t 和期望位置 $\boldsymbol{r}_{\mathrm{d}}$，也可以求出航天器所需的速度增量 $\Delta\boldsymbol{v}$。

显然

$$\begin{aligned}\boldsymbol{X}_0&=\begin{bmatrix}\boldsymbol{r}_0^{\mathrm{T}} & \boldsymbol{v}_0^{\mathrm{T}}\end{bmatrix}^{\mathrm{T}}\\ \boldsymbol{X}_{\mathrm{d}}&=\begin{bmatrix}\boldsymbol{r}_{\mathrm{d}}^{\mathrm{T}} & \boldsymbol{v}_{\mathrm{d}}^{\mathrm{T}}\end{bmatrix}^{\mathrm{T}}\end{aligned} \tag{6.50}$$

假设航天器的初始位置为 $\boldsymbol{r}_0$，通过施加速度增量 $\Delta\boldsymbol{v}$，使位置达到期望位置 $\boldsymbol{r}_{\mathrm{d}}$。基于状态转移矩阵，可得

$$\boldsymbol{r}_{\mathrm{d}}=\boldsymbol{\Phi}_{rr}\boldsymbol{r}_0+\boldsymbol{\Phi}_{rr}(\boldsymbol{v}_0+\Delta\boldsymbol{v}) \tag{6.51}$$

因此

$$\Delta\boldsymbol{v}=\boldsymbol{\Phi}_{rr}^{-1}(\boldsymbol{r}_{\mathrm{d}}-\boldsymbol{\Phi}_{rr}\boldsymbol{r}_0)-\boldsymbol{v}_0 \tag{6.52}$$

需要施加的速度增量 $\Delta\boldsymbol{v}$ 可以求得。

6.2.2 连续推力的相对运动控制

考虑最优连续推力控制下的相对运动问题：在一定时间 t 范围内对追踪航天器持续施加推力，使其达到某一期望状态，且过程中使某一控制性能指标（目

标函数）最小。通常选取的目标函数为燃料消耗、时间或二者的加权。本节以总燃料消耗最小为例进行说明。

记机动的初始时刻为 t_0，结束时刻为 t_f。航天器初始的运动状态为 $\boldsymbol{X}_0$，期望到达的运动状态为 $\boldsymbol{X}_f$，过程中施加的推力加速度为 $\boldsymbol{f}(t)$。以 CW 方程为动力学模型，系统的状态方程可表示为式（6.19）。

考虑航天器做燃料最优机动，定义如下目标函数：

$$J = \frac{1}{2}\int_{t_0}^{t_f} \boldsymbol{f}^{\mathrm{T}}(t)\boldsymbol{f}(t)\mathrm{d}t \tag{6.53}$$

为设计机动控制律以满足过程燃料最优，引入协态变量 $\boldsymbol{\lambda}$：

$$\boldsymbol{\lambda} = [\lambda_1 \quad \lambda_2 \quad \lambda_3 \quad \lambda_4 \quad \lambda_5 \quad \lambda_6]^{\mathrm{T}} \tag{6.54}$$

并构造哈密顿函数 H：

$$H = \frac{1}{2}\boldsymbol{f}^{\mathrm{T}}\boldsymbol{f} + \boldsymbol{\lambda}^{\mathrm{T}}(\boldsymbol{AX} + \boldsymbol{Bf}) \tag{6.55}$$

因此，系统的状态方程（6.19）对应的协态方程表示为

$$\dot{\boldsymbol{\lambda}} = -\frac{\partial H}{\partial \boldsymbol{X}} = -\boldsymbol{A}^{\mathrm{T}}\boldsymbol{\lambda} \tag{6.56}$$

由最优控制原理，最优推力的必要条件为

$$\frac{\partial H}{\partial \boldsymbol{f}} = \boldsymbol{f} + \boldsymbol{B}^{\mathrm{T}}\boldsymbol{\lambda} = \boldsymbol{0} \tag{6.57}$$

进而，得到最优控制满足

$$\boldsymbol{f} = -\boldsymbol{B}^{\mathrm{T}}\boldsymbol{\lambda} \tag{6.58}$$

将最优控制加速度函数式（6.58）代入式（6.19），再定义增广状态 $\boldsymbol{Y}(t)$：

$$\boldsymbol{Y}(t) = \begin{bmatrix} \boldsymbol{X}(t) \\ \boldsymbol{\lambda}(t) \end{bmatrix} \tag{6.59}$$

则式（6.19）和式（6.56）可写为增广状态的形式：

$$\dot{\boldsymbol{Y}} = \boldsymbol{A}_1\boldsymbol{Y} + \boldsymbol{B}_1\boldsymbol{f}_1 \tag{6.60}$$

式中

$$\boldsymbol{A}_1 = \begin{bmatrix} \boldsymbol{A} & \boldsymbol{0}_{6\times6} \\ \boldsymbol{0}_{6\times6} & -\boldsymbol{A}^{\mathrm{T}} \end{bmatrix},\quad \boldsymbol{B}_1 = \begin{bmatrix} \boldsymbol{B} \\ \boldsymbol{0}_{6\times3} \end{bmatrix},\quad \boldsymbol{f}_1 = -\boldsymbol{B}^{\mathrm{T}}\boldsymbol{\lambda} = -\boldsymbol{B}^{\mathrm{T}}[\boldsymbol{0}_{6\times6} \quad \boldsymbol{I}_{6\times6}]\boldsymbol{Y} \tag{6.61}$$

将式（6.61）代入式（6.60），进而化简整理得

$$\dot{\boldsymbol{Y}} = \boldsymbol{A}_2\boldsymbol{Y} \tag{6.62}$$

式中

$$\boldsymbol{A}_2=\begin{bmatrix}\boldsymbol{A} & \boldsymbol{0}_{6\times6}\\ \boldsymbol{0}_{6\times6} & -\boldsymbol{A}^{\mathrm{T}}\end{bmatrix}-\begin{bmatrix}\boldsymbol{B}\\ \boldsymbol{0}_{6\times3}\end{bmatrix}\boldsymbol{B}^{\mathrm{T}}\begin{bmatrix}\boldsymbol{0}_{6\times6} & \boldsymbol{I}_{6\times6}\end{bmatrix}=\begin{bmatrix}\boldsymbol{A} & -\boldsymbol{B}\boldsymbol{B}^{\mathrm{T}}\\ \boldsymbol{0}_{6\times6} & -\boldsymbol{A}^{\mathrm{T}}\end{bmatrix} \tag{6.63}$$

对于状态方程（6.62），这是一个线性定常系统，因此存在解析解如下：

$$\boldsymbol{Y}(t)=\boldsymbol{\phi}(t-t_0)\boldsymbol{Y}_0 \tag{6.64}$$

式中

$$\boldsymbol{\phi}(t-t_0)=\begin{bmatrix}\boldsymbol{\phi}_{11}(t-t_0) & \boldsymbol{\phi}_{12}(t-t_0)\\ \boldsymbol{\phi}_{21}(t-t_0) & \boldsymbol{\phi}_{22}(t-t_0)\end{bmatrix}=\mathrm{e}^{\boldsymbol{A}_2(t-t_0)} \tag{6.65}$$

将式（6.64）转化成分块矩阵的形式：

$$\begin{bmatrix}\boldsymbol{X}(t)\\ \boldsymbol{\lambda}(t)\end{bmatrix}=\begin{bmatrix}\boldsymbol{\phi}_{11}(t-t_0) & \boldsymbol{\phi}_{12}(t-t_0)\\ \boldsymbol{\phi}_{21}(t-t_0) & \boldsymbol{\phi}_{22}(t-t_0)\end{bmatrix}\begin{bmatrix}\boldsymbol{X}_0\\ \boldsymbol{\lambda}_0\end{bmatrix} \tag{6.66}$$

已知条件为初始状态变量 $\boldsymbol{X}_0$，终端状态变量 $\boldsymbol{X}_{\mathrm{f}}$，转移时间为 t_{f}。由式（6.66）可解得

$$\boldsymbol{X}(t_{\mathrm{f}})=\boldsymbol{\phi}_{11}(t_{\mathrm{f}}-t_0)\boldsymbol{X}_0+\boldsymbol{\phi}_{12}(t_{\mathrm{f}}-t_0)\boldsymbol{\lambda}_0 \tag{6.67}$$

进而有

$$\boldsymbol{\lambda}_0=\boldsymbol{\phi}_{12}^{-1}[\boldsymbol{X}(t_{\mathrm{f}})-\boldsymbol{\phi}_{11}\boldsymbol{X}_0] \tag{6.68}$$

将式（6.68）代入式（6.66），进而解得协态变量：

$$\boldsymbol{\lambda}(t)=\boldsymbol{\phi}_{21}(t)\boldsymbol{X}_0+\boldsymbol{\phi}_{22}(t)\boldsymbol{\lambda}_0 \tag{6.69}$$

将其代入最优控制方程（6.58），即可求得最优控制律：

$$\boldsymbol{f}(t)=-\boldsymbol{B}^{\mathrm{T}}\boldsymbol{\lambda}(t) \tag{6.70}$$

以上给出了以总燃料消耗最小为目标的连续推力转移控制策略。对以其他函数为优化指标的小推力转移控制策略可采用类似的方法导出。

6.3 航天器空间交会对接过程与轨道控制

6.3.1 航天器空间交会对接过程

航天器交会对接是指两个或多个航天器在同一时刻、同一位置、以相同速度会合，并在物理结构上连成一个整体的过程。在交会对接过程中，目标航天

器一般是被动航天器，通常不做任何机动或只做少量修正机动；追踪航天器一般是主动航天器，通过一系列的轨道机动飞向目标航天器，并与之完成交会对接。

航天器交会对接过程分为交会和对接两部分。交会是进行对接的前提条件，主要是指追踪航天器通过一系列的轨道机动与在轨飞行的目标航天器按预定位置和时间会合。对接是航天器交会对接的最终步骤，是指在空间交会完成后航天器进行靠拢、接近、接触、连接或捕获等一系列空间操作，并最终连接成为一体的过程。在完成空间航天器交会对接任务过程中涉及的环节、技术和对象比较广泛，可以从交会对接航天器的特征、运行轨道、控制方式、任务特点和对接方向进行分门别类。

（1）按照航天器是否载人，其可以分为载人航天器交会对接和无人航天器交会对接。

（2）按照目标航天器的性质，其可以分为与合作目标的交会对接和与非合作目标的交会对接。

（3）按照航天器所处的空间环境，其可以分为行星轨道交会对接、近地轨道交会对接和地球同步轨道交会对接。

（4）按照交会对接操作的自动化程度，可以将航天器空间交会控制方式分为多种形式，包括手动操作空间交会对接，由航天员利用航天器自身装载设备进行观察和操作；自动空间交会对接，由航天器自身设备和地面台站相结合来实现；自主控制空间交会对接，完全不依靠地面台站，由航天器自身装载设备进行操作；地面控制空间交会对接，由地面台站进行计算并向航天器下达控制指令；遥操作控制空间交会对接，利用图像、测控和导控信息的交互传递共享，在地面或者其他航天器上直接对追踪航天器进行控制。

（5）按照所处的不同任务阶段，其可分为释放与抓捕、空间或地面启动交会、一次与多次交会、合作与非合作交会和往返交会等。

（6）按照对接方向的不同，航天器空间交会对接通常划分为 V–bar，R–bar 和 H–bar 交会对接。通常在目标航天器质心轨道坐标系下定义 V–bar，R–bar 和 H–bar：V–bar 对接方向与目标航天器轨道速度方向一致，R–bar 对接方向是沿着目标航天器指向地心方向，H–bar 对接方向是沿着运行轨道角动量矢量的反方向。

航天器空间交会对接的飞行过程通常可划分为四个阶段：远距离导引阶段、近距离导引阶段、平移靠拢阶段和对接阶段，如图 6.2 所示。每个阶段对应的飞行任务、测量仪器和导引控制策略都不尽相同。

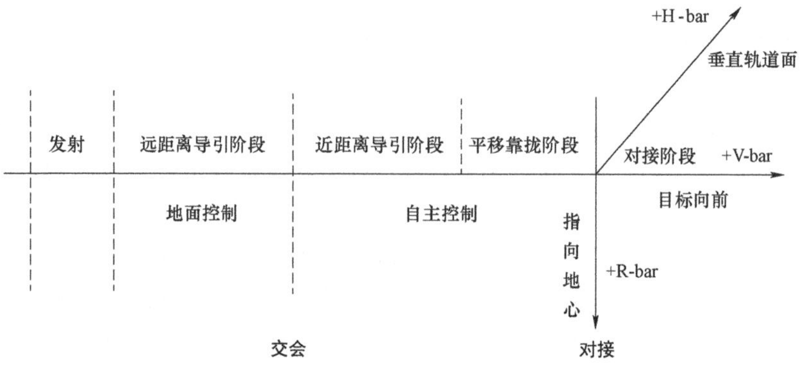

图 6.2　航天器空间交会对接过程的不同阶段

远距离导引又称地面导引，从追踪航天器进入初始轨道开始，到追踪航天器的星载敏感器捕获到目标航天器并切换到近距离导引模式结束。近距离导引阶段始于远距离导引阶段结束后，主要用来将追踪航天器引导到目标航天器附近的特定位置，以便进入最终对接阶段。近距离导引阶段是整个交会对接的重要阶段，既是交会对接的前提，又能直接影响到交会对接的成败。平移靠拢阶段是指追踪航天器在“接近走廊”内沿准直线轨迹进行受控运动缓慢逼近目标航天器直到两航天器对接设备机构接触的阶段。对接阶段是指两个航天器从接触到通过物理对接机构组合成一个整体的过程。

6.3.2　航天器空间交会对接控制

1. 脉冲推力的交会对接控制

下面以航天器近距离导引阶段为例，给出相对运动中基于多脉冲机动控制的滑移制导策略。给定追踪航天器的始末位置矢量分别为 $\boldsymbol{r}_1$， $\boldsymbol{r}_T$，整个相对运动过程中施加脉冲的位置点始终约束在相对位置的连线上。控制律设计的首要目标是通过滑移制导策略来确定 N 次脉冲的施加位置。

记 d 和 $\dot{d}$ 分别为追踪航天器与目标航天器的相对距离和相对距离变化率，也即 $d=r-r_T$， $\dot{d}=\dot{r}-\dot{r}_T$，其中 r 和 r_T 分别为追踪探测器在相对运动轨迹上的某一点相对于目标航天器的当前位置大小和终端位置大小。在给定时间内，通过滑移制导策略可以得到多脉冲机动中每次脉冲施加的位置 $\boldsymbol{r}_i$ 与时间 t_i，即

$$\begin{cases} \boldsymbol{r}_i=\boldsymbol{r}_T+d_i\hat{\boldsymbol{D}} \\ t_i=(i-1)T/N \end{cases},\quad i=1,\cdots,N \tag{6.71}$$

式中，追踪航天器前进方向的单位矢量为

$$\hat{\boldsymbol{D}}=\frac{\boldsymbol{r}_1-\boldsymbol{r}_T}{\left|\boldsymbol{r}_1-\boldsymbol{r}_T\right|} \tag{6.72}$$

多脉冲滑移制导策略的关键在于设计滑移制导律，从而确定追踪航天器在整个相对运动过程中相对位置的变化规律。对于常见的指数滑移制导过程，相对距离 d 和相对距离变化率 $\dot{d}$ 呈线性关系，即 $\dot{d}(t)$ 与 $d(t)$ 满足

$$\dot{d}=ad+\dot{d}_T \tag{6.73}$$

式中，$\dot{d}_T$ 是终端距离变化率。

将初值 d_0 和 $\dot{d}_0$ 代入式（6.73）中，可以得到 $a=(\dot{d}_0-\dot{d}_T)/d_0<0$，从而可以得到相对运动过程中的位置信息 $d(t)$ 和总相对运动时间 T 的解析表达式：

$$d(t)=d_0\mathrm{e}^{at}+\dot{d}_T(\mathrm{e}^{at}-1)/a \tag{6.74}$$

$$T=\ln(\dot{d}_T/\dot{d}_0)/a \tag{6.75}$$

接下来，控制律设计的关键是求解每次机动的脉冲大小。多脉冲相对运动控制过程如图 6.3 所示，整个运动过程中共施加等时间间隔的 N 次脉冲。因而，相对运动轨迹分为 $N-1$ 段，每段轨迹的时长为 $T/(N-1)$。在最后一次脉冲施加之后，追踪航天器到达满足速度和位置约束的终端目标点。

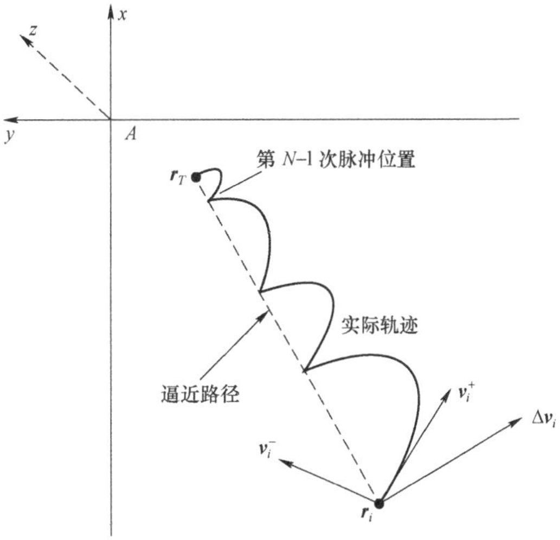

图 6.3　多脉冲相对运动控制过程

在追踪航天器的运动过程中，由于每两次脉冲之间的转移轨道均由 CW 方程求出，因此每次机动点所对应的速度脉冲可通过末端约束和 CW 方程共同决定。首先，假设在第 i 个（$i\in\{0,\cdots,N-1\}$）脉冲点前后，追踪航天器的速度分别为 $\boldsymbol{v}_i^-$ 和 $\boldsymbol{v}_i^+$，CW 方程对应的状态转移矩阵为式（6.21）。因此，每次施加脉冲处对应的位置和速度坐标分别为

$$\begin{aligned}\boldsymbol{r}_{i+1}&=\boldsymbol{\Phi}_{rr}(t)\boldsymbol{r}_i+\boldsymbol{\Phi}_{vr}(t)\boldsymbol{v}_i^+\\ \boldsymbol{v}_{i+1}^-&=\boldsymbol{\Phi}_{vr}(t)\boldsymbol{r}_i+\boldsymbol{\Phi}_{vv}(t)\boldsymbol{v}_i^+\end{aligned} \tag{6.76}$$

式中，位置矢量 $\boldsymbol{r}_i$ 由式（6.71）给出。

从式（6.76）反解可以得到每次脉冲机动前后的追踪航天器的速度矢量分别为

$$
\begin{aligned}
\boldsymbol{v}_i^+ &= \boldsymbol{\Phi}_{vr}^{-1}(t)[\boldsymbol{r}_{i+1} - \boldsymbol{\Phi}_{rr}(t)\boldsymbol{r}_i] \\
\boldsymbol{v}_i^- &= \boldsymbol{\Phi}_{vr}(t)\boldsymbol{r}_{i-1} + \boldsymbol{\Phi}_{vv}(t)\boldsymbol{v}_{i-1}^+
\end{aligned} \tag{6.77}
$$

基于上述公式，通过对脉冲机动前后的速度矢量做差，即可得每次需要施加的脉冲大小为

$$
\begin{cases}
\Delta v_i = \left\| \boldsymbol{v}_i^+ - \boldsymbol{v}_i^- \right\| \\
\Delta v_N = \left\| \boldsymbol{v}_T - \boldsymbol{v}_{N-1}^- \right\|
\end{cases}, \quad i = 0, \cdots, N-1 \tag{6.78}
$$

根据式（6.78）可知，所需的总脉冲大小将为 N 次脉冲的和，可表示为

$$
\Delta V = \sum_{i=0}^{N-1} \Delta v_i + \Delta v_N \tag{6.79}
$$

2. 连续推力的交会对接控制

下面以交会对接的最终直线逼近段为例，介绍连续推力式的交会对接控制。追踪航天器最终段的路径一般是直线运动，逐步逼近目标航天器对接口，如图 6.4 所示。

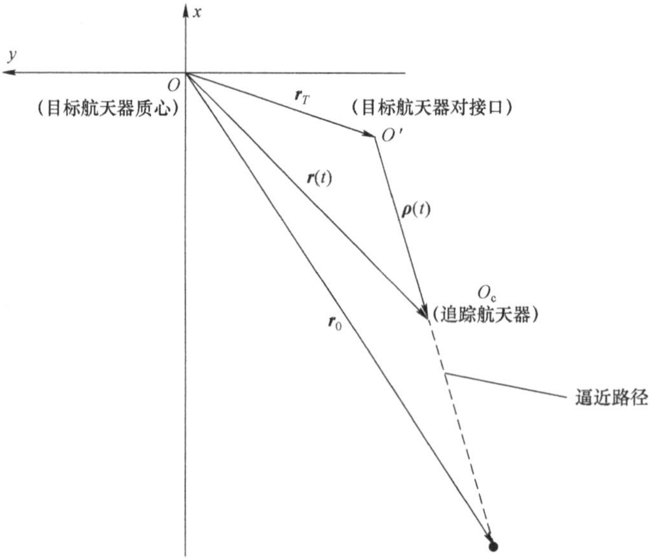

图 6.4　最终直线逼近段制导轨迹

在目标坐标系 $\boldsymbol{S}_{\mathrm{t}}$ 中，设目标航天器的质心为 O ，对接口的位置为 $\boldsymbol{r}_T$ ，记为 O' 。追踪航天器用质点代替，记为 O_{c} ，在逼近操作开始初始位置为 $\boldsymbol{r}_0$ ，随着时间变化位置记为 $\boldsymbol{r}(t)$ 。对接口指向追踪航天器的矢量为 $\boldsymbol{\rho}(t)$ ，如图 6.4 所示。根据几何关系，有 $\boldsymbol{\rho}(0)=\boldsymbol{r}_0-\boldsymbol{r}_T$ ，已知

$$\boldsymbol{r}_0=[x_0 \quad y_0 \quad z_0]^{\mathrm{T}},\boldsymbol{r}_T=[x_T \quad y_T \quad z_T]^{\mathrm{T}} \tag{6.80}$$

故 $\boldsymbol{\rho}$ 方向单位向量可表示为

$$\hat{\boldsymbol{i}}_\rho=[\cos\alpha \quad \cos\beta \quad \cos\gamma]^{\mathrm{T}} \tag{6.81}$$

式中

$$\cos\alpha=\frac{x_0-x_T}{\rho_0},\cos\beta=\frac{y_0-y_T}{\rho_0},\cos\gamma=\frac{z_0-z_T}{\rho_0} \tag{6.82}$$

所以

$$\boldsymbol{r}_t=\boldsymbol{r}_T+\rho\hat{\boldsymbol{i}}_\rho \tag{6.83}$$

写成分量形式：

$$\begin{bmatrix} x_t \\ y_t \\ z_t \end{bmatrix}=\begin{bmatrix} x_T \\ y_T \\ z_T \end{bmatrix}+\rho\begin{bmatrix} \cos\alpha \\ \cos\beta \\ \cos\gamma \end{bmatrix} \tag{6.84}$$

将式（6.84）代入相对运动方程（6.18），得到制导机动加速度：

$$\begin{cases} f_x=\ddot{\rho}\cos\alpha-2n\dot{\rho}\cos\beta-3n^2(x_T+\rho\cos\alpha) \\ f_y=\ddot{\rho}\cos\beta+2n\dot{\rho}\cos\alpha \\ f_z=\ddot{\rho}\cos\gamma+n^2(z_T+\rho\cos\gamma) \end{cases} \tag{6.85}$$

实际交会对接中，按照接近速率 $\dot{\rho}$ 随 ρ 的变化情况，可分为三种逼近方式。

1）加速逼近

对加速逼近，加速度 $\ddot{\rho}$ 为常数，满足

$$\ddot{\rho}=a=\text{const},\quad \dot{\rho}=a(t-t_0)+\dot{\rho}_0,\quad \rho=\rho_0+\frac{1}{2}a(t-t_0)^2+\dot{\rho}_0(t-t_0) \tag{6.86}$$

给定加速段最终速度 $\dot{\rho}_1$ ，则加速逼近时间

$$t_T-t_0=\frac{\dot{\rho}_1}{a} \tag{6.87}$$

2）等速逼近

对等速逼近， $\dot{\rho}$ 为常数，满足

$$\ddot{\rho}=0,\quad \dot{\rho}=\dot{\rho}_0=\text{const},\quad \rho=\rho_0+\dot{\rho}_0(t-t_0) \tag{6.88}$$

逼近时间

$$t_T - t_0 = \frac{\rho_T - \rho_0}{\dot{\rho}_0} \tag{6.89}$$

3）减速逼近

减速逼近一般采用逼近速度随距离线性同步衰减的模式，即满足

$$\dot{\rho} - \dot{\rho}_0 = k(\rho - \rho_0) \tag{6.90}$$

式中，k 为常量，且为负值。所以

$$\begin{cases} \ddot{\rho} = k\dot{\rho} = k\dot{\rho}_0 \mathrm{e}^{k(t-t_0)} \\ \dot{\rho} = \dot{\rho}_0 + k(\rho - \rho_0) = \dot{\rho}_0 \mathrm{e}^{k(t-t_0)} \\ \rho = \rho_0 + \dfrac{\dot{\rho}_0}{k}\left[\mathrm{e}^{k(t-t_0)} - 1\right] \end{cases} \tag{6.91}$$

逼近时间

$$t_T - t_0 = \frac{1}{k}\ln\frac{\dot{\rho}_T}{\dot{\rho}_0} \tag{6.92}$$

将以上三种逼近方式的 $\ddot{\rho}$，$\dot{\rho}$，ρ 代入机动加速度分量表达式（6.85），得到控制量。以典型的正 V–bar 减速逼近为例，取初始相对运动速度为 $\dot{\rho}_0 = -0.15\ \mathrm{m/s}$，最终对接相对速度 $\dot{\rho}_T = -0.01\ \mathrm{m/s}$。初始位置 $\boldsymbol{r}_0 = [0\quad 100\quad 0]^{\mathrm{T}}$，对接口位置 $\boldsymbol{r}_T = [0\quad 10\quad 0]^{\mathrm{T}}$，很容易得出 $\boldsymbol{\rho}$ 的方向向量 $\hat{\boldsymbol{i}}_\rho = [0\quad 1\quad 0]^{\mathrm{T}}$，转移时间 $\Delta t = 1\,741\ \mathrm{s}$。直线减速逼近的速度衰减曲线如图 6.5 所示。

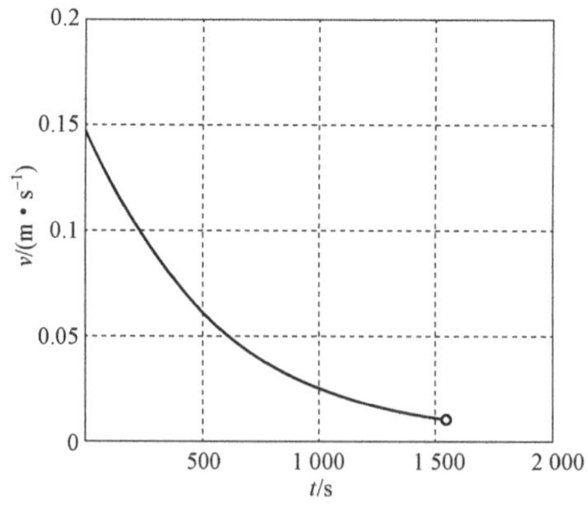

图 6.5　直线减速逼近的速度衰减曲线

可以看到，接近速度的大小是随时间 t 指数衰减的，因此可保证速度迅速减小到对接操作的安全范围以内，避免碰撞。

6.4 航天器编队飞行和构型设计

6.4.1 航天器编队飞行基本概念

航天器编队飞行是 20 世纪 90 年代之后出现的一种航天器空间运行模式，这种模式实际上是利用多个近距离飞行的航天器以一定的形状或构型组成一个大的“虚拟航天器”，各航天器之间链路互通、协同工作，从而完成科学实验、对地观测等任务。

航天器编队飞行与航天器星座系统有本质不同。传统星座并不是为了组成一个大的“虚拟航天器”，而是想通过多个轨道上的多个航天器来增加对地观测的覆盖率。星座设计中不需要考虑航天器之间的相对位置或指向，只需要各航天器的位置保持在规定精度控制区内即可；另外，星座中各航天器之间的距离较大，且一般没有星间信息交换，其动力学基础为航天器轨道动力学。

区别于航天器星座，航天器编队飞行的主要特征可以归纳为以下几个方面。

（1）编队飞行的应用目的是构成一个功能等效的“虚拟大型航天器”。

（2）编队飞行各航天器维持在相对近距离范围内，且具有信息交换能力。

（3）编队飞行的动力学基础是相对运动轨道动力学。

（4）编队飞行中各航天器必须协同工作才能完成复杂的任务。

（5）编队飞行一般要求自主性与实时性，在各航天器自主控制的同时，保证编队飞行的整体性。

编队飞行的以上几点特征也带来了如下相比传统航天器的优势。

1. 提升系统整体性能

对于空间探测任务，多个航天器共同完成一个任务比单个航天器独立完成更容易实现。同时，编队飞行的航天器拥有一定的灵活性，可以实现多任务组合。

2. 提升系统可靠性

编队飞行系统一般由多个航天器组成，在设计阶段考虑冗余度，从而可以加强系统的可靠性。如果系统中一个航天器故障，那么只会影响与之关联的链路，不会使整个系统处于瘫痪状态。及时处理失效个体或者启用备用子星，通过构型重构或补充航天器，可以使系统恢复正常。

3. 增强系统适应性

航天器的数目、编队的构型、携带的载荷都可以根据任务要求进行调整，使航天器编队系统具有更高的性能或更丰富的功能。

4. 降低单生命周期成本消耗

采用航天器编队完成任务，将促使航天器设计标准化，从而降低各子系统的成本。随着航天器模块化技术的发展，航天器执行任务次数将增加，生命周期将延长，航天器编队可使单生命周期内航天器成本不断降低。

由于具有以上诸多优点，航天器编队飞行在对地观测、电子侦察、深空探测、天文观测等领域都具有广泛的应用前景。

6.4.2 编队飞行的相对轨迹

基于一阶近似相对运动模型［式（6.48）］，令环绕航天器的一个相对根数不为零（Δa 除外），其他相对根数全为零，可得椭圆参考轨道下编队相对轨迹的五种基本形式。一般相对轨迹都由这五种基本形式进行叠加而成，如圆、椭圆、直线及各种空间三维封闭曲线。

1. 仅相对偏心率 $\Delta e \neq 0$ 时的相对轨迹

只有 $\Delta e \neq 0$ 时，相对运动方程可简化为

$$\begin{cases} x = -a_t \Delta e \cos\theta_t \\ y = a_t \Delta e \dfrac{\sin f_t (2 + e_t \cos\theta_t)}{1 + e_t \cos\theta_t} \\ z = 0 \end{cases} \tag{6.93}$$

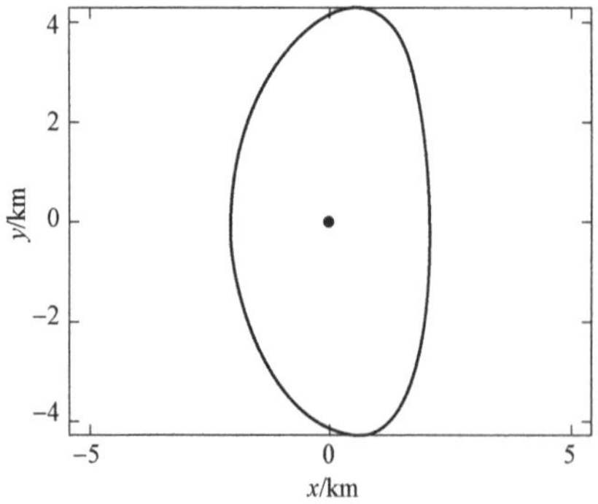

图 6.6　仅相对偏心率Δe≠0 时的相对轨迹

相对运动轨迹位于轨道面（即 xy 平面），呈半月形，与 x 轴交于 $(\pm a_t \Delta e, 0)$，与 y 轴交于 $(0, \pm 2a_t \Delta e)$。

当 $a_t = 6\,880$ km，$e_t = 0.5$，$\Delta e = 3\times10^{-4}$ 时，相对运动轨迹如图 6.6 所示。

Δe 取负数的，得到的轨迹与原轨迹关于原点对称。随着 e_t 逐渐增大，相对轨迹逐渐变得尖锐，形似礼帽；而随着 e_t 逐渐减小，相对轨迹逐渐趋于一条椭圆轨道，

可表示为

$$\left(\frac{x}{a_t\Delta e}\right)^2+\left(\frac{y}{2a_t\Delta e}\right)^2=1 \tag{6.94}$$

由于参考航天器始终处于相对轨迹投影对应闭合区域内，因此称为绕飞轨迹。

2. 仅相对轨道倾角 $\Delta i\neq 0$ 时的相对轨迹

只有 $\Delta i\neq 0$ 时，相对运动方程可简化为

$$\begin{cases}x=y=0\\ z=a_t\Delta i[-e_t\sin\omega_t+G\sin(E_t+\delta)]\end{cases} \tag{6.95}$$

式中 $G=\sqrt{1-e_t^2\cos^2\omega_t}$，$\sin\delta=\sin\omega_t/G$，$\cos\delta=\eta_t\cos\omega_t/G$。式（6.95）表示的相对运动轨迹是沿法向且通过原点的线段，且线段端点在 z 轴坐标为 $a_t\Delta i(-e_t\sin\omega_t\pm G)$。

当 $a_t=6\,880\ \text{km}$，$e_t=0.5$，$\omega_t=1$，$\Delta i=3\times10^{-4}$ 时，相对运动轨迹如图 6.7 所示。

Δi 取相反数时，轨迹与原轨迹关于原点对称。当参考航天器近地点幅角 $\omega_t=0$ 时，线段中点与原点重合，随着 ω_t 的变化，线段中点沿 z 轴上下移动，最远达到 $\pm a_te_t\Delta i$；对于圆轨道，线段中点始终在原点，相对运动为简谐运动。

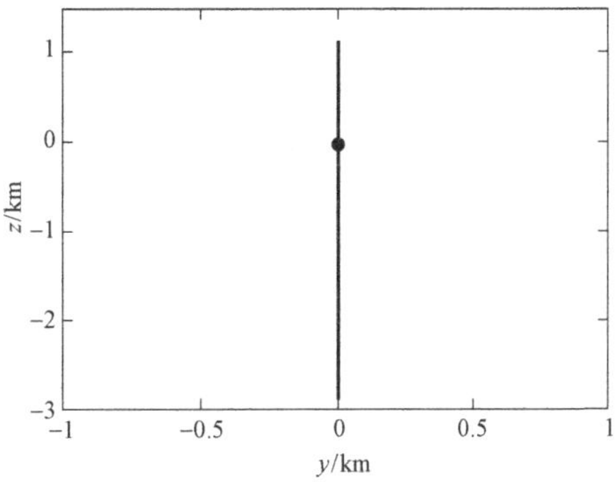

图 6.7　仅相对轨道倾角 $\Delta i\neq 0$ 时的相对轨迹

3. 仅相对升交点赤经 $\Delta\Omega\neq 0$ 时的相对轨迹

只有 $\Delta\Omega\neq 0$ 时，相对运动方程可简化为

$$\begin{cases}y=a_t\Delta\Omega\cos i_t(1-e_t\cos E_t)\\ z=a_t\Delta\Omega\sin i_t[e_t\cos\omega_t-H\sin(E_t+\Theta)]\end{cases} \tag{6.96}$$

式中，$H=\sqrt{1-e_t^2\sin^2\omega_t}$，$\sin\Theta=\cos\omega_t/H$，$\cos\delta=\eta_t\sin\omega_t/H$。

方程（6.96）表示的相对运动轨迹位于 yz 平面内。消去方程中的偏近点角，可得平面二次曲线方程：

$$[y\quad z]\begin{bmatrix}a_{11} & a_{12}\\ a_{21} & a_{22}\end{bmatrix}\begin{bmatrix}y\\ z\end{bmatrix}+2[a_1\quad a_2]\begin{bmatrix}y\\ z\end{bmatrix}+a_0=0 \tag{6.97}$$

式中

$$
\begin{aligned}
&a_{11}=\sin^2 i_t\left(\frac{1}{e_t^2}-\sin^2\omega_t\right),\quad a_{22}=\cos^2 i_t\\
&a_{12}=a_{21}=-\sin i_t\cos i_t\frac{\cos\omega_t}{e_t}\\
&a_1=-\frac{a_t\eta_t^2}{e_t^2}\Delta\Omega\sin^2 i_t\cos i_t\\
&a_2=\frac{a_t\eta_t^2}{e_t}\Delta\Omega\sin i_t\cos^2 i_t\cos\omega_t\\
&a_0=\frac{a_t^2\eta_t^4}{e_t^2}\Delta\Omega^2\sin^2 i_t\cos^2 i_t
\end{aligned}
\tag{6.98}
$$

计算二次曲线的正交不变量 I_1， I_2， I_3 和半不变量 K_1，可得

$$
\begin{aligned}
&I_1=a_{11}+a_{22}=\sin^2 i_t\left(\frac{1}{e_t^2}-\sin^2\omega_t\right)+\cos^2 i_t>0\\
&I_2=\begin{vmatrix}a_{11}&a_{12}\\a_{21}&a_{22}\end{vmatrix}=\frac{\eta_t^2}{e_t^2}\sin^2 i_t\cos^2 i_t\sin^2\omega_t\geqslant 0\\
&I_3=\begin{vmatrix}a_{11}&a_{12}&a_1\\a_{21}&a_{22}&a_2\\a_1&a_2&a_0\end{vmatrix}=-\frac{a_t^2\eta_t^4}{e_t^2}\Delta\Omega^2\sin^4 i_t\cos^4 i_t\sin^4\omega_t\leqslant 0\\
&K_1=\begin{vmatrix}a_{11}&a_1\\a_1&a_0\end{vmatrix}+\begin{vmatrix}a_{22}&a_2\\a_2&a_0\end{vmatrix}=\frac{a_t^2\eta_t^4}{e_t^2}\Delta\Omega^2\sin^2 i_t\cos^2 i_t\cos 2i_t\sin^2\omega_t
\end{aligned}
\tag{6.99}
$$

对于式（6.99）中参数的取值，可以根据二次曲线类型来决定，从而得到以下两种不同的编队构型。

1）任意轴对称椭圆编队构型

当 $i_t\neq j\pi/2$， $\omega_t\neq j\pi$ $(j=0,1,2)$ 时，有 $I_1>0,\ I_2>0,\ I_3<0$，对应二次曲线为椭圆。该椭圆半长轴与 y 轴的夹角 Φ 满足

$$
\cot 2\Phi=\frac{a_{11}-a_{22}}{2a_{12}}=\frac{\sin^2 i_t(1-e_t^2\sin^2\omega_t)-e_t^2\cos^2 i_t}{-e_t\sin 2i_t\cos\omega_t}
\tag{6.100}
$$

椭圆对称中心 $o(y_0,z_0)$ 满足

$$
y_0=a_t\Delta\Omega\cos i_t,\quad z_0=a_t e_t\Delta\Omega\sin i_t\cos\omega_t
\tag{6.101}
$$

当 $\omega_t=\pi/2$ 或 $\omega_t=3\pi/2$ 时，曲线变为关于 y 轴对称的椭圆，此时相对运动方程为

$$\left(\frac{y-a_t\Delta\Omega\cos i_t}{a_te_t\Delta\Omega\cos i_t}\right)^2+\left(\frac{z}{a_t\eta_t\Delta\Omega\sin i_t}\right)^2=1 \tag{6.102}$$

在以上约束的基础上，当满足 $e_t|\cos i_t|=\eta_t|\sin i_t|$ 时，相对轨迹为关于 y 轴对称的圆，运动方程为

$$(y-a_t\Delta\Omega\cos i_t)^2+z^2=(a_te_t\Delta\Omega\cos i_t)^2 \tag{6.103}$$

若给定 $a_t=6\,880\ \text{km}, i_t=\pi/6, e_t=0.5, \omega_t=\pi/3, \Delta\Omega=3\times10^{-4}$，得到的相对运动轨迹如图 6.8（a）所示。

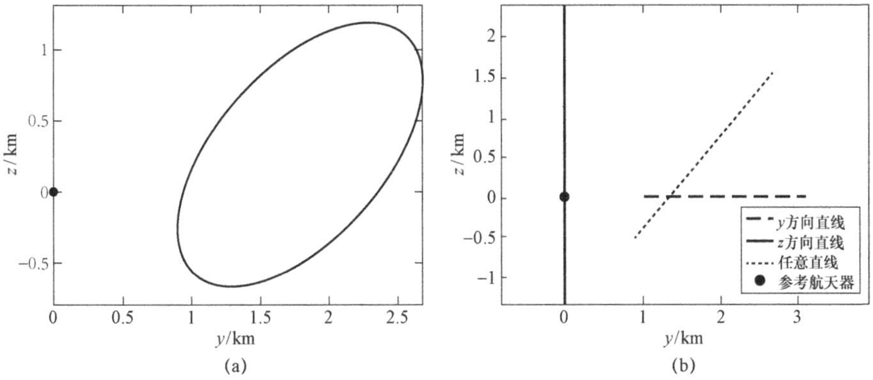

图 6.8 仅相对升交点赤经 $\Delta\Omega\neq0$ 时的相对轨迹

（a）任意轴对称椭圆；（b）任意直线

2）任意直线编队构型

当 $i_t=j\pi/2$ 或 $\omega_t=j\pi$ $(j=0,1,2)$ 时，$I_2=I_3=K_1=0$，二次曲线变为水平面直线。当 $i_t=0$ 或 $i_t=\pi,\omega_t\neq j\pi$ 时，相对运动方程为 $y=\pm a_t\Delta\Omega(1-e_t\cos E_t)$，轨迹为沿迹向的直线。当 $i_t=\pi/2$ 时，相对运动方程为 $z=a_t\Delta\Omega[e_t\cos\omega_t-H\cos(E_t+\Theta)]$，轨迹为沿法向的直线。当 $\omega_t=j\pi,\ i_t\neq j\pi/2$ 时，相对运动方程为 $y/\cos i_t\mp e_tz/\sin i_t=a_t\eta_t^2\Delta\Omega$，轨迹为水平面直线。

图 6.8（b）给出了以下三种情况下对应的相对运动轨迹：

$$\begin{cases}a_t=6\,880\ \text{km},\ i_t=0,\quad \omega_t=\pi/3, e_t=0.5, \Delta\Omega=3\times10^{-4}\\ a_t=6\,880\ \text{km},\ i_t=\pi/2, \omega_t=\pi/3, e_t=0.5, \Delta\Omega=3\times10^{-4}\\ a_t=6\,880\ \text{km},\ i_t=\pi/6, \omega_t=0,\quad e_t=0.5, \Delta\Omega=3\times10^{-4}\end{cases} \tag{6.104}$$

当相对升交点赤经不为零时，相对运动轨迹的形态为椭圆或直线。当 $\Delta\Omega$ 取相反数时，相对轨迹与原轨迹关于原点对称。在 $\Delta\Omega\neq0$ 的情况下，相对轨迹在 y 轴的极值为 $a_t\Delta\Omega\cos i_t(1\pm e_t)$。由于两极值点符号相同，故从航天器无法形成对主航天器的绕飞；但对于圆参考轨道，相对轨迹为平行法向直线 $z=$

$-a_t \Delta \Omega \sin i_t \cos(\omega_t + f_t)$， y 轴截距为 $y_0 = a_t \Delta \Omega \cos i_t$。

4. 仅相对近地点幅角 $\Delta\omega \neq 0$ 时的相对轨迹

只有 $\Delta\omega \neq 0$ 时，相对运动方程简化为

$$y = a_t \Delta\omega (1 - e_t \cos E_t) \tag{6.105}$$

相对运动轨迹为沿迹向直线。当 $\Delta\omega$ 取相反数时，轨迹与原轨迹关于原点对称。直线端点对应坐标为 $y_0 = a_t \Delta\omega(1 \pm e_t)$，两端点在 y 轴坐标符号相同，所以 $\Delta\omega \neq 0$ 使从航天器在主航天器一侧摆动。对于圆参考轨道，相对轨迹退化为一点 $(a_t \Delta\omega, 0)$。

当取参数为 $a_t = 6\,880\ \text{km}$， $e_t = 0.5$， $\Delta\omega = 3\times 10^{-4}$ 时，对应的相对运动轨迹如图 6.9 所示。

5. 仅相对平近点角 $\Delta M \neq 0$ 时的相对轨迹

只有 $\Delta M \neq 0$ 时，相对运动方程简化为

$$x^2 + \left(y - \frac{a_t \Delta M_0}{\eta_t} \right)^2 = \left(\frac{a_t e_t \Delta M_0}{\eta_t} \right)^2 \tag{6.106}$$

可以看到，相对轨迹是以 $(0, a_t \Delta M_0 / \eta_t)$ 为圆心、$a_t e_t |\Delta M_0| / \eta_t$ 为半径的圆。主航天器位于圆相对运动轨迹之外。随着 e_t 减小，相对轨迹半径逐渐减小，且圆心向原点逼近。特别地，当 $e_t = 0$ 时，相对轨迹退化为一点 $(0, a_t \Delta M_0 / \eta_t)$。

当取参数为 $a_t = 6\,880\ \text{km}$，$e_t = 0.5$，$\Delta M = 3\times 10^{-4}$ 时，相对运动轨迹如图 6.10 所示。

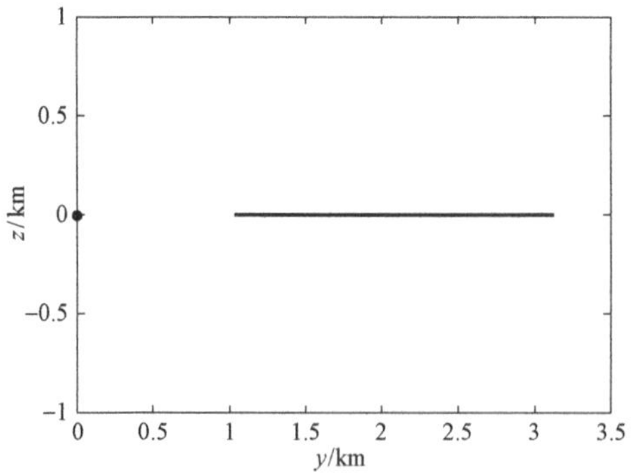

图 6.9　仅相对近地点幅角 $\Delta\omega \neq 0$ 时的相对轨迹

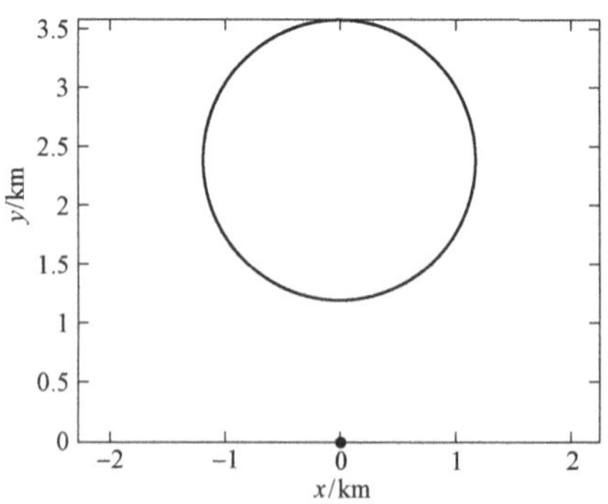

图 6.10　仅相对平近点角 $\Delta M \neq 0$ 时的相对轨迹

6.4.3　编队飞行的构型设计

6.4.3.1　单从编队构型设计

单从编队构型是由一个主航天器与一个从航天器组成的简单形式的编队构型，主要包括水平面直线、水平面椭圆和轨道面投影圆三种。可以通过这些基本构型，来组合成其他更复杂的构型，其在航天器在轨服务等任务中有着重要的应用价值。

下面将分别介绍以上三种基本构型对应的相对轨道根数条件和运动方程。

1. 水平面直线构型

水平面直线构型要求参考航天器（下标 t ）和环绕航天器（下标 c ）的相对轨道根数满足以下条件：

$$\Delta e = \Delta M_0 = 0 \tag{6.107}$$

$$\Delta\omega = -\Delta\Omega\cos i_t \quad \text{或} \quad \Delta i\cos\omega_c = -\Delta\Omega\sin i_t\sin\omega_c \tag{6.108}$$

当 $B\cos(\omega_c-\beta)=0$ 且 $\Delta\lambda\neq 0, B\sin(\omega_c-\beta)\neq 0$ 时，水平面直线相对运动方程为

$$\frac{y}{\Delta\lambda}+\frac{e_t z}{B\sin(\omega_c-\beta)} = a_t\eta_t^2 \tag{6.109}$$

当 $B\cos(\omega_c-\beta)=0$ ， $B\sin(\omega_c-\beta)=0$ 且 $\Delta\lambda\neq 0$ 时，沿迹向直线相对运动方程为

$$y = a_t\Delta\lambda(1-e_t\cos E_t) \tag{6.110}$$

当 $\Delta\lambda=0$ 时，沿法向直线相对运动方程为

$$z = a_t B[-e_t\sin(\omega_c-\beta)+\rho\sin(E_t+\psi)] \tag{6.111}$$

式中

$$\begin{aligned} &\rho=\sqrt{1-e_t^2\cos^2(\omega_c-\beta)} \\ &\sin\psi = \frac{\sin(\omega_c-\beta)}{\rho},\quad \cos\psi=\frac{\eta_t\cos(\omega_c-\beta)}{\rho} \end{aligned} \tag{6.112}$$

2. 水平面椭圆构型

水平面椭圆构型要求参考航天器和环绕航天器的相对轨道根数满足条件：

$$\Delta e = \Delta M_0 = 0,\quad \Delta\omega\neq -\Delta\Omega\cos i_t,\quad \Delta i\cos\omega_c\neq -\Delta\Omega\sin i_t\sin\omega_c \tag{6.113}$$

水平面椭圆相对运动中心为 $(a_t\Delta\lambda, -a_te_tB\sin(\omega_c-\beta))$，当 $B\sin(\omega_c-\beta)=0$ 时，构型为以 y 轴为对称轴的椭圆，运动方程为

$$\left(\frac{y-a_t\Delta\lambda}{a_te_t\Delta\lambda}\right)^2+\left[\frac{z}{a_t\eta_tB\cos(\omega_c-\beta)}\right]^2=1 \tag{6.114}$$

当同时满足 $e_t|\Delta\lambda|=\eta_tB|\cos(\omega_c-\beta)|$ 时，构型为关于 y 轴对称的圆，运动方程为

$$(y-a_t\Delta\lambda)^2+z^2=(a_te_t\Delta\lambda)^2 \tag{6.115}$$

3. 轨道面投影圆构型

轨道面投影圆构型要求参考航天器和环绕航天器的相对轨道根数满足条件

$$\Delta e=0,\ \Delta\omega=-\Delta\Omega\cos i_t,\ \Delta M_0\neq 0 \tag{6.116}$$

6.4.3.2 双从编队构型设计

若参考轨道为椭圆轨道，主、从航天器之间的相对运动轨迹无法形成规则的绕飞轨迹。通过将两个相交且不规则轨迹的投影拼接起来，可形成近似规则的绕飞轨迹。由于航天器在相对远心点的一侧运行时间长，所以将两轨道投影的远心一侧部分进行拼接。这样所形成的双从编队构型可以对主航天器进行二维环绕，实现测量与监视任务。

1. 轨道面绕飞椭圆构型

轨道面绕飞椭圆构型要求编队航天器的相对轨道根数满足条件

$$\Delta e_1=-\Delta e_2,\ \Delta e_j\neq 0,\ \Delta\omega_j=-\Delta\Omega_j\cos i_t,\ \Delta M_{0j}=0,\ j=1,2 \tag{6.117}$$

设主航天器轨道半长轴为 13 800 km，偏心率为 0.5，升交点赤经和平近点角初值为 0，从航天器相对轨道半长轴为 0，其他参数具体见表 6.1，所得到飞行轨迹如图 6.11 所示。绕飞椭圆周期为 $2\sqrt{a_t^3/\mu}(\pi-\arccos e_t+e_t\eta_t)$，半长轴略大于 $2a_t|\Delta e_i|$，半短轴为 $a_t|\Delta e_i|$。

表 6.1　轨道面绕飞椭圆构型参数

主航天器轨道根数		从航天器相对轨道根数/ $(\times10^{-4})$				
i / rad	ω / rad	Δe	Δi / rad	$\Delta\Omega$ / rad	$\Delta\omega$ / rad	ΔM_0 / rad
π/6	0	2	1	0	0	0
π/6	0	−2	1	0	0	0

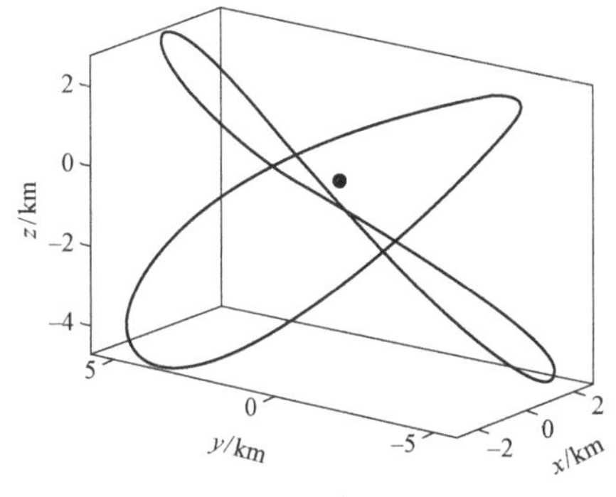

(a)

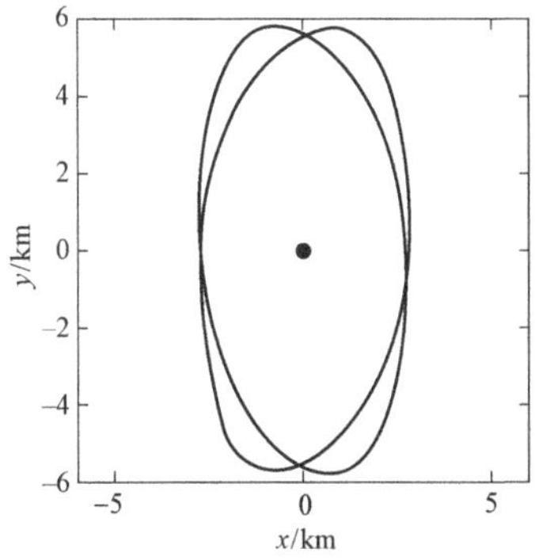

(b)

图 6.11　轨道面绕飞椭圆构型

（a）三维坐标系视图；（b）*xy* 平面投影视图

2. 水平面绕飞外椭圆构型

水平面绕飞外椭圆构型要求编队航天器的相对轨道根数满足条件

$$\begin{aligned}&\Delta e_1=-\Delta e_2,\ \Delta i_1=-\Delta i_2,\ \Delta\Omega_1=-\Delta\Omega_2,\ \Delta\omega_1=-\Delta\omega_2,\ \Delta e_j\neq 0\\&\Delta\omega_j=-\Delta\Omega_j\cos i_{\mathrm t},\ \Delta i_j\cos\omega_{cj}=-\Delta\Omega_j\sin i_{\mathrm t}\sin\omega_{cj},\ \Delta M_{0j}=0,\ j=1,2\end{aligned}\tag{6.118}$$

设主航天器轨道半长轴为 13 800 km，偏心率为 0.5，升交点赤经和平近点角初值为 0；从航天器相对轨道半长轴为 0，其他参数具体见表 6.2，得到水平面绕飞外椭圆构型如图 6.12 所示。该绕飞外椭圆周期为 $2\sqrt{a_{\mathrm t}^3/\mu}(\pi-\arccos e_{\mathrm t}+e_{\mathrm t}\eta_{\mathrm t})$，相对运动轨迹与 *y* 轴交点的 *y* 轴坐标为 $2a_{\mathrm t}\Delta e_j$，与 *z* 轴交点的 *z* 轴坐标为 $a_{\mathrm t}(-e_{\mathrm t}\pm1)B_j\sin(\omega_{cj}-\beta_j)$，若要得到以 *y* 轴为对称轴的绕飞外椭圆构型，则令 $2a_{\mathrm t}|\Delta e_j|=a_{\mathrm t}B_j|(-e_{\mathrm t}\pm1)\sin(\omega_{cj}-\beta_j)|$。同理，若给定 Δe_j，Δi_j，$\Delta\Omega_j$，$\Delta\omega_j$ 中任意一个变量值，联立约束式可解得其他 3 个相对根数，以此构造不同长短轴比的绕飞外椭圆。

表 6.2　水平面绕飞外椭圆构型参数

主航天器轨道根数		从航天器相对轨道根数/($\times10^{-4}$)				
i / rad	ω / rad	Δe	Δi / rad	$\Delta\Omega$ / rad	$\Delta\omega$ / rad	ΔM_0 / rad
π/6	π/6	−1.73	−0.577	2	−1.73	0
π/6	π/6	1.73	0.577	−2	1.73	0

3. 水平面绕飞内椭圆构型

水平面绕飞内椭圆构型要求编队航天器的相对轨道根数满足条件：

$$\begin{aligned}&\Delta i_1=-\Delta i_2,\ \Delta\Omega_1=-\Delta\Omega_2,\ \Delta\omega_1=-\Delta\omega_2,\ \Delta M_{01}=-\Delta M_{02}\\&\Delta e_j=0,\ \Delta i_j\sin\omega_{cj}=\Delta\Omega_j\sin i_t\cos\omega_{cj},\ j=1,2\end{aligned}\tag{6.119}$$

由相对运动方程可知，相对轨迹远地点 y 轴坐标为

$$y_{pj}=a_t\left[(1+e_t)\Delta\lambda_j+\sqrt{\frac{1-e_t}{1+e_t}}\Delta M_{0j}\right]\tag{6.120}$$

z 轴极值点坐标 (y_{mj},z_{mj}) 满足

$$\begin{cases}y_{mj}=a_t\left[\Delta\lambda_j+\eta_t\Delta M_{0j}\right]\\z_{mj}=\pm a_t\eta_t B_j\cos(\omega_{cj}-\beta_j)\end{cases}\tag{6.121}$$

令

$$y_{mj}=0,\ \eta_t B_j|\cos(\omega_{cj}-\beta_j)|=\left|(1+e_t)\Delta\lambda_j+\sqrt{\frac{1-e_t}{1+e_t}}\Delta M_{0j}\right|\tag{6.122}$$

可得以 y 轴为对称轴的绕飞内椭圆构型。设主航天器轨道半长轴为 13 800 km，偏心率为 0.5，升交点赤经和平近点角初值为 0 rad；从航天器相对轨道半长轴为 0 km，其他参数具体见表 6.3，得到绕飞内椭圆构型如图 6.13 所示。若给定 Δi_j，$\Delta\Omega_j$，$\Delta\omega_j$，ΔM_{0j} 中的任意一个变量值，联立约束式可求得其他 3 个相对根数，以此构造不同长短轴比的绕飞内椭圆。

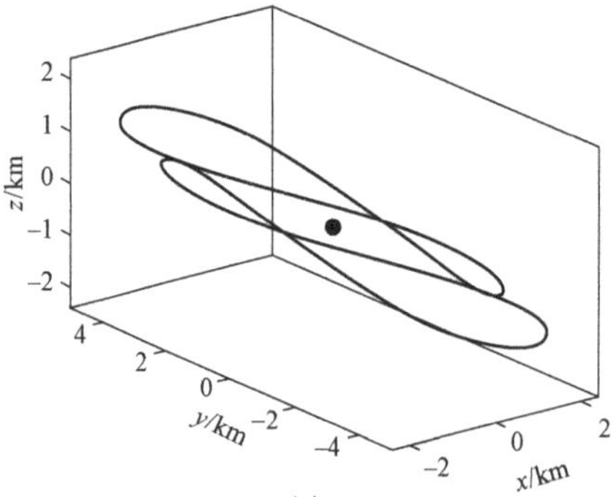

(a)

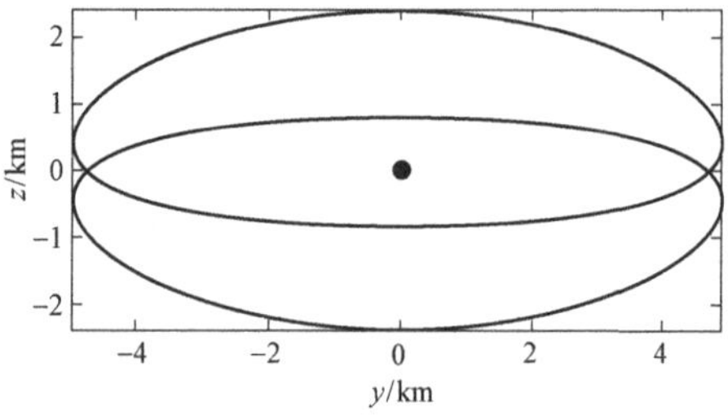

(b)

图 6.12 水平面绕飞外椭圆构型

（a）三维坐标系视图；（b）yz 平面投影视图

表 6.3 水平面绕飞内椭圆构型参数

主航天器轨道根数		从航天器相对轨道根数/($\times10^{-4}$)				
i/rad	ω/rad	Δe	Δi/rad	$\Delta\Omega$/rad	$\Delta\omega$/rad	ΔM_0/rad
π/6	π/6	0	1.73	2	−0.693	−1.2
π/6	π/6	0	−1.73	−2	0.693	1.2

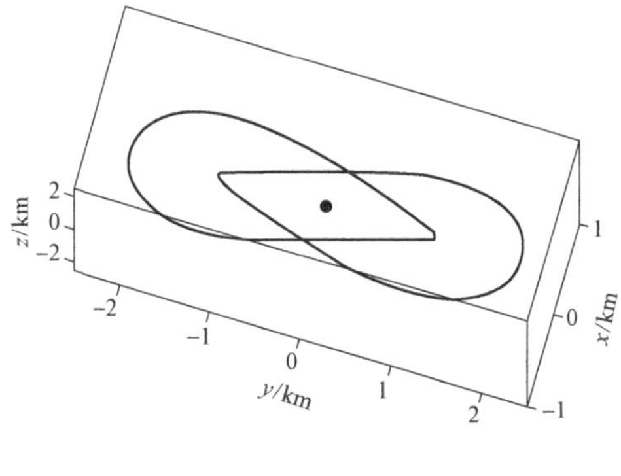

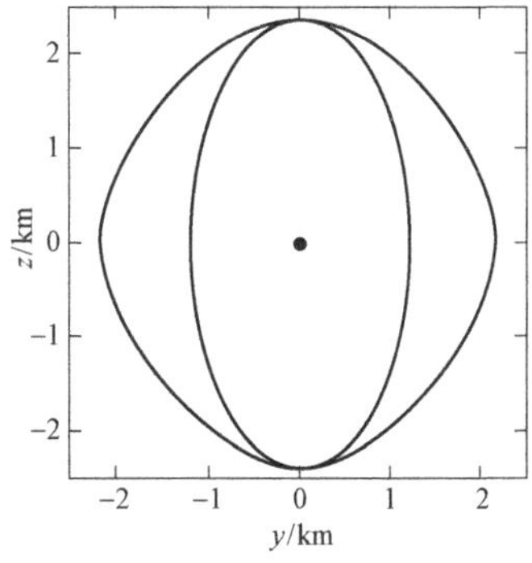

图 6.13　水平面绕飞内椭圆构型

（a）三维坐标系视图；（b）*yz* 平面投影视图

6.4.2.3　多从编队构型设计

多从编队构型中至少包含两个从航天器，其可以通过组合多个单从编队构型来设计。该类编队构型主要包括轨道面内过原点直线构型、水平面过原点直线构型、水平面沿迹向直线构型三种。

1. 轨道面内过原点直线构型

轨道面内过原点直线构型的编队航天器的相对轨道根数满足条件

$$\Delta i_j = 0,\ \Delta\omega_j = -\Delta\Omega_j \cos i_{\mathrm{t}},\ \Delta\Omega_j \sin i_{\mathrm{t}} = 0,\ j = 1,2,\cdots,N \tag{6.123}$$

由相对运动方程可知，相对运动轨迹上任意点与原点连线斜率 k_j 均满足

$$k_j = \frac{\eta_{\mathrm{t}}\Delta e_j \sin\theta_{\mathrm{t}}(2 + e_{\mathrm{t}}\cos\theta_{\mathrm{t}}) + \Delta M_{0j}(1 + e_{\mathrm{t}}\cos\theta_{\mathrm{t}})^2}{(-\eta_{\mathrm{t}}\Delta e_j \cos\theta_{\mathrm{t}} + e_{\mathrm{t}}\Delta M_{0j}\sin\theta_{\mathrm{t}})(1 + e_{\mathrm{t}}\cos\theta_{\mathrm{t}})} \tag{6.124}$$

可以看出，式（6.124）中随时间变化量仅有 θ_{t}。只要给定 θ_{t}，且不同编队航天器 $S_i, S_j\ (i, j = 1,2,\cdots,N,\ i \neq j)$ 的相对轨道根数满足

$$\frac{\Delta e_i}{\Delta e_j} = \frac{\Delta M_{0i}}{\Delta M_{0j}} \neq 0 \tag{6.125}$$

不同相对运动轨迹上，相同的真近点角所对应的位置与原点连线的斜率是一定的。因此，任意时刻不同相对轨迹对应的编队飞行器均位于过原点且斜率为 k_j 的直线上。

设主航天器轨道半长轴为 13 800 km，偏心率为 0.5，升交点赤经和平近点角初值为 0 rad；从航天器相对轨道半长轴为 0 km，其他参数具体见表 6.4，所

得到的轨道面内过原点直线构型如图 6.14 所示。

表 6.4　轨道面内过原点直线构型参数

主航天器轨道根数		从航天器相对轨道根数/ ($\times10^{-4}$)				
i / rad	ω / rad	Δe	Δi / rad	$\Delta\Omega$ / rad	$\Delta\omega$ / rad	ΔM_0 / rad
0	0	0.1	0	1	−1	1
0	0	0.2	0	1	−1	2
0	0	−0.1	0	1	−1	−1
0	0	−0.2	0	1	−1	−2

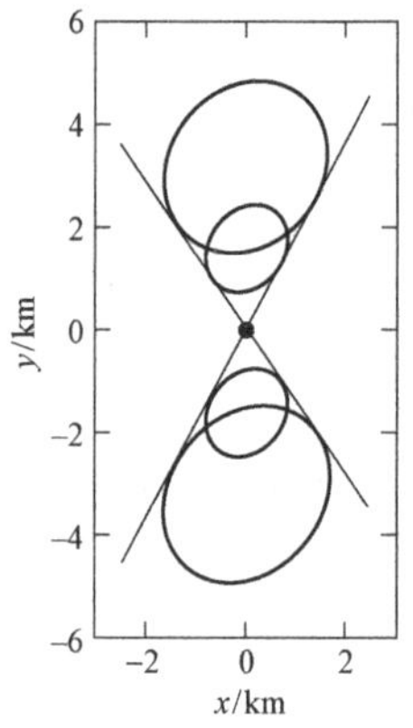

图 6.14　轨道面内过原点直线构型

2. 水平面过原点直线构型

水平面过原点直线构型要求编队航天器的相对轨道根数满足条件

$$\Delta e_j = \Delta M_{0j} = 0,\ \Delta\omega_j \neq -\Delta\Omega_j \cos i_t$$
$$\Delta i_j \cos\omega_t \neq -\Delta\Omega_j \sin i_t \sin\omega_t,\ \ j = 1,2,\cdots,N \tag{6.126}$$

由相对运动方程可知，相对运动轨迹为水平面任意轴对称椭圆，其上任意点与原点连线斜率 k_j 均满足

$$k_j = \frac{\Delta i_j \sin(\omega_t + \theta_t) - \Delta\Omega_j \sin i_t \cos(\omega_t + \theta_t)}{\Delta\lambda_j} \tag{6.127}$$

从式（6.127）可以看到，只要给定 θ_t，且不同编队航天器 S_i, S_j $(i, j = 1,2,\cdots,N,$ $i \neq j)$ 的相对轨道根数满足

$$\frac{\Delta i_i}{\Delta i_j} = \frac{\Delta\Omega_i}{\Delta\Omega_j} = \frac{\Delta\omega_i}{\Delta\omega_j} \neq 0 \tag{6.128}$$

则不同椭圆轨迹上相同真近点角对应位置与原点连线斜率相等。

设主航天器轨道半长轴为 13 800 km，偏心率为 0.5，升交点赤经和平近点角初值为 0 rad；从航天器相对轨道半长轴为 0 km，其他参数具体见表 6.5，所得到的水平面过原点直线构型如图 6.15 所示。

表 6.5　水平面过原点直线构型参数

主航天器轨道根数		从航天器相对轨道根数/ $(\times 10^{-4})$				
i / rad	ω / rad	Δe	Δi / rad	$\Delta \Omega$ / rad	$\Delta \omega$ / rad	ΔM_0 / rad
π/3	− π/6	0	−2	2	2	0
π/3	− π/6	0	−1	1	1	0
π/3	− π/6	0	2	−2	−2	0
π/3	− π/6	0	1	−1	−1	0

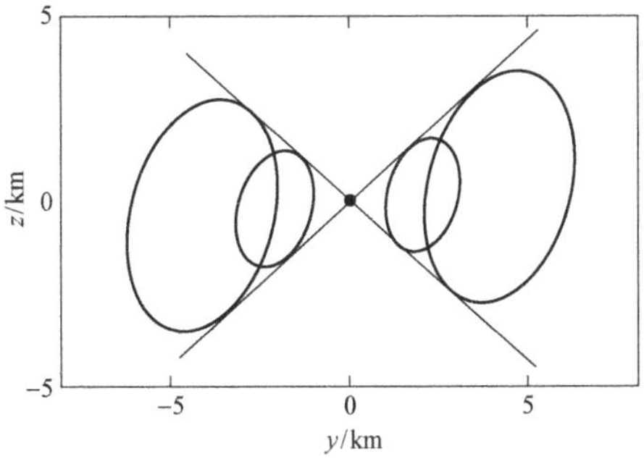

图 6.15　水平面过原点直线构型

3. 水平面沿迹向直线构型

对于水平面沿迹向直线构型，编队航天器的相对轨道根数满足条件

$$\begin{aligned}&\Delta e_j = \Delta M_{0j} = 0,\ \Delta\omega_j \neq -\Delta\Omega_j \cos i_t,\ \ \Delta i_j \cos\omega_t \neq -\Delta\Omega_j \sin i_t \sin\omega_t \\ &\Delta\Omega_j \sin i_t = 0,\ \Delta i_j \neq 0,\ \Delta i_i = \Delta i_j,\ \ i, j = 1,2,\cdots,N\end{aligned} \tag{6.129}$$

后三项约束保证沿迹向和法向相对运动彼此独立。

主航天器轨道半长轴为 13 800 km，偏心率为 0.5，升交点赤经和平近点角初值为 0 rad；从航天器相对轨道半长轴为 0 km，其他参数具体见表 6.6，所得到的水平面沿迹向直线构型如图 6.16 所示。

表 6.6　水平面沿迹向直线构型参数

主航天器轨道根数		从航天器相对轨道根数/ $(\times 10^{-4})$				
i / rad	ω / rad	Δe	Δi / rad	$\Delta \Omega$ / rad	$\Delta \omega$ / rad	ΔM_0 / rad
0	π/6	0	−1	1	1	0
0	π/6	0	−1	−1	−1	0

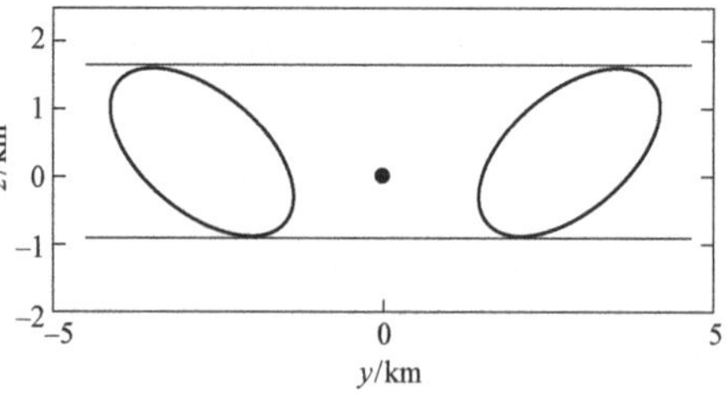

图 6.16　水平面沿迹向直线构型

参考文献

[1] 李俊峰，高云峰，宝音贺西，等. 卫星编队飞行动力学与控制研究[J]. 力学与实践，2002，24（2）：1–6.

[2] HANSPETER S. Relative orbit geometry through classical orbit element differences[J]. Journal of guidance，control，and dynamics，2004，27(5)：839–848.

[3] BALAJI S K，TATNALL A. Modeling of periodic relative orbits using orbital element method [C] //IEEE Aerospace Conference. Montana，United States，2006.

[4] BUTCHER E，BURNETT E，LOVELL T A. Comparison of relative orbital motion perturbation solutions in cartesian and spherical coordinates [C] //27th AAS/AIAA Space Flight Mechanics Meeting. San Antonio，United States，2017.

[5] 郑重. 多航天器编队飞行分布式协同控制[D]. 哈尔滨：哈尔滨工业大学，2014.

思考题

1. 绝对与相对动力学的相对运动描述方法各有何优缺点，各自适用范围是什么？

2. CW 方程的前提假设有什么？真实轨道中还需考虑哪些因素？

3. 思考不同编队飞行构型的应用场景。

4. 主航天器轨道为地球静止轨道，设计水平的直线、椭圆和轨道面投影图构型。

5. 针对地球同步转移轨道，设计三种不同的编队构型，假设$\Delta e = 10^{-4}$，$\Delta i = 10^{-4}$ rad，$\Delta \Omega = 2\times 10^{-4}$ rad，$\Delta \omega = 2\times 10^{-4}$ rad，$\Delta M_0 = 0$ rad。

第7章 星座设计与保持

扫码获得更多内容

由于对地观测覆盖范围的约束，仅靠一颗卫星难以实现全球或特定区域的不间断通信、侦察或探测服务，卫星星座（简称星座）的提出就是要解决这一问题。星座是指由多颗卫星组成、用于完成特定航天任务的卫星系统。星座卫星共同构成相对稳定的空间几何构型，且卫星之间保持相对固定的时空关系。

星座内的卫星轨道运动满足一定规律，从而实现对目标区域以任务要求的时间间隔或覆盖重数进行服务。7.1 节阐述了星座的基本构型与特征；7.2 节讨论了星座的构型设计，包括建立星座构型的数学模型、给出构型优化设计方法等；7.3 节分析了星座构型的稳定性，并介绍了构型的保持与重构策略；7.4 节讨论了星座的典型应用。

7.1 星座的基本构型与特征

星座构型是描述一个星座的核心星座要素。近年来，为了适应导航、定位等需求，许多国家正积极建设自主卫星导航系统。目前针对卫星导航领域，常用的构型有均匀对称星座和混合非对称星座。

7.1.1 均匀对称星座

均匀对称星座也称 Walker 星座。Walker 星座的典型特征：所有卫星都采用相同倾角和轨道高度的圆轨道，轨道升交点沿赤道均匀分布，卫星在轨道平面内也均匀分布，不同轨道平面上的卫星相位存在特定的关系。Walker 星座是南北纬度带均匀覆盖最有效的星座。

Walker 星座是全球导航定位系统的首选，其优势在于满足均匀性和对称性。在给定的卫星数目约束下，Walker 星座可实现覆盖面积的最优化，其在中国的北斗卫星导航系统（简称北斗系统）、美国的全球定位系统（GPS）、俄罗斯的全球卫星导航系统（GLONASS）和欧洲太空署（ESA）的 Galileo 等全球导航定位系统中都得到了广泛应用。

典型的 Walker 星座构型包括 Walker-δ 星座、玫瑰星座、σ 星座、星形星座等，其中最常用的星座构型为 Walker-δ 星座。玫瑰星座和 σ 星座都是

Walker-δ 星座的特例。

为了描述 Walker 星座，定义总卫星数 T 、轨道面个数 P 、相位因子 F（指不同轨道面内的卫星相对位置的量纲为 1 的量，可以取 $0 \sim P-1$ 的整数）。下面介绍几类常见的 Walker 星座。

1. Walker-δ 星座

Walker-δ 星座满足以下两个特征：① T 颗卫星均匀分布在 P 个轨道面上，各轨道的升交点沿赤道等间隔排列，因此相邻两个轨道面的升交点赤经间隔为 $\Delta\Omega = 2\pi / P$ ；②每个轨道面内均匀分布 T / P 颗卫星，因此同一轨道面内相邻两个卫星的相位角相差 $\Delta\omega_{\mathrm{f}} = (2\pi / T)P$ 。

2. 玫瑰星座

玫瑰星座是 Walker-δ 星座中的一种特殊星座，这种星座的轨道图形在固定的天球投影犹如一朵盛开的玫瑰，故称为玫瑰星座。玫瑰星座的覆盖特性非常好，由 5 颗卫星组成的全球连续覆盖星座或由 7 颗卫星组成的连续全球双重覆盖星座都属于玫瑰星座。

3. σ 星座

σ 星座是 Walker-δ 星座的子星座，它满足所有卫星沿着一条类似正弦曲线等间隔分布。σ 星座可能是最有效的星座，在满足相同覆盖要求下，σ 星座所需要的卫星较少，因而属于较为经济的星座构型。

4. 星形星座

星形星座的典型特征：各条轨道在参考面上有一对公共节点，相邻的同向轨道之间有相等（或近似相等）的轨道面夹角。由极地轨道卫星组成的星座就属于一种星形星座，铱星星座就是典型的星形星座。

尽管星形星座的理论分析比较方便，但其覆盖特性较差，主要体现在覆盖不均匀且覆盖特性变化剧烈两方面。由于所有轨道都在两个节点相交导致在两个节点附近卫星过于密集，而在两个节点之间的区域，卫星比较稀疏，因而覆盖很不均匀。此外，同向相邻轨道之间的卫星在整个轨道周期内相对位置基本不变，但反向相邻轨道之间的卫星由相反方向接近并离去，从而导致覆盖特性变化非常剧烈。

7.1.2　混合非对称星座

在设计导航星座时通常需兼顾全球覆盖性能和特定区域的增强覆盖性能

要求。传统的 Walker-δ 星座只能保证全球覆盖，并不能针对特定区域进行增强覆盖。因此，人们提出在全球星座设计时考虑一般的任务需求，然后利用其他轨道的卫星来提升特定区域的星座性能。这一星座通称为混合非对称星座。混合非对称星座是由两个或两个以上构型组成的复合星座，其子星座可以是不同参数或不同类型的基本星座构型。混合非对称星座可以融合各子星座的优势，从而以最小代价实现最优的性能服务，子星座的相对关系是影响星座性能的关键因素。目前常用的混合非对称星座类型有中地球轨道/地球静止轨道（MEO/GEO）星座、倾斜地球同步轨道/地球静止轨道（IGSO/GEO）星座和中地球轨道/倾斜地球同步轨道/地球静止轨道（MEO/IGSO/GEO）星座。

1. MEO/GEO 星座

利用多颗 MEO 卫星组成 Walker 星座能够实现全球大部分地区的覆盖任务，然后通过部署 GEO 卫星来实现对特定区域的性能提升，如美国的广域增强系统（WAAS）、日本的多功能传送卫星（MTSAT）、欧洲的欧洲星基增强系统（EGNOS）等，在卫星数目较少的前提下提升了全球导航系统星座的区域性能。

2. IGSO/GEO 星座

GEO 卫星对赤道附近纬度区域覆盖性能好，但对高纬度地区覆盖性能较差。一个完全由 GEO 卫星组成的区域导航定位系统，由于 GEO 卫星处于赤道所在平面内导致星座与用户之间的几何构型不能形成四面体，只能实现平面定位。为了实现三维定位及对高纬度地区的覆盖，需要在星座中增加与赤道面存在倾角的卫星。

IGSO 卫星星下点轨迹保持在目标区域上空呈现“8”字形，而且通过调整轨道倾角就可以实现对不同纬度地区的覆盖。因此，多颗 IGSO 卫星和多颗 GEO 卫星能够实现对特定目标区域稳定的覆盖，可组成一个覆盖性能良好的区域导航系统。

3. MEO/IGSO/GEO 星座

星座系统中增加 IGSO 卫星或 GEO 卫星，可以提升区域导航性能、扩展任务目标区域。但若考虑向全球卫星导航系统发展，由 MEO 卫星组成全球系统将是更优的策略，并且比 GEO 卫星和 IGSO 卫星更具有优势。因此，可采用 MEO/IGSO/GEO 星座来实现全球覆盖和区域性能增强的目的。

7.2　星座构型设计

星座构型设计是确定星座几何构型参数，包括卫星数目、轨道平面数、平面内的卫星数、每颗卫星的轨道倾角、轨道高度、轨道偏心率等。构型设计是星座部署和运行的前提，设计的优劣很大程度上决定了星座系统的运行和应用水平。

早期的星座构型设计研究集中于探索卫星的布局方式，使之在满足某种覆盖要求的条件下所需的卫星数目最少，但尚未考虑星座的载荷以及具体的应用。所采用的方法多为几何解析法，得到了一系列经典结论。近年来，现代优化方法广泛应用于星座构型的优化设计当中。

7.2.1　星座构型的描述

星座构型是对星座中卫星的空间分布、轨道类型以及卫星间相互关系的描述。星座构型是星座覆盖特性、工作性能以及运行维持能力的决定性因素。不同类型星座的描述也是大同小异的，本节给出一些基本星座构型的数学描述。

1. Walker-δ 星座模型

Walker-δ星座的采用总卫星数 T 、轨道面个数 P 、相位因子 F 来描述星座构型以及轨道高度 h 、轨道倾角 i 、某基准卫星的升交点赤经 Ω_0 和相位角 u_0 。星座中第 j 个轨道面上第 k 颗卫星相对基准卫星的升交点赤经和相位可以表示为

$$\Omega_f = \Omega_0 + (j-1)\frac{2\pi}{P} \tag{7.1}$$

$$u_{jk} = u_0 + (j-1)\frac{2\pi}{T}F + (k-1)\frac{2\pi}{T/P} \tag{7.2}$$

式中， $j = 1,2,\cdots,P$ ； $k = 1,2,\cdots,T/P$ 。

由 T 颗卫星组成的 Walker-δ 星座，选取不同的 P 和 F ，对应不同形状的星座。可组成的星座类型总数等于 T 颗卫星所有因子的总和。例如，6 颗卫星可以组成 21 种 Walker-δ 星座、42 颗卫星可以组成 60 种 Walker-δ 星座等。图 7.1 给出了 $(T/P)/F = (12/3)/2$ 构型的 Walker-δ 星座示意图。

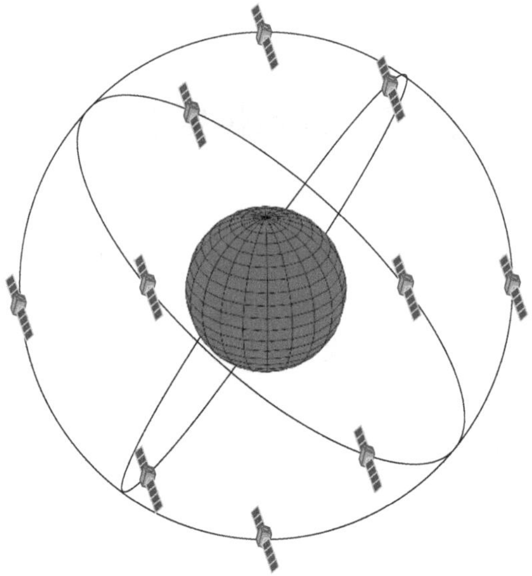

图 7.1　Walker−δ 星座示意图

2. MEO/GEO 星座模型

MEO/GEO 星座的数学描述包括两部分：首先，由 MEO 星座组成的 Walker− δ 星座构型用总卫星数 T 、轨道面个数 P 、相位因子 F 、轨道高度 h 、倾角 i 、升交点赤经 Ω 、相位角 u 七个变量完全描述；其次，GEO 卫星的星下点是地球赤道上的一个点，通过卫星数目和各卫星对应的地理经度来描述。

3. IGSO/GEO 星座模型

考虑到星座对目标区域覆盖的均匀性和连续性，通常采用具有相同星下点轨迹并且均匀分布的 IGSO 卫星组成一个 IGSO 子星座。利用 IGSO 卫星交点的地理经度、相位角 u_0 及格林尼治时间，能够求得 IGSO 星座的升交点赤经 Ω_0 。对 S 颗 IGSO 卫星组成的 IGSO 子星座，第 j 颗 IGSO 卫星的升交点赤经和相位为

$$\Omega_j = \Omega_0 + \frac{2j\pi}{S} \tag{7.3}$$

$$u_j = u_0 - \frac{2j\pi}{S} \tag{7.4}$$

式中， $j = 1,2,\cdots,S-1$ 。因此 IGSO/GEO 星座可通过卫星数、倾角和地理经度描述。

7.2.2　星座构型的设计

星座的几何构型决定了星座的综合性能。在确定星座构型设计的性能指标和边界条件时，不仅要考虑单一的覆盖性能，还应考虑系统的工作性能。例如，导航星座要考虑精度、连续性、可用性等约束，宽带多媒体通信星座要考虑频率共享约束。星座构型设计是要设计出满足任务约束且性能最优的构型参数，通常通过选取合适的目标函数和约束函数，建立能够准确描述问题、符合优化规则的优化模型，然后采用合适的优化算法进行求解。

7.2.2.1　星座构型设计的性能指标

星座构型设计过程中的主要性能指标包括覆盖性能、工作性能、星间链路几何性能以及运行与维持性能。首先，覆盖性能所涉及的指标主要有间歇式覆盖星座中的重访时间、响应时间等，无间断连续覆盖星座中的覆盖重数、仰角等。工作性能主要有导航星座的导航精度、宽带多媒体通信系统的频率共享约束、天基雷达星座的多基地雷达特性（隐身目标探测性能、地杂波抑制性能、定位精度等）。星间链路几何性能主要包括可见性分析、任意两星链路特性（链路距离、链路指向变化、节点相对速度等）、连通性分析以及永久链路数目。此外，减少星座整个运行阶段维持代价也是星座设计需要完成的目标之一，故星座的运行与维持性能主要包括容错性能、稳定性能、维持代价和可扩展性。

针对星座的构型设计，需要选择用户关心的性能指标，并将其作为目标函数或主要约束条件。同时，在优化设计过程中，需在目标函数与约束条件之间进行权衡，从而达到综合考虑计算代价和计算复杂度的目的。

7.2.2.2　星座构型设计的优化模型

星座设计优化问题本身非常复杂，首先需要对该问题进行建模。多目标星座优化问题可描述为

$$\begin{aligned} &\min \boldsymbol{f}(\boldsymbol{x})=[f_1(\boldsymbol{x}),f_2(\boldsymbol{x}),\cdots,f_m(\boldsymbol{x})]^{\mathrm{T}} \\ &\text{s.t.}\quad \boldsymbol{g}(\boldsymbol{x})<\boldsymbol{0} \\ &\qquad\ \ \boldsymbol{h}(\boldsymbol{x})=\boldsymbol{0} \end{aligned} \tag{7.5}$$

式中，$\boldsymbol{x}$ 为设计变量所构成的向量；$\boldsymbol{f}$，$\boldsymbol{g}$，$\boldsymbol{h}$ 分别为目标函数、不等式约束和等式约束。

在星座设计中，$\boldsymbol{x}$ 的各个分量 $x_1,x_2,\cdots,x_n$ 分别对应星座构型设计参数，如卫星数目 N、轨道高度 h、轨道倾角 i、升交点赤经 Ω、升交点角距 u 等。对

于不同的星座构型，根据其描述模型选择相应的设计参数集。

目标函数 f 一般为星座的某一重要性能，且能体现星座成本的卫星数目/轨道高度或量的加权组合。目标函数的构成没有固定模式，需要对具体问题进行分析。不等式约束 $\boldsymbol{g}$ 和等式约束 $\boldsymbol{h}$ 对星座的设计空间进行限制，将其划分为可行域与不可行域。约束也是由星座的性能指标或固有的边界条件所构成的。星座设计中的约束条件复杂，而且是多类别、多层次的。因此，星座设计问题是一个多目标、多约束的复杂优化设计问题。

7.2.2.3 星座构型选择与设计实例

为了说明星座构型设计过程，下面以三星玫瑰星座构型对地面固定目标 P（经度 123.468°，纬度 25.735°）的观测任务为例，介绍星座构型的优化设计过程。

首先，需要确定设计参数 $\boldsymbol{x}$。星座设计的第一步是确定星座的几何结构，使之能够最佳地完成所要求的任务。设计参数主要有星座的卫星数量、卫星轨道平面数量、轨道高度、卫星轨道平面倾角、卫星轨道偏心率、不同轨道平面相对间隔、每一个轨道平面卫星数、同一轨道平面内卫星相对相位、相邻轨道平面卫星相对相位、每颗卫星轨道高度（或轨道周期）等。

针对卫星轨道高度的选择，也需要考虑多方面的因素。常用的星座轨道高度选择范围为 500～2 000 km 和 5 000～15 000 km 的两个空间段。高度低于 500 km，卫星会受大气阻力影响，导致消耗的燃料太多，且原子腐蚀比较严重；如果高度介于 2 000～5 000 km，卫星会受到范・艾伦辐射带的影响，因此对卫星提出更高的抗辐射要求，从而增加卫星重量和设计的复杂性。另外，卫星轨道越高，单颗卫星覆盖的范围越大，星座所需的卫星数量就越少，但代价是通信的自由路径衰减也越大。综合考虑，这里选择 3 颗卫星构成星座，每颗卫星的轨道均选为轨道高度高于 500 km 且不高于 800 km 的圆轨道。表 7.1 列出了轨道参数的具体取值范围。

表 7.1　轨道参数的具体取值范围

轨道参数	符号	取值范围	注释
卫星数目	N	3	
轨道高度/km	h	[500，800]	3 颗卫星参数一致
偏心率	e	0	取圆轨道
轨道倾角/（°）	i	[0，80]	3 颗卫星参数一致

续表

轨道参数	符号	取值范围	注释
升交点赤经/(°)	Ω	[0，360]	超过 360°则取模
近地点幅角/(°)	ω	[0，360]	3 颗卫星参数可以不同
真近点角/(°)	θ	0	均设置为从 0°开始

根据上述星座卫星轨道选择，星座系统的约束条件为

$$\begin{aligned}
&\max J = f(x) = \sum\nolimits_1^3 \Delta t_i \\
&\text{s.t.}\quad R_e \leqslant a_k = a_{k+1} \leqslant 800 + R_e,\quad k = 1,2 \\
&\qquad e_m = 0,\qquad\qquad\qquad m = 1,2,3 \\
&\qquad 0 \leqslant i_n = i_{n+1} \leqslant 90^\circ,\qquad n = 1,2 \\
&\qquad \Omega_{s+1} - \Omega_s = 120^\circ,\qquad s = 1,2
\end{aligned} \tag{7.6}$$

式(7.6)说明星座中的 3 颗卫星的轨道均选为圆轨道，即轨道偏心率为 0。相邻两卫星之间的升交点赤经相差 120°，3 颗卫星具有相同的轨道倾角，即

$$a_1 = a_2 = a_3 \tag{7.7}$$

$$e_1 = e_2 = e_3 \tag{7.8}$$

$$i_1 = i_2 = i_3 \tag{7.9}$$

$$\Omega_2 = \Omega_1 + 120^\circ,\ \Omega_3 = \Omega_1 + 240^\circ \tag{7.10}$$

通过前面的分析，可以知道玫瑰星座具有良好的覆盖性能，因此这里采用玫瑰星座来实现对地面某一目标观测的星座设计。在设计全球连续覆盖星座时，可以不考虑地球的旋转，首先分析一下卫星与地面观测点的几何关系。

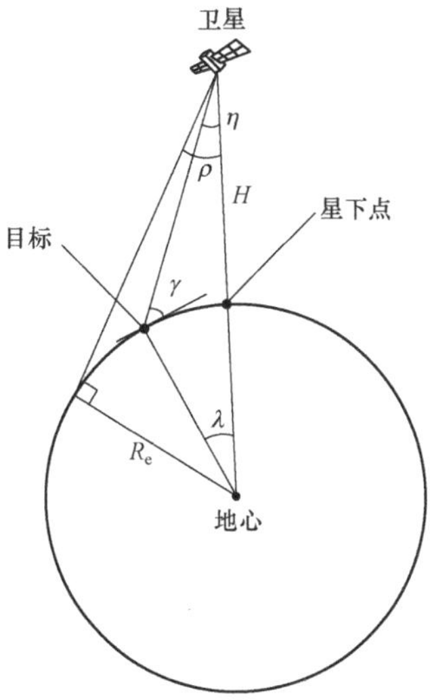

图 7.2　单颗卫星对地观测的几何关系

图 7.2 所示为单颗卫星对地观测的几何关系，由于其对称性，选取一侧进行分析，其中 η 是卫星的星下点(即天底)至目标位置的张角，称为卫星天底角(即星下点与目标位置对卫星的张角)；λ 是星下点至目标位置相对于地心的张角，称为地心角；γ 为目标位置对卫星的仰角，它是在目标位置测量的卫星与当地地平线

之间的夹角，ρ 是卫星与地球切线与卫星与地球连线的夹角，这里认为切点的位置即为卫星可观测到的最远目标。考虑卫星、地面目标、地心之间的角度关系可以得到

$$\sin(\rho)=\frac{R_e}{R_e+H} \tag{7.11}$$

$$\sin(\eta)=\sin(\rho)\cos(\gamma) \tag{7.12}$$

当 $\rho>\eta$ 时，可以认为卫星可以观察到目标，记观测时长，同时注意到，此时的 λ 的取值范围为 $-\pi/2\sim\pi/2$。

通常选取的表述星座对目标区域覆盖性能的指标有总覆盖时间、覆盖百分比、覆盖次数、平均覆盖时间、最大覆盖间隔、平均覆盖间隔等。地面点从某一时刻起直到另一时刻能连续被星座中至少一颗卫星覆盖称为一次覆盖，两次连续覆盖的间隙称为覆盖间隔。总覆盖时间是整个仿真周期（即回归周期）内各次覆盖时间的总和，一般小于各卫星在仿真周期内对该点的覆盖时间之和；总覆盖时间与仿真周期的比值即覆盖百分比；星座对地面点各次覆盖时间的均值即为平均覆盖时间；各次覆盖间隔的均值为平均覆盖间隔；各次覆盖间隔的最大值为最大覆盖间隔。这些指标分别从不同角度反映覆盖特性，具体应用中对不同指标会有不同的要求。

本例选取对于特定的地面目标的覆盖总时间作为衡量星座覆盖性能的参数。通过求解星座总覆盖时间，用优化算法求解出总覆盖时间最长的星座参数，得到 3 颗卫星可实现的、对目标的最佳观测效果，见表 7.2。

表 7.2　优化结果

编号	轨道高度/km	轨道倾角/（°）	升交点赤经/（°）	近地点幅角/（°）
轨道 1	800	37.37	355.36	52.32
轨道 2	800	37.37	115.36	64.20
轨道 3	800	37.37	235.36	207.48

下面对以上的优化进行覆盖性能分析。根据优化目标，每个时刻至少有一颗卫星观测到目标即视为达到要求。利用表 7.2 的结果，星座对目标 P（经度 123.468°，纬度 25.735°）的总覆盖时长如图 7.3 所示，其中每颗卫星对目标 P 的观测时间如图 7.4 所示，线段表示该时刻该卫星可观测到的目标点。图 7.5 为在每个时刻可观测到目标 P 的卫星数目。

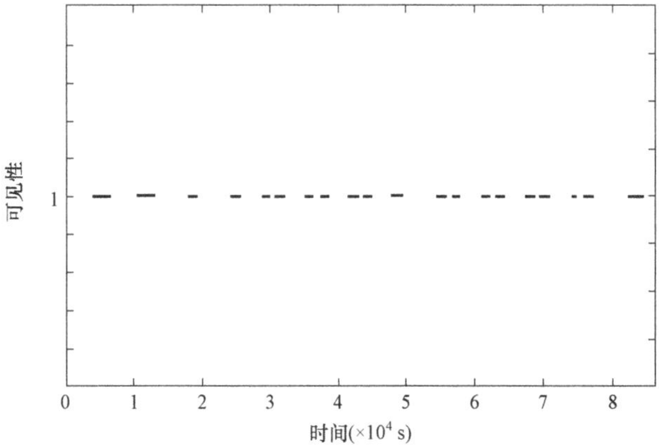

图 7.3　星座对目标 P 的总覆盖时长

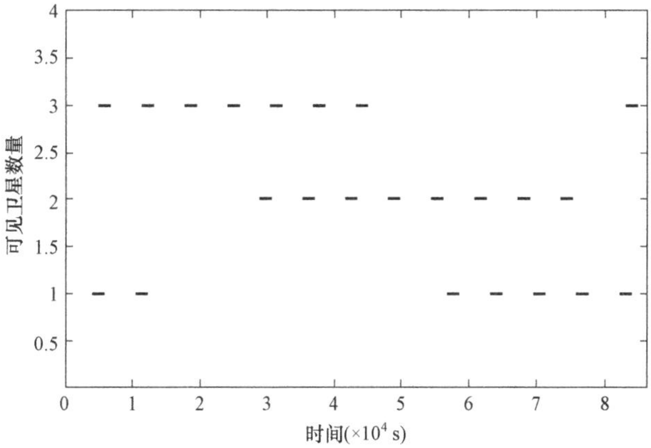

图 7.4　每颗卫星对目标 P 的观测时间

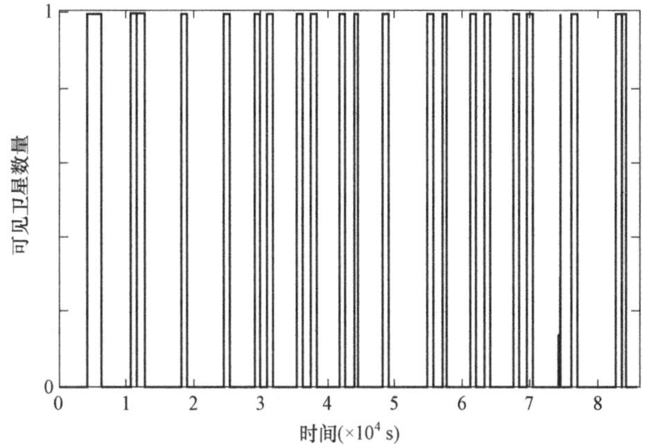

图 7.5　在每个时刻可观测到目标 P 的卫星数目

从图 7.3～图 7.5 中可以看出，该三星星座实现了对目标的短间隔覆盖，且在能够观测到目标的任意时刻，只有 1 颗卫星可以观测到目标。

| 7.3 星座构型的保持与重构 |

7.3.1 星座构型的稳定性分析

7.3.1.1 星座构型长期演化分析

星座构型的漂移源于轨道的初始偏差和摄动力的共同影响。本节主要关注摄动作用对星座构型的长期演化效应。

研究摄动对星座构型的影响时必须将星座作为一个整体来考虑，而不能独立考虑各颗卫星。下面以 MEO 星座为例，考虑的主要摄动力包括地球非球形引力摄动、第三体引力摄动、光压摄动，其中地球模型为 EGM96（21×21），光压系数为 1.0，假设卫星的受晒面质比为 0.02 m^2/kg。图 7.6 给出了 24 颗卫星均匀分布在 3 个轨道面上的 Walker−δ 星座在摄动影响下的构型演化情况，其中轨道高度为 21 500 km，倾角为 55°。

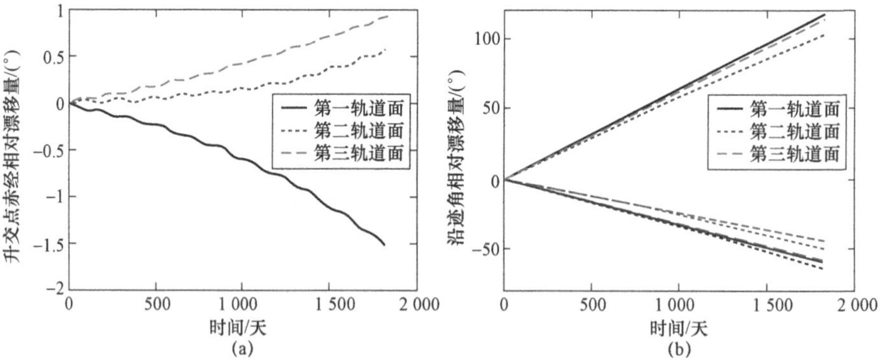

图 7.6 摄动下星座构型演化分析

（a）升交点赤经相对漂移；（b）相位角相对漂移

通过上述分析可以知道，对于星座整体而言，摄动对星座构型的影响主要是卫星之间的升交点赤经和相位角变化。单颗卫星的升交点赤经和相位角的漂移量反映摄动对卫星轨道的长期影响，而星座中卫星之间升交点赤经和相位角的相对漂移量反映卫星之间位置的相对变化情况。

设第 j 颗卫星在升交点赤经和相位角上的绝对漂移量分别为 $\Delta\Omega_j$ 和 Δu_j，则由 N 颗卫星组成的星座的升交点和相位角的共同平均漂移量分别为

$$\Delta\Omega=\sum_{j=1}^{N}\frac{\Delta\Omega_j}{N},\quad \Delta u=\sum_{j=1}^{N}\frac{\Delta u_j}{N} \tag{7.13}$$

通过将标称星座在升交点赤经和相位角方向上分别转动 $\Delta\Omega$ 和 Δu，得到卫星相对于变换后标称星座的升交点赤经和相位角漂移量分别为

$$\Delta\Omega_j'=\Delta\Omega_j-\Delta\Omega,\quad \Delta u_j'=\Delta u_j-\Delta u \tag{7.14}$$

式（7.14）定义了星座构型状态的相对漂移量。对于全球覆盖均匀星座，用卫星的相对漂移量来表征星座构型稳定性更加方便。

摄动力的长期作用使轨道半长轴发生变化，进而导致卫星之间的相位发生改变，使星座结构偏离初始标称构型。如果不进行星座构型保持控制，星座构型不再稳定，会导致相应的性能受到很大的影响。

在满足星座最低性能要求的情况下，所有卫星能够偏离标称轨道的绝对漂移量或相对漂移量的最大值为星座构型的最大容许漂移量。若所有卫星的绝对漂移量或者相对漂移量小于最大容许漂移量，则认为星座构型是稳定的；反之，则认为星座构型受到破坏，需执行构型保持修正。

7.3.1.2　星座构型最大容许漂移

星座卫星在升交点赤经和沿航迹方向的最大容许漂移量是判别星座构型是否已经破坏的评价指标。星座构型最大容许漂移量的确定是衡量星座构型破坏是否影响星座性能的有效途径，也是星座构型保持控制策略得以有效实施的关键。

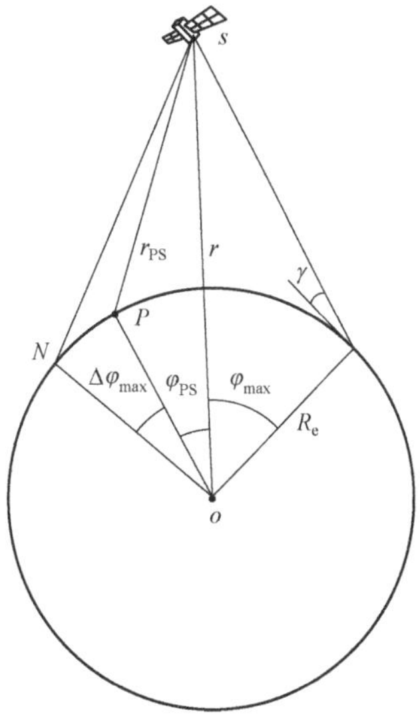

图 7.7　卫星对地覆盖示意图

卫星 S 可以实现对地面点 P 的覆盖，那么点 P 离卫星的对地覆盖区域边缘的地心角为 φ_{max}，如图 7.7 所示。

由余弦定理可得

$$|PS|^2=|OP|^2+|OS|^2-2|OP|\cdot|OS|\cos\varphi_{ps} \tag{7.15}$$

故地面点 P 与卫星间的地心角为

$$\varphi_{PS} = \arccos\frac{R_e^2 + r^2 - r_{PS}}{2R_e r} \tag{7.16}$$

设卫星可见的地面最小仰角为 γ，则卫星覆盖区域的最大地心角为

$$\varphi_{max} = \arccos\frac{R_e \cos\gamma}{r} - \gamma \tag{7.17}$$

得到覆盖区域地心角的最大容许偏差为

$$\Delta\varphi_{max} = \varphi_{max} - \varphi_{PS} \tag{7.18}$$

图 7.8 为卫星对地观测覆盖区域最大容许漂移边界示意图，其中点 P 为对地观测目标，实心圆为卫星以点 P 为中心可观测到最大区域，此时实心圆也即卫星观测边界。点 A 为卫星在轨道上的星下点位置。假设点 B，C 分别为由相位角 u 和近地点幅角 $\boldsymbol{\Omega}$ 漂移所导致卫星星下点偏移到原来覆盖区域边界。

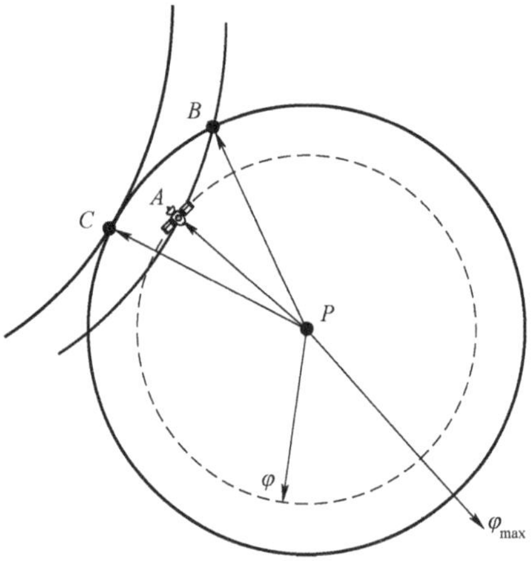

图 7.8　卫星对地观测覆盖区域最大容许漂移边界示意图

假设卫星在点 A，B，C 的轨道根数分别为

$$\begin{aligned} \boldsymbol{E}_A &= [a \quad 0 \quad i \quad \Omega \quad u]^{\mathrm{T}} \\ \boldsymbol{E}_B &= [a \quad 0 \quad i \quad \Omega \quad u+\varepsilon_u]^{\mathrm{T}} \\ \boldsymbol{E}_C &= [a \quad 0 \quad i \quad \Omega+\varepsilon_\Omega \quad u]^{\mathrm{T}} \end{aligned} \tag{7.19}$$

目标点 P 的位置矢量为

$$\boldsymbol{X}_P = [x_P \quad y_P \quad z_P]^{\mathrm{T}} \tag{7.20}$$

由点 B，C 的状态矢量可以直接求得其位置状态矢量为

$$\boldsymbol{X}_B=\begin{bmatrix}x_B\\y_B\\z_B\end{bmatrix}=\begin{bmatrix}\cos(u+\varepsilon_u)\cos\Omega-\sin(u+\varepsilon_u)\sin\Omega\cos i\\\cos(u+\varepsilon_u)\sin\Omega+\sin(u+\varepsilon_u)\cos\Omega\cos i\\\sin(u+\varepsilon_u)\sin i\end{bmatrix}\bullet a \tag{7.21}$$

$$\boldsymbol{X}_C=\begin{bmatrix}x_C\\y_C\\z_C\end{bmatrix}=\begin{bmatrix}\cos u\cos(\Omega+\varepsilon_\Omega)-\sin u\sin(\Omega+\varepsilon_\Omega)\cos i\\\cos u\sin(\Omega+\varepsilon_\Omega)+\sin u\cos(\Omega+\varepsilon_\Omega)\cos i\\\sin u\sin i\end{bmatrix}\bullet a \tag{7.22}$$

故可计算得到 B 和 C 的地心角分别为

$$\cos\varphi_{\max}=\frac{\boldsymbol{X}_B\bullet\boldsymbol{X}_P}{|\boldsymbol{X}_B||\boldsymbol{X}_P|},\quad \cos\varphi_{\max}=\frac{\boldsymbol{X}_C\bullet\boldsymbol{X}_P}{|\boldsymbol{X}_C||\boldsymbol{X}_P|} \tag{7.23}$$

设初始时刻已知地面目标 P 的经度 α 和纬度 δ，进而得到地心固连坐标系下的位置坐标：

$$\begin{cases}x_g=R_e\cos\delta\cos\alpha\\y_g=R_e\cos\delta\sin\alpha,\quad \delta\in[-\pi/2,\pi/2],\alpha\in[-\pi,\pi]\\z_g=R_e\sin\delta\end{cases} \tag{7.24}$$

则任意时刻 t 地面目标 P 在地心惯性坐标系中的位置为

$$\begin{bmatrix}x_P\\y_P\\z_P\end{bmatrix}=\boldsymbol{R}_z(-\omega_e t)\begin{bmatrix}x_g\\y_g\\z_g\end{bmatrix}=\begin{bmatrix}\cos(\omega_e t)&-\sin(\omega_e t)&0\\\sin(\omega_e t)&\cos(\omega_e t)&0\\0&0&1\end{bmatrix}\begin{bmatrix}R_e\cos\delta\cos\alpha\\R_e\cos\delta\sin\alpha\\R_e\sin\delta\end{bmatrix} \tag{7.25}$$

将式（7.21）、式（7.22）和式（7.25）代入式（7.23）得到

$$\begin{aligned}R_e\cos\varphi_{\max}=&[\cos(u+\varepsilon_u)\cos\Omega-\sin(u+\varepsilon_u)\sin\Omega\cos i]x_P+\\&[\cos(u+\varepsilon_u)\sin\Omega+\sin(u+\varepsilon_u)\cos\Omega\cos i]y_P+\\&[\sin(u+\varepsilon_u)\sin i]z_P\end{aligned} \tag{7.26}$$

$$\begin{aligned}R_e\cos\varphi_{\max}=&[\cos u\cos(\Omega+\varepsilon_\Omega)-\sin u\sin(\Omega+\varepsilon_\Omega)\cos i]\,x_P+\\&[\cos u\sin(\Omega+\varepsilon_\Omega)+\sin u\cos(\Omega+\varepsilon_\Omega)\cos i]\,y_P+\\&[\sin u\sin i]\,z_P\end{aligned} \tag{7.27}$$

式中，R_e，$\varphi_{\max}$，u，Ω，i，x_P，y_P，z_P 为已知量，由上述方程可以解得最大漂移量 ε_u 和 ε_Ω。

考虑星座中卫星存在相位角偏差 Δu 和升交点赤经偏差 $\Delta\Omega$，而轨道半长轴、偏心率、倾角的偏差都为零。针对给定地面点 P，相位角和升交点赤经的容许漂移量分别为 ε_u 和 ε_Ω，如图 7.9 所示。

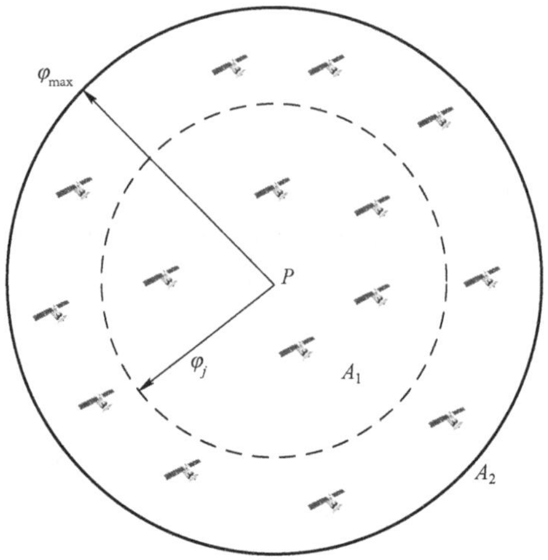

图 7.9　地面点可见卫星分布示意图

在满足最小仰角 γ 的前提下，目标区域的所有可视卫星数目为 N。计算卫星 S_j 与地面点的地心角为 φ_j，则卫星 S_j 与地面点的地心角最大容许漂移量为

$$\Delta\varphi_{j,\max} = \varphi_{\max} - \varphi_j, \quad j = 1,2,\cdots,N \tag{7.28}$$

若星座设计的对地覆盖性能要求为覆盖重数 $N \geqslant N_{\min}$，则点 P 的 N 颗可见卫星与地面点地心角最大容许漂移中最大的 $N_{\min}$ 颗卫星将处于 A_1 区域，而较小的 $N - N_{\min}$ 颗卫星处于 A_2 区域。记区域 A_1 中 $N_{\min}$ 颗卫星与地面点地心角的最大容许偏差的最小值

$$\Delta\varphi'_{\max} = \min(\Delta\varphi_{j,\max}), \quad j = 1,2,\cdots,N_{\min} \tag{7.29}$$

为星座在该时刻对地面点的地心角的最大容许漂移量。利用式（7.26）和式（7.27）可得到区域 A_1 中 $N_{\min}$ 颗卫星针对地面点 P 在相位角容许漂移量 ε_u 和升交点赤经的容许漂移量 ε_Ω，从而可以知道星座相对于点 P 的最大容许漂移量为

$$\begin{aligned} \varepsilon_u &= \min(\varepsilon_{u,j}), \quad j = 1,2,\cdots,N_{\min} \\ \varepsilon_\Omega &= \min(\varepsilon_{\Omega,j}), \quad j = 1,2,\cdots,N_{\min} \end{aligned} \tag{7.30}$$

考虑对一个目标区域的覆盖，可将目标区域按照经纬度分成 $k_1 \times k_2$ 个地面点，这样可以计算得到星座对目标区域的最大容许漂移量为

$$\begin{aligned} \varepsilon_{u,k} &= \min(\varepsilon_{u,k,j}), \quad j = 1,2,\cdots,N_{\min}, \ k = 1,2,\cdots,k_1k_2 \\ \varepsilon_{\Omega,k} &= \min(\varepsilon_{\Omega,k,j}), \quad j = 1,2,\cdots,N_{\min}, \ k = 1,2,\cdots,k_1k_2 \end{aligned} \tag{7.31}$$

设星座覆盖重访周期为 T，仿真步数为 n，则仿真步长为 $h = T/n$。统计一个轨道周期内 n 个时刻星座对目标区域点的最大容许漂移量，可得到星座对地

覆盖性能的最大容许漂移量为

$$\begin{aligned} \varepsilon_{u,k,n} &= \min(\varepsilon_{u,k,j}) \\ \varepsilon_{\Omega,k,n} &= \min(\varepsilon_{\Omega,k,j}) \end{aligned} \tag{7.32}$$

式中，$j = 1,2,\cdots,N_{\min}$；$k = 1,2,\cdots,k_1k_2$；$n = 0,1,2,\cdots,(T/h)-1$。

星座构型最大容许漂移量受到轨道高度、卫星数目、卫星布局等因素的影响。总的来看，星座构型最大容许漂移量具有以下特性：①若卫星数目一定，随着轨道高度的增大，不同卫星之间重叠区域增大，星座构型容许偏差增大；②若保持轨道高度一定，卫星数目越大，则容许漂移量越大；③具有相同数目和轨道高度的星座，卫星的空间分布也会对最大容许漂移量产生一定影响。一般来说，星座构型最大容许漂移量越大，构型稳定时间越长，则星座在任务周期内的控制次数也就越少。

7.3.2　星座构型的保持控制

星座构型保持控制的目标是维持星座系统内卫星之间的相对位置。构型保持控制是实现星座构型稳定、确保星座性能满足任务需求的关键。轨道摄动作用和星座初始状态偏差是需要执行构型保持控制的两个主要原因。

与单颗卫星的轨道控制相比，星座构型控制的状态变量会大量增加。星座构型控制任务要求将星座中的所有卫星作为一个整体来考虑，控制过程中要考虑降低控制对星座性能的影响、降低燃料消耗量、保证燃料消耗的均衡性等因素，并且满足对星座构型的适应性和鲁棒性要求。因此，设计的星座构型保持控制策略应该遵守下面的任务需求。①同时控制的卫星数目应该保证星座对目标区域服务性能的稳定性和连续性，特别是对于重点目标区域。②星座构型保持控制应该保证各卫星燃料消耗的一致性。③星座构型保持控制应该使卫星推进剂消耗尽量低。④星座构型保持控制过程中应该保证卫星轨道修正对星座性能的影响最小。⑤星座构型保持控制应该优先对破坏最严重的卫星位置漂移进行修正。接下来将对星座构型控制通常采用的分段离散序列控制策略进行介绍。

7.3.2.1　星座构型的分段离散序列控制策略

分段离散序列控制策略的基本过程：①将星座中所有卫星按照漂移量大小排成一个离散序列；②对每一颗卫星分配一个位置保持控制的时间段，每个时间段只操作一个卫星；③将完成一次所有卫星的位置保持的总时间区间记为一个星座构型保持控制周期；④在星座运行期间，设置若干个构型保持控制周期来进行星座保持与控制。

分段离散序列控制策略中每一颗卫星对应的控制时间段需包括轨道控制时间 t_C、卫星重新恢复服务所需的时间 t_R 和到下一序列机动时刻的等待时间 t_B。因此，基于卫星漂移量大小，可给出 N 颗星座构型保持控制的分段离散序列控制策略示意图，如图 7.10 所示，其中，t_k 为序列 k 机动时刻，$k=0,\cdots,N-1$；t_N 为构型保持控制周期；t_{kC} 为序列 k 的轨道控制所需时间；t_{kR} 为序列 k 恢复正常工作运转所需时间；t_{kB} 为序列 k 完成轨道维持后到下一序列机动时刻的等待时间。

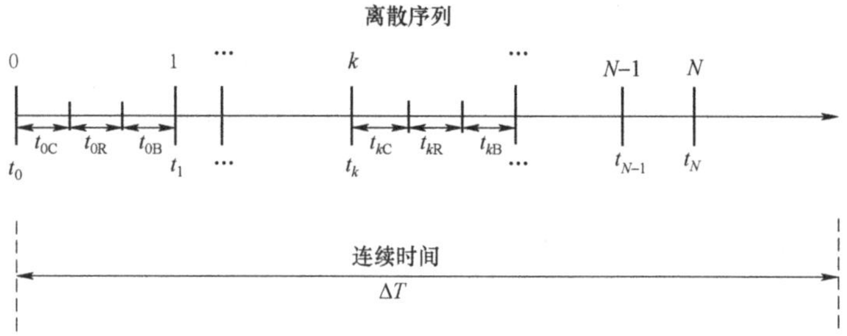

图 7.10　分段离散序列控制策略示意图

显然，星座构型保持控制每一次机动序列的时间间隔为

$$t_{k+1}-t_k=t_{kC}+t_{kR}+t_{kB},\ k=0,\cdots,N-1 \tag{7.33}$$

一个星座构型保持控制周期为

$$\Delta T=\sum_{k=0}^{N-1}\left(t_{k+1}-t_k\right) \tag{7.34}$$

综上，基于分段离散序列控制策略的星座构型保持控制过程如下：首先，考虑星座任务、卫星状态、燃料消耗量及均衡消耗、星座构型控制对星座性能的影响等因素，建立星座构型保持控制的离散序列；其次，通过判别离散序列中每一颗卫星状态漂移量 $\Delta\boldsymbol{x}=[\Delta u,\Delta\Omega]^{\mathrm{T}}$，来确定是否需要执行保持控制；最后，针对需要控制的卫星，执行轨道控制机动，并且完成姿态控制、有效载荷启动等来使卫星恢复正常状态以继续运转。

7.3.2.2　星座构型保持轨道参数偏置控制

对摄动力作用下的星座构型长期保持问题，采用轨道参数偏置的摄动补偿是一种非常有效的策略。

这里以地球扁状摄动 J_2 作用下的参数偏置方法进行说明。由第 3 章轨道摄动可知，地球扁状摄动 J_2 下

$$\dot{\Omega}=-\frac{3}{2}\cdot\frac{-nJ_2}{(1-e^2)^2}\cdot\left(\frac{R_e}{a}\right)^2\cos i \tag{7.35}$$

$$\dot{\omega}=-\frac{3}{2}\cdot\frac{nJ_2}{(1-e^2)^2}\cdot\left(\frac{R_e}{a}\right)^2\left(\frac{5}{2}\sin^2 i-2\right) \tag{7.36}$$

$$\dot{M}=\sqrt{\frac{\mu}{a^3}}-\dot{M}_{J_2} \tag{7.37}$$

式中

$$\dot{M}_{J_2}=\frac{3}{2}\cdot\frac{nJ_2}{(1-e^2)^{\frac{3}{2}}}\cdot\left(\frac{R_e}{a}\right)^2\cdot\left(\frac{3}{2}\sin^2 i-1\right) \tag{7.38}$$

若卫星存在参数偏差 $(\Delta a,\Delta e,\Delta i,\Delta\Omega,\Delta\omega,\Delta M)$，将参数偏差代入式（7.35）～式（7.37），可得到参数偏差对升交点赤经、近地点幅角和平近点角的补偿项：

$$\Delta\dot{\Omega}=-\frac{7\dot{\Omega}}{2a}\Delta a-\frac{\dot{\Omega}\sin i}{\cos i}\Delta i+\frac{4ae\dot{\Omega}}{p}\Delta e \tag{7.39}$$

$$\Delta\dot{\omega}=-\frac{7\dot{\omega}}{2a}\Delta a-\frac{15}{4}\cdot\frac{J_2R_e^2}{p^2}n\sin 2i\cdot\Delta i+\frac{4ae\dot{\omega}}{p}\Delta e \tag{7.40}$$

$$\Delta\dot{M}=\left(-\frac{3n}{2a}-\frac{7\dot{M}_{J_2}}{2a}\right)\Delta a-\frac{9}{4}\cdot\frac{J_2R_e^2}{p^2}n\sqrt{1-e^2}\sin 2i\cdot\Delta i+\frac{3ae\dot{M}_{J_2}}{p}\Delta e \tag{7.41}$$

对卫星纬度幅角（迹向角）$u=M+\omega$，有

$$\Delta\dot{u}=\Delta\dot{M}+\Delta\dot{\omega} \tag{7.42}$$

且对圆轨道，满足 $e=0$。将式（7.40）和式（7.41）代入式（7.42），并结合式（7.39），可得到下面的矩阵形式：

$$\begin{bmatrix}\Delta\dot{\Omega}\\ \Delta\dot{u}\end{bmatrix}=\boldsymbol{A}\begin{bmatrix}\Delta a\\ \Delta i\end{bmatrix} \tag{7.43}$$

式中

$$\boldsymbol{A}=\begin{bmatrix}-\frac{7\dot{\Omega}}{2a} & -\frac{\dot{\Omega}\sin i}{\cos i}\\ -\frac{3n}{2a}-\frac{7\dot{u}}{2a} & -\frac{6J_2R_e^2}{a^2}n\sin 2i\end{bmatrix} \tag{7.44}$$

式中，$\dot{u}=\dot{\omega}+\dot{M}_{J_2}$。

影响星座构型的主要参数是卫星轨道升交点赤经偏差 $\Delta\Omega$ 和相位角偏差 Δu 的长期变化，满足

$$\begin{bmatrix}\Delta\Omega\\ \Delta u\end{bmatrix}=\begin{bmatrix}\Delta\dot{\Omega}\\ \Delta\dot{u}\end{bmatrix}\Delta t \tag{7.45}$$

给定星座构型保持控制段周期为 ΔT，相位角和升交点赤经的控制量分别是 Δu 和 $\Delta\Omega$，则

$$\begin{bmatrix}\Delta\dot{\Omega}\\ \Delta\dot{u}\end{bmatrix}=\begin{bmatrix}\Delta\Omega/\Delta T\\ \Delta u/\Delta T\end{bmatrix} \tag{7.46}$$

将式（7.46）代入式（7.43），得到轨道根数的偏置量：

$$\begin{bmatrix}\Delta a\\ \Delta i\end{bmatrix}=\boldsymbol{A}^{-1}\begin{bmatrix}\Delta\Omega/\Delta T\\ \Delta u/\Delta T\end{bmatrix} \tag{7.47}$$

下面以 N 颗卫星组成的 Walker−δ 星座为例对该策略进行详细阐述。对于由 N 颗卫星组成的 Walker−δ 星座，按照等时间间隔分布执行分段离散序列控制策略，则有

$$\Delta t=t_{k+1}-t_k=\frac{\Delta T}{N} \tag{7.48}$$

图 7.11 为等时间间隔控制策略下星座构型相位保持策略示意图。

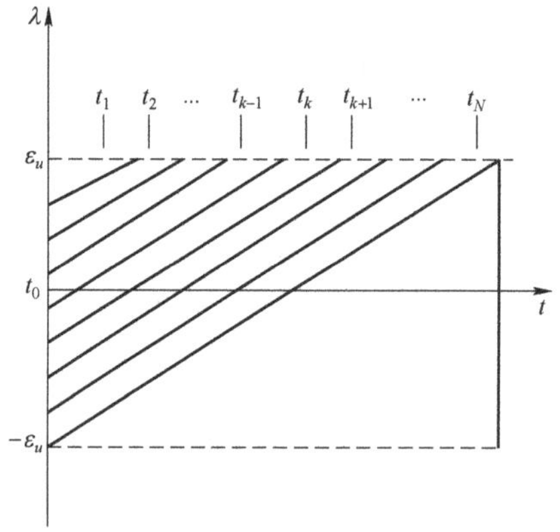

图 7.11　等时间间隔控制策略下星座构型相位保持策略示意图

ε_u 和 ε_Ω 是由式（7.32）给出的最大容许漂移量。为了实现星座构型保持控制的等时间间隔性，卫星之间的初始相位角偏差也必须在相位角容许漂移范围 $[-\varepsilon_u,\varepsilon_u]$ 内均匀分布。令

$$\Delta u=\frac{2\varepsilon_u}{N} \tag{7.49}$$

则星座中的第 k 颗卫星的初始相位角偏差为

$$\Delta u_k = -\varepsilon_u + k\Delta u = -\varepsilon_u + \frac{2k\varepsilon_u}{N},\quad k = 0,1,\cdots,N-1 \tag{7.50}$$

则在容许漂移量约束下，相位角的长期变化率为

$$\Delta \dot{u} = \frac{2\varepsilon_u}{\Delta T} \tag{7.51}$$

由式（7.43）可知，相位角的长期变化需要的轨道半长轴偏置量为

$$\Delta a = \frac{2a\Delta \dot{u}}{3n + 7\dot{u}} \tag{7.52}$$

式（7.52）给出了卫星半长轴的主动偏置量。然而，轨道半长轴偏置会导致升交点赤经的长期变化：

$$\Delta \dot{\Omega} = -\frac{7\dot{\Omega}}{2a}\Delta a = \frac{14\dot{\Omega}\varepsilon_u}{3n + 7\dot{u}} \cdot \frac{1}{\Delta T} \tag{7.53}$$

若半长轴偏置导致的漂移处于容许漂移范围内，即 $\Delta\dot{\Omega} \cdot \Delta T \leqslant \varepsilon_{\Omega}$，则不需要进行轨道倾角偏置，也即 $\Delta i = 0$；若 $\Delta\dot{\Omega} \cdot \Delta T > \varepsilon_{\Omega}$，则需要同时执行轨道半长轴和倾角的偏置控制，偏置量由式（7.43）给出：

$$\begin{bmatrix} \Delta a \\ \Delta i \end{bmatrix} = \boldsymbol{A}^{-1} \begin{bmatrix} \dfrac{2\varepsilon_{\Omega}}{\Delta T} \\ \dfrac{2\varepsilon_u}{\Delta T} \end{bmatrix} \tag{7.54}$$

通过轨道半长轴和倾角漂移量的协调控制可以实现星座构型保持控制。利用分段离散序列控制策略对星座构型进行优化之后，星座构型保持控制序列在每个控制时间段内是等时间间隔均匀分布的。

7.3.2.3　星座构型保持控制的脉冲控制

7.3.2.2 节讨论了星座保持所需轨道半长轴和倾角的偏置控制量，本节进一步分析偏置控制量的脉冲实现。轨道半长轴和轨道倾角分为轨道面内和轨道面外控制，所对应的脉冲实现也不相同。基于第 3 章的高斯型轨道摄动方程，对圆轨道的轨道半长轴改变可采用切向脉冲控制，对轨道倾角改变可采用轨道面外的法向脉冲控制。下面讨论具体的脉冲控制施加方式。

1. 星座构型轨道面内的脉冲控制

对于圆轨道卫星，轨道半长轴的设计值为 a。由式（7.52）确定轨道半长轴的修正量为 Δa。若采用切向脉冲控制，由高斯型轨道摄动方程在轨道坐标系下轨道半长轴的改变量满足

$$\Delta a=\frac{2a}{V}\Delta V_T \tag{7.55}$$

式中，$V=\sqrt{\mu/a}$ 是圆轨道的速度；ΔV_T 是所需的切向脉冲。

通过式（7.55）给出的一次脉冲机动不能保证轨道满足圆轨道约束，因此卫星轨道半长轴的控制需要两个切向脉冲来完成。利用霍曼转移理论容易得到，第一个速度增量的位置 θ_1 可以任选。位置选定后速度增量的大小 ΔV_1 以及第二个速度增量的位置 θ_2 和大小 ΔV_2 都完全确定，表达式如下：

$$\begin{cases}\Delta V_1=\Delta V_2=\dfrac{V}{4a}\Delta a\\ \theta_2=\theta_1+\pi\end{cases} \tag{7.56}$$

2. 星座构型轨道面外的脉冲控制

由高斯型轨道摄动方程，对轨道面的控制需要施加垂直于轨道面方向的脉冲控制 ΔV_n。对于圆轨道卫星，在轨道坐标系下升交点赤经和轨道倾角的轨道摄动方程为

$$\begin{cases}\Delta\Omega=\dfrac{a\sin u}{\sin i\cdot\sqrt{\mu a}}\Delta V_n=\dfrac{\sin u}{V\sin i}\Delta V_n\\ \Delta i=\dfrac{a\cos u}{\sqrt{\mu a}}\Delta V_n=\dfrac{\cos u}{V}\Delta V_n\end{cases} \tag{7.57}$$

式中，$u=\theta+\omega$ 为控制施加时刻卫星的纬度幅角；ΔV_n 为沿轨道面法向的控制脉冲增量；$V=\sqrt{\mu/a}$ 为圆轨道速度。可以明显看出，当 $u=0$ 或者 $u=\pi$ 的时候，轨道面法向的控制速度增量对升交点赤经的影响为 0，而对轨道倾角的控制效果达到最大。因此，对于轨道倾角漂移量在升交点（或者降交点）施加一个速度脉冲就可以高效达到目的，速度增量的大小为

$$\begin{cases}\Delta V_n=V\Delta i\\ u=0\end{cases}\quad 或\quad \begin{cases}\Delta V_n=-V\Delta i\\ u=\pi\end{cases} \tag{7.58}$$

7.3.3 星座构型的重构

在星座存在失效卫星，并且不存在备份卫星，而发射卫星来替换故障卫星又难以实现的情况下，就需要对星座进行星座性能和重构成本分析，以决定是否有必要对星座构型进行重构。在重构代价允许的情况下，通过星座构型重构来最大限度地提高星座性能甚至修复是很有意义的。针对星座任务需求和性能要求，星座构型重构控制必须考虑燃料消耗、重构时间、性能修复能力等多约

束条件的限制。

7.3.3.1　卫星失效模式与星座重构策略

根据失效卫星相位的相邻度，可以将星座构型失效模式分为相邻相位模式和非相邻相位模式两种。对于实际星座任务，如果不是遭受突发非预知因素的影响，同时存在多颗卫星失效的情况是不多见的。因此通常只考虑存在两颗失效卫星的情况，如图 7.12 所示。

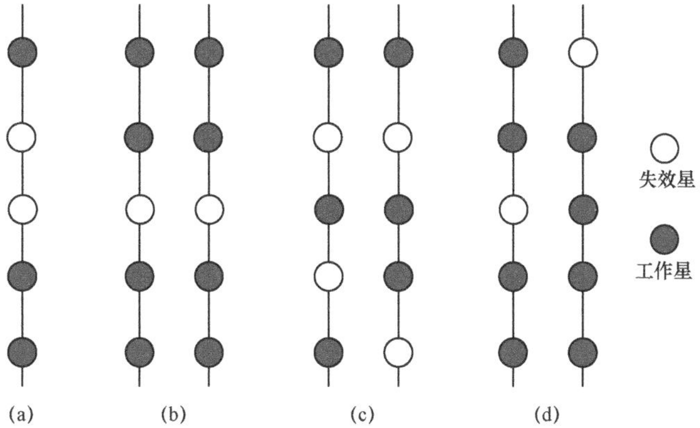

图 7.12　星座构型失效模式

（a）相邻相位模式，同轨道面；（b）相邻相位模式，异轨道面；
（c）非相邻相位模式，同轨道面；（d）非相邻相位模式，异轨道面

对于 Walker-δ 星座，单颗失效卫星位置对于星座整体的全球性能并无影响，但对区域目标的性能影响较大。对于回归轨道星座，单颗失效卫星所处轨道面与用户之间的关系将会对星座的区域性能产生一定影响。对于存在两颗失效卫星的情况，卫星的相对位置也会影响星座性能，并且不同星座构型对星座性能的影响也是不同的。

对于轨道面内存在失效卫星的星座重构控制，基于总推进剂的消耗、总重构时间和性能修复强度考虑星座构型轨道面之间重构控制所需推进剂与时间的约束，通常采用相邻卫星重构策略和轨道面内卫星均匀相位重构策略，此外还存在针对星座系统的整体重构策略。

相邻卫星重构策略是指通过重新分配失效卫星一颗或两颗相邻卫星的位置来提高星座性能，如图 7.13 所示。

均匀相位重构策略是指通过重构失效卫星所在轨道面内的所有卫星来提高星座性能。

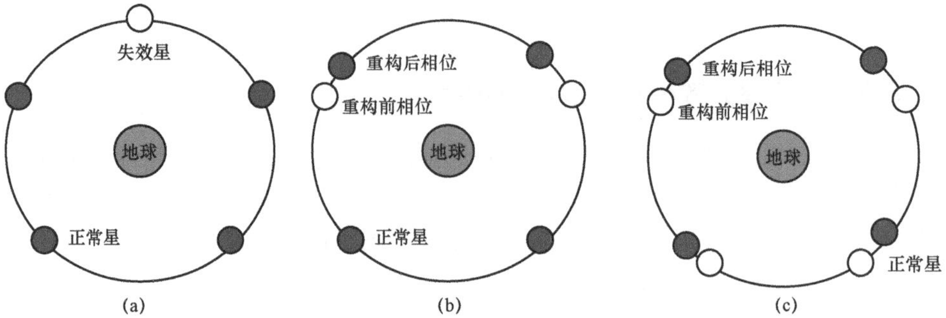

图 7.13　相邻卫星重构策略

（a）重构前；（b）相邻重构后；（c）均匀重构后

整体重构策略主要是利用两个相邻异面轨道上的剩余有效卫星，协同调整轨道以实现对卫星导航系统的性能恢复。为了节省燃料，在此策略中卫星变轨是在各自轨道平面内做面内相位调整。但由于单个轨道面上的卫星较少，需不同轨道面上的剩余有效卫星协同调整，从而实现导航系统性能恢复，如图 7.14 所示。

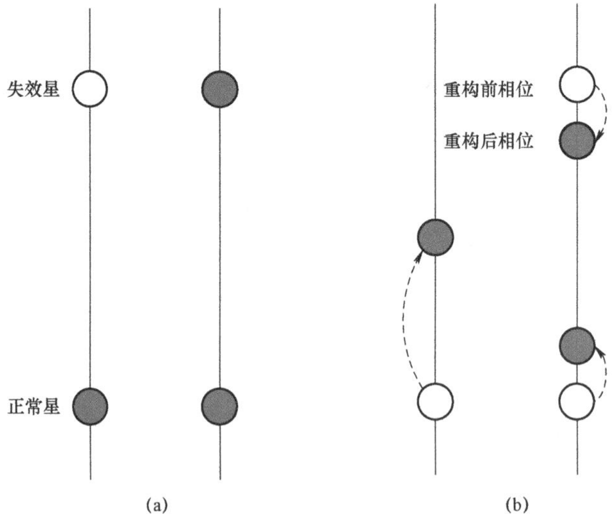

图 7.14　整体重构策略

（a）重构前；（b）重构后

7.3.3.2　星座重构机动策略

由于在轨卫星机动能力受限，一般星座性能突发受损进行重构时仅需考虑平面调相重构策略。卫星在轨道平面内进行相位调整时，初始相位与目标相位存在相位超前和相位滞后两种情况。结合 4.3.3 节的调相轨道机动利用过渡椭圆轨道实现相位超前或相位滞后调整，如图 7.15、图 7.16 所示。

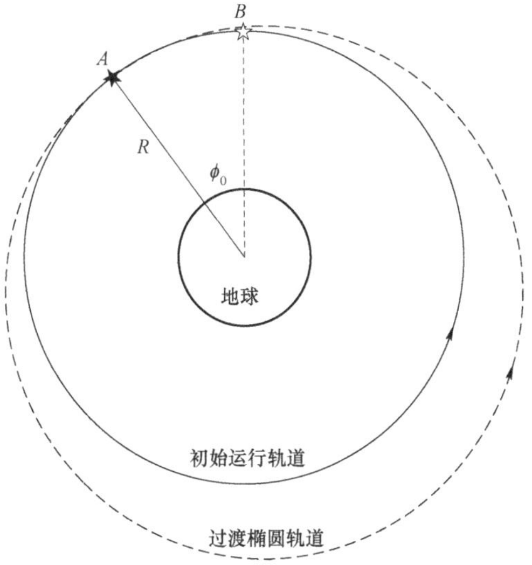

图 7.15　卫星相位超前调整

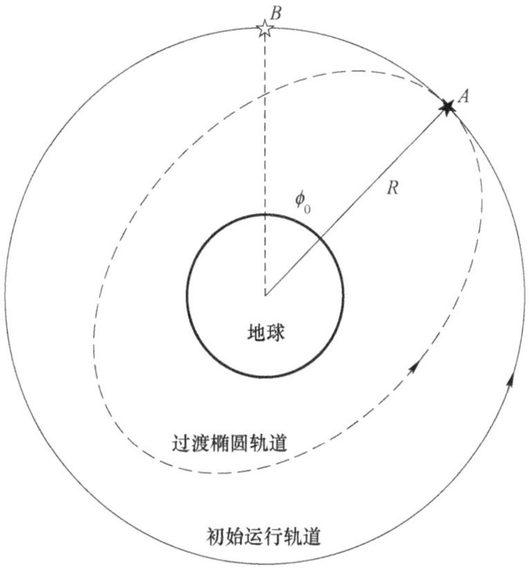

图 7.16　卫星相位滞后调整

利用过渡椭圆轨道调整卫星轨道相位，首先需要知道过渡椭圆轨道的半长轴，其具体计算公式为

$$a_t = \sqrt[3]{\mu\left(\frac{2\pi+\phi_0}{2\pi\omega_1}\right)} \tag{7.59}$$

式中，ϕ_0 为待调相位角；ω_1 为目标相位点的轨道角速度，可由目标相位点的轨道半长轴直接求得

$$\omega_1 = \frac{2\pi}{T_1} = \sqrt{\frac{\mu}{a_1^3}} \tag{7.60}$$

求得过渡轨道的半长轴 a_t 以后，可根据简单的二体轨道动力学理论求得卫星在变轨前的速度 V_1 和变轨点后的速度 V_t。从而可以求得卫星在变轨点脱离初始运行轨道时施加的脉冲大小 ΔV_1，卫星在变轨点重回初始运行轨道时施加的脉冲 ΔV_1 与 ΔV_2 大小相同、方向相反：

$$\Delta V_1 = \Delta V_2 = |V_1 - V_t| \tag{7.61}$$

该卫星在轨道平面内进行相位调整的总时间即为过渡轨道的轨道周期：

$$T = 2\pi\sqrt{\frac{a^3}{\mu}} \tag{7.62}$$

7.4 星座的应用

星座的概念自 1945 年被提出之后，由于其巨大的技术优势与广阔的应用场景而受到了普遍关注。星座在导航和通信方面具有不可替代的优势，因此星座系统的应用和技术研究主要集中在导航与通信领域。此外，随着通信系统、侦察系统、预警系统、监视系统向空间发展的趋势不断增强，对信息时效性、全球性、连续性的要求越来越高，单颗卫星难以满足这些要求，因而就产生了对于星座系统的需求。

据不完全统计，截至 2020 年，在轨星座已经多达 60 个，主要包括卫星导航星座（如 GPS、GLONASS、Galileo、北斗系统等）、通信星座（如 Iridium、Globalstar、Odyssey、ICO、Ellipso、Skybridge 等）、地球观测星座（如国防气象卫星计划（DMSP）、高分辨率雷达卫星（COSMO-SkyMed）、电视红外观测卫星（TIROSN）、地球静止环境卫星（GOES）等）以及其他科学探测星座等。随着先进微纳卫星技术的发展，单颗卫星的发射成本大幅下降，这也将推动大

规模星座的发展和应用。

7.4.1　区域导航星座

卫星导航定位系统无论是对于军用还是对于民用，都是富有价值的天基信息系统。卫星导航定位系统已逐渐形成一个巨大的新兴产业，是一个综合现代高技术的天基信息系统，可以说它是一个典型的高投入、高产出的基础设施。美国的 GPS 耗资 120 多亿美元，从方案到建成前后历时近 20 年，俄罗斯的 GLONASS 也耗资 30 多亿美元，但其目前在轨工作的卫星数量不到当初星座设计时的 1/2。这样一个周期长、投资大、意义重大的基础设施建设，必须综合考虑国家当前的技术、经济实力和现实需求。因此，很多国家在发展卫星导航系统时，都首先考虑建设区域导航星座。

日本、印度等国家导航都在发展各自的区域导航星座。日本发展卫星导航区域覆盖系统名为准天顶导航卫星系统（QZSS）；印度发展的卫星导航区域覆盖系统名为印度区域导航卫星系统（IRNSS）；中国的导航系统北斗一号系统与北斗二号系统也都属于典型的区域导航星座。

1. 日本区域导航星座

QZSS 是日本正在建设的天基导航增强系统，其依赖于 GPS，是一个对 GPS 补充和增强的系统，也是日本建设自主区域导航卫星系统的第一步。日本的 QZSS 第一阶段包括 3 颗倾斜同步轨道卫星和 1 颗地球同步轨道卫星，目前已经完成 4 颗卫星的部署。第二阶段，建设由 4 颗“准天顶”卫星和 3 颗静止轨道卫星（共 7 颗卫星）组成的区域导航卫星系统。3 颗倾斜同步轨道卫星半长轴为 42 164 km，偏心率为 0.099，倾角为 45°，升交点赤经相差 120°。QZSS 功能主要有 GPS 补充、GPS 精度增强、告警服务等。

2. 印度区域导航星座

IRNSS 由 7 颗位于地球静止轨道和地球同步轨道的卫星、地面控制段以及用户段组成，预计覆盖印度及周边 1 500 km 以内区域，提供优于 20 m 的定位精度。IRNSS 建设按照最初的设想，将分为两个阶段：第一阶段，建设由 7 颗卫星组成的 IRNSS，覆盖印度及其周边约 1 500 km 的范围；第二阶段，以 IRNSS 为基础，发展印度版全球卫星导航系统，即完成 IRNSS 的部署后，再发射约 10 颗卫星，最终形成由 16～18 颗卫星组成的印度全球卫星导航系统。

IRNSS 的设计要求以最少的卫星数量，实现对印度及周边地区的最佳覆盖。为此，印度空间研究组织设计了由 7 颗卫星组成的 IRNSS 空间段，包括 3

颗地球静止轨道卫星和 4 颗倾斜地球同步轨道卫星。3 颗地球静止轨道卫星分别定位于东经 34°、东经 83° 和东经 132°。4 颗倾斜地球同步轨道卫星部署在两个轨道面，轨道倾角均为 29°，升交点赤经分别为 55° 和 111°，地面轨迹在赤道两侧对称分布，实现了印度本土区域内对 7 颗 IRNSS 卫星的连续可见。

3. 中国北斗系统

北斗系统是中国着眼于国家安全和经济社会发展需要，自主建设、独立运行的卫星导航系统，是为全球用户提供全天候、全天时、高精度的定位、导航和授时服务的国家重要空间基础设施。

北斗系统的建设分为三个阶段进行：2000 年年底，建成北斗一号系统，向中国提供服务；2012 年年底，建成北斗二号系统，向亚太地区提供服务；2020 年年底，建成北斗三号系统，向全球提供服务。北斗一号系统与北斗二号系统都属于区域卫星导航系统，北斗三号系统属于全球卫星导航系统。

第一阶段，中国先后发射了 4 颗北斗一号导航卫星（后两颗为备份），它们运行在经度相距 60° 的地球静止轨道，从而建成了世界首个有源区域卫星导航系统。该系统不仅可提供区域导航定位，还能进行双向数字报文通信和精密授时，特别适合需要导航与移动数据通信相结合的用户使用。北斗一号系统的服务范围为中国，定位精度为 20 m，授时精度为 100 ns。

第二阶段，中国陆续发射了 16 颗北斗二号导航卫星，最终建成了由 14 颗北斗二号导航卫星（5 颗地球静止轨道卫星 + 5 颗倾斜地球同步轨道卫星 + 4 颗中圆轨道卫星）组成的、采用无源卫星导航方式与有源卫星导航方式相结合的区域卫星导航系统。北斗二号系统服务范围为亚太地区，定位精度为 10 m，测速精度为 0.2 m/s，授时精度为 50 ns。

第三阶段，中国已发射 35 颗北斗三号导航卫星（5 颗地球静止轨道卫星+3 颗倾斜地球同步轨道卫星+27 颗中圆轨道卫星），建成采用无源导航方式与有源导航方式相结合的全球卫星导航系统，其服务范围为全球，定位精度为 2.5～5 m，测速精度为 0.2 m/s，授时精度为 20 ns，每次短信字数也有所增加。它为民用用户免费提供约 10 m 精度的定位服务、0.2 m/s 精度的测速服务，并且将为付费用户提供更高精度等级的服务。随着北斗系统地基增强系统提供初始服务，它还可提供米级、亚米级、分米级，甚至厘米级的服务，北斗系统的定位精度将与美国的 GPS 相媲美。

7.4.2 覆盖观测星座

根据报告，2016—2025 年全球预计将发射 419 颗对地观测卫星。美国特拉贝拉公司已发射了 7 颗 100 kg 级别的 0.9 m 分辨率卫星；美国行星公司建立“鸽群”（DOVE）星座。中国已于 2022 年完成海南星座的部署，对小到各省管辖海域、大到全球赤道上的特定海区，都可以执行大范围、快速、按需观测任务，为海洋航运、岛礁监控、渔业信息服务、海上事故搜救等需求提供空间数据支持。

DOVE 星座系统是由美国“行星”公司发射部署的微纳卫星成像系统，该星座总计由 132 颗体积为 3 U①、质量为 5 kg 的小卫星组成。根据其运载工具的不同，DOVE 主要分布在两类轨道上：空间站释放的高度为 420 km、轨道倾角为 52° 的轨道，总计 32 颗；运载火箭释放的高度为 475 km、倾角为 98° 的太阳同步轨道，总计 100 颗。DOVE 能获得较高分辨率（3 m）的图像，同时具有较高数据传输速率（200 MB/s），特别是 2017 年 2 月发射的 88 颗卫星组成的“鸽子”编队，首次实现了全球任何地点一天内重访观测，同时它的无动力星座维持技术也是独一无二的。

参 考 文 献

[1] 杨嘉墀. 航天器轨道动力学与控制 [M]. 北京：中国宇航出版社，2001.

[2] 项军华. 卫星星座构形控制与设计研究 [D]. 长沙：国防科学技术大学，2007.

[3] 范丽. 卫星星座一体化优化设计方法研究 [D]. 长沙：国防科学技术大学，2006.

[4] WALKER J G. Some circular orbit patterns providing continuous whole earth coverage[J]. Journal of the British Interplanetary Society, 1971, 24: 369–384.

[5] WALKER J G. Continuous whole-earth coverage by circular-orbit satellite patterns [R]. NASA STI/recon Technical Report N, 1977.

[6] 张育林. 卫星星座理论与设计 [M]. 北京：科学出版社，2008.

[7] 刘林. 航天器轨道理论 [M]. 北京：国防工业出版社，2000.

[8] 张艳. 基于星间观测的星座自主导航方法研究 [D]. 长沙：国防科学技术大学，2005.

[9] PARK C W. Coverage analysis in case of faults of some satellites in low earth

① U 为立方卫星单位，1 U = 10 cm × 10 cm × 10 cm。

orbit satellite constellations［C］// Small Satellite Conference. Utah，United States，1998.

［10］KELLEY C W. Transition to a 30 satellite GPS constellation［C］// Proceedings of the National Technical Meeting of the Institute of Navigation. Long Beach，CA，United States，1998.

［11］XIANG J H，ZHANG Y L. Design and simulation of autonomous fault diagnosis and reconfiguration control system for satellite constellation based on distributed control architecture［C］// International Symposium on Distributed Computing & Applications to Business. Hangzhou，China，2006.

［12］张雅声，张育林. 性能修复型星座快速重构方法研究［J］. 装备指挥技术学院学报，2005，16（4）：66-72.

［13］曾喻江. 基于遗传算法的卫星星座设计［D］. 武汉：华中科技大学，2007.

思考题

1. 星座设计的主要原则有哪些？针对不同的任务需求如何选择合适的星座构型？

2. 简述星座数量下可能的 Walker-δ 星座构型，并分析轨道面数量为 6 颗时的优势。

3. 思考未来星座可能会朝什么方向发展。

4. 思考影响星座构型最大容许漂移的关键因素。

5. 思考星座保持与单星轨道维持的异同。

第 8 章 深空探测轨道设计

深空探测轨道设计是深空探测任务设计与规划的关键问题之一，也是进行深空探测任务轨道详细设计的基础。8.1 节介绍了深空探测轨道设计中的基本概念，包括深空探测中的会合周期、引力影响球与圆锥曲线拼接法及双曲线逃逸和捕获轨道等；8.2 节介绍了深空探测中的借力飞行，包括借力飞行的基本原理和基于多天体借力的深空探测轨道设计等；8.3 节介绍了限制性三体轨道动力学，包括三体系统及相关的轨道特性。

| 8.1　深空探测轨道设计中的基本概念 |

8.1.1　深空探测中的会合周期

在深空探测任务中，为保证探测器与目标天体相遇，须在探测器从地球轨道出发到达交会点时，目标天体也同时到达。不同天体的轨道几何形状及初始相位与地球不同，使探测器在不同时间从地球出发所需的速度增量也不同。当两天体处于某固定相对位置时，探测所需的速度增量较小，满足这种相对位置要求的时刻称为发射机会，这种发射机会的集合称为发射窗口，而两次出现发射窗口的时间间隔称为会合周期。

由于绕太阳运行的各天体轨道速度互不相同，越靠近太阳，天体运行周期越短。如果以第一次出现发射窗口为时间零点，随时间变化，两天体将以绕太阳旋转的角速度差 $\omega_1-\omega_2$ 做相对运动，两者间的角度变化量 θ 为

$$\theta=\left|\int_0^t(\omega_1-\omega_2)\mathrm{d}t\right| \tag{8.1}$$

当两天体间的角度变化量达到一圈（ $\theta=2\pi$ 或 $\theta=360°$ ）时，出现第二次发射机会。假设 ω_1 和 ω_2 都是常值，两天体的会合周期即为

$$T = \frac{2\pi}{|\omega_1 - \omega_2|} \tag{8.2}$$

式中，ω_1 和 ω_2 分别为两天体绕太阳运行的平均角速度。若以两天体绕太阳一圈所需的周期 T_1 和 T_2 替代 ω_1 和 ω_2，会合周期可表示为

$$T = \frac{T_1 T_2}{|T_1 - T_2|} \tag{8.3}$$

根据式（8.2），相对速度（$\omega_1 - \omega_2$）越小，会合周期越长。太阳系各大行星之间的会合周期见表 8.1，其中地球与金星和火星的会合周期较长，分别为 1.598 7 年和 2.135 4 年；地球与天王星、海王星等的会合周期约为 1 年，主要是因为天王星、海王星等行星的运行周期相对地球要长很多，在短时间内的相位改变有限。

表 8.1　太阳系各大行星之间的会合周期　　　　单位：年

行星	水星	金星	地球	火星	木星	土星	天王星
水星	—	—	—	—	—	—	—
金星	0.395 8	—	—	—	—	—	—
地球	0.317 3	1.598 7	—	—	—	—	—
火星	0.276 2	0.914 2	2.135 4	—	—	—	—
木星	0.245 8	0.648 8	1.092 0	2.235 0	—	—	—
土星	0.242 8	0.628 3	1.035 1	2.008 9	19.861 8	—	—
天王星	0.241 5	0.619 8	1.012 1	1.924 1	13.832 4	45.566 5	—
海王星	0.241 2	0.617 5	1.006 1	1.902 6	12.794 5	35.957 6	170.515 7

根据行星之间的会合周期，可估算出发射机会的时间间隔。但仅依据时间间隔对于发射机会的搜索是不够的，因为行星的运动还受到星历的约束，所以在搜索行星探测任务的发射机会时，还需要考虑行星某时刻对应的运行状态，即星历。

8.1.2 引力影响球与圆锥曲线拼接法

通常情况下，若要准确分析深空探测的轨道问题，则需要采用 n 体问题模型，即把空间有关的天体均视为引力源，在它们共同作用下研究探测器的运动。由于 $n(n \geqslant 3)$ 体问题目前尚无法得到一般形式的解析解，因此只能依靠数值方法来进行研究。为了便于分析，通常引入天体引力影响球的概念，并通过圆锥

曲线拼接法来开展深空探测轨道的初步设计。

在太阳系中，太阳作为主天体，其质量约为地球的 3.0×10^5 倍。根据万有引力定律，太阳对太阳系内的所有行星，包括探测器，都会产生引力作用，但由引力平方反比的性质可知，在行星附近，行星的引力将超过太阳。随着探测器与行星之间距离的增加，行星的引力作用快速减小，在某一距离行星与太阳的引力对探测器运动的影响程度相同，之后太阳的引力将占据主导，这个相对平衡的距离就是引力影响球半径。

为估算引力影响球半径，考察由天体 P_1、探测器 P_2 以及第三天体 P_3 组成的系统，它们的质量分别为 m_1，m_2 和 m_3，它们相对于惯性参考点 O 的几何关系如图 8.1 所示。

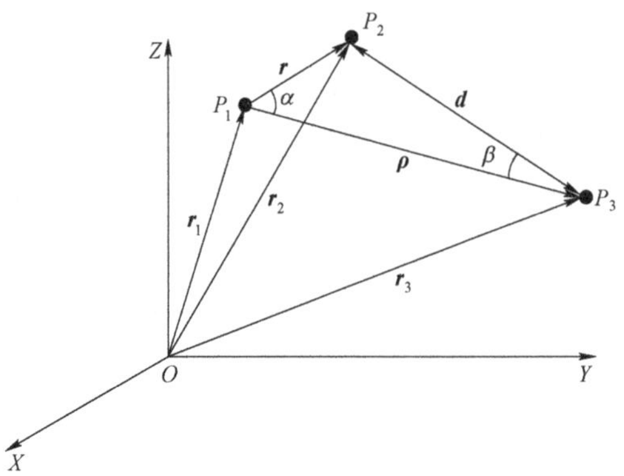

图 8.1　引力影响球半径估算的几何关系

在天体 P_1 和第三天体 P_3 的引力作用下，探测器 P_2 的运动方程可表示为

$$\ddot{\boldsymbol{r}}_2 = -G\left(\frac{m_1}{r^3}\boldsymbol{r} + \frac{m_3}{d^3}\boldsymbol{d}\right) \tag{8.4}$$

式中，$\boldsymbol{r} = \boldsymbol{r}_2 - \boldsymbol{r}_1$，$\boldsymbol{d} = \boldsymbol{r}_2 - \boldsymbol{r}_3$。探测器 P_2 的运动受天体 P_1 和第三天体 P_3 的影响，但探测器的质量 m_2 远小于第三天体 P_3 的质量 m_3，故可将探测器 P_2 的影响略去，得

$$\ddot{\boldsymbol{r}}_1 = G\frac{m_3}{\rho^3}\boldsymbol{\rho} \tag{8.5}$$

式中，$\boldsymbol{\rho} = \boldsymbol{r}_3 - \boldsymbol{r}_1$。

探测器 P_2 相对于天体 P_1 的运动方程可描述为

$$\ddot{\boldsymbol{r}} = \ddot{\boldsymbol{r}}_2 - \ddot{\boldsymbol{r}}_1 = -G\left[m_1\frac{\boldsymbol{r}}{r^3} + m_3\left(\frac{\boldsymbol{d}}{d^3} + \frac{\boldsymbol{\rho}}{\rho^3}\right)\right] \tag{8.6}$$

式中，天体 P_1 的引力 $\boldsymbol{F}_{P_1}$ 为 $Gm_1\dfrac{\boldsymbol{r}}{r^3}$，其模为 $Gm_1\dfrac{1}{r^2}$，而天体 P_3 的干扰力 $\boldsymbol{f}_{P_3}$ 为 $Gm_3\left(\dfrac{\boldsymbol{d}}{d^3}+\dfrac{\boldsymbol{\rho}}{\rho^3}\right)$，其模为

$$f_{P_3}=Gm_3\left[\left(\frac{\boldsymbol{d}}{d^3}+\frac{\boldsymbol{\rho}}{\rho^3}\right)\cdot\left(\frac{\boldsymbol{d}}{d^3}+\frac{\boldsymbol{\rho}}{\rho^3}\right)\right]^{1/2}=Gm_3\left(\frac{1}{d^4}+\frac{1}{\rho^4}+2\frac{\boldsymbol{d}\cdot\boldsymbol{\rho}}{d^3\rho^3}\right)^{1/2} \tag{8.7}$$

由图 8.1 可知

$$\boldsymbol{d}\cdot\boldsymbol{\rho}=-d\rho\cos\beta \tag{8.8}$$

由图 8.1 还可求得 $\rho=r\cos\alpha+d\cos\beta$，则

$$\rho\cos\beta=\frac{\rho-r\cos\alpha}{d} \tag{8.9}$$

由于探测器 P_2 绕天体 P_1 运动，而第三天体 P_3 是距离较远的干扰源，则有 $d\approx\rho$，因此

$$\cos\beta=\frac{\rho}{d}-\frac{r}{d}\cos\alpha\approx1-\frac{r}{\rho}\cos\alpha \tag{8.10}$$

由余弦定理 $d^2=\rho^2+r^2-2r\rho\cos\alpha$ 和 $d\approx\rho$，可得

$$\cos\alpha=\frac{\rho^2+r^2-d^2}{2r\rho}\approx\frac{r}{2\rho} \tag{8.11}$$

因此，第三天体 P_3 的干扰力可表示为

$$f_{P_3}=Gm_3\frac{r}{\rho^3} \tag{8.12}$$

天体 P_1 对探测器 P_2 的引力 F_{P_1} 与干扰力 f_{P_3} 之比为

$$\frac{F_{P_1}}{f_{P_3}}=\frac{m_1}{m_3}\cdot\left(\frac{\rho}{r}\right)^3 \tag{8.13}$$

同理，若将第三天体 P_3 视为中心引力体，而将天体 P_1 视为干扰源，则可求得探测器对应的运动方程为

$$\ddot{\boldsymbol{d}}=-G\left[m_3\frac{\boldsymbol{d}}{d^3}+m_1\left(\frac{\boldsymbol{r}}{r^3}-\frac{\boldsymbol{\rho}}{\rho^3}\right)\right] \tag{8.14}$$

经过上述类似的推导过程，并假设 r/ρ 的高次方项与 1 相比可略去，可得

$$\frac{F_{P_3}}{f_{P_1}}=\frac{m_3}{m_1}\cdot\left(\frac{r}{d}\right)^2\approx\frac{m_3}{m_1}\cdot\left(\frac{r}{\rho}\right)^2 \tag{8.15}$$

令式（8.13）和式（8.15）相等，则可求得

$$r_{\mathrm{L}} = \rho\left(\frac{m_1}{m_3}\right)^{2/5} \tag{8.16}$$

式中，r_{L} 是 P_1 和 P_3 影响相等的边界。当 r 小于 r_{L} 时，处于 P_1 的影响区域；而当 r 大于 r_{L} 时，则视为处于 P_3 的影响区域，由此公式可估算引力影响球的半径。

假设地球质量 $m_1 = 5.974\times10^{24}$ kg，太阳质量 $m_3 = 1.989\times10^{30}$ kg，地球与太阳间距离 $\rho = 1.496\times10^{8}$ km，则地球的引力影响球半径 r_{LE} 为

$$r_{\mathrm{LE}} = 1.496\times10^{8}\times\left(\frac{5.974\times10^{24}}{1.989\times10^{30}}\right)^{2/5}\ \mathrm{km} = 9.25\times10^{5}\ \mathrm{km} \tag{8.17}$$

在对行星际飞行轨道进行初步设计时，若探测器位于行星引力影响球范围之外，则可将其绕太阳的运动轨道简化为无摄动的开普勒轨道（即圆锥曲线），而在行星引力影响球之内时，则可认为探测器的运动均为以行星为中心的二体运动。由于行星间距离非常远，对于日心轨道而言，行星引力影响球可看作空间中的一个点。但从行星自身来看，引力影响球则非常大，远大于行星半径。

若利用引力影响球的概念分析探测器从地球至行星的轨道，则地球附近的运动可按以地球为中心引力场的二体问题处理。当获得的速度大于逃逸速度，探测器飞出地球引力影响球之后，则在以太阳为中心的引力场内运动，沿星际转移轨道飞向行星。探测器进入行星引力影响球之后开始减速，以满足行星为中心引力体的二体问题所要求的轨道速度运动。综上，探测器的飞行轨道被划分为三段，每段都有唯一的中心天体，每段轨道均为圆锥曲线，将不同的轨道段在行星引力影响球边缘处拼接，该方法称为圆锥曲线拼接法。圆锥曲线拼接法是星际转移轨道设计中的重要方法。

8.1.3 双曲线逃逸和双曲线捕获

8.1.3.1 双曲线逃逸

要从行星的引力场中逃离，探测器必须相对行星以双曲线轨道飞行，并且在到达行星引力影响球边界时，其相对于行星的速度 v_∞（双曲线剩余速度）大于零。若探测器以抛物线轨道向外飞行，则到达引力影响球边界时（$r=\infty$），其相对速度减为零。在这种情况下，探测器将和行星位于同一轨道，而无法进行星际转移，探测器双曲线行星逃逸的示意图如图 8.2 所示。

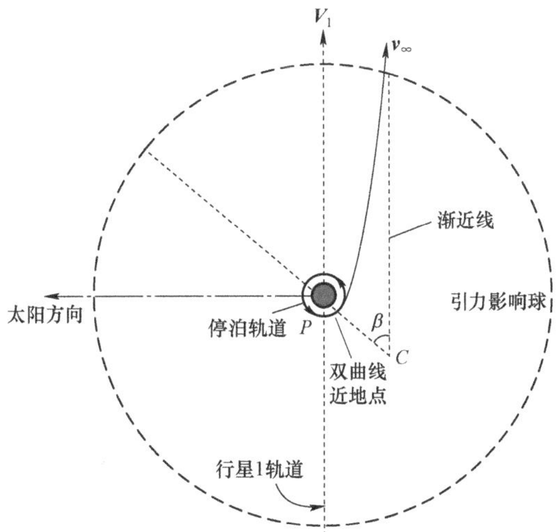

图 8.2　探测器双曲线行星逃逸的示意图

图 8.2 中，假设探测器由行星 1 出发，采用霍曼转移轨道进行星际转移。在穿越引力影响球时，探测器的日心速度 $\boldsymbol{V}_D$ 与出发双曲线轨道的渐近线以及行星的日心速度矢量 $\boldsymbol{V}_1$ 平行。对于霍曼转移，要使双曲线剩余速度尽可能小，则需要 $\boldsymbol{V}_D$ 与 $\boldsymbol{V}_1$ 方向相同，即

$$v_\infty = \sqrt{\frac{\mu_S}{R_1}} \cdot \left(\sqrt{\frac{2R_2}{R_1 + R_2}} - 1 \right) \tag{8.18}$$

假设探测器由圆形停泊轨道发射至某行星际轨道，而停泊轨道的半径与出发双曲线轨道的近地点半径相等，即

$$r_p = \frac{h^2}{\mu_1} \cdot \frac{1}{1+e} \tag{8.19}$$

式中，h 为出发双曲线轨道的角动量（相对于行星）；e 为双曲线轨道的偏心率；μ_1 为行星引力常数。另外

$$h = \frac{\mu_1 \sqrt{e^2 - 1}}{v_\infty} \tag{8.20}$$

将式（8.20）代入式（8.19），可得偏心率为

$$e = 1 + \frac{r_p v_\infty^2}{\mu_1} \tag{8.21}$$

代入式（8.20），可得关于角动量的表达式如下：

$$h = r_{\mathrm{p}}\sqrt{v_{\infty}^{2} + \frac{2\mu_{1}}{r_{\mathrm{p}}}} \tag{8.22}$$

双曲线轨道的剩余速度可由航天任务需求决定。当选定出发近地点 r_{p} 后，便可确定出发双曲线轨道的参数 e 和 h，由角动量可知近地点的速度为

$$v_{\mathrm{p}} = \frac{h}{r_{\mathrm{p}}} \cdot \sqrt{v_{\infty}^{2} + \frac{2\mu_{1}}{r_{\mathrm{p}}}} \tag{8.23}$$

圆形停泊轨道的速度为

$$v_{\mathrm{c}} = \sqrt{\frac{\mu_{1}}{r_{\mathrm{p}}}} \tag{8.24}$$

结合式（8.23），可以计算出将探测器送入双曲线出发轨道所需要的速度增量为

$$\Delta v = v_{\mathrm{p}} - v_{\mathrm{c}} = v_{\mathrm{c}}\left(\sqrt{2 + \left(\frac{v_{\infty}}{v_{\mathrm{c}}}\right)^{2}} - 1\right) \tag{8.25}$$

由于变轨的脉冲机动必须位于近地点处，因此可得

$$\beta = \arccos\left(\frac{1}{e}\right) = \arccos\left(\frac{1}{1 + \dfrac{r_{\mathrm{p}} v_{\infty}^{2}}{\mu_{1}}}\right) \tag{8.26}$$

式中，β 为双曲线的拱线相对于行星日心速度矢量的方位角。

双曲线轨道可沿穿过行星质心的轴线旋转，且与 $\boldsymbol{v}_{\infty}$ 相平行。沿轴线旋转，双曲线将形成一个旋转面，而此旋转面是所有可能出发双曲线轨道的集合。双曲线的近地点轨迹形成一个圆，对于给定的近地点半径 r_{p}，则所有可能进入出发双曲线轨道的点均位于此圆周上。该圆为顶点位于行星质心的锥面底部，其半径为 $r_{\mathrm{p}}\sin\beta$。

8.1.3.2　双曲线捕获

探测器到达目标行星时，将以相对于目标行星的双曲线剩余速度 v_{∞} 进入该目标行星的引力影响球。若探测器由内行星转移至外行星，如从地球到火星，则探测器日心到达速度 $\boldsymbol{V}_{\mathrm{A}}$ 要小于行星的速度 $\boldsymbol{V}_{2}$，如图 8.3 所示。探测器将从引力影响球的前侧穿过。若星际飞行采用霍曼转移，则 $\boldsymbol{V}_{\mathrm{A}}$ 和 $\boldsymbol{V}_{2}$ 平行，所以双曲线剩余速度 v_{∞} 的大小为

$$v_{\infty} = V_{2} - V_{\mathrm{A}} \tag{8.27}$$

若探测器是由外行星转移至内行星，如从地球到金星，则 $\boldsymbol{V}_{\mathrm{A}}$ 大于 $\boldsymbol{V}_2$，探测器将从引力影响球的后侧穿过，此时有

$$v_{\infty}=V_{\mathrm{A}}-V_2 \tag{8.28}$$

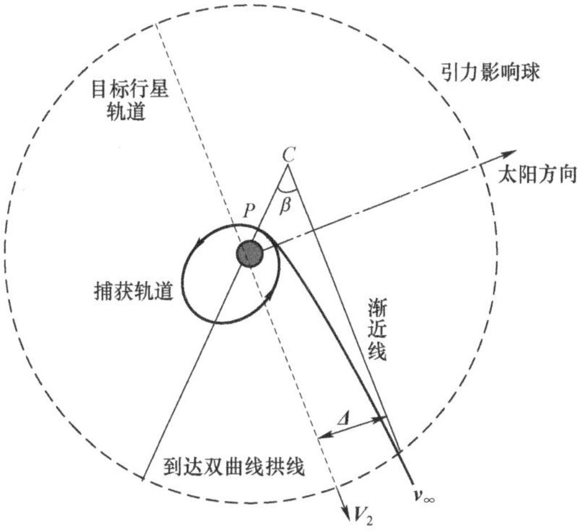

图 8.3 探测器双曲线行星捕获的示意图（内行星向外行星转移）

进入引力影响球之后的轨道可根据航天任务需求决定。如果目标是撞击行星或飞入大气，那么则需选择合适的双曲线轨道瞄准半径 $\varDelta$，使双曲线近地点 r_{p} 小于或等于行星半径；若目标是进入绕行星的轨道，则应该选择合适的 $\varDelta$，使双曲线的近地点 r_{p} 大于行星半径。

给定双曲线剩余速度 v_{∞} 及近地点半径 r_{p} 后，由式（8.21）可得到达双曲线的偏心率。

$$e=1+\frac{r_{\mathrm{p}}v_{\infty}^2}{\mu_2} \tag{8.29}$$

式中，μ_2 为行星的引力常数。双曲线轨道瞄准半径 $\varDelta$ 为

$$\varDelta=\frac{h^2}{\mu_2}\cdot\frac{1}{\sqrt{e^2-1}} \tag{8.30}$$

到达双曲线轨道相对于行星的角动量由式（8.22）可知为

$$h=r_{\mathrm{p}}\sqrt{v_{\infty}^2+\frac{2\mu_2}{r_{\mathrm{p}}}} \tag{8.31}$$

将式（8.29）和式（8.31）代入式（8.30），瞄准半径可通过近地点半径和双曲线剩余速度表示为

$$\varDelta = r_{\mathrm{p}}\sqrt{1+\frac{2\mu_2}{r_{\mathrm{p}}v_\infty^2}} \tag{8.32}$$

与出发双曲线类似，到达双曲线也并不位于唯一确定的平面内。同样，可由双曲线通过沿平行于 $\boldsymbol{v}_\infty$ 且过目标行星质心的轴线旋转得到达到双曲线的集合。假设探测器的目标捕获轨道为绕行星运行的偏心率为 e 的椭圆轨道，则需在近地点 P 处进行相应的脉冲机动。由式（8.23）可知，双曲线轨道近地点处的速度为

$$v_{\mathrm{p1}} = \sqrt{v_\infty^2+\frac{2\mu_2}{r_{\mathrm{p}}}} \tag{8.33}$$

目标捕获轨道近地点处的速度为

$$v_{\mathrm{p2}} = \sqrt{\frac{\mu_2(1+e)}{r_{\mathrm{p}}}} \tag{8.34}$$

因此，所需要的速度增量为

$$\Delta v = v_{\mathrm{p1}} - v_{\mathrm{p2}} = \sqrt{v_\infty^2+\frac{2\mu_2}{r_{\mathrm{p}}}} - \sqrt{\frac{\mu_2(1+e)}{r_{\mathrm{p}}}} \tag{8.35}$$

对于给定的 v_∞，Δv 由近心点半径 r_{p} 及偏心率 e 决定，轨道机动点位于目标捕获轨道的近心点。当目标捕获轨道为圆轨道时，所需速度增量 Δv 最大，但其随着偏心率 e 的增大而逐渐减小，直到 $\Delta v = 0$，即为飞越。为确定最优捕获半径，可将式（8.35）处理为无量纲形式，如

$$\frac{\Delta v}{v_\infty} = \sqrt{1+\frac{2}{\xi}} - \sqrt{\frac{1+e}{\xi}} \tag{8.36}$$

式中

$$\xi = \frac{r_{\mathrm{p}}v_\infty^2}{\mu_2} \tag{8.37}$$

对 $\Delta v/v_\infty$ 分别求关于 ξ 的一阶导数和二阶导数，可得

$$\frac{\mathrm{d}}{\mathrm{d}\xi}\cdot\frac{\Delta v}{v_\infty} = \left(-\frac{1}{\sqrt{\xi+2}}+\frac{\sqrt{1+e}}{2}\right)\cdot\frac{1}{\xi^{\frac{3}{2}}} \tag{8.38}$$

$$\frac{\mathrm{d}^2}{\mathrm{d}\xi^2}\cdot\frac{\Delta v}{v_\infty} = \left(\frac{2\xi+3}{(\xi+2)^{\frac{3}{2}}}-\frac{4}{3}\sqrt{1+e}\right)\cdot\frac{1}{\xi^{\frac{5}{2}}} \tag{8.39}$$

令一阶导数等于零，可求解得到

$$\xi = 2\cdot\frac{1-e}{1+e} \tag{8.40}$$

将此值代入式（8.39），可得

$$\frac{\mathrm{d}^2}{\mathrm{d}\xi^2}\cdot\frac{\Delta v}{v_\infty}=\frac{\sqrt{2}(1+e)^3}{64(1-e)^{\frac{3}{2}}} \tag{8.41}$$

当轨道为椭圆时，即 $0\leqslant e<1$，此表达式为正，说明 ξ 取式（8.40）所给出的值时，Δv 最小。因此，根据式（8.37），可得出燃料消耗最优的近地点半径为

$$r_{\mathrm{p}}=\frac{2\mu_2}{v_\infty^2}\cdot\frac{1-e}{1+e} \tag{8.42}$$

根据轨道特性

$$\frac{1-e}{1+e}=\frac{r_{\mathrm{p}}}{r_{\mathrm{a}}} \tag{8.43}$$

式中，r_{a} 为远地点半径。因此，由式（8.42）可知

$$r_{\mathrm{a}}=\frac{2\mu_2}{v_\infty^2} \tag{8.44}$$

从式（8.44）中可以看出，目标捕获椭圆轨道的远地点与偏心率无关，且等于最优圆轨道的半径。

将式（8.40）代入式（8.36），可得最小速度增量 Δv 为

$$\Delta v=v_\infty\sqrt{\frac{1-e}{2}} \tag{8.45}$$

最后，将最优的 r_{p} 代入，可得到 Δv 取最小值时的瞄准半径为

$$\Delta v=2\sqrt{2}\frac{\sqrt{1-e}}{1+e}\cdot\frac{\mu_2}{v_\infty^2}=\sqrt{\frac{2}{1-e}}r_{\mathrm{p}} \tag{8.46}$$

显然，当目标捕获轨道偏心率很大（$e\to 1$）时，最优的 Δv（及近地点高度）将显著减小。这里值得注意的是，最优 Δv 还受其他条件的制约，因此在选择时需要根据具体情况作出相应的调整。

8.2　深空探测中的借力飞行

8.2.1　借力飞行的基本原理

借力飞行通常是指探测器在某引力场内飞行时穿过（进入后，再次飞出）

另一个引力场（如在太阳引力场中飞行时穿过某行星的引力场）后，其飞行状态发生变化的过程，又称引力辅助转移。根据探测器与借力天体之间的飞行位置关系，借力飞行可分为前向飞越和后向飞越两种情况，如图 8.4 和图 8.5 所示。

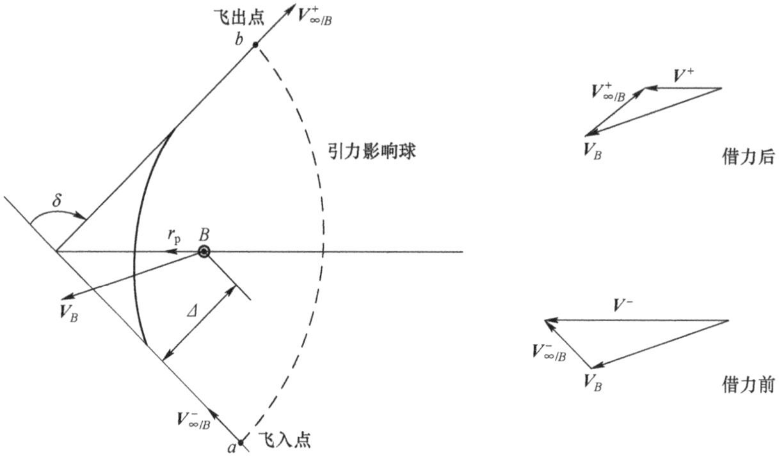

图 8.4　借力飞行的前向飞越

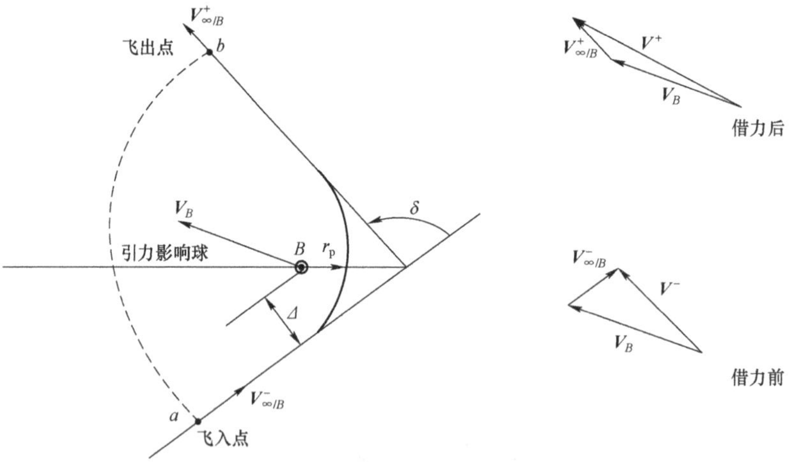

图 8.5　借力飞行的后向飞越

图 8.4 和图 8.5 中，B 为借力天体，它相对于中心天体的速度为 $\boldsymbol{V}_B$，探测器在进入天体 B 引力影响球前在中心引力体参考系中的速度为 $\boldsymbol{V}^-$，假设其在点 a 进入其引力影响球，进入引力影响球后探测器就将以 B 为中心引力体进行借力飞行。如图 8.4 和图 8.5 所示，构成了以天体 B 为中心引力体的二体系统，由此

求出探测器相对于天体 B 的速度。

在点 a 处的相对速度为

$$\boldsymbol{V}_{\infty/B}^{-}=\boldsymbol{V}^{-}-\boldsymbol{V}_{B} \tag{8.47}$$

式中，上标 – 表示探测器飞入引力影响球前；下标 ∞ 表示引力影响球的边界；$/B$ 表示相对于天体 B。当探测器进入天体 B 引力影响球后，仅考虑天体 B 的引力作用，从渐近线方向进入，然后按双曲线轨道运动，从对称的点 b 飞出引力影响球，回到原参考系。

根据二体轨道动力学基本理论，探测器在点 b 相对借力天体 B 的速度幅值（即速度大小）应与点 a 相对借力天体 B 的速度幅值 $\left|\boldsymbol{V}_{\infty/B}^{-}\right|$ 相等，但沿另一条渐近线方向飞行，这里用 $\boldsymbol{V}_{\infty/B}^{+}$ 表示，式中，上标 + 表示探测器飞出引力影响球后状态。因此，只要确定了双曲线轨道，就可得到探测器相对于中心引力天体借力飞行后的速度 $\boldsymbol{V}^{+}$，即

$$\boldsymbol{V}^{+}=\boldsymbol{V}_{\infty/B}^{+}+\boldsymbol{V}_{B} \tag{8.48}$$

式中，下标 ∞ 和 $/B$ 与式（8.47）定义相同，不再赘述。由以上分析可看出：探测器在穿过借力天体的引力影响球时，因受到该借力天体引力的作用，使其相对于中心引力体的速度由 $\boldsymbol{V}^{-}$ 变成 $\boldsymbol{V}^{+}$，这就是借力飞行的效果。

这里定义探测器的双曲线剩余速度的矢量差为 $\Delta\boldsymbol{V}_{\infty}$，即

$$\Delta\boldsymbol{V}_{\infty}=\boldsymbol{V}_{\infty/B}^{+}-\boldsymbol{V}_{\infty/B}^{-} \tag{8.49}$$

若借力时探测器的双曲线超速矢量差 $\Delta\boldsymbol{V}_{\infty}$ 与 $\boldsymbol{V}_{\infty}$ 夹角为锐角，则借力飞行后 $\boldsymbol{V}^{+}$ 的幅值较 $\boldsymbol{V}^{-}$ 增加；若为钝角，则幅值减少。以上假设双曲线轨道已知，下面将讨论双曲线轨道的求解。

由双曲线轨道的特性可知，双曲线轨道的偏心率 e 与双曲线轨道渐近线的夹角 δ 之间的关系为

$$\sin\frac{\delta}{2}=\frac{1}{e} \tag{8.50}$$

由式（8.50）可知，为得到指定的 δ，这里可选择合适的偏心率 e，而 e 又与借力天体质心至渐近线的距离 $\varDelta$ 有关，e 与 $\varDelta$ 的关系可描述为

$$e^{2}=1+\frac{V_{\infty}^{4}\varDelta^{2}}{\mu^{2}} \tag{8.51}$$

因此，只要找到合适的进入点 a 和已知该点的速度 $\boldsymbol{V}_{a}^{-}$，即可得到 $\varDelta$，并计算出速度转过的角度 δ。当然借力飞行速度的变化量与借力天体也有关系。这里定义借力飞行前后，探测器相对于中心引力体的速度变化量为 $\Delta\boldsymbol{V}$，即

$$\Delta\boldsymbol{V}=\boldsymbol{V}^{+}-\boldsymbol{V}^{-} \tag{8.52}$$

由图 8.4 和图 8.5 中几何关系可以求得

$$\Delta V=\left|\boldsymbol{V}^{+}-\boldsymbol{V}^{-}\right|=\left|\boldsymbol{V}_{\infty/B}^{+}-\boldsymbol{V}_{\infty/B}^{-}\right|=2\left|\boldsymbol{V}_{\infty/B}\right|\sin\frac{\delta}{2} \tag{8.53}$$

式中，$\left|\boldsymbol{V}_{\infty/B}\right|$ 为 $\boldsymbol{V}_{\infty/B}^{+}$ 和 $\boldsymbol{V}_{\infty/B}^{-}$ 的量（或称模）。

由双曲线轨道的特性 $r_{\mathrm{p}}=ea-a=a(e-1)$，可得

$$\sin\frac{\delta}{2}=\frac{1}{1+(r_{\mathrm{p}}/a)} \tag{8.54}$$

式中，r_{p} 和 a 分别是双曲线轨道的近心点半径和半长轴。再用点 a 或点 b 的运动参数得到能量方程：

$$\frac{V_{\infty/B}^{2}}{2}-\frac{\mu_B}{R_B}=\frac{\mu_B}{2a} \tag{8.55}$$

对于二体问题而言，双曲线轨道 R_B 趋于无穷大，则式（8.55）左侧第二项约为零，于是有

$$a=\frac{\mu_B}{V_{\infty/B}^{2}} \tag{8.56}$$

将式（8.56）代入式（8.54）和式（8.53）可得

$$\sin\frac{\delta}{2}=\frac{1}{1+(r_{\mathrm{p}}V_{\infty/B}^{2}/\mu_B)} \tag{8.57}$$

进而可得速度增量的表达式：

$$\Delta V=\frac{2V_{\infty/B}}{1+(r_{\mathrm{p}}V_{\infty/B}^{2}/\mu_B)} \tag{8.58}$$

由此可见，速度变化量 ΔV 与近心点半径 r_{p} 有关，当 r_B 为借力天体半径并考虑大气层上界时，ΔV 将达到最大值，即

$$\Delta V_{\max}=\frac{2V_{\infty/B}}{1+(r_B V_{\infty/B}^{2}/\mu_B)} \tag{8.59}$$

不过，$\Delta V_{\max}$ 还与 $V_{\infty/B}$ 有关，如取 $\dfrac{\mathrm{d}\Delta V_{\max}}{\mathrm{d}V_{\infty/B}}=0$，便可求得

$$V_{\infty/B}=\sqrt{\frac{\mu_B}{r_B}}=V_{\mathrm{c}B} \tag{8.60}$$

即当 $V_{\infty/B}$ 与借力天体 B 的第一宇宙速度相等时，$\Delta V_{\max}$ 达到最大 $(\Delta V_{\max})_{\max}$。利用借力天体的引力摄动效应，可使飞行器改变飞行方向和速度大小，从而使星际探测的轨道设计方案多样化，同时也达到节约能量的目的。

8.2.2　基于多天体借力的深空探测轨道设计

8.2.2.1　多天体借力序列评估方法

借力飞行序列的评估与选择是借力飞行轨道设计中的重要环节。这里介绍经典的基于蒂塞朗（Tisserand）原理的序列图解评估方法。法国天文学家 Tisserand 受彗星运动现象的启发，在彗星、行星和太阳组成的圆型限制性三体模型下，基于雅可比（Jacobi）积分推导出彗星在飞越大行星前后轨道根数变化满足的准则，即 Tisserand 准则。

在圆型限制性三体模型中，假设行星绕太阳做圆周运动，以行星与太阳的共同质心为原点，建立惯性坐标系 $O-xyz$，则雅可比积分公式在该坐标系下可表示为

$$\dot{x}_{\mathrm{I}}^2+\dot{y}_{\mathrm{I}}^2+\dot{z}_{\mathrm{I}}^2-2(x_{\mathrm{I}}\dot{y}_{\mathrm{I}}-y_{\mathrm{I}}\dot{x}_{\mathrm{I}})=2\left(\frac{1-\mu}{r_1}+\frac{\mu}{r_2}\right)-C \tag{8.61}$$

根据二体活力公式以及角动量 h 表达式（归一化后）可得

$$\dot{x}_{\mathrm{I}}^2+\dot{y}_{\mathrm{I}}^2+\dot{z}_{\mathrm{I}}^2=\frac{2}{r}-\frac{1-\mu}{a} \tag{8.62}$$

$$h=(x_{\mathrm{I}}\dot{y}_{\mathrm{I}}-y_{\mathrm{I}}\dot{x}_{\mathrm{I}})\cos i \tag{8.63}$$

$$h^2=a(1-e^2) \tag{8.64}$$

将式（8.62）～式（8.64）代入式（8.61）可得

$$\frac{2}{r}-\frac{1}{a}-2a^{1/2}(1-e^2)^{1/2}\cos i=2\left(\frac{1-\mu}{r_1}+\frac{\mu}{r_2}\right)-C \tag{8.65}$$

式中，r 表示 $O-xyz$ 系中彗星到原点的距离；a，e 和 i 代表彗星的二体轨道根数。由于太阳质量远远大于太阳系中其他天体的各自质量，即有 $1-\mu\gg\mu$，则可近似认为 $r\approx r_1$ 且 $\mu\approx 0$，式（8.65）可表示为

$$\frac{1}{a}+2a^{1/2}(1-e^2)^{1/2}\cos i=C \tag{8.66}$$

上述推导均采用无量纲归一化单位的形式，若考虑各参数的量纲，则式（8.66）可转化为

$$\frac{r_{\mathrm{p}}}{a_-}+2\sqrt{a_-(1-e_-^2)/r_{\mathrm{p}}}\cos i_-=\frac{r_{\mathrm{p}}}{a_+}+2\sqrt{a_+(1-e_+^2)/r_{\mathrm{p}}}\cos i_+=C_{\mathrm{T}} \tag{8.67}$$

式中，r_{p} 为行星日心轨道半径；C_{T} 为 Tisserand 常数；下标 $-$ 和 $+$ 分别表示飞越

前和飞越后。式（8.67）即为 Tisserand 准则的表达式，它给出了彗星近距离飞越大行星前后轨道参量的恒值关系。

基于以上原理分析探测器借力前后速度变化。为便于讨论，假设：①探测器和天体运动均在同一轨道面内；②行星绕太阳做圆周运动；③忽略天体间相位约束。同时，假设探测器借力前后相对借力天体的双曲剩余速度矢量为 $\boldsymbol{V}_{\infty/B}^{\pm}$，借力天体的日心速度矢量为 $\boldsymbol{V}_B$，探测器借力前后的日心速度矢量为 $\boldsymbol{V}^{\pm}$，则有

$$\boldsymbol{V}^{\pm}=\boldsymbol{V}_B+\boldsymbol{V}_{\infty/B}^{\pm} \tag{8.68}$$

$\boldsymbol{V}_{\infty/B}^{\pm}$ 与 $\boldsymbol{V}_B$ 夹角为 $\alpha^{\pm}$，称为双曲剩余速度方向角。

忽略借力前后的区别，根据余弦定理有

$$v=\sqrt{V_B^2+V_{\infty/B}^2+2V_BV_{\infty/B}\cos\alpha} \tag{8.69}$$

根据二体活力公式，探测器日心轨道半长轴可表示为

$$a=\frac{\mu_{\mathrm{C}}\boldsymbol{r}}{2\mu_{\mathrm{C}}-\boldsymbol{r}v^2}=\frac{\mu_{\mathrm{C}}\boldsymbol{r}}{2\mu_{\mathrm{C}}-\boldsymbol{r}(V_B^2+V_{\infty/B}^2+2V_BV_{\infty/B}\cos\alpha)} \tag{8.70}$$

式中，μ_{C} 为太阳引力常数；$\boldsymbol{r}$ 为探测器日心位置矢量，可近似认为与该时刻天体日心位置矢量相同。根据二体轨道角动量与轨道参数的关系可知

$$h=rv\cos\gamma=\sqrt{\mu_{\mathrm{S}}a(1-e^2)} \tag{8.71}$$

式中，h 为轨道角动量；γ 为探测器飞行路径角。又根据正弦定理可知

$$\frac{V_{\infty/B}}{\sin\gamma}=\frac{v}{\sin(180^{\circ}-\alpha)} \tag{8.72}$$

对式（8.71）和式（8.72）整理，可得到探测器轨道偏心率为

$$e=\sqrt{1-\frac{r^2(v^2-V_{\infty/B}^2\sin^2\alpha)}{\mu_{\mathrm{S}}a}} \tag{8.73}$$

这里只考虑借力前后均为椭圆轨道的情况，根据椭圆轨道几何性质可知，探测器日心轨道近日点和远日点半径可分别表示为

$$\begin{cases}r_{\mathrm{p}}=a(1-e)\\ r_{\mathrm{a}}=a(1+e)\end{cases} \tag{8.74}$$

根据上述推导可知，任意给定探测器相对借力天体的双曲剩余速度大小 V_{∞} 和双曲剩余速度方向角 α，均可根据式（8.68）、式（8.70）、式（8.73）和式（8.74）计算得到对应日心轨道的近日点半径 r_{p} 和远日点半径 r_{a}，以此评估借力轨道的可达能力和轨道在行星间的转移可行性关系。在不考虑天体相位约束的前提

下，若不同天体对应的日心轨道具有相同的近日点半径 r_p 和远日点半径 r_a，则认为探测器通过借力可实现两天体间的转移。

为了更直观地分析借力飞行轨道的这一转移关系，将相对不同天体、具有不同双曲超速幅值 V_∞ 和不同双曲剩余速度方向角 α 的日心轨道对应的近日点半径 r_p 和远日点半径 r_a 通过等高线图给出，如图 8.6（a）所示，该图即为借力飞行 r_a-r_p 图。

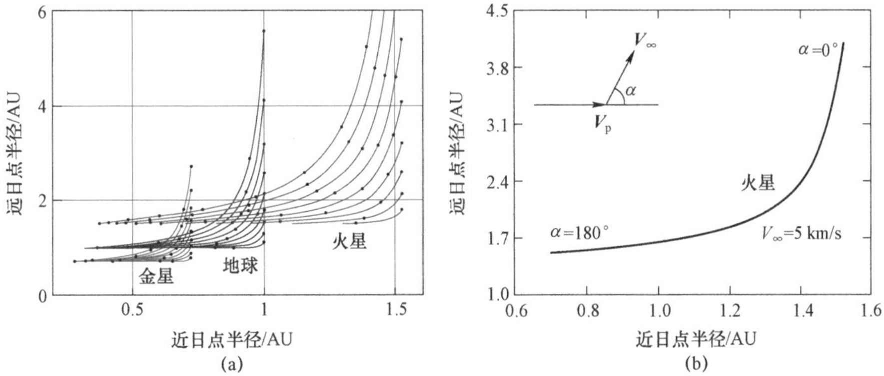

图 8.6　借力飞行 r_a-r_p 图

（a）不同天体借力的等高线图；（b）火星借力 V_∞=5 km/s 的等高线图

对于图 8.6（a）中的每一条曲线而言，其借力天体和双曲剩余速度幅值 V_∞ 固定不变，当方向角 α 由 0° 变化至 180° 时，其对应的日心轨道近日点半径 r_a 和远日点半径 r_p 的变化形成该 V_∞ 等高线。由 Tisserand 准则可知，对于同一条 V_∞ 等高线，其 C_T 为定值，因此每一条 V_∞ 等高线代表一个以固定 V_∞ 幅值飞离或飞入某天体引力影响球的轨道族。以火星为例，图 8.6（b）给出了 $V_\infty=5$ km/s 时对应的 V_∞ 等高线。利用 r_a-r_p 图，可以给出从出发天体到目标天体途中可行的借力天体飞越次序，用于后续多天体借力轨道优化与精确设计。

8.2.2.2　多天体借力轨道求解方法

多天体借力轨道的模型有很多种，这里介绍其中两种，即 MGA（多天体借力）模型和 MGA–DSM（包含深空机动的多天体借力）模型。首先介绍 MGA 模型。该模型有如下两个特点：①在转移过程中所有的轨道机动均假设为脉冲机动；②仅允许在出发时刻以及借力时刻近心点处施加轨道机动，则可以通过求解兰伯特问题，得到探测器在借力前后相对于太阳的速度。随后，可求得探测器在借力前后相对于借力天体的速度，即

$$\boldsymbol{V}_{\infty/B}^{-}=\boldsymbol{V}^{-}-\boldsymbol{V}_{B} \tag{8.75}$$

$$\boldsymbol{V}_{\infty/B}^{+}=\boldsymbol{V}^{+}-\boldsymbol{V}_{B} \tag{8.76}$$

则借力转角 δ 可表示为

$$\delta=\left\langle \boldsymbol{V}_{\infty/B}^{-},\boldsymbol{V}_{\infty/B}^{+}\right\rangle \tag{8.77}$$

式中，括号表示两个向量的夹角。该角度可以通过式（8.78）求得

$$\arcsin(1/e_{\text{in}})+\arcsin(1/e_{\text{out}})=\delta \tag{8.78}$$

式中

$$e_{\text{in}}=1+\frac{r_{\text{p}}(V_{\infty/B}^{-})^{2}}{\mu_{B}} \tag{8.79}$$

$$e_{\text{out}}=1+\frac{r_{\text{p}}(V_{\infty/B}^{+})^{2}}{\mu_{B}} \tag{8.80}$$

通过迭代计算式（8.78），可求得借力高度 r_{p}，进一步就可求得借力时刻在近心点处施加的脉冲机动大小 Δv，即

$$\Delta v=\left|\sqrt{(V_{\infty/B}^{-})^{2}+\frac{2\mu_{B}}{r_{\text{p}}}}-\sqrt{(V_{\infty/B}^{+})^{2}+\frac{2\mu_{B}}{r_{\text{p}}}}\right| \tag{8.81}$$

由于在近心点处施加的脉冲机动 $\Delta\boldsymbol{v}$ 的方向平行于探测器在该时刻的瞬时速度，因此借力高度以及脉冲机动大小 Δv 可以根据借力前后探测器相对于借力天体的速度直接计算求得，而后者可通过求解兰伯特问题得到。

MGA 模型对应的优化函数为

$$\varphi(x)=f(x)+g(x) \tag{8.82}$$

式中，$f(x)$ 为任务对应的性能指标函数；$g(x)$ 为任务约束对应的罚函数。

MGA 模型对应的优化参数为

$$\boldsymbol{x}=[T_0\quad T_1\quad T_2\quad \cdots\quad T_n] \tag{8.83}$$

式中，T_0 为地球出发时刻；$T_k(k=1,2,\cdots,n)$ 为各转移弧段对应的转移时长。

在得到 MGA 模型对应的优化函数以及优化变量之后，进一步可以选取合适的优化算法求解多天体借力轨道设计问题，如遗传算法（GA）、粒子群算法（PSO）、微分进化算法（DE）等。

虽然 MGA 模型具有描述问题直接、优化变量较少等特点，但却并不适用于所有多天体借力任务，因为仅允许在借力天体近心点施加机动的这一约束较严格，且在共振借力时的结果较差。共振借力指探测器从某一借力天体离开后，

在转移轨道远日点施加较小的机动，以改变再次回到该借力天体的双曲超速并再次进行借力。而 MGA 模型无法完成远日点处的机动。共振借力中，探测器在远日点施加的机动通常要明显小于飞行器经过借力天体近心点施加的机动。考虑到这一情况，下面将介绍一种考虑深空机动的多天体借力模型，即 MGA–DSM 模型。不同于 MGA 模型，该模型不允许探测器在近心点施加机动，而是在每一个转移弧段施加一次深空脉冲机动，在借力位置则是无脉冲机动的纯借力模式。

在 MGA–DSM 模型中的第一段转移弧段中，探测器可近似为从出发天体所在位置处发射。而发射所需的脉冲机动大小为 Δv_{LV}，其方向则用惯性系中的两个角度 ϕ 和 θ 描述。此外，还引入了两个额外的变量：T_i 和 η_i，分别表示各次转移弧段的转移时长和深空机动施加时间因子。后者是一个 $[0,1]$ 范围内的实数，$T_i\eta_i$ 描述了沿转移弧段施加深空机动的时间。探测器的初始状态可描述为

$$\boldsymbol{R}(T_0)=\boldsymbol{R}_B(T_0) \tag{8.84}$$

$$\boldsymbol{V}(T_0)=\boldsymbol{V}_B(T_0)+\Delta \boldsymbol{v}_{\mathrm{LV}}\begin{bmatrix}\cos\phi\cos\theta\\ \sin\phi\cos\theta\\ \sin\theta\end{bmatrix} \tag{8.85}$$

式中，$\boldsymbol{R}$ 和 $\boldsymbol{V}$ 分别表示探测器相对于日心惯性系的位置和速度；而 $\boldsymbol{R}_B$ 和 $\boldsymbol{V}_B$ 则表示天体的位置和速度。

探测器在航行 $\eta_1 T_1$ 天之后施加一次深空脉冲机动，随后直到下一个天体的转移过程可以利用兰伯特弧段描述，其中末端状态可以根据该弧段的终端时刻 $t=T_0+T_1$ 采用星历求得，而转移时长则为 $(1-\eta_1)T_1$。在完成两个分弧段的计算后，深空脉冲机动大小 Δv_1 可以根据进入兰伯特弧段前后的速度相减得到。

第一个转移弧段以外的剩余弧段除了从借力开始外，其他的都与第一个弧段相似。此外，在 MGA–DSM 模型中，借力过程可以通过两个变量描述，分别为借力半径乘子 R_{p} 以及借力 B 平面角 γ。因此，借力半径 r_{p} 可以表示为

$$r_{\mathrm{p}}=R_{\mathrm{p}}r_{\mathrm{pl}} \tag{8.86}$$

式中，r_{pl} 为借力天体的半径。

根据前一个弧段的计算可以得到探测器在借力之前相对于太阳的速度，进而可以求得探测器相对于借力天体的相对速度。由于 MGA–DSM 模型在借力位置采用的是纯借力模式，因此借力前后的探测器双曲剩余速度大小是相等的，即

$$V_{\infty/B}^{-}=V_{\infty/B}^{+} \tag{8.87}$$

下面计算借力后双曲剩余速度的方向。首先，借力双曲线轨道的偏心率为

$$e = 1 + \frac{r_{\mathrm{p}} V_{\infty/B}^2}{\mu_{\mathrm{pl}}} \tag{8.88}$$

然后计算借力转角 δ

$$\delta = 2\arcsin(1/e) \tag{8.89}$$

最后，由于 $\boldsymbol{V}_{\infty/B}^{+}$ 是由 $\boldsymbol{V}_{\infty/B}^{-}$ 在借力平面内旋转得到的，因此

$$\boldsymbol{V}_{\infty/B}^{+} = \boldsymbol{V}_{\infty/B}^{-}(\cos\delta\boldsymbol{i} + \cos\gamma\sin\delta\boldsymbol{j} + \sin\gamma\sin\delta\boldsymbol{k}) \tag{8.90}$$

式中，$\boldsymbol{i}$，$\boldsymbol{j}$，$\boldsymbol{k}$ 为借力 B 平面坐标系的三轴单位矢量，即

$$\boldsymbol{i} = \frac{\boldsymbol{V}_{\infty/B}^{-}}{\left\|\boldsymbol{V}_{\infty/B}^{-}\right\|} \tag{8.91}$$

$$\boldsymbol{j} = \frac{\boldsymbol{i}\times\boldsymbol{V}_B}{\left\|\boldsymbol{i}\times\boldsymbol{V}_B\right\|} \tag{8.92}$$

$$\boldsymbol{k} = \boldsymbol{i}\times\boldsymbol{j} \tag{8.93}$$

因此，探测器在借力后在日心惯性系下的速度为

$$\boldsymbol{V}_{\infty/B}^{+} = \boldsymbol{V}_{\infty/B}^{-} + \boldsymbol{V}_B \tag{8.94}$$

类似于第一个转移弧段，探测器在航行 $\eta_i T_i$ 天之后施加一次深空脉冲机动，随后直到下一个天体的转移过程则可以利用兰伯特弧段描述，并据此得到深空脉冲机动大小以及完成借力过程。如果该天体是最后的目标天体，则需要根据探测任务的不同给出不同的终端约束与所需速度增量。

MGA–DSM 模型对应的优化函数也可表示为

$$\varphi(x) = f(x) + g(x) \tag{8.95}$$

式中，$f(x)$ 为任务对应的性能指标函数；$g(x)$ 为任务约束对应的罚函数。

MGA–DSM 模型对应的优化参数为

$$\begin{aligned}\boldsymbol{x} = [&T_0 \quad \Delta v_{\mathrm{LV}} \quad \phi \quad \theta \quad T_1 \quad \cdots \quad T_i \quad \eta_1 \quad \cdots \quad \eta_1 \\ &R_{\mathrm{p}2} \quad \cdots \quad R_{\mathrm{p}(n-1)} \quad \gamma_2 \quad \cdots \quad \gamma_{n-1}]\end{aligned} \tag{8.96}$$

与 MGA 模型类似，在得到 MGA–DSM 模型对应的优化函数以及优化变量之后，进一步可以通过选取合适的优化算法求解多天体借力轨道设计问题。

8.2.2.3 基于多天体借力的深空探测轨道设计

本节基于上面介绍的多天体借力序列选择方法以及多天体借力求解方法，给出两组仿真算例。首先给出基于 MGA 模型的类伽利略任务轨道仿真实例，

其中采用的任务约束和要求均与实际伽利略任务一致，见表 8.2。

表 8.2　伽利略任务相关约束

选项	数值
到达形式	进入木星为中心的大椭圆轨道
木星捕获轨道半长轴	176 338 km
木星捕获轨道偏心率	0.998
发射窗口开始时间	1986–01–01
发射窗口结束时间	1994–01–01
总飞行时间上限	8 年
借力次数上限	5

利用基于 Tisserand 准则的借力序列评估方法并结合 MGA 模型，得到了类伽利略任务最优借力序列为 EVVEEJ。该序列方案对应轨道参数见表 8.3，转移轨道如图 8.7 所示。由结果可以看出，首先，得到的最优借力序列与真实的伽利略任务所采用的序列不一致，导致这一情况是因为在处理多天体借力问题时采用的 MGA 模型不能很好地解决该类问题，即只允许在近心点处施加脉冲机动的约束较严格。另外，由于该算例在木星捕获过程中没有考虑利用木卫借力实现捕获，因此所需的捕获机动相比实际任务要大一些。

表 8.3　类伽利略任务 MGA 模型最优借力序列对应轨道参数

时间（UTC）	事件	速度增量/（km · s^{-1}）	借力高度/km
1988–04–10	地球出发	3.08	—
1988–10–02	金星借力 1	0.09	3 960
1989–12–11	金星借力 2	0.00	4 160
1990–02–08	地球借力 1	0.00	7 510
1991–10–27	地球借力 2	0.14	1 080
1994–10–12	木星捕获	0.45	—

下面作为对比，给出基于 MGA–DSM 模型的类卡西尼任务轨道仿真实例，其中采用的任务约束和要求均与实际卡西尼任务一致，见表 8.4。

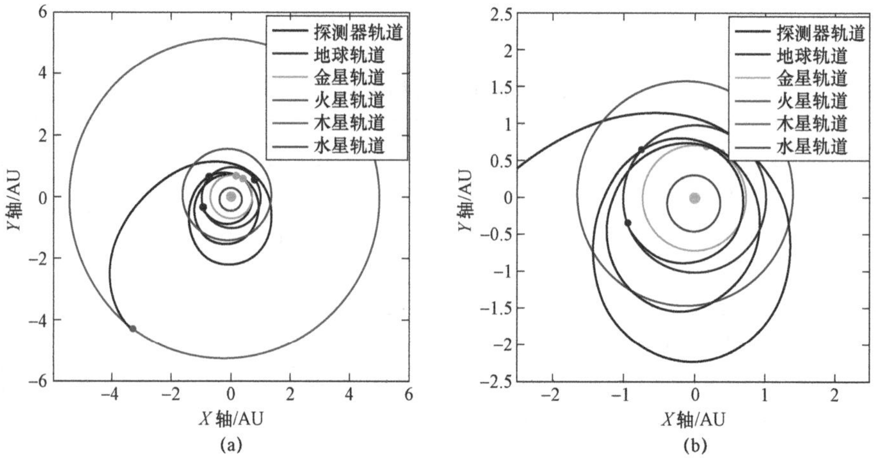

扫描见彩插

图 8.7　类伽利略任务 MGA 模型最优借力序列转移轨道图

（a）转移轨道全局视图；（b）转移轨道局部视图

表 8.4　卡西尼任务相关约束

选项	数值
到达形式	进入土星为中心的大椭圆轨道
土星捕获轨道半长轴	5 447 500 km
木星捕获轨道偏心率	0.998
发射窗口开始时间	1997－01－01
发射窗口结束时间	2000－01－01
总飞行时间上限	10 年
借力次数上限	6

同样，利用基于 Tisserand 准则的借力序列评估方法并结合 MGA–DSM 模型，得到了类卡西尼任务最优借力序列为 EVVEJS。该序列方案对应轨道参数见表 8.5，转移轨道如图 8.8 所示。由结果可以看出，首先，得到的最优借力序列与真实的卡西尼任务所采用的序列相一致，说明该算例采用的 MGA–DSM 模型能够很好地描述这类多天体借力问题，虽然该模型对应的优化变量较多，对优化算法的要求较高，但相比 MGA 模型，却能够得到性能指标更优的转移轨道解，这也进一步表明引入 MGA–DSM 模型的重要性。另外，由表 8.5 可以进一步看出，虽然 MGA–DSM 模型允许在每个转移弧段均施加一次深空脉冲机动，但在实际优化设计中，大多数的深空机动都会趋于零，只有为数不多的几次可能需要一定的速度增量来调整轨道方向，得到更好的借力相位，从而实现

更优性能的转移。

表 8.5　类卡西尼任务最优借力序列对应轨道参数

时间（UTC）	事件	速度增量/（km · s^{-1}）	借力高度/km
1997 – 10 – 23	地球出发	4.47	—
1998 – 05 – 05	金星借力 1	—	3 950
1998 – 12 – 03	深空机动	0.42	—
1999 – 06 – 21	金星借力 2	—	730
1999 – 08 – 19	地球借力	—	920
2001 – 01 – 14	木星借力	—	9 530 840
2004 – 10 – 26	土星捕获	0.69	—

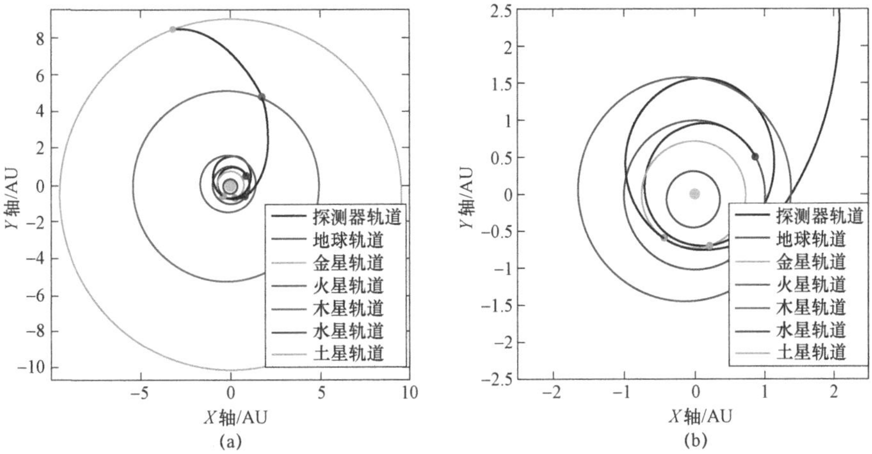

扫描见彩插

图 8.8　类卡西尼任务最优借力序列转移轨道图

（a）转移轨道全局视图；（b）转移轨道局部视图

8.3　限制性三体轨道动力学

8.3.1　限制性三体动力学方程

一般的三体问题指 3 个引力体在相互引力作用下的运动问题。三体问题不存在通解，目前仅发现满足一定约束情况下的几组特解。在航天轨道动力学中，通常将三体问题中的某一天体考虑为探测器，并忽略其对另两个天体的引力作用，即将三体问题简化为限制性三体问题，重点研究探测器在两个天体共同引力作用下的运动行为。根据两个质量天体的相互运动形式，其可分为圆型限制性三体问题（Circular Restricted Three-Body Problem，CRTBP）和椭圆型限制性三体问题（Elliptic Restricted Three-Body Problem，ERTBP），本节重点介绍圆型限制性三体问题，即第三体在两个围绕其公共质心做圆周运动的主天体引力作用下的运动问题。圆型限制性三体模型如图 8.9 所示。

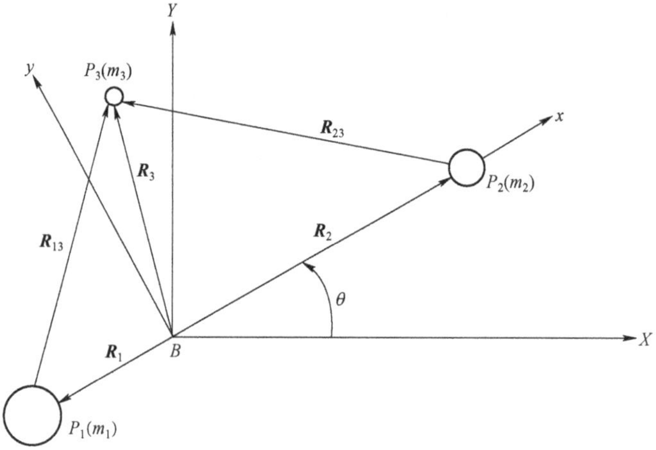

图 8.9 圆型限制性三体模型

图 8.9 中假设质量较大的主天体 P_1 质量为 m_1，质量较小的主天体 P_2 质量为 m_2，且 $m_2 < m_1$，第三体 P_3 质量为 m_3，且 $m_3 < m_2$，主天体 P_1，P_2 围绕系统公共质心 B 做匀速圆周运动。$\boldsymbol{R}_i$ 为从系统质心 B 到天体 P_i 的单位矢量，$\boldsymbol{R}_{i3}$ 为从主天体 P_i 到第三体 P_3 的位置矢量。

为了方便分析和描述等三体的运动，分别引入惯性坐标系 $B-XYZ$ 和旋转坐标系 $B-xyz$。其中惯性坐标系的坐标原点为系统质心 B，X 轴指向惯性空间某固定方向，Z 轴指向主天体轨道运动的角动量方向，Y 轴指向满足右手坐标系。旋转坐标系的坐标原点也为系统质心 B，但 x 轴始终从大天体 P_1 指向小天体 P_2，z 轴指向主天体轨道运动的角动量方向，y 轴组成右坐标系。

根据牛顿第二定律，探测器在惯性坐标系 $B-XYZ$ 中的动力学方程为

$$\frac{\mathrm{d}^2\boldsymbol{R}_3}{\mathrm{d}t^2} = -\frac{Gm_1}{\|\boldsymbol{R}_{13}\|^3}\boldsymbol{R}_{13} - \frac{Gm_2}{\|\boldsymbol{R}_{23}\|^3}\boldsymbol{R}_{23} \tag{8.97}$$

根据矢量求导公式，在旋转坐标系 $B-xyz$ 下位置速度关于时间的导数可以表示为

$$\begin{cases}\dfrac{\mathrm{d}\boldsymbol{R}_3}{\mathrm{d}t}=\dfrac{{}^R\mathrm{d}\boldsymbol{R}_3}{\mathrm{d}t}+\boldsymbol{\omega}\times\boldsymbol{R}_3\\ \dfrac{\mathrm{d}^2\boldsymbol{R}_3}{\mathrm{d}t^2}=\dfrac{{}^R\mathrm{d}^2\boldsymbol{R}_3}{\mathrm{d}t^2}+\dfrac{\mathrm{d}\boldsymbol{\omega}}{\mathrm{d}t}\times\boldsymbol{R}_3+2\boldsymbol{\omega}\times\dfrac{{}^R\mathrm{d}\boldsymbol{R}_3}{\mathrm{d}t}+\boldsymbol{\omega}\times(\boldsymbol{\omega}\times\boldsymbol{R}_3)\end{cases} \tag{8.98}$$

式中，$\dfrac{{}^R\mathrm{d}}{\mathrm{d}t}$ 表示旋转系下矢量对时间求导，$\dfrac{{}^R\mathrm{d}\boldsymbol{R}_3}{\mathrm{d}t}=\dot{x}\hat{\boldsymbol{x}}+\dot{y}\hat{\boldsymbol{y}}+\dot{z}\hat{\boldsymbol{z}}$ ，$\dfrac{{}^R\mathrm{d}^2\boldsymbol{R}_3}{\mathrm{d}t}=\ddot{x}\hat{\boldsymbol{x}}+\ddot{y}\hat{\boldsymbol{y}}+\ddot{z}\hat{\boldsymbol{z}}$ 。$\boldsymbol{\omega}=[0,0,\dot{\theta}]$ 为旋转坐标系相对惯性系的角速度，圆型限制性三体问题中认为 $\dfrac{\mathrm{d}\boldsymbol{\omega}}{\mathrm{d}t}=\boldsymbol{0}$ 。

将式（8.98）代入式（8.97），得到

$$\frac{\mathrm{d}^2\boldsymbol{R}_3}{\mathrm{d}t^2}=(\ddot{x}-\dot{\theta}^2x-2\dot{\theta}\dot{y})\hat{\boldsymbol{x}}+(\ddot{y}-\dot{\theta}^2y+2\dot{\theta}\dot{x})\hat{\boldsymbol{y}}+\ddot{z}\hat{\boldsymbol{z}} \tag{8.99}$$

引入归一化单位对系统进行简化。令长度单位[L]为主天体距离，质量单位[M]为主天体质量之和，时间单位[T]变为

$$[\mathrm{T}]=\sqrt{\frac{[\mathrm{L}]^3}{G[\mathrm{M}]}} \tag{8.100}$$

因为主天体围绕质心做匀速圆周运动，时间单位[T]就是两主天体相对圆运动的角速度 n 的倒数，即 $[\mathrm{T}]=1/n$ ，在归一化时间单位下 $\dot{\theta}$ 恒为 1。

此时新系统的引力常数 $G=1$ 。两个主天体的质量分别为

$$1-\mu=\frac{m_1}{m_1+m_2},\quad \mu=\frac{m_2}{m_1+m_2} \tag{8.101}$$

它们到质心的距离各为

$$R_1'=\mu,\ R_2'=1-\mu \tag{8.102}$$

将式（8.98）～式（8.102）代入式（8.97）得到圆型限制性三体问题的动力学方程：

$$\begin{cases}\ddot{x}-2\dot{y}=-\dfrac{(1-\mu)(x+\mu)}{r_1^3}-\dfrac{\mu(x-1+\mu)}{r_2^3}+x\\ \ddot{y}+2\dot{x}=-\dfrac{(1-\mu)y}{r_1^3}-\dfrac{\mu y}{r_2^3}+y\\ \ddot{z}=-\dfrac{(1-\mu)z}{r_1^3}-\dfrac{\mu z}{r_2^3}\end{cases} \tag{8.103}$$

式中，$r_1=\sqrt{(x+\mu)^2+y^2+z^2}$，$r_2=\sqrt{(x-1+\mu)^2+y^2+z^2}$。

式（8.103）还可以进一步简化为

$$\begin{cases}\ddot{x}-2\dot{y}=\dfrac{\partial U}{\partial x}\\ \ddot{y}+2\dot{x}=\dfrac{\partial U}{\partial y}\\ \ddot{z}=\dfrac{\partial U}{\partial z}\end{cases} \tag{8.104}$$

式中

$$U=\frac{1}{2}(x^2+y^2)+\frac{1-\mu}{r_1}+\frac{\mu}{r_2} \tag{8.105}$$

表示系统的伪势能。方程（8.104）为非线性方程，仅存在唯一一个积分常数。由式（8.104）可得

$$\ddot{x}\dot{x}+\ddot{y}\dot{y}+\ddot{z}\dot{z}=\frac{\partial U}{\partial x}\dot{x}+\frac{\partial U}{\partial y}\dot{y}+\frac{\partial U}{\partial z}\dot{z} \tag{8.106}$$

式（8.106）的左侧可以表示为

$$\ddot{x}\dot{x}+\ddot{y}\dot{y}+\ddot{z}\dot{z}=\frac{1}{2}\cdot\frac{\mathrm{d}}{\mathrm{d}t}(\dot{x}^2+\dot{y}^2+\dot{z}^2)=\frac{1}{2}\cdot\frac{\mathrm{d}v^2}{\mathrm{d}t} \tag{8.107}$$

式中，v表示在旋转系下的速度。式（8.106）的右侧即为

$$\frac{\partial U}{\partial x}\dot{x}+\frac{\partial U}{\partial y}\dot{y}+\frac{\partial U}{\partial z}\dot{z}=\frac{\partial U}{\partial t} \tag{8.108}$$

从而有

$$\frac{\mathrm{d}}{\mathrm{d}t}\cdot\left(\frac{1}{2}v^2-U\right)=0 \tag{8.109}$$

即

$$2U-v^2=C \tag{8.110}$$

此即为旋转系下的 Jacobi 积分。令方程（8.110）中的速度 $v=0$，可得曲面方程 $2U(x,y,z)=C$，即为零速度曲面。零速度曲面的结构随 Jacobi 常数的变化而变化，反映一定能量下探测器所能运动的范围，是表述三体系统内轨道运动的重要指标。

8.3.2　三体系统的平动点

若令式（8.103）中 $\ddot{x}=0,\ \ \ddot{y}=0,\ \ \ddot{z}=0$，且 $\dot{x}=0,\ \ \dot{y}=0,\ \ \dot{z}=0$，对应的解

即为三体系统的平动点，在旋转系下，位于平动点的质点将与主天体保持相对不变的位置。

$$\begin{cases}-\dfrac{(1-\mu)(x+\mu)}{r_1^3}-\dfrac{\mu(x-1+\mu)}{r_2^3}+x=0\\-\dfrac{(1-\mu)y}{r_1^3}-\dfrac{\mu y}{r_2^3}+y=0\\-\dfrac{(1-\mu)z}{r_1^3}-\dfrac{\mu z}{r_2^3}=0\end{cases} \tag{8.111}$$

由于

$$\frac{1-\mu}{r_1^3}+\frac{\mu}{r_2^3}\neq 0 \tag{8.112}$$

由式（8.111）的第三式不难看出

$$z=z_0=0 \tag{8.113}$$

即所有平动点的解均在主天体轨道运动平面内。

根据 y 的取值，式（8.111）将有以下两种情况：

$$y=0,\quad \begin{cases}x-\dfrac{1-\mu}{(x+\mu)^2}+\dfrac{\mu}{(x-1+\mu)^2}=0, & -\mu<x<1-\mu\\x-\dfrac{1-\mu}{(x+\mu)^2}-\dfrac{\mu}{(x-1+\mu)^2}=0, & x>1-\mu\\x+\dfrac{1-\mu}{(x+\mu)^2}+\dfrac{\mu}{(x-1+\mu)^2}=0, & x<-\mu\end{cases} \tag{8.114}$$

$$y\neq 0,\quad \begin{cases}1-\dfrac{1-\mu}{r_1^3}-\dfrac{\mu}{r_2^3}=0\\x-\dfrac{(1-\mu)(x+\mu)}{r_1^3}-\dfrac{\mu(x-1+\mu)}{r_2^3}=0\end{cases} \tag{8.115}$$

对于第一种情况，式（8.114）有 3 个实解：$x_1(\mu)$，$x_2(\mu)$，$x_3(\mu)$。相应的 3 个平动点在 x 轴上，分别记为 L_1，L_2，L_3，称为共线平动点。记 $\xi^{(1)}$，$\xi^{(2)}$ 和 $\xi^{(3)}$ 为平动点与其最近主天体的距离，分别由下列 3 个 μ 的幂级数表达，即

$$\xi^{(1)}=\left(\frac{\mu}{3}\right)^{1/3}\cdot\left[1-\frac{1}{3}\cdot\left(\frac{\mu}{3}\right)^{1/3}-\frac{1}{9}\cdot\left(\frac{\mu}{3}\right)^{2/3}-\cdots\right] \tag{8.116}$$

$$\xi^{(2)}=\left(\frac{\mu}{3}\right)^{1/3}\cdot\left[1+\frac{1}{3}\cdot\left(\frac{\mu}{3}\right)^{1/3}-\frac{1}{9}\cdot\left(\frac{\mu}{3}\right)^{2/3}+\cdots\right] \tag{8.117}$$

$$\begin{cases}\xi^{(3)}=1-\nu\left[1+\dfrac{23}{84}\nu^2+\dfrac{23}{84}\nu^3+\dfrac{761}{2\,352}\nu^4+\dfrac{3\,163}{7\,056}\nu^5+\dfrac{30\,703}{49\,392}\nu^6\right]+O(\nu^8)\\ \nu=\dfrac{7}{12}\mu\end{cases}\tag{8.118}$$

相应地 3 个共线平动解 $x_i(\mu)$ 为

$$x_1(\mu)=(1-\mu)-\xi^{(1)}\tag{8.119}$$

$$x_2(\mu)=(1-\mu)+\xi^{(2)}\tag{8.120}$$

$$x_3(\mu)=-(\mu+\xi^{(3)})\tag{8.121}$$

特别地，当 $\mu=0$ 时，有

$$\begin{cases}x_1(\mu)=x_2(\mu)=1\\ x_3(\mu)=-1\end{cases}\tag{8.122}$$

3 个共线平动解的位置 $x_i(\mu)$，以及两个主天体的位置 $x(P_1)$ 和 $x(P_2)$，在 x 轴上将随 μ 值的变化而变化。

对于 $y\neq 0$ 的情况，式（8.115）的解为

$$r_1=r_2=1\tag{8.123}$$

这表示相应平动点与主天体呈等边三角形，故称此平动解为等边三角形解，简称三角平动解。该解有两个对称平动点 L_4 和 L_5，各对应

$$\begin{cases}x_4=x_5=\dfrac{1}{2}-\mu\\ y_4=+\dfrac{\sqrt{3}}{2},\quad y_5=-\dfrac{\sqrt{3}}{2}\end{cases}\tag{8.124}$$

圆型限制性三体问题中平动点的分布情况如图 8.10 所示。

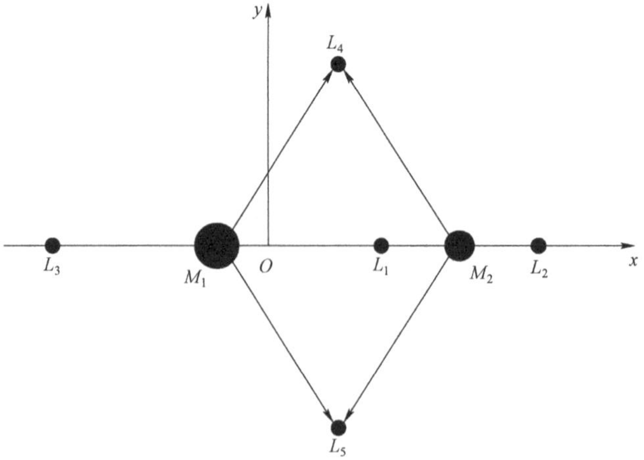

图 8.10　圆型限制性三体问题中平动点的分布情况

8.3.3　平动点附近的周期轨道

8.3.3.1　平动点的稳定性

平动点附近 P_3 的运动可通过非线性系统的线性化得到。若相对于质心的平动点 L_i 为 (x_{Li}, y_{Li}, z_{Li})，则与平动点 L_i 有关的线性变分方程可通过关于 L_i 的泰勒展开得到，这里只保留一阶项。为了得到一个更简洁的表达式，引入变量 (ξ, η, ς)：

$$\begin{cases} \xi = x - x_{Li} \\ \eta = y - y_{Li} \\ \varsigma = z - z_{Li} \end{cases} \tag{8.125}$$

关于 L_i 的线性变分运动方程可以表示为

$$\begin{aligned} \ddot{\xi} - 2\dot{\eta} &= U_{xx}^* \xi + U_{xy}^* \eta + U_{xz}^* \varsigma \\ \ddot{\eta} + 2\dot{\xi} &= U_{yx}^* \xi + U_{yy}^* \eta + U_{yz}^* \varsigma \\ \ddot{\varsigma} &= U_{zx}^* \xi + U_{zy}^* \eta + U_{zz}^* \varsigma \end{aligned} \tag{8.126}$$

这里 $U_{jk} = \partial U / (\partial j \partial k)$ 和 $U_{jk}^* = U_{jk}\big|_{Li}$。在式（8.126）中，偏导数表达如式（8.127）所示。

$$\begin{cases} U_{xx} = 1 - \dfrac{(1-\mu)}{r_1^3} - \dfrac{\mu}{r_2^3} + \dfrac{3(1-\mu)(x+\mu)^2}{r_1^5} + \dfrac{3\mu(x-(1-\mu))^2}{r_2^5} \\ U_{xy} = \dfrac{3(1-\mu)(x+\mu)y}{r_1^5} + \dfrac{3\mu(x-(1-\mu))y}{r_2^5} \\ U_{xz} = \dfrac{3(1-\mu)(x+\mu)z}{r_1^5} + \dfrac{3\mu(x-(1-\mu))z}{r_2^5} \\ U_{yx} = \dfrac{3(1-\mu)(x+\mu)y}{r_1^5} + \dfrac{3\mu(x-(1-\mu))y}{r_2^5} \\ U_{yy} = 1 - \dfrac{(1-\mu)}{r_1^3} - \dfrac{\mu}{r_2^3} + \dfrac{3(1-\mu)y^2}{r_1^5} + \dfrac{3\mu y^2}{r_2^5} \\ U_{yz} = \dfrac{3(1-\mu)yz}{r_1^5} + \dfrac{3\mu yz}{r_2^5} \\ U_{zx} = \dfrac{3(1-\mu)(x+\mu)z}{r_1^5} + \dfrac{3\mu(x-(1-\mu))z}{r_2^5} \\ U_{zy} = \dfrac{3(1-\mu)yz}{r_1^5} + \dfrac{3\mu yz}{r_2^5} \\ U_{yy} = -\dfrac{(1-\mu)}{r_1^3} - \dfrac{\mu}{r_2^3} + \dfrac{3(1-\mu)z^2}{r_1^5} + \dfrac{3\mu z^2}{r_2^5} \end{cases} \tag{8.127}$$

如果采用状态空间表示，则更利于变分方程的分析。将系统的二阶微分方程写成 6 个一阶方程，这里定义六维状态矢量为

$$\boldsymbol{\eta}=[\xi \quad \eta \quad \varsigma \quad \dot{\xi} \quad \dot{\eta} \quad \dot{\varsigma}]^{\mathrm{T}} \tag{8.128}$$

则变分方程可写成状态空间的形式：

$$\dot{\boldsymbol{\eta}}=\boldsymbol{A}\cdot\boldsymbol{\eta} \tag{8.129}$$

这里 $\boldsymbol{A}$ 可表示为

$$\boldsymbol{A}\equiv\begin{bmatrix}\boldsymbol{0} & \boldsymbol{I}_3\\ \boldsymbol{B} & \boldsymbol{C}\end{bmatrix} \tag{8.130}$$

$\boldsymbol{A}$ 的子矩阵为 $\boldsymbol{0}\equiv 3\times3$ 的零矩阵，$\boldsymbol{I}_3\equiv 3\times3$ 的单位矩阵：

$$\boldsymbol{B}=\begin{bmatrix}U_{xx}^* & U_{xy}^* & U_{xz}^*\\ U_{yx}^* & U_{yy}^* & U_{yz}^*\\ U_{zx}^* & U_{zy}^* & U_{zz}^*\end{bmatrix} \tag{8.131}$$

$$\boldsymbol{C}\equiv\begin{bmatrix}0 & 2 & 0\\ -2 & 0 & 0\\ 0 & 0 & 0\end{bmatrix} \tag{8.132}$$

线性微分方程（8.129）的解为如下形式：

$$\begin{cases}\xi=\sum\limits_{i=1}^{6}A_i\mathrm{e}^{s_it}\\ \eta=\sum\limits_{i=1}^{6}B_i\mathrm{e}^{s_it}\\ \varsigma=\sum\limits_{i=1}^{6}C_i\mathrm{e}^{s_it}\end{cases} \tag{8.133}$$

这里符号 A_i，B_i 和 C_i 表示常数因子，矩阵 $\boldsymbol{A}$ 的 6 个特征值表示为 s_i。

共线平动点的系统变分方程存在两个实数特征值，其中有一个是正值，表明存在指数型的发散项，因此共线平动点为不稳定平动点。但方程另 4 个特征值为纯虚数，表示共线平动点附近存在潜在的振荡运动，可通过选择初始条件消除发散项，仅保留振荡模态，生成周期轨道。三角平动点为条件稳定平衡点，若 $\mu<\mu_0\approx 0.038\,5$，对应的线性系统特征值均为纯虚数，$L_4$ 和 L_5 附近的运动是带有边界的振荡运动，且可通过合理选择初始条件生成周期运动。若 $\mu>\mu_0$，则对应的线性系统特征值将出现正实部，附近运动将出现指数发散项，周期运动将不存在。

8.3.3.2　共线平动点附近周期轨道求解

共线平动点附近运动解的一般形式可描述为

$$\begin{cases}\xi = A_1 \cos \lambda t + A_2 \sin \lambda t \\ \eta = -kA_1 \sin \lambda t + kA_2 \cos \lambda t \\ S = C_1 \sin \upsilon t + C_2 \cos \upsilon t\end{cases} \tag{8.134}$$

式中，λ 为平面内的频率；υ 为平面外的频率；k 为常数，表示 ξ 因子与 η 因子之间的关系。该运动在平面内（ xy 或 $\xi\eta$ ）与平面外（ z 或 ς ）的频率一般是无关的。通过选择合适的初始条件，可构造出周期轨道。通过对初始状态平面内外的振幅和相角进行限制，构造出一阶解析解，其形式为

$$\begin{cases}\xi = -A_x \cos(\lambda t + \phi) \\ \eta = kA_x \sin(\lambda t + \phi) \\ S = A_z \sin(\upsilon t + \psi)\end{cases} \tag{8.135}$$

式中， A_x 和 A_z 为平面内和平面外的振幅； ϕ 和 ψ 为相位角。

以一阶周期解为基础，Richardson 应用逐次近似法得到了直线平动点附近运动的三阶周期近似解析解，其形式为

$$\begin{cases}\xi = a_{21}A_x^2 + a_{22}A_z^2 - A_x \cos(\lambda\tau + \phi) + (a_{23}A_x^2 - a_{24}A_z^2)\cos(2\lambda\tau + 2\phi) + \\ \quad (a_{31}A_x^3 - a_{32}A_xA_z^2)\cos(3\lambda\tau + 3\phi) \\ \eta = kA_x \sin(\lambda\tau + \phi) + (b_{21}A_x^2 - b_{22}A_z^2)\sin(2\lambda\tau + 2\phi) + \\ \quad (b_{31}A_x^3 - b_{32}A_xA_z^2)\sin(3\lambda\tau + 3\phi) \\ \varsigma = \delta_n A_z \cos(\lambda\tau + \phi) + \delta_n d_{21}A_xA_z(\cos(2\lambda\tau + 2\phi) - 3) + \\ \quad \delta_n(d_{32}A_zA_x^2 - d_{31}A_z^3)\cos(3\lambda\tau + 3\phi)\end{cases} \tag{8.136}$$

这里 a_{ik} ， b_{jk} 和 d_{jk} 是由逐次近似法推导出的因子，这些因子的定义如式（8.137）～式（8.149）所示。

$$a_{21} = \frac{3c_3(k^2 - 2)}{4(1 + 2c_2)} \tag{8.137}$$

$$a_{22} = \frac{3c_3}{4(1 + 2c_2)} \tag{8.138}$$

$$a_{23} = -\frac{3c_3\lambda}{4kd_1}[3k^3\lambda - 6k(k - \lambda) + 4] \tag{8.139}$$

$$a_{24} = -\frac{3c_3 d}{4kd_1}[2 + 3k\lambda] \tag{8.140}$$

$$b_{21} = -\frac{3c_3\lambda}{2d_1}(3k\lambda - 4) \tag{8.141}$$

$$b_{22} = \frac{3c_3\lambda}{d_1} \tag{8.142}$$

$$d_{21} = -\frac{c_3}{2\lambda^2} \tag{8.143}$$

$$a_{31} = -\frac{9\lambda}{4d_2}[4c_3(ka_{23} - b_{21}) + kc_4(4 + k^2)] + \frac{(9\lambda^2 + 1 - c_2)}{2d_2}[3c_3(2a_{23} - kb_{21}) + c_4(2 + 3k^2)] \tag{8.144}$$

$$a_{32} = -\frac{9\lambda}{4d_2}[4c_3(ka_{24} - b_{22}) + kc_4] - \frac{3(9\lambda^2 + 1 - c_2)}{2d_2}[c_3(kb_{22} + d_{21} - 2a_{24}) - c_4] \tag{8.145}$$

$$b_{31} = \frac{3\lambda}{d_2}[3c_3(kb_{21} - 2a_{23}) - c_4(2 + 3k^2)] + \frac{3(9\lambda^2 + 1 + 2c_2)}{8d_2}[4c_3(ka_{23} - b_{21}) + kc_4(4 + k^2)] \tag{8.146}$$

$$b_{32} = \frac{9\lambda}{d_2}[c_3(kb_{22} + d_{21} - 2a_{24}) - c_4] + \frac{3(9\lambda^2 + 1 + 2c_2)}{8d_2}[4c_3(ka_{24} - b_{22}) + kc_4] \tag{8.147}$$

$$d_{31} = \frac{3}{64\lambda^2}[4c_3a_{24} + c_4] \tag{8.148}$$

$$d_{32} = \frac{3}{64\lambda^2}[4c_3(a_{23} - d_{21}) + c_4(4 + k^2)] \tag{8.149}$$

式中

$$d_1 = \frac{3\lambda^2}{k}[k(6\lambda^2 - 1) - 2\lambda] \tag{8.150}$$

$$d_2 = \frac{8\lambda^2}{k}[k(11\lambda^2 - 1) - 2\lambda] \tag{8.151}$$

$$k = \frac{1}{2\lambda}(\lambda^2 + 1 + 2c_2) \tag{8.152}$$

线性化频率 λ 可由方程（8.153）求得

$$\lambda^4 + (c_2 - 2)\lambda^2 - (c_2 - 1)(1 + 2c_2) = 0 \tag{8.153}$$

幅值满足如下约束：

$$l_1 = 2\lambda^2 s_1 - \frac{3}{2}c_3(2a_{21} + a_{23} + 5d_{21}) - \frac{3}{8}c_4(12 - k^2) \tag{8.154}$$

$$l_2 = 2\lambda^2 s_2 + \frac{3}{2}c_3(a_{24} - 2a_{22}) + \frac{9}{8}c_4 \tag{8.155}$$

$$\Delta = \lambda^2 - c_2 \tag{8.156}$$

$$s_1=\frac{\frac{3}{2}c_3[2a_{21}(k^2-2)-a_{23}(k^2+2)-2kb_{21}]-\frac{3}{8}c_4[3k^4-8k^2+8]}{2\lambda[\lambda(1+k^2)-2k]} \tag{8.157}$$

$$s_2=\frac{\frac{3}{2}c_3[2a_{22}(k^2-2)+a_{24}(k^2+2)+2kb_{22}+5d_{21}]+\frac{3}{8}c_4[12-k^2]}{2\lambda[\lambda(1+k^2)-2k]} \tag{8.158}$$

式中，$\delta_n=\pm1$是一个切换函数，用来指定最大平面外的漂移方向；τ是时间变量。另外，幅值A_x和A_z必须满足约束条件

$$l_1A_x^2+l_2A_z^2+\Delta=0 \tag{8.159}$$

式中，l_1，l_2和Δ可由式（8.154）～式（8.156）得到。因子a_{ik}，b_{jk}，d_{jk}，l_j，k和频率λ是由c_n的基本函数构成的。c_n是勒让德多项式的因子。c_n可以由式（8.160）和式（8.161）得到

$$c_n=\frac{1}{\gamma_L^3}\left[(\pm1)^n\mu+(-1)^n\frac{(1-\mu)\gamma_L^{n+1}}{(1\mp\gamma_L)^{n+1}}\right]，\text{对于 } L_1 \text{ 或 } L_2 \tag{8.160}$$

$$c_n=\frac{1}{\gamma_L^3}\left[1-\mu+\frac{\mu\gamma_L^{n+1}}{(1+\gamma_L)^{n+1}}\right]，\text{对于 } L_3 \tag{8.161}$$

式中，γ_L为平动点和最近天体之间的距离与两个天体之间距离的比值。

式（8.136）能够较好地描述平衡点附近周期轨道的运动行为，特别为三维周期轨道族的运动特性提供了重要的信息。由于动力学方程的强非线性，解析解积分一个周期后仍会发散，需要通过数值迭代获得三体动力学模型下周期轨道的精确解，但三阶解析解为数值求解提供了很好的初值猜测。在介绍平动点附近周期轨道的数值求解方法之前，首先讨论限制性三体模型的状态转移矩阵。

引入摄动变量，定义相对于参考轨道的变分为$(\delta x,\delta y,\delta z)$，六维状态矢量$\delta\boldsymbol{x}$为

$$\delta\boldsymbol{x}\equiv[\delta x\quad \delta y\quad \delta z\quad \delta\dot{x}\quad \delta\dot{y}\quad \delta\dot{z}]^{\mathrm{T}} \tag{8.162}$$

则变分方程的状态空间形式可以表示为

$$\delta\dot{\boldsymbol{x}}(t)=\boldsymbol{A}(t)\cdot\delta\boldsymbol{x}(t) \tag{8.163}$$

与时间有关的矩阵$\boldsymbol{A}(t)$是由 4 个 3×3 的矩阵构成，即

$$\boldsymbol{A}(t)=\begin{bmatrix}\boldsymbol{0} & \boldsymbol{I}_3\\ \boldsymbol{B}(t) & \boldsymbol{C}\end{bmatrix} \tag{8.164}$$

由于$\boldsymbol{B}(t)$是一个时变函数，则$\boldsymbol{A}(t)$也是一个时变函数。方程（8.163）的解的形式为

$$\delta\boldsymbol{x}(t)=\boldsymbol{\Phi}(t,t_0)\cdot\delta\boldsymbol{x}(t_0) \tag{8.165}$$

这里 $\boldsymbol{\Phi}(t,t_0)$ 是状态转移矩阵。状态转移矩阵是从初始状态到 t 时刻状态的线性映射，可以反映初始状态变化对末端状态的影响。状态转移矩阵满足矩阵微分方程

$$\dot{\boldsymbol{\Phi}}(t,t_0)=\boldsymbol{A}(t)\boldsymbol{\Phi}(t,t_0) \tag{8.166}$$

给定的初始条件为 $\boldsymbol{\Phi}(t_0,t_0)=\boldsymbol{I}_6$，这里 $\boldsymbol{I}_6$ 为 6×6 的单位矩阵。在 t 时刻的单位状态转移矩阵通过初始状态数值积分得到。因为状态转移矩阵是 6×6，所以方程（8.166）包括 36 个一阶微分方程。由于 $\boldsymbol{B}(t)$ 中的系数与轨道位置相关，因此需要同时对轨道动力学方程积分，即求解状态转移矩阵总共需要计算 42 个微分方程。

通过状态转移矩阵求解周期轨道的精确数值解通常需要多次迭代修正实现，该问题可以表述为寻找六维状态矢量 $\bar{\boldsymbol{x}}(t_0)$ 的初始状态，使周期轨道在 t_f 时刻满足约束条件 $\bar{\boldsymbol{x}}(t_\mathrm{f})_\mathrm{d}$。这里采用微分校正方法来求解该问题，根据当前轨道末端状态与理想状态的偏差，通过状态转移矩阵对初始状态进行修正，使最终的末端状态满足周期性约束。末端状态的偏差为

$$\delta\bar{\boldsymbol{x}}(t_\mathrm{f})=\frac{\partial\bar{\boldsymbol{x}}(t_\mathrm{f})}{\partial\bar{\boldsymbol{x}}(t_0)}\delta\bar{\boldsymbol{x}}(t_0)+\dot{\bar{\boldsymbol{x}}}(t_\mathrm{f})\cdot\delta(t_\mathrm{f}-t_0) \tag{8.167}$$

矩阵的偏导数 $\partial\bar{\boldsymbol{x}}(t_\mathrm{f})/\partial\bar{\boldsymbol{x}}(t_0)$ 等于在 t_f 时刻的状态转移矩阵，那么式（8.167）可以简化为

$$\delta\bar{\boldsymbol{x}}(t_\mathrm{f})=\boldsymbol{\Phi}(t_\mathrm{f},t_0)\cdot\delta\bar{\boldsymbol{x}}(t_0)+\dot{\bar{\boldsymbol{x}}}(t_\mathrm{f})\cdot\delta(t_\mathrm{f}-t_0) \tag{8.168}$$

末端状态的偏差量为

$$\delta\bar{\boldsymbol{x}}(t_\mathrm{f})=\bar{\boldsymbol{x}}(t_\mathrm{f})_\mathrm{d}-\bar{\boldsymbol{x}}(t_\mathrm{f}) \tag{8.169}$$

将式（8.169）代入式（8.168），可以解出一个初始状态修正量的估计值 $\delta\bar{\boldsymbol{x}}(t_0)$。通过方程（8.168）的迭代可以得到三维周期 Halo 轨道的数值解。此外，这个过程可以通过 Halo 轨道关于 xz 平面的对称性得到简化。由于动力学方程（8.104）关于 x 轴和 z 轴具有对称性，因此周期轨道必定与 xz 平面垂直，可得在轨道穿越 $y=0$ 平面时，

$$\dot{x}=\dot{z}=0 \tag{8.170}$$

利用对称性可进一步对问题进行简化。初始状态仅需要积分 1/2 个周期，且不需要事先指定末端时间 t_f，因为与 xz 平面相交，即 $y(t_\mathrm{f})=0$，可以作为算法的终止条件。

选择周期轨道的初始状态位于 $y=0$ 平面，那么初始状态应满足：

$$\bar{\boldsymbol{x}}(t_0)=[x_0\quad 0\quad z_0\quad 0\quad \dot{y}_0\quad 0]^\mathrm{T} \tag{8.171}$$

周期轨道在 1/2 个周期后理想的末端状态矢量也表示为

$$\bar{\boldsymbol{x}}(t_{\mathrm{f}})_{\mathrm{d}}=[x_{\mathrm{f}}\quad 0\quad z_{\mathrm{f}}\quad 0\quad \dot{y}_{\mathrm{f}}\quad 0]^{\mathrm{T}} \tag{8.172}$$

式中，x_{f}，z_{f} 和 $\dot{y}_{\mathrm{f}}$ 的值是任意的，仅要求 $y_{\mathrm{f}}=\dot{x}_{\mathrm{f}}=\dot{z}_{\mathrm{f}}=0$。因为 $y_{\mathrm{f}}=0$ 作为积分终止的条件，所以修正过程中需要调整初始状态使末端的状态 $\dot{x}_{\mathrm{f}}$ 和 $\dot{z}_{\mathrm{f}}$ 接近于 0。通过方程（8.168）估计出 $\delta\bar{\boldsymbol{x}}(t_0)$，它可以简化为求解含有 3 个未知数（$x_0$，$z_0$ 和 $\dot{y}_0$）两个方程的系统。由于该方程组不满秩，可以通过固定初始状态中的某一参数，将这个系统化简为含有两个未知数的二维方程。

以地—日 L_2 平动点的 Halo 轨道为例，给出微分校正法得到的数值解。取轨道的 z 轴方向振幅约为 250 000 km，系统的质量常数取为 $\mu=3.040\,357\,143\times10^{-6}$，$L_2$ 平动点与地球的距离为 $1.007\,824\,1\times10^{-2}$ AU，由 Richardson 三阶解析解，可以得到与 xz 平面垂直相交的归一化初值，即 $x_0=1.008\,172\,918$，$y_0=0$，$z_0=0.001\,674\,059$，$\dot{x}_0=0$，$\dot{y}_0=0.010\,570\,851$，$\dot{z}_0=0$，周期 $T=3.074\,288$。通过微分校正法得精确的周期轨道初值：$x_0=1.008\,114\,395$，$\dot{y}_0=0.010\,849\,517$，周期 $T=3.098\,110$，修正前后的周期 Halo 轨道如图 8.11 所示。

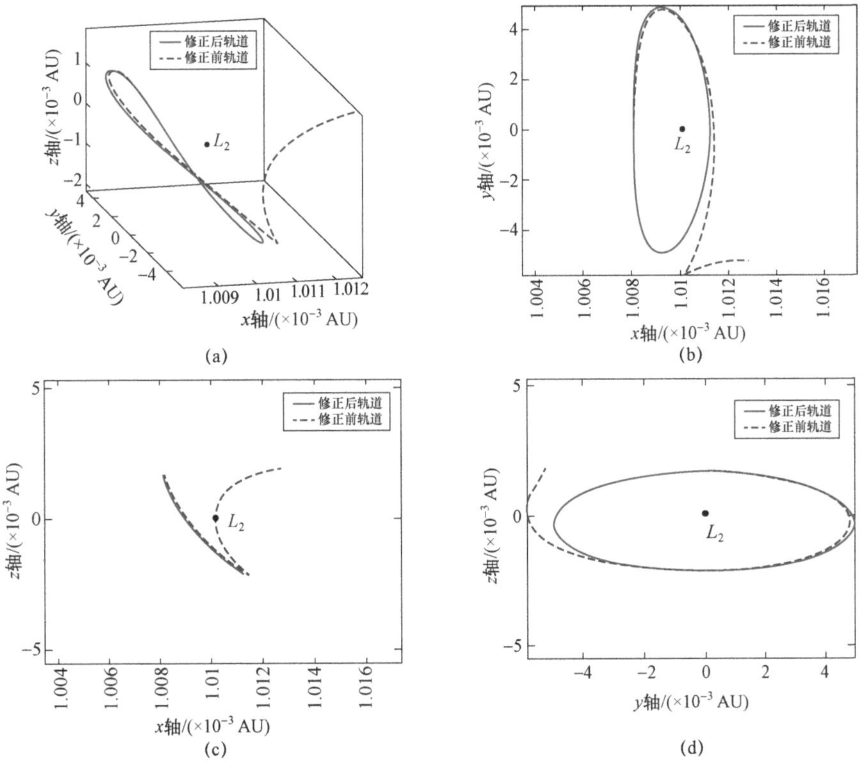

图 8.11　修正前后的周期 Halo 轨道

（a）三维视图；（b）xy 平面投影视图；（c）xz 平面投影视图；（d）yz 平面投影视图

图 8.11 中的修正前轨道由三阶解析解给出的初值积分得到。可以看出，Richardson 的三阶解析解，在围绕点 L_2 1/2 个周期后即发散，而通过微分修正后的轨道具有良好的周期性，可以运行 3～4 个周期保持不发散。

除 Halo 轨道外，借助动力学的对称性，利用解析解作为初始猜测值，通过微分修正还可求得共线平动点附近其他类型的周期轨道，包括平面 Lyapunov 轨道、垂直 Lyapunov 轨道和轴向轨道等。

其中平面 Lyapunov 轨道的 z 轴方向振幅为 0，仅在 xy 平面内运动，轨道的初值可取为如下形式：

$$\bar{\boldsymbol{x}}(t_0)=[x_0 \quad 0 \quad 0 \quad 0 \quad \dot{y}_0 \quad 0]^{\mathrm{T}} \tag{8.173}$$

经过 1/2 个轨道周期 $t_{\mathrm{f}}=\dfrac{T}{2}$ 后，轨道返回 x 轴，通过修正 x_0 或 $\dot{y}_0$ 使 $\dot{y}_{\mathrm{f}}=0$，可得到精确的 Lyapunov 轨道。

垂直 Lyapunov 轨道关于 xz 平面对称，轨道主要在 z 轴方向运动，x 轴方向、y 轴方向方向的振幅很小，轨道呈“8”字形，其轨道初值的形式和微分修正方式与 Halo 轨道相同，但初值猜测略有不同，可通过一阶解析解（8.135）中令 $\xi=0$，$\eta=0$ 作为初值猜测进行修正求解。

轴向轨道关于 x 轴对称，轨道穿过 x 轴，初值可取为如下形式：

$$\bar{\boldsymbol{x}}(t_0)=[x_0 \quad 0 \quad 0 \quad 0 \quad \dot{y}_0 \quad \dot{z}_0]^{\mathrm{T}} \tag{8.174}$$

经过 1/2 个轨道周期 $t_{\mathrm{f}}=\dfrac{T}{2}$ 后，轨道返回 $y=0$ 平面，通过修正 x_0，$\dot{y}_0$ 和 $\dot{z}_0$ 中的任意两个使 $z_{\mathrm{f}}=0$，$\dot{x}_{\mathrm{f}}=0$，可得到精确的轴向轨道。图 8.12 为共线平动点附近几类周期轨道。

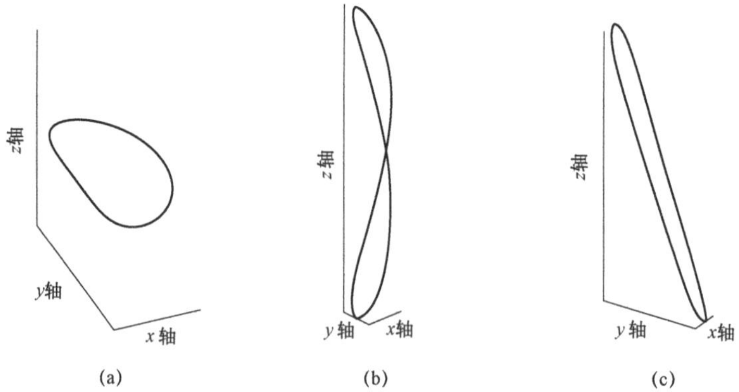

(a)　　(b)　　(c)

图 8.12　共线平动点附近几类周期轨道

（a）平面 Lyapunov 轨道；（b）垂直 Lyapunov 轨道；（c）轴向轨道

8.3.3.3 周期轨道的稳定性与不变流形

状态转移矩阵的定义已在 8.3.3.2 节中给出，记 $\boldsymbol{M}$ 为周期轨道在一个轨道周期的状态转移矩阵：

$$\boldsymbol{M}=\boldsymbol{\Phi}(t=T) \tag{8.175}$$

通常也称 Monodromy 矩阵。Monodromy 矩阵的特征值和特征矢量反映周期轨道 $\boldsymbol{X}(t)$ 的稳定性及受扰后的运动特征。假设轨道的初始误差为 $\delta\boldsymbol{X}_0$，则经过一个周期后的误差为 $\delta\boldsymbol{X}=\boldsymbol{M}\cdot\delta\boldsymbol{X}_0$。记 λ_i 为矩阵 $\boldsymbol{M}$ 的特征值，$\boldsymbol{u}_i$ 为对应的特征向量，当 $|\lambda_i|>1$ 时，$\boldsymbol{u}_i$ 对应的方向为该周期轨道的不稳定方向；当 $|\lambda_i|<1$ 时，$\boldsymbol{u}_i$ 对应的方向为该周期轨道的稳定方向。若周期轨道的所有特征值均小于或等于 1，则该周期轨道为稳定的周期轨道，否则该轨道为不稳定的周期轨道。

Halo 轨道属于不稳定的周期轨道，它的 $\boldsymbol{M}$ 矩阵特征值形式为 $\{1,1,\lambda_1,\lambda_1^{-1},\lambda_2,\lambda_2^{-1}\}$，它们的意义如下。

（1）$\lambda_1=1$，有

$$\delta\boldsymbol{X}=\boldsymbol{M}\cdot\delta\boldsymbol{x}_0=\delta\boldsymbol{X}_0 \tag{8.176}$$

若 $\boldsymbol{X}(t=t_0)=\boldsymbol{X}_0$ 满足式 $\varphi(\boldsymbol{X}_0,T)-\boldsymbol{X}_0=\boldsymbol{0}$，则 $\boldsymbol{X}(t)$ 也满足式 $\varphi(\boldsymbol{X}_0+\delta\boldsymbol{X}_0,T)-\boldsymbol{X}_0=\delta\boldsymbol{X}_0$，也即 $\boldsymbol{X}_0$ 处沿该周期轨道方向的小位移 $\delta\boldsymbol{X}_0$ 经过一个周期 T 后仍为 $\delta\boldsymbol{X}_0$，偏差不会随时间发散，可用于寻找相同的轨道族。

（2）$\lambda_1>1$，它对应的特征值为该周期轨道的不稳定方向，也即该方向上如有小的误差 $\delta\boldsymbol{X}_0$，随着时间的正向增长，$\delta\boldsymbol{X}$ 将越来越大，轨道将离周期轨道越来越远。

（3）$\lambda_1^{-1}<1$，它对应的特征值为该周期轨道的稳定方向，也即该方向上如有小的误差 $\delta\boldsymbol{X}_0$，随着时间的正向增长，$\delta\boldsymbol{X}$ 将越来越小，轨道将离周期轨道越来越近。

（4）$\lambda_2^{-1}=\bar{\lambda}_2$，它对应的特征值为该周期轨道的振动方向，也即该方向上如有小偏差 $\delta\boldsymbol{X}_0$，随着时间的变化，$\delta\boldsymbol{X}$ 也将变化，但它的模不变，也即轨道将绕该周期轨道振动而不离去，它实际上描述的是环绕一维周期轨道的二维环面。

确定了周期轨道的稳定方向与不稳定方向，即可通过沿稳定方向与不稳定方向施加小偏差，计算它们对应的稳定渐近轨道和不稳定渐近轨道，这些渐近轨道的集合可以给出稳定流形和不稳定流形。其中，稳定流形随着时间的正向演化不断靠近周期轨道；不稳定流形随着时间的负向演化不断靠近周期轨道，它们在周期轨道处的切实量在稳定（不稳定）特征矢量生成的子空间上。

参考文献

[1] 李俊峰，宝音贺西，蒋方华. 深空探测器动力学与控制 [M]. 北京：清华大学出版社，2013.

[2] 崔平远，乔栋，崔祜涛. 深空探测轨道设计与优化 [M]. 北京：科学出版社，2013.

[3] 乔栋. 深空探测转移轨道设计方法研究及在小天体探测中的应用 [D]. 哈尔滨：哈尔滨工业大学，2007.

[4] 杨嘉墀. 航天器轨道动力学与控制（上）[M]. 北京：中国宇航出版社，1995.

[5] 刘林，侯锡云. 深空探测器轨道力学 [M]. 北京：电子工业出版社，2012.

[6] CURTIS H D. 轨道力学 [M]. 周建华，徐波，冯全胜，译. 北京：科学出版社，2005.

[7] BATTIN R H. An introduction to the mathematics and methods of astrodynamics [M]. Reston，VA：AIAA，1999.

[8] STRANGE N J，LONGUSKI J M. Graphical method for gravity-assist trajectory design [J]. Journal of Spacecraft and Rockets，2002，39（1）：9–16.

[9] KLOSTER K W，PETROPOULOS A E，LONGUSKI J M. Europa orbiter tour design with Io gravity assists[J]. Acta Astronautica，2011，68(7–8)：931–946.

[10] HEATON A F，STRANGE N J，LONGUSKI J M. Automated design of the Europa orbiter tour [J]. Journal of Spacecraft and Rockets，2002，39（1）：17–22.

[11] VASILE M，DE PASCALE P. Preliminary design of multiple gravity-assist trajectories[J]. Journal of Spacecraft and Rockets，2006，43(4)：794–805.

[12] WILSON M G，POTTS C L，MASE R A，et al. Maneuver design for galileo jupiter approach and orbital operations [C] //12th International Symposium for Spaceflight Dynamics. Darmstadt，Germany，1997.

[13] RICHARDSON D L. Analytic construction of periodic orbits about the collinear point [J]. Celestial Mechanics，1980，22：241–253.

第 9 章

航天器姿态的描述与姿态动力学

扫码获得更多内容

对于一个航天任务来讲，除了保证航天器轨道符合特定任务需求，对航天器的姿态指向也有约束。因此，为使航天器的姿态在空间保持高精度定向，或在一定时间内按设定进行机动，需充分认识航天器的姿态动力学特性。本章将介绍航天器姿态动力学的相关理论：9.1 节将介绍航天器的姿态描述方法，包括定义参考坐标系、角度以及描述角度的转动等关键量；9.2 节给出航天姿态的运动学方程和动力学建模，将系统介绍刚体航天器姿态动力学方程与欧拉方程；9.3 节将阐述空间环境对航天器产生的干扰力矩。

| 9.1 航天器姿态描述 |

9.1.1 姿态坐标系

为了能够准确描述航天器在空间中的姿态，通常需要定义空间参考坐标系和固连于航天器的本体坐标系。通过两坐标系之间的角度关系，可以描述航天器的姿态状态。地心赤道惯性坐标系和地心赤道旋转坐标系在第 2 章中已进行介绍，这里定义航天器本体坐标系和惯性主轴坐标系。

航天器本体坐标系的原点通常取在航天器的质心。根据 x 轴的指向不同，本体坐标系和惯性主轴坐标系的具体定义如下。

1. 本体坐标系

本体坐标系 $O-x_b y_b z_b$，又称本体固连坐标系，坐标原点为航天器某特征点，x_b 轴沿某特征轴方向，y_b 轴和 z_b 轴也为航天器某特征轴，本体坐标系与航天器的布局相关。对于结构布局复杂的航天器，坐标系的原点可不在航天器的质心。实际应用中，本体坐标系通常是航天器仪器安装的基准参考坐标系。

2. 惯性主轴坐标系

惯性主轴坐标系 $O-x_iy_iz_i$ 的原点为航天器质心，x_i 轴沿航天器某惯性主轴方向，y_i 轴和 z_i 轴沿航天器另外两个惯性主轴方向，且构成右手坐标系。

此外在 2.2 节中定义的轨道坐标系也是姿态运动中常用的坐标系之一，这里不再赘述。

9.1.2　航天器姿态描述和坐标系转换

分析航天器姿态运动时，本体坐标系和参考坐标系的旋转关系与航天器质心到地心的相对位置无关，把参考系的原点（地心）移到本体坐标系的原点（质心）上，通常会给问题的解决带来很多便利。航天器本体坐标系与参考坐标系如图 9.1 所示。描述航天器本体坐标系与参考坐标系之间方向关系的参数，称为姿态参数。姿态参数的表述形式有方向余弦、欧拉角、欧拉轴/角参数、欧拉四元数等。各种姿态参数之间可以相互转换。下面就具体给出这几种姿态参数的描述和相互转换。

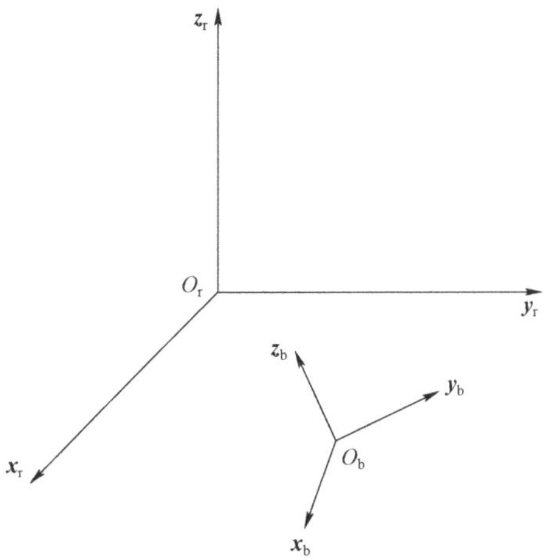

图 9.1　航天器本体坐标系与参考坐标系

1. 方向余弦

为了便于描述，以 $\boldsymbol{x}$，$\boldsymbol{y}$，$\boldsymbol{z}$ 表示坐标轴的单位矢量，下标表示不同的坐标系，如 b，r 分别表示航天器本体坐标系和参考坐标系。这两个坐标系之间的方向余弦共有 9 个，即

$$\left.\begin{aligned}&\boldsymbol{x}_{\mathrm{b}}\cdot\boldsymbol{x}_{\mathrm{r}}=A_{xx},\ \boldsymbol{y}_{\mathrm{b}}\cdot\boldsymbol{x}_{\mathrm{r}}=A_{yx},\ \boldsymbol{z}_{\mathrm{b}}\cdot\boldsymbol{x}_{\mathrm{r}}=A_{zx}\\&\boldsymbol{x}_{\mathrm{b}}\cdot\boldsymbol{y}_{\mathrm{r}}=A_{xy},\ \boldsymbol{y}_{\mathrm{b}}\cdot\boldsymbol{y}_{\mathrm{r}}=A_{yy},\ \boldsymbol{z}_{\mathrm{b}}\cdot\boldsymbol{y}_{\mathrm{r}}=A_{zy}\\&\boldsymbol{x}_{\mathrm{b}}\cdot\boldsymbol{z}_{\mathrm{r}}=A_{xz},\ \boldsymbol{y}_{\mathrm{b}}\cdot\boldsymbol{z}_{\mathrm{r}}=A_{yz},\ \boldsymbol{z}_{\mathrm{b}}\cdot\boldsymbol{z}_{\mathrm{r}}=A_{zz}\end{aligned}\right\}\tag{9.1}$$

基于这些方向余弦，航天器本体坐标系的单位矢量都可以由参考坐标系来表述，即

$$\boldsymbol{x}_{\mathrm{b}}=A_{xx}\boldsymbol{x}_{\mathrm{r}}+A_{xy}\boldsymbol{y}_{\mathrm{r}}+A_{xz}\boldsymbol{z}_{\mathrm{r}}\tag{9.2}$$

方向余弦组成的矩阵 $\boldsymbol{A}$ 可表述为

$$\boldsymbol{A}=\begin{bmatrix}A_{xz}&A_{xy}&A_{xz}\\A_{yx}&A_{yy}&A_{yz}\\A_{zx}&A_{zy}&A_{zz}\end{bmatrix}\tag{9.3}$$

结合式（9.1）和式（9.2），航天器本体坐标系中的姿态参数可以在参考坐标系中表述为

$$\begin{bmatrix}\boldsymbol{x}_{\mathrm{b}}\\\boldsymbol{y}_{\mathrm{b}}\\\boldsymbol{z}_{\mathrm{b}}\end{bmatrix}=\boldsymbol{A}\begin{bmatrix}\boldsymbol{x}_{\mathrm{r}}\\\boldsymbol{y}_{\mathrm{r}}\\\boldsymbol{z}_{\mathrm{r}}\end{bmatrix}\tag{9.4}$$

由于矩阵 $\boldsymbol{A}$ 完全确定了航天器姿态在参考坐标系中的状态，故称此方向余弦阵 $\boldsymbol{A}$ 为姿态矩阵。姿态矩阵中的每个元素为姿态参数，由于航天器本体坐标系和参考坐标系都是正交坐标系，所以这些姿态参数还满足 6 个约束方程，即由各单位矢量的模推导出的 3 个约束方程：

$$\left.\begin{aligned}A_{xx}^2+A_{xy}^2+A_{xz}^2=1\\A_{yx}^2+A_{yy}^2+A_{yz}^2=1\\A_{zx}^2+A_{zy}^2+A_{zz}^2=1\end{aligned}\right\}\tag{9.5}$$

和由航天器本体坐标系的正交特性推导出 3 个约束方程：

$$\left.\begin{aligned}A_{xx}A_{yx}+A_{xy}A_{yy}+A_{xz}A_{yz}=0\\A_{xx}A_{zx}+A_{xy}A_{zy}+A_{xz}A_{zz}=0\\A_{yx}A_{zx}+A_{yy}A_{zy}+A_{yz}A_{zz}=0\end{aligned}\right\}\tag{9.6}$$

由以上给出的姿态参数和相应的方程可知，只有 3 个姿态参数是独立的，即只要用 3 个独立参数就可描述航天器的三轴姿态在参考坐标系中的状态。由约束方程（9.5）和约束方程（9.6）得到的姿态矩阵 $\boldsymbol{A}$ 还具有下列特性：

$$AA^{\mathrm{T}} = I \tag{9.7}$$

I 为单位矩阵，式（9.7）表明矩阵 A 是正交矩阵。

姿态确定问题实质是如何把这些方向余弦与航天器姿态敏感器的测量几何联系起来，根据姿态敏感器测量的参考矢量及利用在参考坐标系中已知的矢量，求解得出姿态矩阵。

2. 欧拉角

根据欧拉定理，刚体绕固定点的位移可以表述成绕该点若干次有限转动的合成。在欧拉转动中，将参考坐标系转动三次即可得到本体坐标系。在三次转动中，每次的旋转轴就是被转动坐标系的某一坐标轴，每次的转动角即为欧拉角。用欧拉角确定的姿态矩阵是三次坐标转换矩阵的乘积，这些坐标转换的基本矩阵包括

$$\boldsymbol{R}_x(\theta)=\begin{bmatrix}1 & 0 & 0\\ 0 & \cos\theta & \sin\theta\\ 0 & -\sin\theta & \cos\theta\end{bmatrix},\boldsymbol{R}_y(\theta)=\begin{bmatrix}\cos\theta & 0 & -\sin\theta\\ 0 & 1 & 0\\ \sin\theta & 0 & \cos\theta\end{bmatrix},\boldsymbol{R}_z(\theta)=\begin{bmatrix}\cos\theta & \sin\theta & 0\\ -\sin\theta & \cos\theta & 0\\ 0 & 0 & 1\end{bmatrix} \tag{9.8}$$

由以上描述可以看出：姿态矩阵还与三次转动的顺序有关，若用 1，2，3 分别代表转动坐标系的坐标轴 x，y，z，则有 12 种欧拉转动顺序；其中 1–2–1，1–3–1，2–1–2，2–3–2，3–1–3，3–2–3 为第一次转动和第三次转动是绕同类坐标轴进行的，即为第一类转动；而 1–2–3，1–3–2，2–1–3，2–3–1，3–1–2，3–2–1 是每次转动都绕不同类别的坐标轴进行的，即为第二类转动。最常用的欧拉角是按 3–1–3 或 3–1–2 顺序转动，各次转动的欧拉转角分别记为 ψ，θ，φ 和 ψ，φ，θ，具体如图 9.2 和图 9.3 所示。

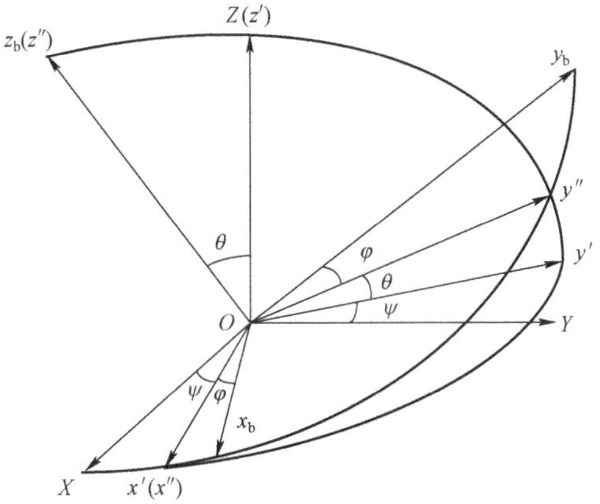

图 9.2　第一类转动

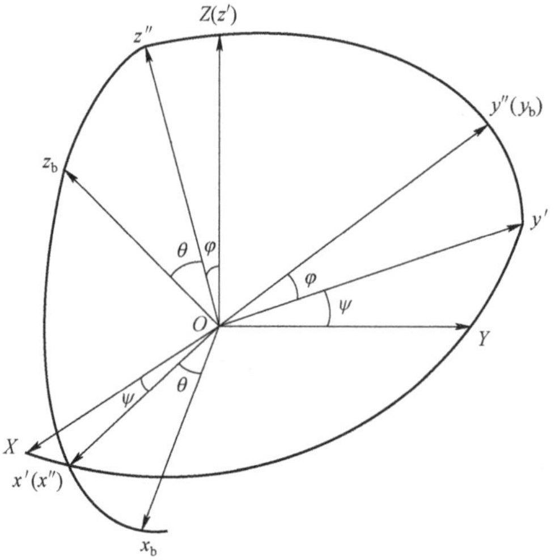

图 9.3　第二类转动

图 9.2 中，参考坐标轴为 X，Y，Z，按第一类转动顺序 3–1–3，即先绕 Z 轴转 ψ 角，得到过渡坐标系 $x'y'z'$，其中 z' 轴与 Z 轴一致，坐标转换矩阵为 $\boldsymbol{R}_z(\psi)$；然后绕 x' 轴转 θ 角，得到过渡坐标系 $x''y''z''$，其中 x'' 轴与 x' 轴一致，坐标转换矩阵为 $\boldsymbol{R}_x(\theta)$；最后绕 z'' 转 φ 角，得到本体坐标系 $x_b y_b z_b$，其中，z_b 轴与 z'' 轴一致，坐标转换矩阵为 $\boldsymbol{R}_y(\varphi)$。由以上坐标转换的基本矩阵可得第一类欧拉转动序列的姿态矩阵为

$$\begin{aligned}\boldsymbol{A}_{3\text{-}1\text{-}3}(\psi,\theta,\varphi)&=\boldsymbol{R}_z(\varphi)\boldsymbol{R}_x(\theta)\boldsymbol{R}_z(\psi)\\&=\begin{bmatrix}\cos\varphi\cos\psi-\cos\theta\sin\varphi\sin\psi & \cos\varphi\sin\psi+\cos\theta\sin\varphi\cos\psi & \sin\theta\sin\varphi\\-\sin\varphi\cos\psi-\cos\theta\cos\varphi\sin\psi & -\sin\varphi\sin\psi+\cos\theta\cos\varphi\cos\psi & \sin\theta\cos\varphi\\ \sin\theta\sin\psi & -\sin\theta\cos\psi & \cos\theta\end{bmatrix}\end{aligned} \tag{9.9}$$

参照式（9.3）的方向余弦矩阵，3–1–3 的欧拉角与方向余弦的对应关系为

$$\begin{cases}\psi=\arctan(-A_{zx}/A_{zy})\\ \theta=\arctan(A_{zz})\\ \varphi=\arctan(A_{xz}/A_{yz})\end{cases} \tag{9.10}$$

以上坐标转换中，若欧拉角 θ 为0°，则欧拉角转动处于奇异状态，ψ 角和 φ 角不能唯一确定。

对于 3–1–2 的第二类转动，如图 9.3 所示，转动过程与第一类有相似之处，这里不再赘述。同理也可以得到姿态矩阵：

$$\boldsymbol{A}_{3-1-2}(\psi,\varphi,\theta)=\boldsymbol{R}_y(\theta)\boldsymbol{R}_x(\varphi)\boldsymbol{R}_z(\psi)$$
$$=\begin{bmatrix}\cos\theta\cos\psi-\sin\varphi\sin\theta\sin\psi & \cos\theta\sin\psi+\sin\varphi\sin\theta\cos\psi & -\cos\varphi\sin\theta\\ -\cos\varphi\sin\psi & \cos\varphi\cos\psi & \sin\varphi\\ \sin\theta\cos\psi+\sin\varphi\cos\theta\sin\psi & \sin\theta\sin\psi-\sin\varphi\cos\theta\cos\psi & \cos\varphi\cos\theta\end{bmatrix} \tag{9.11}$$

同样，也可以得到 3–1–2 转动序列欧拉角与方向余弦矩阵的对应关系：

$$\begin{cases}\psi=\arctan(-A_{yx}/A_{yy})\\ \varphi=\arctan(A_{yz})\\ \theta=\arctan(A_{xz}/A_{zz})\end{cases} \tag{9.12}$$

以上坐标转换中，在欧拉角 φ 为90° 的情况下，欧拉角转动出现奇异情况，ψ 角和 θ 角不能唯一确定。若欧拉角 ψ，φ，θ 都为小量，则式（9.11）可近似为

$$\boldsymbol{A}_{3-1-2}(\psi,\varphi,\theta)=\begin{bmatrix}1 & \psi & -\theta\\ -\psi & 1 & \varphi\\ \theta & -\varphi & 1\end{bmatrix} \tag{9.13}$$

3. 欧拉轴/角参数

采用姿态矩阵描述航天器姿态时，通常需要用 9 个方向余弦，并同时引入 6 个约束方程求解，带来诸多不便；而采用欧拉轴/角参数的描述，则具有独特优点。根据欧拉定理，刚体绕固定点的任意一个位移，可由绕通过此点的某一轴转过一个角度而得到，则姿态可以由 4 个参数来描述，即转轴单位矢量 $\boldsymbol{e}$ 在参考坐标系中的 3 个方向余弦 e_x，e_y，e_z 和绕此轴的转角 ϕ。这 4 个姿态参数与 9 个方向余弦之间的转换关系如图 9.4 所示。

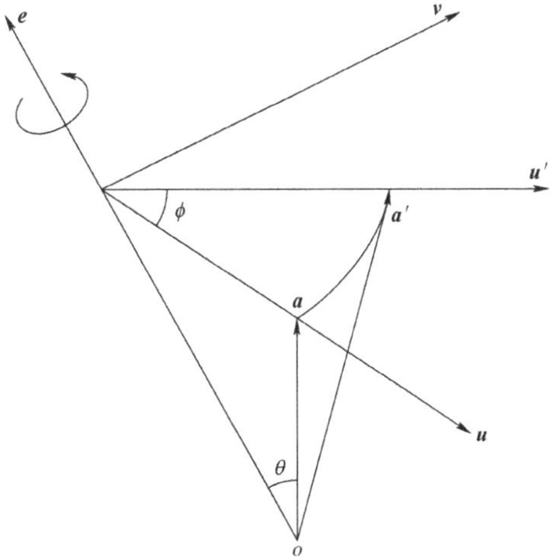

图 9.4　矢量转动

假设矢量 $\boldsymbol{a}$ 与欧拉轴 $\boldsymbol{e}$ 的夹角为 θ（见图 9.4），矢量 $\boldsymbol{a}$ 在绕 $\boldsymbol{e}$ 旋转时，与 $\boldsymbol{e}$ 的夹角不变，转过 ϕ 角，移动至 $\boldsymbol{a}'$，在垂直于 $\boldsymbol{e}$ 的圆锥底面上作矢量 $\boldsymbol{v}$，$\boldsymbol{u}$，则有

$$\boldsymbol{v}=\frac{\boldsymbol{e}\times\boldsymbol{a}}{|\boldsymbol{e}\times\boldsymbol{a}|}=\frac{1}{a\sin\theta}(\boldsymbol{e}\times\boldsymbol{a}) \tag{9.14}$$

$$\boldsymbol{u}=\boldsymbol{v}\times\boldsymbol{e}=\frac{1}{a\sin\theta}(\boldsymbol{e}\times\boldsymbol{a})\times\boldsymbol{e}=\frac{1}{a\sin\theta}[\boldsymbol{a}-(\boldsymbol{e}\cdot\boldsymbol{a})\boldsymbol{e}] \tag{9.15}$$

过 $\boldsymbol{a}'$ 的端点，作矢量 $\boldsymbol{u}'$：

$$\boldsymbol{u}'=\cos\phi\cdot\boldsymbol{u}+\sin\phi\cdot\boldsymbol{v} \tag{9.16}$$

基于以上，可将矢量 $\boldsymbol{a}$ 和 $\boldsymbol{a}'$ 分别表示为

$$\boldsymbol{a}=a\cos\theta\cdot\boldsymbol{e}+a\sin\theta\cdot\boldsymbol{u} \tag{9.17}$$

$$\boldsymbol{a}'=a\cos\theta\cdot\boldsymbol{e}+a\sin\theta\cdot\boldsymbol{u}' \tag{9.18}$$

将矢量 $\boldsymbol{u}'$ 和 $\boldsymbol{u}$，$\boldsymbol{v}$ 的表达式代入 $\boldsymbol{a}'$，有

$$\boldsymbol{a}'=(1-\cos\phi)(\boldsymbol{e}\cdot\boldsymbol{a})\boldsymbol{e}+\cos\phi\cdot\boldsymbol{e}+\sin\phi\cdot(\boldsymbol{e}\times\boldsymbol{a}) \tag{9.19}$$

则参考坐标轴 $\boldsymbol{x}_\mathrm{r}$ 经欧拉轴转动得到对应的本体坐标轴 $\boldsymbol{x}_\mathrm{b}$，可表示为

$$\boldsymbol{x}_\mathrm{b}=(1-\cos\phi)(\boldsymbol{e}\cdot\boldsymbol{x}_\mathrm{r})\boldsymbol{e}+\cos\phi\cdot\boldsymbol{x}_\mathrm{r}+\sin\phi\cdot(\boldsymbol{e}\times\boldsymbol{x}_\mathrm{r}) \tag{9.20}$$

对于 $\boldsymbol{y}_\mathrm{b}$，$\boldsymbol{z}_\mathrm{b}$ 可得出类似的表达式。

若令欧拉轴矢量 $\boldsymbol{e}$ 在参考坐标系的矢量式为

$$\boldsymbol{e}=e_x\boldsymbol{x}_\mathrm{r}+e_y\boldsymbol{y}_\mathrm{r}+e_z\boldsymbol{z}_\mathrm{r} \tag{9.21}$$

将此欧拉轴矢量 $\boldsymbol{e}$ 代入式（9.20）及 $\boldsymbol{y}_\mathrm{b}$ 和 $\boldsymbol{z}_\mathrm{b}$ 的表达式，可得由 e_x，e_y，e_z 和 ϕ 四个姿态参数表示的姿态矩阵：

$$\begin{aligned}\boldsymbol{A}(\boldsymbol{e},\phi)&=\begin{bmatrix}\cos\phi+e_x^2(1-\cos\phi) & e_xe_y(1-\cos\phi)+e_x\sin\phi & e_xe_z(1-\cos\phi)-e_y\sin\phi\\ e_xe_y(1-\cos\phi)-e_x\sin\phi & \cos\phi+e_y^2(1-\cos\phi) & e_ye_x(1-\cos\phi)+e_x\sin\phi\\ e_xe_z(1-\cos\phi)+e_y\sin\phi & e_ye_x(1-\cos\phi)-e_x\sin\phi & \cos\phi+e_z^2(1-\cos\phi)\end{bmatrix}\\ &=\cos\phi\boldsymbol{I}+(1-\cos\phi)\boldsymbol{e}\boldsymbol{e}^\mathrm{T}-\sin\phi\tilde{\boldsymbol{E}}\end{aligned} \tag{9.22}$$

式中，$\boldsymbol{e}\boldsymbol{e}^\mathrm{T}$ 为矢量的外积；$\tilde{\boldsymbol{E}}$ 为斜对称矩阵：

$$\tilde{\boldsymbol{E}}=\begin{bmatrix}0 & -e_x & e_y\\ e_z & 0 & -e_x\\ -e_y & e_x & 0\end{bmatrix} \tag{9.23}$$

转轴 $\boldsymbol{e}$ 称为欧拉轴，转角 ϕ 称为欧拉转角。采用这种定义描述航天器姿态的方法称为欧拉轴/角参数法。这里需要注意：尽管欧拉轴/角参数有 4 个参数，但只有 3 个是独立的。根据式（9.4）和式（9.22），可以得到两个坐标之间的方向余弦。同样，如已知方向余弦，可根据式（9.12）得到欧拉参数：

$$\boldsymbol{e}=\frac{1}{2\sin\phi}\begin{bmatrix}A_{yz}-A_{zy}\\A_{zx}-A_{xz}\\A_{xy}-A_{yx}\end{bmatrix}$$

$$\cos\phi=\frac{1}{2}(\mathrm{tr}\boldsymbol{A}-1) \tag{9.24}$$

式中，$\mathrm{tr}\boldsymbol{A}$ 是姿态矩阵 $\boldsymbol{A}$ 的迹。绕任意转轴转动相同的 ϕ 角，姿态矩阵的迹不变。当姿态相对参考坐标的转动量较小时，欧拉轴/角参数式的姿态矩阵可写为

$$\boldsymbol{A}(\boldsymbol{e},\Delta\phi)=\boldsymbol{I}-\Delta\phi\tilde{\boldsymbol{E}} \tag{9.25}$$

相当于绕欧拉轴转动小角度 $\Delta\phi$。欧拉转角 ϕ 反映两套坐标轴之间的几何关系，如图 9.5 所示。

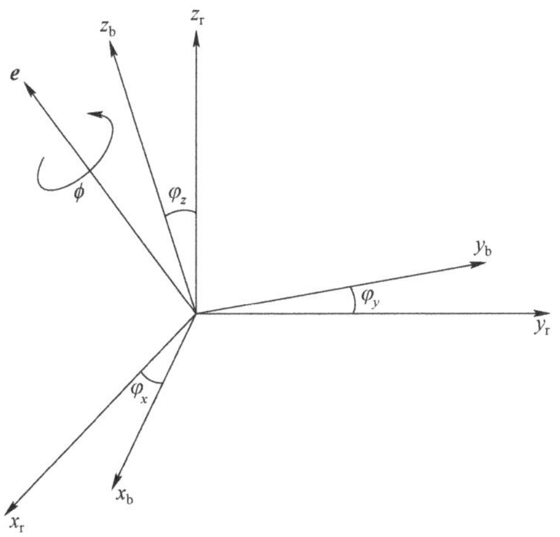

图 9.5　参考坐标系与本体坐标系的几何关系图

假设 φ_x，φ_y，φ_z 是参考坐标系和本体坐标系中对应坐标轴之间的夹角，则姿态矩阵中对角线上的元素可表示为

$$A_{mm}=\cos\varphi_m=\cos\phi+e_m^2(1-\cos\phi),\quad m=x,y,z \tag{9.26}$$

由三角变换可得

$$2\sin^2\frac{\varphi_m}{2}=(1-e_m^2)\,2\sin^2\frac{\phi}{2},\quad m=x,y,z \tag{9.27}$$

将 $m = x, y, z$ 分别代入式（9.27），并将三式相加，可得

$$\sin^2 \frac{\phi}{2} = \frac{1}{2}\left(\sin^2 \frac{\varphi_x}{2} + \sin^2 \frac{\varphi_y}{2} + \sin^2 \frac{\varphi_z}{2} \right) \tag{9.28}$$

式（9.28）给出了对应坐标轴的偏移角与绕欧拉轴转角之间的关系。当偏移角较小时，则有

$$\phi = \frac{1}{\sqrt{2}} \sqrt{\varphi_x^2 + \varphi_y^2 + \varphi_z^2} \tag{9.29}$$

该方程对于评估姿态确定误差具有重要意义。

4. 欧拉四元数

为了便于矩阵运算，将 4 个欧拉轴/角参数组成一个矩阵 $\boldsymbol{q}$，前三个元素 $\hat{\boldsymbol{q}}$ 为欧拉轴的方向，第四个元素 q_4 为欧拉转角，即

$$\boldsymbol{q} = \begin{bmatrix} \hat{\boldsymbol{q}} \\ q_4 \end{bmatrix} = \begin{bmatrix} q_1 \\ q_2 \\ q_3 \\ q_4 \end{bmatrix} = \begin{bmatrix} e_x \sin \dfrac{\phi}{2} \\[2mm] e_y \sin \dfrac{\phi}{2} \\[2mm] e_z \sin \dfrac{\phi}{2} \\[2mm] \cos \dfrac{\phi}{2} \end{bmatrix} \tag{9.30}$$

这 4 个参数满足约束方程

$$q_1^2 + q_2^2 + q_3^2 + q_4^2 = 1 \tag{9.31}$$

基于三角函数关系，可将欧拉轴/角参数矩阵 $A(\boldsymbol{e}, \phi)$ 转化为欧拉四元数姿态矩阵 $A(\boldsymbol{q})$：

$$\begin{aligned} A(\boldsymbol{e}, \phi) &= A(\boldsymbol{q}) \\ &= \begin{bmatrix} q_1^2 - q_2^2 - q_3^2 + q_4^2 & 2(q_1 q_2 + q_2 q_4) & 2(q_1 q_3 - q_2 q_4) \\ 2(q_1 q_2 - q_3 q_4) & -q_1^2 + q_2^2 - q_3^2 + q_4^2 & 2(q_2 q_3 + q_1 q_4) \\ 2(q_1 q_3 + q_2 q_4) & 2(q_2 q_3 - q_1 q_4) & -q_1^2 - q_2^2 + q_3^2 + q_4^2 \end{bmatrix} \\ &= (q_4^2 - \hat{\boldsymbol{q}}^{\mathrm{T}} \hat{\boldsymbol{q}}) \boldsymbol{I} + 2\hat{\boldsymbol{q}} \hat{\boldsymbol{q}}^{\mathrm{T}} - 2q_4 \tilde{\boldsymbol{Q}} \end{aligned} \tag{9.32}$$

式中，$\tilde{\boldsymbol{Q}}$ 为 $\hat{\boldsymbol{q}}$ 的斜对称矩阵：

$$\tilde{\boldsymbol{Q}} = \begin{bmatrix} 0 & -q_3 & q_2 \\ q_3 & 0 & -q_1 \\ -q_2 & q_1 & 0 \end{bmatrix} \tag{9.33}$$

四元数与方向余弦的关系：

$$\hat{\boldsymbol{q}}=\frac{1}{4q_4}\begin{bmatrix}A_{yz}-A_{zy}\\A_{zx}-A_{xz}\\A_{xy}-A_{yx}\end{bmatrix}\tag{9.34}$$

$$q_4=\pm\frac{1}{2}(\mathrm{tr}\boldsymbol{A}+1)^{\frac{1}{2}}\tag{9.35}$$

基于以上推导和分析可以看出：与方向余弦矩阵相比，欧拉四元数仅含 4 个变量和 1 个约束方程；与欧拉轴/角参数相比，欧拉四元数姿态矩阵的元素不含三角函数。欧拉四元数姿态矩阵本质上是坐标转换矩阵，通过该矩阵也可反映姿态机动。假设当前的姿态参数为 $\boldsymbol{q}$，机动后的姿态参数为 $\boldsymbol{q}''$，姿态机动参数为 $\boldsymbol{q}'$，则姿态矩阵的关系表达式为

$$\boldsymbol{A}(\boldsymbol{q}'')=\boldsymbol{A}(\boldsymbol{q}')\boldsymbol{A}(\boldsymbol{q})\tag{9.36}$$

将矩阵（9.36）展开，可得姿态欧拉参数的矢量关系式

$$\begin{bmatrix}q_1''\\q_2''\\q_3''\\q_4''\end{bmatrix}=\begin{bmatrix}q_4' & q_3' & -q_2' & q_1'\\-q_3' & q_4' & q_1' & q_2'\\q_2' & -q_1' & q_4' & q_3'\\-q_1' & -q_2' & -q_3' & q_4'\end{bmatrix}\begin{bmatrix}q_1\\q_2\\q_3\\q_4\end{bmatrix}\tag{9.37}$$

或

$$\begin{bmatrix}q_1''\\q_2''\\q_3''\\q_4''\end{bmatrix}=\begin{bmatrix}q_4 & -q_3 & q_2 & q_1\\q_3 & q_4 & -q_1 & q_2\\-q_2 & q_1 & q_4 & q_3\\-q_1 & -q_2 & -q_3 & q_4\end{bmatrix}\begin{bmatrix}q_1'\\q_2'\\q_3'\\q_4'\end{bmatrix}\tag{9.38}$$

不难看出，上式中 $\boldsymbol{q}'$ 矩阵和 $\boldsymbol{q}$ 矩阵都为正交矩阵，可以求逆。如已知初始姿态 $\boldsymbol{q}$，并给定目标姿态 $\boldsymbol{q}''$，则可利用上式求得姿态机动的参数 $\boldsymbol{q}'$。

应用欧拉四元数代数方法，可进一步简化欧拉参数姿态矩阵的运算。代数四元数的定义为

$$\boldsymbol{q}=q_1\boldsymbol{i}+q_2\boldsymbol{j}+q_3\boldsymbol{k}+q_4\tag{9.39}$$

并有矢量乘积规则

$$\left.\begin{array}{l}\boldsymbol{i}^2=\boldsymbol{j}^2=\boldsymbol{k}^2=-1\\\boldsymbol{ij}=-\boldsymbol{ji}=\boldsymbol{k}\\\boldsymbol{jk}=-\boldsymbol{kj}=\boldsymbol{i}\\\boldsymbol{ki}=-\boldsymbol{ik}=\boldsymbol{j}\end{array}\right\}\tag{9.40}$$

和约束方程

$$\sum_{i=1}^{4} q_i^2 = 1 \tag{9.41}$$

代数四元数的逆 $\boldsymbol{q}^{-1}$ 为

$$\boldsymbol{q}^{-1} = -q_1\boldsymbol{i} - q_2\boldsymbol{j} - q_3\boldsymbol{k} + q_4 \tag{9.42}$$

它符合定义

$$\boldsymbol{q} \cdot \boldsymbol{q}^{-1} = \boldsymbol{q}^{-1} \cdot \boldsymbol{q} = 1 - 0\boldsymbol{i} - 0\boldsymbol{j} - 0\boldsymbol{k} \tag{9.43}$$

若令两个元素 $\boldsymbol{q}$ 和 $\boldsymbol{q}'$ 相乘，乘积为 $\boldsymbol{q}''$，则

$$\boldsymbol{q}'' = \boldsymbol{q}\boldsymbol{q}' = (q_1\boldsymbol{i} + q_2\boldsymbol{j} + q_3\boldsymbol{k})(q_1'\boldsymbol{i} + q_2'\boldsymbol{j} + q_3'\boldsymbol{k} + q_4') \tag{9.44}$$

利用四元数乘积规则，将式（9.42）和式（9.44）乘积，并展开。利用四元数逆的定义，可更便捷地得出将初始姿态 $\boldsymbol{q}$ 转到目标姿态 $\boldsymbol{q}''$ 所需要的姿态机动四元数 $\boldsymbol{q}'$，即有

$$\boldsymbol{q}' = \boldsymbol{q}^{-1}\boldsymbol{q}'' = (-q_1\boldsymbol{i} - q_2\boldsymbol{j} - q_3\boldsymbol{k} + q_4)(q_1''\boldsymbol{i} + q_2''\boldsymbol{j} + q_3''\boldsymbol{k} + q_4'') \tag{9.45}$$

利用乘积规则，式（9.45）比式（9.38）的矩阵求逆运算更为简便。

9.2 航天器姿态的运动学方程与动力学建模

9.2.1 航天器姿态运动学方程

姿态运动学方程是描述航天器姿态参数在姿态机动过程中变化的方程。若令姿态相对参考坐标的转速为 $\boldsymbol{\omega}$、转轴为 $\boldsymbol{e}$，则 $\boldsymbol{\omega} = \omega\boldsymbol{e}$。若在 t 时刻，姿态矩阵为 $\boldsymbol{A}(t)$；在 $t+\Delta t$ 时刻，姿态矩阵为 $\boldsymbol{A}(t+\Delta t)$，则

$$\boldsymbol{A}(t+\Delta t) = \boldsymbol{A}'\boldsymbol{A}(t) \tag{9.46}$$

式中，$\boldsymbol{A}'$ 为绕 $\boldsymbol{e}$ 轴转过 $\Delta\varphi$ 角的转动矩阵。由欧拉轴/角参数，该转动矩阵可写为

$$\boldsymbol{A}' = \cos\Delta\varphi\boldsymbol{I} + (1-\cos\Delta\varphi)\boldsymbol{e}\boldsymbol{e}^{\mathrm{T}} - \sin\Delta\varphi\tilde{\boldsymbol{E}} \tag{9.47}$$

根据式（9.23）中 $\tilde{\boldsymbol{E}}$ 的定义，当 $\Delta\varphi \ll 1$，有 $\sin\Delta\varphi \approx \omega\Delta t$。$\boldsymbol{A}' = \boldsymbol{I} - \tilde{\boldsymbol{\omega}}\Delta t$ 中 $\tilde{\boldsymbol{\omega}}$ 为 $\boldsymbol{\omega}$ 的斜对称矩阵，即

$$\tilde{\boldsymbol{\omega}} = \begin{bmatrix} 0 & -\omega_x & \omega_y \\ \omega_x & 0 & -\omega_x \\ -\omega_y & \omega_x & 0 \end{bmatrix} \tag{9.48}$$

因此，在 $t+\Delta t$ 时刻，姿态矩阵可展开为

$$\boldsymbol{A}(t+\Delta t)=\boldsymbol{A}(t)-\tilde{\boldsymbol{\omega}}\boldsymbol{A}\cdot\Delta t \tag{9.49}$$

即可得以姿态矩阵表示的姿态运动方程

$$\frac{\mathrm{d}\boldsymbol{A}}{\mathrm{d}t}=\lim_{\Delta t\to 0}\frac{\boldsymbol{A}(t+\Delta t)-\boldsymbol{A}(t)}{\Delta t}=-\tilde{\boldsymbol{\omega}}\boldsymbol{A} \tag{9.50}$$

由姿态四元数与方向余弦的关系式，可得姿态四元数的姿态运动方程为

$$\begin{bmatrix}\dot{q}_1\\ \dot{q}_2\\ \dot{q}_3\\ \dot{q}_4\end{bmatrix}=\frac{1}{2}\begin{bmatrix}0 & \omega_x & -\omega_y & \omega_x\\ -\omega_z & 0 & \omega_x & \omega_y\\ \omega_y & -\omega_x & 0 & \omega_z\\ -\omega_x & -\omega_y & -\omega_x & 0\end{bmatrix}\begin{bmatrix}q_1\\ q_2\\ q_3\\ q_4\end{bmatrix}=\frac{1}{2}\begin{bmatrix}q_4 & -q_3 & q_2 & q_1\\ q_3 & q_4 & -q_1 & q_2\\ -q_2 & q_1 & q_4 & q_3\\ -q_1 & -q_2 & -q_3 & q_4\end{bmatrix}\begin{bmatrix}\omega_x\\ \omega_y\\ \omega_z\\ 0\end{bmatrix} \tag{9.51}$$

可简写为

$$\dot{\boldsymbol{q}}=\frac{1}{2}\boldsymbol{\Omega}(\omega)\boldsymbol{q} \tag{9.52}$$

式（9.52）为无奇点的线性微分方程，且其解满足约束方程（9.31）。若令姿态四元数的模为

$$\|\boldsymbol{q}\|=\boldsymbol{q}^{\mathrm{T}}\boldsymbol{q} \tag{9.53}$$

则其微分式为

$$\frac{\mathrm{d}}{\mathrm{d}t}\|\boldsymbol{q}\|=\dot{\boldsymbol{q}}^{\mathrm{T}}\boldsymbol{q}+\boldsymbol{q}^{\mathrm{T}}\dot{\boldsymbol{q}}=\boldsymbol{q}^{\mathrm{T}}(\boldsymbol{\Omega}^{\mathrm{T}}+\boldsymbol{\Omega})\boldsymbol{q} \tag{9.54}$$

由于 $\boldsymbol{\Omega}^{\mathrm{T}}=-\boldsymbol{\Omega}$ ，所以姿态四元数的微分方程（9.52）解的模为常值。

9.2.2　航天器姿态动力学建模

航天器姿态动力学是描述航天器在内外力矩的作用下，绕其质量中心的转动运动，既可以用于研究航天器整体的姿态运动，即刚体的转动，也可以用于研究航天器各部分之间的相对运动，如绕轴承或铰链的相对转动、结构的弹性振动等。这里采用矢量力学法，又称牛顿–欧拉法。在研究刚体转动时，动量矩（或称角动量）是一个重要的概念。为了便于分析，假设一个质量为 m 的质点，如图 9.6 所示。

根据图 9.6，关于任意点 c 的动量矩定义为

$$\boldsymbol{h}_c=\boldsymbol{r}\times m\dot{\boldsymbol{R}} \tag{9.55}$$

由于 $\dot{\boldsymbol{R}}=\dot{\boldsymbol{R}}_c+\dot{\boldsymbol{r}}$ ，则式（9.55）就可变为

$$\boldsymbol{h}_c=\boldsymbol{r}\times m\dot{\boldsymbol{r}}+\boldsymbol{r}\times m\dot{\boldsymbol{R}}_c \tag{9.56}$$

方程（9.56）中右边第一项为动坐标系中的视角动量，第二项为点 c 运动引起的修正项。

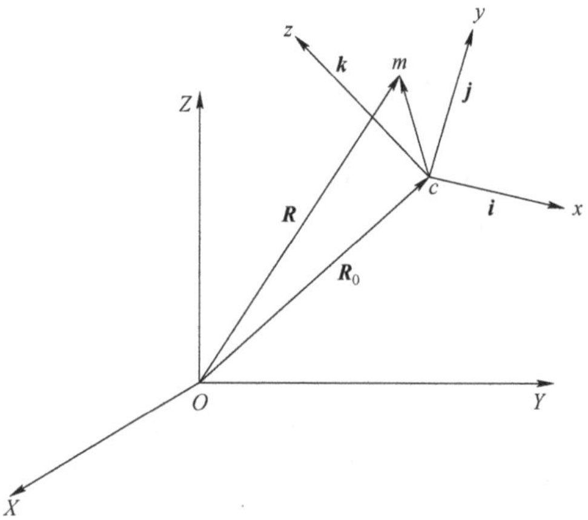

图 9.6　质量为 m 的质点关于 O 的角动量

角动量 $\boldsymbol{h}_c$ 的时间导数具有如下形式：

$$\dot{\boldsymbol{h}}_c = \frac{\mathrm{d}}{\mathrm{d}t}(\boldsymbol{r}\times m\dot{\boldsymbol{r}}) - \ddot{\boldsymbol{R}}_c\times m\boldsymbol{r} - \dot{\boldsymbol{R}}_c\times m\dot{\boldsymbol{r}} \tag{9.57}$$

式中，等式右侧第一项为视角动量的变化率，第二项为点 c 加速度的影响，第三项为点 c 速度项引起的修正项。该角动量的变化率与点 c 的外加力矩 $\boldsymbol{T}_c$ 相关。这里定义作用在 m 上的力，关于点 c 的力矩为

$$\boldsymbol{T}_c = \boldsymbol{r}\times\boldsymbol{F} \tag{9.58}$$

此时有 $\boldsymbol{F} = m\ddot{\boldsymbol{R}}$，因而 $\boldsymbol{T}_c$ 变为

$$\boldsymbol{T}_c = \boldsymbol{r}\times m\ddot{\boldsymbol{R}} = \boldsymbol{r}\times m(\ddot{\boldsymbol{R}}+\ddot{\boldsymbol{r}}) \tag{9.59}$$

由于 $\dot{\boldsymbol{r}}\times\dot{\boldsymbol{r}} = \boldsymbol{0}$，故式（9.59）变为

$$\boldsymbol{T}_c = \frac{\mathrm{d}}{\mathrm{d}t}(\boldsymbol{r}\times m\dot{\boldsymbol{r}}) - \ddot{\boldsymbol{R}}_c\times m\boldsymbol{r} \tag{9.60}$$

将式（9.60）与式（9.57）比较，可得

$$\dot{\boldsymbol{h}}_c = \boldsymbol{T}_c - \dot{\boldsymbol{R}}_p\times m\dot{\boldsymbol{r}} \tag{9.61}$$

若点 c 在空间固定或者 $\boldsymbol{r}$ 为一个常量，则有

$$\dot{\boldsymbol{h}}_c = \boldsymbol{T}_c \tag{9.62}$$

由式（9.62）可得：如果外加力矩为零，则 $\boldsymbol{h}_c$ 为常量，即在外力矩为零的条件下，系统的角动量是守恒的。以上是考虑单个质点的动量矩定理，下面将介绍多个质点系统的动量矩定理。

假设系统由 N 个质点组成，质点 i 的质量为 m_i，总质量为 $M = \sum_{i=1}^{N} m_i$，参

考坐标系为惯性坐标系，坐标原点 O 至质点 i 的矢径记为 $\boldsymbol{R}_i$，其速度矢量记为 $\boldsymbol{V}_i$，系统的质心记为 C，原点 O 至质心 C 的矢径为 $\boldsymbol{R}_C$，质心 C 的速度为 $\boldsymbol{V}_C$，作用于质点 i 外力的合力为 $\boldsymbol{F}_i$，系统的总动量为 $\boldsymbol{p}=\sum_{i=1}^{N}m_i\boldsymbol{V}_i$。

根据牛顿运动定理，系统的动量对时间的导数等于作用于系统的外力和，或者等价于系统质心的加速度，即等于外力合力除以系统的总质量，表示为

$$\dot{\boldsymbol{p}}=M\frac{\mathrm{d}\boldsymbol{V}_C}{\mathrm{d}t}=\sum_{i=1}^{N}\boldsymbol{F}_i \tag{9.63}$$

假设点 p 为惯性坐标系中的一个参考点，记惯性系原点 O 至 p 的矢径为 $\boldsymbol{R}_p$，点 p 的速度为 $\boldsymbol{V}_p$，由点 p 至质点 i 的矢径为 $\boldsymbol{r}_i$，则系统相对于点 p 的动量矩为 $\boldsymbol{h}_p=\sum\limits_{i=1}^{N}\boldsymbol{r}_i\times m_i\boldsymbol{V}_i$，动量矩的变化率为

$$\begin{aligned}\dot{\boldsymbol{h}}_p&=\boldsymbol{M}_p-\boldsymbol{V}_p\times\sum_{i=1}^{N}m_i\dot{\boldsymbol{r}}_i=\sum_{i=1}^{N}\boldsymbol{r}_i\times\boldsymbol{F}_i-\boldsymbol{V}_p\times\sum_{i=1}^{N}m_i\dot{\boldsymbol{r}}_i\\&=\sum_{i=1}^{N}\boldsymbol{r}_i\times\boldsymbol{F}_i-\boldsymbol{V}_p\times\sum_{i=1}^{N}m_i(\boldsymbol{V}_p+\dot{\boldsymbol{r}}_i)=\sum_{i=1}^{N}\boldsymbol{r}_i\times\boldsymbol{F}_i-\boldsymbol{V}_p\times\sum_{i=1}^{N}m_i\boldsymbol{V}_i\\&=\sum_{i=1}^{N}\boldsymbol{r}_i\times\boldsymbol{F}_i-\boldsymbol{V}_p\times\boldsymbol{p}\end{aligned} \tag{9.64}$$

当参考点 p 为系统的质心 C 时，有 $\boldsymbol{V}_p\times\boldsymbol{p}=\boldsymbol{V}_C\times M\boldsymbol{V}_C=0$，则

$$\dot{\boldsymbol{h}}_C=\sum_{i=1}^{N}\boldsymbol{r}_i\times\boldsymbol{F}_i \tag{9.65}$$

动量矩定理描述了系统的转动运动，若采用系统的坐标或广义坐标来描述，就可以得到系统转动的动力学方程。

9.2.3　航天器刚体姿态动力学与欧拉方程

1. 航天器姿态的动量矩

假设惯性空间中某刚体 B 以角速度矢量 $\boldsymbol{\omega}$ 运动，P 为刚体内任意一点，相对惯性参考点 O 的矢量为 $\boldsymbol{R}_P$，其上固连一个坐标基矢 $\boldsymbol{f}=[\boldsymbol{i}\quad\boldsymbol{j}\quad\boldsymbol{k}]^{\mathrm{T}}$，$\mathrm{d}m$ 为 B 上任意微元质量，它相对 P 的矢径是 $\boldsymbol{r}$，相对点 O 的矢径为 $\boldsymbol{R}=\boldsymbol{R}_P+\boldsymbol{r}$，如图 9.7 所示。

图 9.7 中 $\mathrm{d}m$ 的绝对速度为 $\boldsymbol{V}=\dot{\boldsymbol{R}}=\dot{\boldsymbol{R}}_P=\dot{\boldsymbol{R}}_P+\dot{\boldsymbol{r}}$，其中 $\dot{\boldsymbol{R}}_P$ 是点 P 的相对速度，$\dot{\boldsymbol{r}}$ 为与 B 一起转动形成的速度，即 $\dot{\boldsymbol{r}}=\dot{\boldsymbol{r}}+\boldsymbol{\omega}\times\boldsymbol{r}$。由于 $\mathrm{d}m$ 相对 P 的运动加速度为零（即为刚体），则有 $\dot{\boldsymbol{r}}=\boldsymbol{0}$。因而 $\mathrm{d}m$ 微元体的速度为

$$\boldsymbol{V}=\dot{\boldsymbol{R}}_P+\boldsymbol{\omega}\times\boldsymbol{r}=\boldsymbol{V}_P+\boldsymbol{\omega}\times\boldsymbol{r} \tag{9.66}$$

则微元体 dm 的动量为 $\boldsymbol{V}\mathrm{d}m$，其相对于参考点 P 的动量矩为 $\boldsymbol{r}\times\boldsymbol{V}\mathrm{d}m$，整个刚体 B 相对于参考点 P 的角动量或动量矩为

$$\boldsymbol{h}_P=\int_B \boldsymbol{r}\times\boldsymbol{V}\mathrm{d}m \tag{9.67}$$

式中，$\int_B$ 表示对整个刚体进行积分。将式（9.66）代入式（9.67），可写成

$$\boldsymbol{h}_P=\int_B \boldsymbol{r}\times(\boldsymbol{\omega}\times\boldsymbol{r})\mathrm{d}m-\boldsymbol{V}_P\times\int_B \boldsymbol{r}\mathrm{d}m \tag{9.68}$$

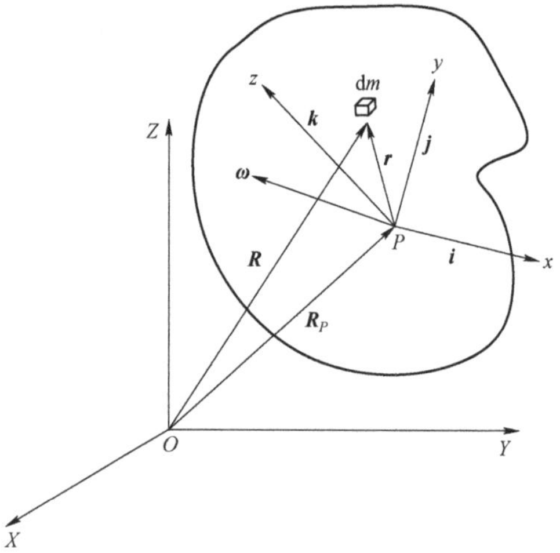

图 9.7　刚体的角动量

当参考点 P 与刚体质心 C 重合时，根据质心定义，满足 $\int_B \boldsymbol{r}\mathrm{d}m=0$，则有

$$\boldsymbol{h}_C=\int_B \boldsymbol{r}\times(\boldsymbol{\omega}\times\boldsymbol{r})\,\mathrm{d}m \tag{9.69}$$

考虑到 $\dot{\boldsymbol{r}}=\boldsymbol{\omega}\times\boldsymbol{r}$，则有

$$\boldsymbol{h}_C=\int_B \boldsymbol{r}\times(\boldsymbol{\omega}\times\boldsymbol{r})\,\mathrm{d}m=\int_B \boldsymbol{r}\times\dot{\boldsymbol{r}}\,\mathrm{d}m \tag{9.70}$$

即刚体关于其自身质点的动量矩与其在质心固连坐标系下的视角动量相等。引入惯性矢量 $\boldsymbol{I}$，即

$$\boldsymbol{h}_C=\int_B \boldsymbol{r}\times(\boldsymbol{\omega}\times\boldsymbol{r})\,\mathrm{d}m=\boldsymbol{I}\boldsymbol{\omega} \tag{9.71}$$

式中，惯性矢量 $\boldsymbol{I}$ 的表达式为

$$\boldsymbol{I}=\boldsymbol{f}^{\mathrm{T}}\boldsymbol{I}\boldsymbol{f}=\boldsymbol{f}^{\mathrm{T}}\begin{bmatrix} I_x & -I_{xt} & -I_{xz} \\ -I_{xy} & I_y & -I_{yz} \\ -I_{xz} & -I_{yz} & I_z \end{bmatrix}\boldsymbol{f} \tag{9.72}$$

惯性矢量 $\boldsymbol{I}$ 的分量为

$$I_x=\int_B(\boldsymbol{r}_y^2+\boldsymbol{r}_z^2)\,\mathrm{d}m,I_y=\int_B(\boldsymbol{r}_z^2+\boldsymbol{r}_x^2)\,\mathrm{d}m,I_z=\int_B(\boldsymbol{r}_x^2+\boldsymbol{r}_y^2)\,\mathrm{d}m$$

$$I_{xy}=I_{yx}=\int_B\boldsymbol{r}_x\boldsymbol{r}_y\,\mathrm{d}m,I_{xz}=I_{zx}=\int_B\boldsymbol{r}_x\boldsymbol{r}_z\,\mathrm{d}m,I_{yz}=I_{zy}=\int_B\boldsymbol{r}_z\boldsymbol{r}_y\,\mathrm{d}m$$

式中，I_x，I_y 和 I_z 为刚体绕坐标轴 x，y，z 的转动惯量，其他元素为惯量积。这里将 $\boldsymbol{h}_C$ 写成刚体固连系中的分量形式，有

$$\begin{aligned}\boldsymbol{h}_C&=\boldsymbol{f}^{\mathrm{T}}\boldsymbol{I\omega}\\&=(I_x\omega_x-I_{xy}\omega_y-I_{xz}\omega_z)\boldsymbol{i}+(-I_{xy}\omega_x+I_y\omega_y-I_{yz}\omega_z)\boldsymbol{i}+(-I_{xz}\omega_x-I_{yz}\omega_y+I_z\omega_z)\boldsymbol{k}\end{aligned}\tag{9.73}$$

可见相对质心的角动量与旋转运动有关，若坐标基矢量方向与主惯性轴不重合，则角速度有交叉影响；若重合，则无交叉影响，即

$$\boldsymbol{h}_C=I_x\omega_x\boldsymbol{i}+I_y\omega_y\boldsymbol{j}+I_z\omega_z\boldsymbol{k}\tag{9.74}$$

2. 航天器刚体的动能

当参考点 P 与刚体质心 C 重合时，微元体 $\mathrm{d}m$ 的绝对速度为

$$\boldsymbol{V}=\dot{\boldsymbol{R}}=\dot{\boldsymbol{R}}_C+\dot{\boldsymbol{r}}\tag{9.75}$$

式中，$\dot{\boldsymbol{R}}_C$ 为质心 C 相对于惯性空间的速度，$\dot{\boldsymbol{r}}$ 为 $\mathrm{d}m$ 相对于质心 C 在惯性空间的速度，如式（9.66）所示，重新整理后得

$$\boldsymbol{V}=\dot{\boldsymbol{R}}_C+\boldsymbol{\omega}\times\boldsymbol{r}=\boldsymbol{V}_C+\boldsymbol{\omega}\times\boldsymbol{r}\tag{9.76}$$

则微元体 $\mathrm{d}m$ 的动能为 $\mathrm{d}T=\dfrac{1}{2}\boldsymbol{V}\cdot\boldsymbol{V}\mathrm{d}m$，而整体的动能为

$$T=\frac{1}{2}\int_B\boldsymbol{V}\cdot\boldsymbol{V}\mathrm{d}m\tag{9.77}$$

式中，$\int_B$ 表示对整个刚体进行积分。将式（9.76）代入式（9.77），化简可得

$$T=\frac{1}{2}\boldsymbol{V}_C\cdot\boldsymbol{V}_C m+\boldsymbol{V}_C\cdot\left(\boldsymbol{\omega}\times\int_B\boldsymbol{r}\mathrm{d}m\right)+\frac{1}{2}\int_B(\boldsymbol{\omega}\times\boldsymbol{r})\cdot(\boldsymbol{\omega}\times\boldsymbol{r})\mathrm{d}m\tag{9.78}$$

式中，$\int_B\boldsymbol{r}\mathrm{d}m$ 是刚体相对点 C 的静矩，可写成点 C 到质心的矢径 $\boldsymbol{r}_C$ 与刚体质量 m 的乘积。由于点 C 为刚体质心，则 $\int_B\boldsymbol{r}\mathrm{d}m=0$，而方程（9.78）右侧的第三项可利用矢量分析的关系式，将被积函数改写为 $(\boldsymbol{\omega}\times\boldsymbol{r})\cdot(\boldsymbol{\omega}\times\boldsymbol{r})=\boldsymbol{\omega}\cdot[\boldsymbol{r}\times(\boldsymbol{\omega}\times\boldsymbol{r})]$，代回原式，并根据式（9.71），可得第三项为

$$\frac{1}{2}\int_B(\boldsymbol{\omega}\times\boldsymbol{r})\cdot(\boldsymbol{\omega}\times\boldsymbol{r})\,\mathrm{d}m=\frac{1}{2}\boldsymbol{\omega}\cdot\boldsymbol{I}\cdot\boldsymbol{\omega} \tag{9.79}$$

则刚体的动能式（9.78）可化简为

$$T=\frac{1}{2}mV_C^2+\frac{1}{2}\boldsymbol{\omega}\cdot\boldsymbol{I}\cdot\boldsymbol{\omega} \tag{9.80}$$

式中，$\boldsymbol{I}$ 是刚体 B 相对质心点 C 的惯性矢量。等式右侧第一项表示刚体 B 的平移运动动能，第二项是刚体绕质心旋转的动能，称为旋转动能，用 T_{rota} 表示。

将动能分解成刚体固连坐标系下的分量形式，为

$$T=\frac{1}{2}mV_C^2+\frac{1}{2}\boldsymbol{\omega}^{\mathrm{T}}\cdot\boldsymbol{I}\cdot\boldsymbol{\omega} \tag{9.81}$$

式中，$\boldsymbol{\omega}$ 和 $\boldsymbol{I}$ 分别为角速度 $\boldsymbol{\omega}$ 和惯性矢量 $\boldsymbol{I}$ 在 $\boldsymbol{f}$ 下的分量阵：

$$\boldsymbol{\omega}=[\omega_x \quad \omega_y \quad \omega_z]^{\mathrm{T}},\quad \boldsymbol{I}=\begin{bmatrix} I_x & -I_{xy} & -I_{xz} \\ -I_{xy} & I_y & -I_{yz} \\ -I_{xz} & -I_{yz} & I_z \end{bmatrix}$$

代入式（9.81）可得刚体动能在刚体固连坐标系中的表达式

$$T=\frac{1}{2}(\boldsymbol{V}_C\cdot\boldsymbol{V}_C m+I_x\omega_x^2+I_y\omega_y^2+I_z\omega_z^2)-I_{xy}\omega_x\omega_y-I_{xz}\omega_x\omega_z-I_{yz}\omega_y\omega_z \tag{9.82}$$

3. 航天器姿态的欧拉方程

根据动量矩定理，当取系统质心 C 为参考点时，则角动量 $\boldsymbol{h}_C$ 对时间的导数等于作用在刚体质心的外力矩 $\boldsymbol{T}$。根据矢量在不同坐标系下的导数关系式，有

$$\frac{\mathrm{d}_{\mathrm{I}}\boldsymbol{h}}{\mathrm{d}t}=\frac{\mathrm{d}_B\boldsymbol{h}}{\mathrm{d}t}+\boldsymbol{\omega}\times\boldsymbol{h}=\boldsymbol{T} \tag{9.83}$$

式中，下标 I 为惯性坐标系下的时间导数，而 B 为刚体固连坐标系下的时间导数，式（9.83）即为欧拉方程。

由于 $\dfrac{\mathrm{d}_B\boldsymbol{h}}{\mathrm{d}t}=\boldsymbol{f}_{\mathrm{b}}^{\mathrm{T}}\boldsymbol{I}\dot{\boldsymbol{\omega}}+\boldsymbol{\omega}\times\boldsymbol{h}=\boldsymbol{T}$，而对刚体而言，转动惯量矩阵在刚体固连坐标系下是不变的，有 $\dot{\boldsymbol{I}}=0$，则欧拉方程可以写为

$$\frac{\mathrm{d}_{\mathrm{I}}\boldsymbol{h}}{\mathrm{d}t}=\boldsymbol{f}_{\mathrm{b}}^{\mathrm{T}}\boldsymbol{I}\dot{\boldsymbol{\omega}}+\boldsymbol{\omega}\times\boldsymbol{I}\times\boldsymbol{\omega}=\boldsymbol{I}\cdot\dot{\boldsymbol{\omega}}+\boldsymbol{\omega}\times\boldsymbol{h}=\boldsymbol{T} \tag{9.84}$$

式（9.84）在刚体固连坐标系下的分量式为

$$\begin{bmatrix} I_x & -I_{xy} & -I_{xz} \\ -I_{xy} & -I_y & I_{yz} \\ -I_{xz} & -I_{yz} & I_z \end{bmatrix}\begin{bmatrix}\dot{\omega}_x\\ \dot{\omega}_y\\ \dot{\omega}_z\end{bmatrix}+\begin{bmatrix}\omega_x\\ \omega_y\\ \omega_z\end{bmatrix}\begin{bmatrix} I_x & -I_{xy} & -I_{xz} \\ -I_{xy} & -I_y & I_{yz} \\ -I_{xz} & -I_{yz} & I_z \end{bmatrix}\begin{bmatrix}\omega_x\\ \omega_y\\ \omega_z\end{bmatrix}=\begin{bmatrix}M_x\\ M_y\\ M_z\end{bmatrix} \tag{9.85}$$

该方程适用于描述一些可近似为刚体飞行器的姿态动力学，包括无挠性附件或挠性可忽略的三轴稳定飞行器。当坐标基矢与惯性主轴重合时，上述方程可以简化为

$$\begin{aligned} I_x\dot{\omega}_x-(I_y-I_z)\omega_y\omega_z=M_x \\ I_y\dot{\omega}_y-(I_z-I_x)\omega_x\omega_z=M_y \\ I_z\dot{\omega}_z-(I_x-I_y)\omega_x\omega_y=M_z \end{aligned} \tag{9.86}$$

由式（9.86）可以看出：通常情况下，坐标轴 3 个方向的转动运动是互相耦合的，即使在惯性积为零时也是如此。

9.3　空间环境干扰力矩

运动空间环境对航天器的飞行姿态产生重要的影响。分析空间环境对航天器姿态产生的扰动力矩是航天器姿态控制系统设计的前提，这些扰动力矩的特性和量级也是姿态控制方式选择和姿态控制部件选取的重要依据。对于航天器而言，空间力矩主要有重力梯度力矩、光压力矩、气动力矩和地磁力矩。这些扰动力矩对航天器姿态的影响与轨道高度相关。轨道高度 1 000 km 以上，通常主要考虑光压力矩；轨道高度 500 km 以下，主要考虑气动力矩；轨道高度在 500 km 与 1 000 km 之间，主要考虑重力梯度力矩和地磁力矩。空间环境力矩可以是影响航天器姿态稳定的扰动力矩，其中部分扰动力矩也可以作为控制姿态稳定的力矩。

9.3.1　重力梯度力矩

由于航天器处于地球中心引力场，航天器所受引力的分布与航天器在轨道坐标的姿态有关，航天器微元引力的合力并不总是通过质心，因而产生力矩，该力矩称为重力梯度力矩。

假设航天器内质量元为 dm，其受到地球的中心引力为 d$\boldsymbol{F}$，对质心的力矩为 $\boldsymbol{\rho}\times$d$\boldsymbol{F}$（见图 9.8）。因此，作用在航天器内质量元的地心引力对航天器质心 o 产生的合成力矩，即为重力梯度力矩 $\boldsymbol{M}_g$，其力矩式为

$$\boldsymbol{M}_g=\int\boldsymbol{\rho}\times\mathrm{d}\boldsymbol{F}=\int\boldsymbol{\rho}\times\left(-\frac{\mu\boldsymbol{r}'}{|\boldsymbol{r}'|^3}\right)\mathrm{d}m \tag{9.87}$$

式中，$\boldsymbol{r}'$ 为航天器内质量元 dm 的地心距。如图 9.8 所示，$\boldsymbol{r}'=\boldsymbol{r}+\boldsymbol{\rho}$，考虑到 $|\boldsymbol{\rho}|\ll|\boldsymbol{r}|$，则有

$$|\boldsymbol{r}'|^{-3}\approx \boldsymbol{r}^{-3}\left[1-3\frac{\boldsymbol{\rho}\cdot\boldsymbol{r}}{\boldsymbol{r}^2}\right] \tag{9.88}$$

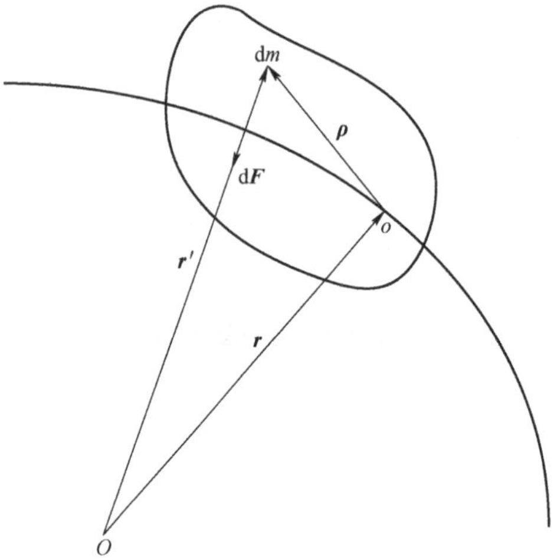

图 9.8　重力梯度力矩的产生

将式（9.88）代入重力梯度力矩 $\boldsymbol{M}_g$ 中，有

$$\begin{aligned}\boldsymbol{M}_g&=-\frac{\mu}{r^3}\int\boldsymbol{\rho}\times\left(1-3\frac{\boldsymbol{\rho}\cdot\boldsymbol{r}}{r^2}\right)(\boldsymbol{r}+\boldsymbol{\rho})\mathrm{d}m\\&=-\frac{\mu}{r^3}\int\boldsymbol{\rho}\times\boldsymbol{r}\mathrm{d}m-\frac{3\mu}{r^5}\int(\boldsymbol{r}\times\boldsymbol{\rho})(\boldsymbol{\rho}\cdot\boldsymbol{r})\mathrm{d}m\end{aligned} \tag{9.89}$$

因点 o 为质心，式（9.89）等式右侧第一项为零，在第二项中应用式 $\boldsymbol{\rho}(\boldsymbol{\rho}\cdot\boldsymbol{r})=(\boldsymbol{\rho}\boldsymbol{\rho}^{\mathrm{T}})\boldsymbol{r}$，则式（9.89）可写成

$$\boldsymbol{M}_g=-\frac{3\mu}{r^5}\left[\boldsymbol{r}\times\left(\int\boldsymbol{\rho}\boldsymbol{\rho}^{\mathrm{T}}\mathrm{d}m\right)\boldsymbol{r}\right] \tag{9.90}$$

引用惯量公式，则有

$$\int\boldsymbol{\rho}\boldsymbol{\rho}^{\mathrm{T}}\mathrm{d}m=\int\boldsymbol{\rho}\cdot\boldsymbol{\rho}\boldsymbol{E}\mathrm{d}m-\boldsymbol{I} \tag{9.91}$$

式中，$\boldsymbol{E}$ 为单位矩阵；$\boldsymbol{I}$ 为本体相对于点 o 的惯量矩阵。记 $\boldsymbol{r}\times\boldsymbol{E}\boldsymbol{r}=0$，则式（9.90）可变换为

$$\boldsymbol{M}_g=\frac{3\mu}{r^5}(\boldsymbol{r}\times\boldsymbol{I}\boldsymbol{r})=\frac{3\mu}{r^3}(\boldsymbol{E}\times\boldsymbol{I}\boldsymbol{E}) \tag{9.92}$$

式中，$\boldsymbol{E}=-\boldsymbol{r}/r$ 为航天器指向地心的单位矢量。重力梯度力矩 $\boldsymbol{T}_g$ 和惯量矩阵 $\boldsymbol{I}$ 定义在同一本体坐标系中，矢量 $\boldsymbol{E}$ 的方向与本体在轨道坐标的姿态相对应，其

余方向余弦即为姿态矩阵的三元素：

$$\boldsymbol{E}=(A_{xx}\quad A_{yy}\quad A_{zz})^{\mathrm{T}} \tag{9.93}$$

对于圆轨道有 $\mu/r^3=\omega_0^2$， ω_0 为轨道角速度。在此轨道上，重力梯度力矩在本体坐标的分量为

$$\begin{cases}T_{gx}=3\omega_0^2\left[(I_z-I_y)A_{yx}A_{zz}+I_{yz}(A_{yz}^2-A_{zz}^2)+I_{zx}A_{xz}A_{yz}-I_{xy}A_{xz}A_{zz}\right]\\T_{gy}=3\omega_0^2\left[(I_x-I_z)A_{zz}A_{xz}+I_{zx}(A_{zz}^2-A_{xx}^2)+I_{yx}A_{yz}A_{zz}-I_{yz}A_{yx}A_{xz}\right]\\T_{gz}=3\omega_0^2\left[(I_y-I_x)A_{xz}A_{yx}+I_{xy}(A_{xz}^2-A_{yz}^2)+I_{xy}A_{zz}A_{xz}-I_{zx}A_{zz}A_{yz}\right]\end{cases} \tag{9.94}$$

如本体坐标系与轨道坐标系一致，则姿态矩阵为对角矩阵，即 $A_{xz}=A_{yz}=0$， $A_{zz}=1$，但在本体坐标系中惯量积不为零，则有恒定的重力梯度力矩作用在航天器上

$$\begin{cases}M_{gx}=3\omega_0^2(-I_{yz})\\M_{gy}=3\omega_0^2(I_{zx})\\M_{gz}=0\end{cases} \tag{9.95}$$

由此可见，沿 z 轴（偏航）方向无重力梯度力矩。若本体坐标为惯性主轴坐标（惯量积为零），则本体姿态引起的重力梯度力矩为

$$\begin{cases}M_{gx}=3\omega_0^2(I_z-I_y)A_{yz}A_{zz}\\M_{gy}=3\omega_0^2(I_x-I_z)A_{xz}A_{zz}\\M_{gz}=3\omega_0^2(I_y-I_x)A_{xz}A_{yz}\end{cases} \tag{9.96}$$

由以上分析可以看出：地球中心引力场对航天器产生的重力梯度力矩不仅与姿态有关，更与航天器的质量特性有关。在姿态小量变化的情况下， $A_{xz}=-\theta$， $A_{yz}=\varphi$， $A_{zz}\ll 1$， $A_{yz}\ll 1$ 重力梯度力矩可简化为

$$\begin{cases}M_{gx}=-3\omega_0^2[(I_y-I_z)\varphi+I_{yx}-I_{xy}\theta]\\M_{gy}=-3\omega_0^2[(I_x-I_z)\theta+I_{zz}-I_{xy}\varphi]\\M_{gz}=-3\omega_0^2[I_{yz}\theta+I_{xz}\varphi]\end{cases} \tag{9.97}$$

9.3.2 光压力矩

照射在航天器表面的光辐射产生的压力称为光压，其单位表面积上的数值等于入射动量通量与反射动量通量的差。因此，当太阳垂直照射的表面积为 S 时，其产生的光压为

$$F=\frac{I}{c}S=PS \tag{9.98}$$

式中， P 为垂直于辐射方向完全吸收单位表面积受到的辐射压力，在地球附近

为 $P \approx 4.5\times10^{-6}$ N/m^2，对于完全镜面反射，地球附近的表面辐射压力为 $P \approx 9.0\times10^{-6}$ N/m^2。因此，在一般情况下，光压按式（9.99）估计为

$$F = -P(1+\upsilon)S\cos^2\sigma \bullet \boldsymbol{n} + P(1-\upsilon)S\sin\sigma\cos\sigma \bullet \boldsymbol{t} \tag{9.99}$$

式中，$\boldsymbol{n}$，$\boldsymbol{t}$ 为受照射面积的法线单位矢量和切线单位矢量；υ 为表面反射系数；σ 为太阳光入射角。

假设对地定向的航天器太阳能帆板沿轨道面法向伸展（y_b 轴），且帆板的法向始终指向太阳。因此太阳能帆板产生的合光压可以作用于沿帆板转轴方向，若转轴不通过航天器质心，则切向的光压将在航天器沿 x_b 轴、z_b 轴方向产生干扰力矩，可表示为

$$\begin{cases} \boldsymbol{M}_{ox} = -C_t\sin 2\sigma \bullet \boldsymbol{r}_z \\ \boldsymbol{M}_{oz} = C_t\sin 2\sigma \bullet \boldsymbol{r}_x \end{cases} \tag{9.100}$$

式中，C_t 为切向光压系数；$\boldsymbol{r}_x$，$\boldsymbol{r}_z$ 为帆板转轴在 $x_b z_b$ 面的交点与 x_b 轴、z_b 轴的距离。

当航天器太阳帆板的结构相对航天器质心不对称时，法向光压的中心与航天器质心不重合，则在帆板平面内，光压还将产生一个垂直于太阳方向的干扰力矩。由于通常航天器对地定向，z_b 轴指向地心，而帆板对太阳定向，则此力矩沿 x_b 轴和 z_b 轴方向的分量呈周期性变化：

$$\begin{cases} M_{sx} = C_n(r_{y1}+r_{y2})\sin^2\sigma\cos(\omega_0 t+\eta_s) \\ M_{sz} = -C_n(r_{y1}+r_{y2})\sin^2\sigma\sin(\omega_0 t+\eta_s) \end{cases} \tag{9.101}$$

式中，r_{y1}，r_{y2} 为两侧太阳能帆板光压沿 y_b 轴方向的距离；C_n 为法向光压系数；η_s 为太阳时角（航天器沿 z_b 轴方向对太阳的角距，超前为正，滞后为负）。

航天器太阳能帆板转轴的偏离也引起法向光压在 y_b 轴方向产生周期干扰力矩为

$$M_{sy} = C_n(r_x+r_z)^{\frac{1}{2}}\sin^2\sigma\cos(\omega_0 t+\eta_s+\xi) \tag{9.102}$$

式中，ξ 为帆板转轴偏离的方位角。因此，在航天器本体坐标系中光压产生的力矩可表示为

$$\begin{cases} M_{Dx} = M_{Dx} + M_s\cos(\omega_0 t+\eta_s) \\ M_{Dy} = M_s'\cos(\omega_0 t+\eta_s+\xi) \\ M_{Dz} = M_{Dy} - M_s\sin(\omega_0 t+\eta_s) \end{cases} \tag{9.103}$$

法向光压力矩将使航天器角动量在空间做周期性进动，而切向光压力矩将使航天器的角动量产生漂移。

9.3.3　气动力矩

对于近地轨道，空气阻尼不可忽略，其不仅会降低卫星的轨道高度，也会产生干扰力矩对卫星的姿态产生干扰，是低轨道空间的主要环境干扰力矩。大气分子撞击航天器的表面而产生的气动力通常可用动量定理求解：

$$\boldsymbol{F}_{\mathrm{s}} = -\frac{1}{2}C_{\mathrm{d}}\rho S(\boldsymbol{n}\cdot\boldsymbol{v}_{\mathrm{s}})\boldsymbol{v}_{\mathrm{s}} \tag{9.104}$$

式中，ρ 为大气密度；S 为迎流面积（迎风面积）；$\boldsymbol{n}$ 为该面积的法线矢量；$\boldsymbol{v}_{\mathrm{s}}$ 为航天器面积元相对入射流的平移速度矢量；C_{d} 为阻力系数。由于地球自转带动大气旋转，航天器表面的迎流速度 $\boldsymbol{v}_{\mathrm{s}}$ 应为航天器地固系下的切向速度，即

$$\boldsymbol{v}_{\mathrm{s}} = \boldsymbol{v}_{\mathrm{o}} - \boldsymbol{\omega}_{\mathrm{e}} \times \boldsymbol{r}_{\mathrm{s}} \tag{9.105}$$

式中，$\boldsymbol{v}_{\mathrm{o}}$ 为航天器轨道速度；$\boldsymbol{r}_{\mathrm{s}}$ 为迎流面中心在地固系下的位置矢量。入射流产生的气动力矩在本体坐标系中可以表示为

$$\boldsymbol{M}_{\mathrm{a}} = \boldsymbol{\rho}_{\mathrm{s}} \times \boldsymbol{F}_{\mathrm{s}} \tag{9.106}$$

式中，$\boldsymbol{\rho}_{\mathrm{s}}$ 为面积的压力中心相对航天器质心的距离；$\boldsymbol{F}_{\mathrm{s}}$ 为式（9.104）和式（9.105）得出的气动力。

9.3.4　地磁力矩

地磁力矩由航天器的磁场与地球磁场相互作用产生。航天器磁矩来源于星上电子仪器设备产生的剩余磁场、涡流和磁滞。通过控制航天器中各个磁矩线圈的电流，可形成预期的航天器磁矩。假设航天器磁矩为 $\boldsymbol{m}_{\mathrm{m}}$，航天器所在地球磁场的磁感应强度为 $\boldsymbol{B}$，则磁力矩 $\boldsymbol{M}_{\mathrm{m}}$ 为

$$\boldsymbol{M}_{\mathrm{m}} = \boldsymbol{m}_{\mathrm{m}} \times \boldsymbol{B} \tag{9.107}$$

为消除航天器剩磁产生的干扰力矩，或利用磁矩线圈产生控制力矩，需要充分了解并利用地球磁场模型。地球磁场的一阶近似模型为磁偶极子模型。偶极子轴线倾斜于地球自转轴约 11.5°，偶极子的北端是地磁南极，位于地球北纬 78.5°、东经 289.3°。

偶极子磁场可分为沿航天器径向分量和平行于磁偶极子轴线分量，而磁感应强度可表示为

$$\boldsymbol{B} = -\frac{\mu_{\mathrm{e}}}{r^3}\left(3\sin\theta_{\mathrm{m}}\frac{\boldsymbol{r}}{|\boldsymbol{r}|} - \boldsymbol{z}_{\mathrm{m}}\right) \tag{9.108}$$

式中，μ_{e} 为地球磁矩总强度，其在 7.9×10^{15}～8.1×10^{15} Wb·m 范围内变化；θ_{m} 为航天器径向与地球磁赤道的夹角；$\boldsymbol{z}_{\mathrm{m}}$ 为磁偶极子矢量。式（9.108）的等效式为

$$\boldsymbol{B}=-\frac{\mu_e}{r^3}[\boldsymbol{z}_m-3(\boldsymbol{z}_m\cdot\boldsymbol{R})] \tag{9.109}$$

式中，$\boldsymbol{R}$ 为航天器的地心矢量。若在航天器轨道坐标中建立地球磁场模型，则式（9.109）中的矢量 $\boldsymbol{R}$ 和 $\boldsymbol{z}_m$ 为

$$\boldsymbol{R}=\begin{bmatrix}0\\0\\1\end{bmatrix},\quad \boldsymbol{z}_m=\boldsymbol{R}_{oi}\boldsymbol{R}_{ie}\begin{bmatrix}\sin 11.5^\circ & \cos 289.3^\circ\\ \sin 11.5^\circ & \sin 289.3^\circ\\ \cos 11.5^\circ & \cos 11.5^\circ\end{bmatrix} \tag{9.110}$$

式中，$\boldsymbol{R}_{oi}$ 为赤道惯性坐标与航天器轨道坐标的转换矩阵；$\boldsymbol{R}_{ie}$ 为地球固连坐标系与赤道惯性坐标系的转换矩阵。式（9.109）即为地球磁力矩的模型。

参 考 文 献

[1] 章仁为. 卫星轨道姿态动力学与控制［M］. 北京：北京航空航天大学出版社，1998.

[2] 屠善澄. 卫星姿态动力学与控制［M］. 北京：中国宇航出版社，2001.

[3] 杨大明. 空间飞行器姿态控制系统［M］. 哈尔滨：哈尔滨工业大学出版社，2002.

[4] 刘暾，赵均. 空间飞行器动力学［M］. 哈尔滨：哈尔滨工业大学出版社，2003.

[5] 卡普兰. 空间飞行器动力学与控制［M］. 北京：科学出版社，1981.

思考题

1. 思考几种姿态描述方法的优缺点及对应的应用场景。
2. 分析环境力矩在不同高度下的量级，分析不同轨道的主要影响力矩。
3. 思考如何消除不同环境力矩的影响。

第 10 章

航天器姿态确定与姿态控制

扫码获得更多内容

姿态确定与姿态控制是航天器设计中最重要的问题之一。不同的航天器任务对姿态的要求差异很大，所以姿态确定与姿态控制是个很广泛的问题。航天器姿态确定所涉及的学科很多，航天器从发射阶段到在轨运行之间的过程相当复杂，它综合了数学、动力学及控制理论等不同学科。一般来说，航天器姿态控制由敏感器、控制逻辑单元、执行单元及动力学四个功能部分组成。敏感器用于确定航天器的姿态；而控制逻辑单元让电信号以正确顺序送到执行单元，使航天器绕其质心转动；然后再由敏感器控制运动（动力学），形成航天器姿态控制系统的闭环回路，如图 10.1 所示。

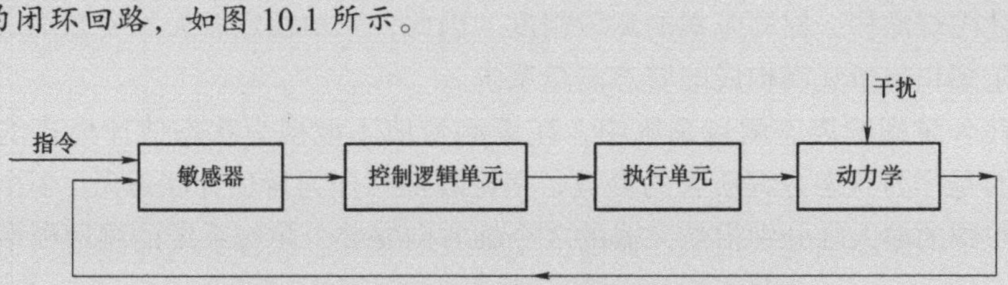

图 10.1　一般卫星的姿态控制系统的闭环回路

|10.1　航天器姿态确定方法|

姿态敏感器可分为惯性姿态敏感器和方向姿态敏感器两类，典型地，惯性陀螺属于惯性姿态敏感器，而星敏感器、太阳敏感器和地球敏感器均属于方向姿态敏感器。姿态确定也可分为基于惯性测量和基于参考矢量两种确定方法。

10.1.1　基于惯性测量的航天器姿态确定

采用参考矢量观测和代数法确定航天器三轴姿态，参考矢量观测的系统误差和随机误差都将直接影响姿态确定的精度。采用高精度速率积分陀螺能够获得姿态动态变化的信息，减少矢量观测的不利因素影响。同时，矢量观测有助于估计陀螺漂移，提高陀螺的测量精度。因此，三轴稳定航天器姿态确定通常采用陀螺和矢量观测构成的姿态测量系统。

在含陀螺的姿态测量系统中，陀螺测量值不被视为状态估计模式的观测量，而是作为状态方程所含的参数，将陀螺漂移作为待估计状态量。3 个速率积分陀螺的输入轴分别沿航天器的 3 个轴方向安装，陀螺系统的测速模型为

$$\boldsymbol{g}(t)=\boldsymbol{\omega}(t)+\boldsymbol{b}(t)+\boldsymbol{d}(t)+\boldsymbol{n}(t) \tag{10.1}$$

式中，$\boldsymbol{g}(t)$ 为 3 个陀螺的测量输出；$\boldsymbol{\omega}(t)$ 为沿 3 个陀螺输入轴方向的姿态速率；

$\boldsymbol{b}(t)$ 和 $\boldsymbol{d}(t)$ 分别为 3 个陀螺的常值漂移和相关漂移；$\boldsymbol{n}(t)$ 为 3 个陀螺的白噪声。

对于对地定向三轴稳定航天器的姿态确定而言，由红外地平仪、太阳敏感器和速率积分陀螺所构成的姿态测量系统是经典系统。假设航天器在三轴稳定状态，则其相对于轨道坐标系的姿态角 φ，θ 和 ψ 为小量，速率陀螺的输入为航天器在空间的转速沿星体的分量，即

$$\boldsymbol{\omega}=\begin{bmatrix}\dot{\varphi}\\ \dot{\theta}\\ \dot{\psi}\end{bmatrix}+\boldsymbol{A}(\varphi,\theta,\psi)\begin{bmatrix}0\\ -\omega_{\mathrm{o}}\\ 0\end{bmatrix}=\begin{bmatrix}\dot{\varphi}-\omega_{\mathrm{o}}\psi\\ \dot{\theta}\\ \dot{\psi}+\omega_{\mathrm{o}}\varphi\end{bmatrix} \tag{10.2}$$

将式（10.2）代入式（10.1），以陀螺测量 $\boldsymbol{g}(t)$ 作为输入函数的姿态角状态方程可写为

$$\begin{cases}\dot{\varphi}=\omega_{\mathrm{o}}\psi-b_x-d_x+g_x+n_x\\ \dot{\theta}=\omega_{\mathrm{o}}-b_y-d_y+g_y+n_y\\ \dot{\psi}=-\omega_{\mathrm{o}}\varphi-b_z-d_z+g_z+n_z\end{cases} \tag{10.3}$$

陀螺漂移是影响姿态测量精度的主要因素，漂移量也应作为待估计的状态量，则陀螺常值漂移和相关漂移的状态方程为

$$\begin{cases}\dot{b}_i=n_{bi}\\ \dot{d}_i=-\dfrac{1}{\tau_i}d_i+n_{di}\end{cases},i=x,y,z \tag{10.4}$$

式中，τ_i 为相关时间常数。

10.1.2 基于参考矢量的航天器姿态确定

10.1.2.1 双参考矢量定姿

考虑互不平行的两个参考矢量 $\boldsymbol{V}_1$ 和 $\boldsymbol{V}_2$，定义矢量 $\boldsymbol{V}_3$：

$$\boldsymbol{V}_3=\boldsymbol{V}_1\times\boldsymbol{V}_2 \tag{10.5}$$

上述 3 个矢量在参考坐标系 $\boldsymbol{S}_{\mathrm{a}}$ 和航天器本体坐标系 $\boldsymbol{S}_{\mathrm{b}}$ 中的投影分量形式记为

$$\begin{aligned}&\boldsymbol{v}_{1\mathrm{a}}=(\boldsymbol{V}_1)_{\mathrm{a}},\ \boldsymbol{v}_{1\mathrm{b}}=(\boldsymbol{V}_1)_{\mathrm{b}}\\ &\boldsymbol{v}_{2\mathrm{a}}=(\boldsymbol{V}_2)_{\mathrm{a}},\ \boldsymbol{v}_{2\mathrm{b}}=(\boldsymbol{V}_2)_{\mathrm{b}}\\ &\boldsymbol{v}_{3\mathrm{a}}=(\boldsymbol{V}_3)_{\mathrm{a}},\ \boldsymbol{v}_{3\mathrm{b}}=(\boldsymbol{V}_3)_{\mathrm{b}}\end{aligned} \tag{10.6}$$

定义矩阵 $\boldsymbol{A}$ 和 $\boldsymbol{B}$：

$$\boldsymbol{A}=[\boldsymbol{v}_{1\mathrm{a}}\quad \boldsymbol{v}_{2\mathrm{a}}\quad \boldsymbol{v}_{3\mathrm{a}}] \tag{10.7}$$

$$\boldsymbol{B}=[\boldsymbol{v}_{1\mathrm{b}}\quad \boldsymbol{v}_{2\mathrm{b}}\quad \boldsymbol{v}_{3\mathrm{b}}] \tag{10.8}$$

式中，$\boldsymbol{A}$是已知的，而$\boldsymbol{B}$是航天器观测得到的。

记本体坐标系$\boldsymbol{S}_{\mathrm{b}}$相对于参考坐标系$\boldsymbol{S}_{\mathrm{a}}$之间的姿态矩阵为$\boldsymbol{R}_{\mathrm{ba}}$，则有$\boldsymbol{v}_{\mathrm{ib}}=\boldsymbol{R}_{\mathrm{ba}}\boldsymbol{v}_{\mathrm{ia}}, i\in\{1,2,3\}$，故

$$\boldsymbol{B}=\boldsymbol{R}_{\mathrm{ba}}\boldsymbol{A} \tag{10.9}$$

由于参考矢量$\boldsymbol{V}_1$和$\boldsymbol{V}_2$不共线，因此矩阵$\boldsymbol{A}$可逆。由式（10.9）可知姿态矩阵为

$$\boldsymbol{R}_{\mathrm{ba}}=\boldsymbol{B}\boldsymbol{A}^{-1} \tag{10.10}$$

由式（10.10）可唯一确定姿态矩阵，也称“双矢量定姿原理”。可以看到，这里没有对参考矢量提出任何限制，只要求矩阵$\boldsymbol{A}$可逆，参考矢量的不平行性就能够保证这个条件得到满足。

对于双矢量定姿精度的初步估计，已知单位参考矢量$\boldsymbol{V}_1$和$\boldsymbol{V}_2$的观测矢量为$\boldsymbol{V}_1^*$和$\boldsymbol{V}_2^*$，但由于测量误差的存在，观测矢量$\boldsymbol{V}_1^*$和$\boldsymbol{V}_2^*$分别在以$\boldsymbol{V}_1$和$\boldsymbol{V}_2$为轴的锥面上，锥角分别为α_1和α_2，如图 10.2 所示。

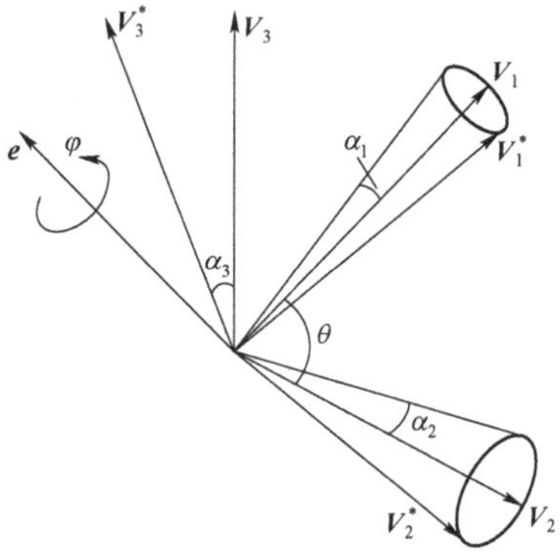

图 10.2　双矢量定姿的参考矢量和观测矢量

令单位矢量$\boldsymbol{V}_3$和$\boldsymbol{V}_3^*$分别垂直于$\boldsymbol{V}_1$，$\boldsymbol{V}_2$和$\boldsymbol{V}_1^*$，$\boldsymbol{V}_2^*$，于是，$\boldsymbol{V}_1$，$\boldsymbol{V}_2$和$\boldsymbol{V}_3$组成一个固连于$\boldsymbol{S}_{\mathrm{a}}$的非正交坐标系$\boldsymbol{S}$，$\boldsymbol{V}_1^*$，$\boldsymbol{V}_2^*$和$\boldsymbol{V}_3^*$组成固连于$\boldsymbol{S}_{\mathrm{b}}$的非正交坐标系$\boldsymbol{S}^*$。$\boldsymbol{S}$和$\boldsymbol{S}^*$之间的相对转动位移就可以说明由于测量误差引起的误差。这里用绕欧拉轴的转角φ表示这两个坐标之间的相对转动位移，用α_3表示$\boldsymbol{V}_3$和$\boldsymbol{V}_3^*$之间的夹角，则有

$$\sin^2\frac{\varphi}{2}=\frac{1}{2}\left(\sin^2\frac{\alpha_1}{2}+\sin^2\frac{\alpha_2}{2}+\sin^2\frac{\alpha_3}{2}\right) \tag{10.11}$$

$\boldsymbol{V}_1$和$\boldsymbol{V}_2$之间的夹角记为θ，当测量误差α_1和α_2较小时，

$$\left\|\boldsymbol{V}_1\times\boldsymbol{V}_2\right\|\approx\left\|\boldsymbol{V}_1^*\times\boldsymbol{V}_2^*\right\|\approx\sin\theta \tag{10.12}$$

$$\boldsymbol{V}_1\cdot\boldsymbol{V}_2^*\approx\boldsymbol{V}_2\cdot\boldsymbol{V}_1^*\approx\cos\theta_{12} \tag{10.13}$$

利用近似条件式（10.12）和式（10.13），矢量$\boldsymbol{V}_3$和$\boldsymbol{V}_3^*$之间的角度关系满足

$$\begin{aligned}\cos\alpha_3&=\boldsymbol{V}_3\cdot\boldsymbol{V}_3^*=\frac{\boldsymbol{V}_1\times\boldsymbol{V}_2}{\sin\theta}\cdot\frac{\boldsymbol{V}_1^*\times\boldsymbol{V}_2^*}{\sin\theta}\\&=\frac{1}{\sin^2\theta}\left[\left(\boldsymbol{V}_1\cdot\boldsymbol{V}_1^*\right)\left(\boldsymbol{V}_2\cdot\boldsymbol{V}_2^*\right)-\left(\boldsymbol{V}_1\cdot\boldsymbol{V}_2^*\right)\left(\boldsymbol{V}_2\cdot\boldsymbol{V}_1\right)\right]\\&=\frac{1}{\sin^2\theta}\left(\cos\alpha_1\cos\alpha_2-\cos^2\theta\right)\end{aligned} \tag{10.14}$$

进而变换可得

$$\sin^2\frac{\alpha_3}{2}=\frac{1}{\sin^2\theta}\left(\sin^2\frac{\alpha_1}{2}+\sin^2\frac{\alpha_2}{2}\right) \tag{10.15}$$

将式（10.15）代入式（10.11）得

$$\sin^2\frac{\varphi}{2}=\frac{1}{2}\left(\sin^2\frac{\alpha_1}{2}+\sin^2\frac{\alpha_2}{2}\right)\left(1+\csc^2\theta\right) \tag{10.16}$$

在小角度条件下式（10.16）可近似为

$$\varphi^2=\frac{1}{2}\left(\alpha_1^2+\alpha_2^2\right)\left(1+\csc^2\theta\right) \tag{10.17}$$

式中，角 φ 表示测量误差 α_1 和 α_2 引起的姿态误差。

10.1.2.2 多参考矢量定姿

在实际工程中，可供利用的参考矢量较多。例如，星敏感器的电荷耦合器件（CCD）面阵上，有若干星光像元，这些参考矢量都与姿态确定相关。因此，需要进行多参考矢量下的姿态确定。

定义参考矢量阵 $\boldsymbol{V}=[\boldsymbol{V}_1,\boldsymbol{V}_2,\cdots,\boldsymbol{V}_N]$，观测矢量阵 $\boldsymbol{V}^*=\left[\boldsymbol{V}_1^*,\boldsymbol{V}_2^*,\cdots,\boldsymbol{V}_N^*\right]$，多矢量的观测方程可以表示为

$$\boldsymbol{V}^*=\boldsymbol{R}_{\mathrm{ba}}\boldsymbol{V} \tag{10.18}$$

式中，$\boldsymbol{R}_{\mathrm{ba}}$ 为姿态矩阵。

在有测量误差的情况下，式（10.18）不再成立，而是满足代数方程 $\boldsymbol{V}=\boldsymbol{G}\boldsymbol{V}^*$。进而可得到 $\boldsymbol{G}$ 伪逆代数解

$$\boldsymbol{G}=\boldsymbol{V}\boldsymbol{V}^{*\mathrm{T}}(\boldsymbol{V}^*\boldsymbol{V}^{*\mathrm{T}})^{-1} \tag{10.19}$$

一般情况下，式（10.19）的解 $\boldsymbol{G}$ 为非正交矩阵。

实际观测矢量 $\boldsymbol{V}_i^*$ 是期望 $\hat{\boldsymbol{V}}_i^*$ 和误差 $\Delta\boldsymbol{V}_i^*$ 的矢量和，即

$$\boldsymbol{V}_i^*=\hat{\boldsymbol{V}}_i^*+\Delta\boldsymbol{V}_i^* \tag{10.20}$$

因此，需要确定最优矩阵 $\boldsymbol{G}^*$，就是要使误差最小。换言之，要使下列优化极值指标最小：

$$L(\boldsymbol{G}^*)=\sum\left|\boldsymbol{V}_i^*-\boldsymbol{G}^{*\mathrm{T}}\boldsymbol{V}_i\right|^2=\sum\left|\Delta\boldsymbol{V}_i^*\right|^2 \tag{10.21}$$

同时还要满足约束条件

$$\boldsymbol{G}^{*\mathrm{T}}=\boldsymbol{G}^{*-1} \tag{10.22}$$

式（10.19）给出的伪逆解 $\boldsymbol{G}$ 可作为优化的近似解。令 $\Delta\boldsymbol{G}$ 为矩阵 $\boldsymbol{G}$ 正交化的修正量，也即

$$\boldsymbol{G}^* = \boldsymbol{G} + \Delta\boldsymbol{G} \tag{10.23}$$

将其代入式（10.22），得到正交条件：

$$\begin{aligned}\boldsymbol{G}^{*\mathrm{T}} &= \boldsymbol{G}^{\mathrm{T}} + \Delta\boldsymbol{G}^{\mathrm{T}} = (\boldsymbol{G} + \Delta\boldsymbol{G})^{-1} \\ &= (\boldsymbol{G} + \boldsymbol{G}\boldsymbol{G}^{-1}\Delta\boldsymbol{G})^{-1} = (\boldsymbol{I} + \boldsymbol{G}^{-1}\Delta\boldsymbol{G})^{-1}\boldsymbol{G}^{-1} \\ &= \boldsymbol{G}^{-1} - \boldsymbol{G}^{-1}\Delta\boldsymbol{G}\boldsymbol{G}^{-1}\end{aligned} \tag{10.24}$$

式中，$\boldsymbol{I}$ 为单位矩阵。以 $\boldsymbol{G}$ 乘式（10.24）左右两端，可得正交条件的 $\Delta\boldsymbol{G}$ 满足

$$\boldsymbol{G}\Delta\boldsymbol{G}^{\mathrm{T}} + \Delta\boldsymbol{G}\boldsymbol{G}^{-1} = \boldsymbol{I} - \boldsymbol{G}\boldsymbol{G}^{\mathrm{T}} \tag{10.25}$$

此外，$\Delta\boldsymbol{G}$ 应使优化指标式（10.21）最小，其条件为

$$\boldsymbol{G}\Delta\boldsymbol{G}^{\mathrm{T}} = \Delta\boldsymbol{G}\boldsymbol{G}^{-1} \tag{10.26}$$

统一正交和优化条件，由式（10.25）和式（10.26）得

$$\Delta\boldsymbol{G} = \frac{1}{2}(\boldsymbol{I} - \boldsymbol{G}\boldsymbol{G}^{\mathrm{T}})\boldsymbol{G} \tag{10.27}$$

因此，多矢量确定姿态的最优解为

$$\boldsymbol{G}^* = \frac{1}{2}\boldsymbol{G}(3\boldsymbol{I} - \boldsymbol{G}^{\mathrm{T}}\boldsymbol{G}) \tag{10.28}$$

得到 $\boldsymbol{G}^*$ 后，可由 $\boldsymbol{R}_{\mathrm{ba}} = \boldsymbol{G}^{*\mathrm{T}}$ 确定姿态矩阵。

10.2 航天器姿态控制策略

航天器姿态控制系统中的力矩产生部件即执行机构通常有动量交换式、质量排出型或环境型等。动量交换式姿态控制执行机构利用航天器内部的动量交换装置与航天器本体的角动量进行交换从而实现姿态控制，动量轮和控制力矩陀螺是动量交换装置的类型代表。采用动量交换装置实现航天器的姿态控制主要适用于各类长寿命、高精度的三轴稳定航天器。对于长期在轨飞行的大型航天器，其质量、惯量均较大，姿控力矩需求和角动量容量需求相应较大，主要采用控制力矩陀螺进行姿态控制。质量排出型姿态控制执行机构依靠喷气推进系统排出的工质产生反作用力形成控制力矩。推力器是质量排出装置类型的代

表。对于短期飞行的航天器，喷气控制为唯一的姿态控制执行机构。环境型姿态控制系统利用环境场产生控制力矩。利用磁力矩和重力梯度力矩产生姿态控制力矩是典型的环境型姿态控制方法，但是这两种力矩较少用来作为控制力矩，主要是因为这种非保守力力场不具备可逆性，并且波动较大，控制精度难以保证。下面分别介绍推力器、动量轮和控制力矩陀螺三种航天器姿态执行机构以及它们的姿态控制策略。

10.2.1　基于推力器的姿态控制策略

推力器是目前航天器姿态和轨道控制中使用最广泛的执行机构之一。根据牛顿第三定律，装置通过喷射工质，产生反作用推力，这也正是这种装置称为推力器或喷气执行机构的原因。在任务中选择推力器时，应该考虑以下几点要求：①选用高比冲和高推重比（推力与推力器的质量之比）的推力器可以有效降低推力器的质量、延长使用寿命；②选用脉冲工作方式的推力器可以提高航天器姿态控制精度、降低推进剂的消耗，脉冲的冲量值要小、重复性要好；③推力器应具有长寿命和多次启动的能力；④在真空、失重、温度交变的空间环境下，推力器应能可靠地工作。

若推力器安装使推力方向通过航天器质心，则推力器成为轨道控制执行机构；相反，若推力方向不过质心，则必然产生相对航天器质心的力矩，推力器成为姿态控制执行机构。航天器通常都具有多个推力器组成的推力器控制系统，随着航天器的不同，推力器所承担的控制任务也各不相同。推力器控制是航天器轨道控制和大角度姿态机动通常采用的控制方式，当航天器姿态角速度衰减到较小时，再采用动量轮控系统和控制力矩陀螺。推力器的姿态控制系统具有响应快、指向精度高的优点，通过推力器喷管喷气产生推力，实现航天器的三轴姿态控制，可适用于在轨运行过程中各种指向要求的姿态机动。另外，航天器一般采用搭配两种大小不同推力水平姿控喷管的推力器来实现三轴姿态控制，通常以大推力实现快速响应并克服干扰力矩，以小推力实现姿态的稳定保持。

在姿态角和姿态角速率很小的情况下，对地定向三轴稳定姿态航天器的姿态动力学方程如下：

$$\begin{cases} I_x\ddot{\varphi} = T_{cx} + T_{dx} \\ I_y\ddot{\theta} = T_{cy} + T_{dy} \\ I_z\ddot{\psi} = T_{cz} + T_{dz} \end{cases} \tag{10.29}$$

可以看出，姿态动力学方程（10.29）在姿态角和姿态角速率很小的情况下可以完全解耦。由于喷气控制力矩 $\boldsymbol{T}_c$ 为脉冲式，所以当姿态角在干扰力矩 $\boldsymbol{T}_d$ 作用下漂向死区边界时，姿态控制系统将自动驱动推力器产生相应的冲量，使姿态回到死区内。由此可见，姿态角在死区内往复运动。为了限制姿态角偏差，姿态控制系统将运行在高精度极限环的工作状态，考虑到节省喷气系统中的工质，则采用单侧极限环工作方式，如图 10.3 所示。

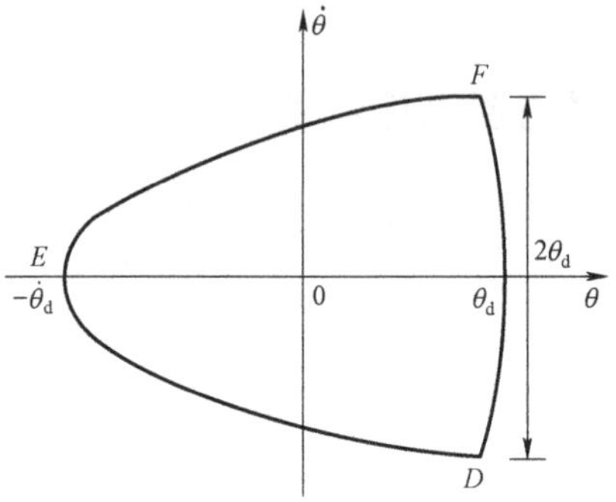

图 10.3　单侧极限环工作方式

以俯仰控制通道为例，航天器在推力器作用下某个方向上姿态的初始状态在相图上处于点 D，姿态初始偏差和漂移速率为 θ_d 和 $-\dot{\theta}_d$，假定常值干扰力矩 T_{dy} 为正，在它的作用下，姿态运动在相图上的轨迹为 $D \to E \to F$。在点 F，姿态漂到死区的边界，推力器开始工作，经过 Δt 时间使航天器再次获得反方向的漂移速率 $-\dot{\theta}_d$。由于控制力矩 T_{cy} 比干扰力矩 T_{dy} 大得多，因此有

$$2\dot{\theta}_d = \frac{T_{cy}}{I_y}\Delta t \tag{10.30}$$

这种单边极限环将姿态限制在如下范围内：

$$-\theta_d \leqslant \theta \leqslant \theta_d \tag{10.31}$$

$$\theta_d = \frac{\left(\dfrac{T_{cy}}{I_y}\Delta t\right)^2}{16\left(\dfrac{T_{dy}}{I_y}\right)} \tag{10.32}$$

极限环一周内干扰力矩给予航天器的角动量即为每次校正姿态所需的喷气力矩冲量 ΔI，两次喷气之间间隔 Δt 为

$$\Delta t = 4\sqrt{\frac{\theta_d I_y}{T_{dy}}} \tag{10.33}$$

每次控制时，推力器产生的冲量为

$$\Delta I = \frac{1}{l} T_{\mathrm{c}} \cdot \delta t = \frac{1}{l} T_{\mathrm{d}} \cdot \Delta t = \frac{4}{l} \sqrt{\theta_{\mathrm{d}} I_y T_{\mathrm{dy}}} \tag{10.34}$$

式中，l 为推力器的力臂。

10.2.2　基于动量轮的姿态控制策略

角动量交换装置是高精度的三轴姿态稳定航天器通常采用的姿态控制系统执行机构。采用角动量交换装置的姿态控制系统简称轮控系统。通过变化其数值与方向，角动量交换装置产生航天器所需的反作用力矩，实现航天器三轴姿态的连续控制。

如果飞轮的支承与航天器固连，即飞轮动量矩方向相对于航天器本体坐标系不变，但飞轮的转速可以变化，这种工作方式通常称为惯性轮。零动量轮（或称反作用飞轮）转轴固定于星体，但飞轮的转速可以变化，标称转速等于零，即平均动量矩为零，系统利用飞轮正反转加速、减速所产生的反作用力矩，直接作用于卫星星体产生控制力矩，由于零动量轮控制方式控制精度高，为许多高精度卫星所采用。除此之外，如果飞轮的平均动量矩是一个不为零的常值——偏置值，也就是说飞轮储存了一个较大的动量矩，飞轮的转速可以相对于偏置值有一定的变化，从而产生控制力矩，具有这种特点的飞轮即称为偏置动量轮，这种飞轮系统结构相对简单，输出力矩较大，但控制精度低于零动量轮控制方式，主要用于中等精度的卫星控制系统。

动量轮控系统的角动量由多个动量轮的角动量合成得到，其在航天器上的安装方式有很多种，目前工程应用最多的飞轮系统安装方案为三正交动量轮安装，即在卫星的 3 个主惯量轴上各安装一台零动量轮，如图 10.4（a）所示。这种安装结构便于卫星采用零动量三轴姿态控制方式，但其缺点是不能充分发挥零动量轮的能力、增加卫星质量与功耗，并且安装精度要求高。利用 4 个零动量轮 V 形等倾角斜装的结构可以解决三正交动量轮安装方案给卫星姿态控制系统带来的问题，如图 10.4（b）所示。这一飞轮系统安装结构在功耗指标、存储外来干扰角动量的能力、有效抑制飞轮内部干扰和可靠性等方面与三正交动量轮安装结构相比均有所提高，但缺点是采用此飞轮安装结构的卫星姿态控制系统设计较为复杂。

如果在航天器姿态控制时三轴姿态控制系统以动量轮作为执行机构，通常通过调节飞轮转速，进行飞轮与航天器主体之间的角动量交换。若干动量轮与航天器构成的姿态动力学方程可描述为

$$\boldsymbol{H} = \boldsymbol{I\omega} + \boldsymbol{CJ\Omega} \tag{10.35}$$

式中，$\boldsymbol{I}$ 为整个航天器的惯量矩阵；$\boldsymbol{J}$ 为动量轮组的惯量矩阵；$\boldsymbol{\Omega}$ 为动量轮组的转速矢量；$\boldsymbol{C}$ 为动量轮组的安装矩阵，其各列为各动量轮转轴在航天器本体坐标系下的方向余弦。若令 $\boldsymbol{E}$ 为动量轮组电压矢量，则动量轮组的控制方程为

$$\boldsymbol{J}(\dot{\boldsymbol{\Omega}}+\boldsymbol{C}^{\mathrm{T}}\dot{\boldsymbol{\omega}})=\boldsymbol{K}_{\mathrm{e}}\boldsymbol{E} \tag{10.36}$$

式中，$\boldsymbol{K}_{\mathrm{e}}$ 为电磁系数。无外力矩作用时，航天器的角动量方程为

$$\dot{\boldsymbol{H}}=\boldsymbol{I}\dot{\boldsymbol{\omega}}+\boldsymbol{CJ}\dot{\boldsymbol{\Omega}}+\tilde{\boldsymbol{\omega}}\boldsymbol{H}=\boldsymbol{0} \tag{10.37}$$

将式（10.36）代入式（10.37），航天器的动量轮组电压控制方程为

$$\dot{\boldsymbol{\omega}}=-(\boldsymbol{I}-\boldsymbol{CJC}^{\mathrm{T}})^{-1}(\tilde{\boldsymbol{\omega}}\boldsymbol{H}+\boldsymbol{CK}_{\mathrm{e}}\boldsymbol{E}) \tag{10.38}$$

以上控制模型可用于动量轮组动量交换的姿态控制。

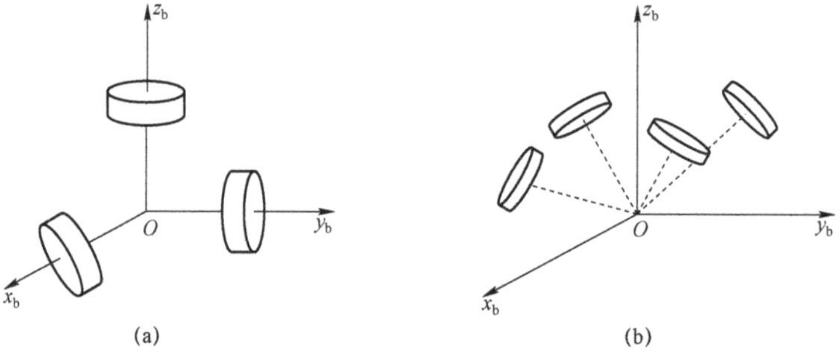

图 10.4　动量轮安装示意图推力器控制

（a）三正交安装；（b）V 形等倾角斜装

反作用飞轮由电机和固连于电机转子的轮框组成，假设其惯量为 $\boldsymbol{J}$，相对航天器本体的转速为 $\boldsymbol{\Omega}$，电流力矩系数为 $\boldsymbol{N}$，电机的电流为 i，则动量轮转动方程为

$$\boldsymbol{J}\dot{\boldsymbol{\Omega}}=\boldsymbol{N}i+\boldsymbol{M}_{\mathrm{f}} \tag{10.39}$$

式中，$\boldsymbol{N}i$ 为驱动力矩；$\boldsymbol{M}_{\mathrm{f}}$ 为摩擦力矩。

以俯仰轴的姿态控制为例，具体介绍基于动量轮的姿态控制系统设计方法。其姿态的动力学方程为

$$\boldsymbol{I}\ddot{\theta}=-\boldsymbol{N}i+\boldsymbol{M}_{\mathrm{f}}+\boldsymbol{T}_{\mathrm{d}} \tag{10.40}$$

式中，$\boldsymbol{T}_{\mathrm{d}}$ 为作用在航天器上的外界干扰力矩。将式（10.39）和式（10.40）联立，考虑无外力矩作用，则有

$$\boldsymbol{I}\ddot{\theta}+\boldsymbol{J}\dot{\boldsymbol{\Omega}}=\dot{\boldsymbol{H}}=\boldsymbol{0} \tag{10.41}$$

由式（10.41）可知，电机的作用是把航天器本体和动量轮的角动量重新分配，而不改变航天器的总角动量 H。若令电机电阻为 R，控制电压为 E，反电势系

数为 N。假设动量轮转速的正方向与俯仰转角正方向一致，则电机的电流方程可写为

$$i=\frac{1}{R}[E-N(\Omega-\dot{\theta})] \tag{10.42}$$

式（10.39）、式（10.40）和式（10.42）共同构成动量轮姿态控制系统的控制方程。

若 $\Omega \gg \dot{\theta}$，即动量轮转速远大于姿态变化速率，把动量轮的转速变量替换为角动量 $h=J\Omega$，则控制方程改写为

$$I\ddot{\theta}=-\dot{h}+T_{\mathrm{d}} \tag{10.43}$$

$$\dot{h}+\sigma h=\frac{N}{R}E+M_{\mathrm{f}} \tag{10.44}$$

式中，$\sigma=N^2/JR$，$1/\sigma$ 称为动量轮转速的时间常数，一般为数十秒。若动量轮的安装方向（正转速方向）与俯仰轴方向相反，则控制方程（10.43）中 $\dot{h}$ 的负号可以去掉。

在控制回路中，动量轮的控制模型有两种：力矩模式和转速模式。若令 T_{c} 为姿态控制回路所需的指令控制力矩，则动量轮力矩模式的传递回路如图 10.5 所示。飞轮力矩输出的传递函数为

$$\dot{h}=\frac{s}{s+\sigma}\left(\frac{NK}{R}T_{\mathrm{c}}\right) \tag{10.45}$$

式中，K 为控制增益。由于 $\sigma \ll 1$，此传递函数的零点和极点非常相近。力矩模式的力矩时间常数很小，有利于系统稳定，但动量轮摩擦力矩直接进入控制量 $\dot{h}$。

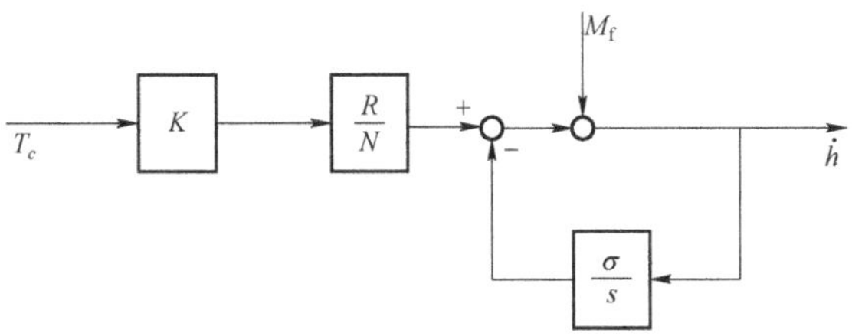

图 10.5　动量轮力矩模式的传递回路

除了力矩模式，还有一种模式为转速模式，是指将指令力矩 T_{c} 积分后再驱动飞轮，则测得飞轮转速后，形成飞轮角动量反馈。图 10.6 为动量轮转速模式的传递回路。飞轮力矩输出的传递函数为

$$\dot{h}=\frac{K'}{s+\sigma+\frac{NK'}{R}}\left(\frac{NK}{R}T_{\mathrm{c}}\right) \tag{10.46}$$

式中，NK'/R 近似为力矩输出的时间常数。时间常数较大时，其极点靠近原点，对控制回路的稳定性不利，但摩擦力矩对控制品质的影响较小。

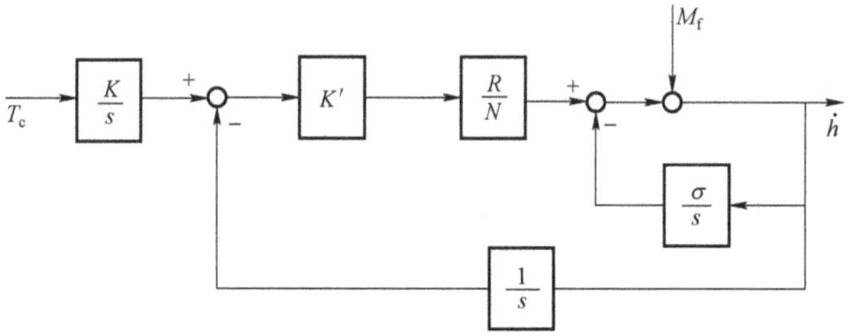

图 10.6 动量轮转速模式的传递回路

10.2.3 基于控制力矩陀螺的姿态控制策略

把恒角速旋转的轮子安装在可以相对于航天器本体转动的框架上，即框架角可以变化，那么就得到了动量矩的大小恒定不变而方向可变的飞轮，这种飞轮称为控制力矩陀螺。定常转速的动量飞轮、支承飞轮的框架和框架转动的伺服系统共同构成控制力矩陀螺。框架转动迫使动量飞轮的角动量改变方向，飞轮的角动量进动将产生陀螺反作用力矩，从而作用在框架基座上，该力矩大小为单位时间内角动量的变化率，沿角动量变化的负方向。与其他航天器姿态控制执行机构相比，控制力矩陀螺的优越性主要体现在：①控制力矩大，动态响应快；②输出力矩光滑，控制精度高；③力矩放大作用明显，能耗极低；④使用电能，寿命较长。基于上述控制力矩陀螺所特有的优点，控制力矩陀螺已经形成比较成熟的理论体系，并在已发射的空间站等大型航天器中得到大量的实践验证。不过控制力矩陀螺不可避免地存在以下缺点和局限性，制约了其在小卫星上的应用：①存在奇异问题，控制律设计困难；②机械结构相对复杂，容易出现故障。

根据支承飞轮的框架数目不同，控制力矩陀螺有单框力矩陀螺和双框力矩陀螺之分。单框力矩陀螺仅有一个框架，其框架转轴线通过飞轮质心，且与飞轮转轴始终垂直，飞轮角动量的进动限于框架轴的垂直平面内，如图 10.7 所示。由于单框力矩陀螺的角动量变化率限于单自由度，因此，实现三自由度姿态控制需要至少 3 个单框力矩陀螺。考虑到需要通过框架角动态构型来避免奇异，所以实际应用中需至少配置 4 个单框力矩陀螺组成冗余的单框控制力矩陀螺群。双平行构型、三平行构型、金字塔构型、四棱锥构型和五棱锥构型等是典型的单框控制力矩陀螺群构型。

单框力矩陀螺以正交方式架在单轴框架上，框架可绕基座相对转动，框架轴与动量轴垂直。这种结构可提供一个控制自由度，若令框架转角为 δ，框架转动 $\dot{\delta}$ 引起的陀螺输出力矩 $\boldsymbol{T}_{\mathrm{o}}$ 为

$$\boldsymbol{T}_o = -(\dot{\delta}\boldsymbol{g})\times(h\boldsymbol{W}) = -\dot{\delta}h\boldsymbol{t} \qquad (10.47)$$

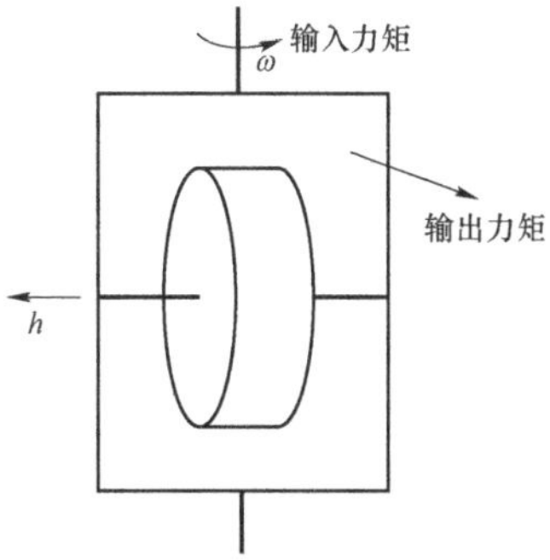

图 10.7　单框力矩陀螺示意图

若将框架转动的动态过程略去，驱动框架转动的输入力矩 $\boldsymbol{T}_{\mathrm{i}}$ 仅需克服航天器本体转动引起的陀螺反作用力矩在框架轴的分量，则有

$$\boldsymbol{T}_{\mathrm{i}} = -[(\boldsymbol{\omega}\times\boldsymbol{h})\boldsymbol{g}]\boldsymbol{g} = h = h(\boldsymbol{t\omega})\boldsymbol{g} \qquad (10.48)$$

此外对于控制系统而言，输出力矩与输入力矩之比为力矩陀螺的力矩放大倍数，则有

$$\boldsymbol{T}_{\mathrm{o}} / \boldsymbol{T}_{\mathrm{i}} = \dot{\delta} / \omega \qquad (10.49)$$

此力矩放大倍数不受框架力矩器能力的限制。航天器本体与陀螺框架转速相差甚大，且航天器本体惯量远大于陀螺框架惯量，因而力矩放大倍数很大，可达千倍，这是单框力矩陀螺的最大优点。

在基座坐标系中，陀螺角动量及其变化率分别为

$$(\boldsymbol{h})_{\mathrm{s}} = \begin{bmatrix} 0 \\ h\cos\delta \\ h\sin\delta \end{bmatrix}, (\dot{\boldsymbol{h}})_{\mathrm{s}} = \begin{bmatrix} 0 \\ -\dot{\delta}h\cos\delta \\ -\dot{\delta}h\sin\delta \end{bmatrix} \qquad (10.50)$$

若按陀螺群的构型和每个陀螺框架轴的方向布置，确定第 i 个陀螺基座的安装矩阵为 $\boldsymbol{M}_i$（ $i=1,2,\cdots,n$ ），陀螺群在航天器本体坐标系中的角动量表示为

$$\boldsymbol{H} = \sum_{i=1}^{n} \boldsymbol{M}_i^{\mathrm{T}} (\boldsymbol{h}_i)_{\mathrm{s}} = \boldsymbol{F}(\boldsymbol{\delta}) \qquad (10.51)$$

式中，n 为陀螺总数；$\boldsymbol{\delta} = [\delta_1, \delta_2, \cdots, \delta_n]^{\mathrm{T}}$ 为框架角矢量。安装矩阵 $\boldsymbol{M}_{\mathrm{i}}$ 为常矩阵，单个陀螺在航天器本体坐标中角动量的一般形式为

$$\boldsymbol{h}_{\mathrm{i}} = \begin{bmatrix} a_{1\mathrm{i}}\sin\delta_{\mathrm{i}} + b_{1\mathrm{i}}\cos\delta_{\mathrm{i}} \\ a_{2\mathrm{i}}\sin\delta_{\mathrm{i}} + b_{2\mathrm{i}}\cos\delta_{\mathrm{i}} \\ a_{3\mathrm{i}}\sin\delta_{\mathrm{i}} + b_{3\mathrm{i}}\cos\delta_{\mathrm{i}} \end{bmatrix} h \qquad (10.52)$$

因此，陀螺群的总角动量为

$$\boldsymbol{H} = h(\boldsymbol{A}\sin\boldsymbol{\delta} + \boldsymbol{B}\cos\boldsymbol{\delta})\boldsymbol{E} \tag{10.53}$$

式中，$\boldsymbol{A}$，$\boldsymbol{B}$ 为安装矩阵，仅与单框控制力矩陀螺群的构型有关。矩阵 $\boldsymbol{A}$ 和矩阵 $\boldsymbol{B}$ 的第 i 列矢量分别表示框架角为 90° 和 0° 时第 i 个陀螺角动量的单位矢量，而 $\sin\boldsymbol{\delta} = \mathrm{diag}[\sin\delta_1, \sin\delta_2, \cdots, \sin\delta_n]$，$\cos\boldsymbol{\delta} = \mathrm{diag}[\cos\delta_1, \cos\delta_2, \cdots, \cos\delta_n]$ 分别表示框架角的正、余弦矩阵。若式（10.53）对时间求导数，则单框控制力矩陀螺群产生的控制力矩可表示为

$$\boldsymbol{T} = \dot{\boldsymbol{H}} = \boldsymbol{C}(\boldsymbol{\delta})\dot{\boldsymbol{\delta}}h \tag{10.54}$$

式中，$\boldsymbol{C}(\boldsymbol{\delta})$ 为雅可比矩阵，即单框控制力矩陀螺群的力矩矩阵，形式为

$$\boldsymbol{C}(\boldsymbol{\delta}) = \boldsymbol{A}\cos\boldsymbol{\delta} - \boldsymbol{B}\sin\boldsymbol{\delta} \tag{10.55}$$

式（10.54）即为单框控制力矩陀螺群的力矩方程。

双框力矩陀螺具有转轴轴线相互垂直的内、外两个框架，其框架通过飞轮的质心。飞轮角动量的进动不限于某个平面，内、外框架可带动飞轮产生两自由度的陀螺力矩，角动量做两自由度进动，因此，仅需两个双框力矩陀螺就可实现三自由度姿态控制，这是双框力矩陀螺的主要优点。但双框力矩陀螺的缺点是力矩输出受到较大限制，以内框转动为例，如果飞轮角动量与外框轴垂直，内框转动产生的陀螺力矩会沿外框轴输出，这时外框伺服系统必须施加控制迫使外框不转动，才能将该陀螺力矩传递到航天器本体。同样，外框转动产生的陀螺力矩沿内框轴，由内框轴伺服系统将其锁定，该力矩才能通过框架传递到航天器本体。在实际应用方面，相比单框力矩陀螺而言，双框力矩陀螺结构复杂，容易出现故障。

10.3 航天器姿态控制系统的应用

姿态控制系统的基本类型包括自旋稳定系统、三轴主动控制系统、被动式重力梯度控制系统三种。

自旋稳定系统具有简单、成本低、可靠性高、寿命长等优点。自旋航天器对外扰动力矩具有固有的抵抗能力，整个航天器利用自旋保持固定的惯性姿态，并利用陀螺的稳定性实现横轴稳定，但自旋航天器存在章动及进动动力学问题。敏感器图像仅限于由自旋运动所获得的扫描线，而卫星只有自旋轴对固定参考系定向，且本体角动量较大，故机动性较差。自旋控制的一个变种是双自旋控制，这种系统的主要优点是可以获得具有扫描及指向能力的固定惯性定

向。双自旋控制的航天器仅有有效载荷部分（平台）是消旋的，其主体与纯自旋体一样自旋。平台相对于自旋轴自主定向，因此从平台上可连续观测地球。同时，由于在平台上能量耗散，航天器绕纵轴自旋是可能的。绕横轴的动量稳定类似于纯自旋控制系统，而进动控制则通常需要地面辅助。但是，在自旋体上安装的太阳电池阵利用率低，限制了它的发展。此外，对质量分布不平衡以及章动动力学的敏感性也增加了这种系统的复杂性及成本。

三轴主动控制系统的主要优点是指向精度高，其指向精度仅受测量分系统精度的限制，适用于各种不同的姿态机动以及精确定向等飞行任务。三轴主动控制系统航天器的主要部分是消旋的，有效载荷安装在主体上，其姿态是靠质量排出分系统（喷气推力器）或反作用飞轮控制的。三轴主动控制系统的缺点是当反作用飞轮转速达到极限值时，需要进行角动量卸载。而且系统硬件价格较高，所需要质量（如推进剂）及功耗较大。此外，三轴主动控制系统通常还要求采用复杂的推力矢量控制手段及广泛的故障检测逻辑。

10.3.1 航天器姿态稳定

通常情况下，当航天器本体稳定在空间基准坐标中，即固连于主体的 3 条正交本体坐标轴分别与空间基准坐标轴保持平行时，称为航天器的姿态稳定。角动量交换是航天器三轴姿态稳定通常采用的控制方式，即在航天器主体内装配动量装置，通过调节动量轮转速控制航天器主体的转动，故航天器的角动量 $\boldsymbol{H}_{\mathrm{s}}$ 由两部分组成：

$$\boldsymbol{H}_{\mathrm{s}} = \boldsymbol{H} + \boldsymbol{h} \tag{10.56}$$

式中，$\boldsymbol{h}$ 为动量轮转动部件相对航天器的角动量；$\boldsymbol{H}$ 为动量轮转动部件处在“冻结”状态下航天器本体的角动量。

若令 $\boldsymbol{I}$ 为航天器本体的惯量矩阵（包含“冻结”状态的动量装置），航天器本体角动量即为 $\boldsymbol{H} = \boldsymbol{I\omega}$，带动量装置的航天器姿态动力学方程为

$$\boldsymbol{I\dot{\omega}} + \boldsymbol{\tilde{\omega}}(\boldsymbol{I\omega} + \boldsymbol{h}) = -\boldsymbol{\dot{h}} + \boldsymbol{T} \tag{10.57}$$

式中，$\boldsymbol{\tilde{\omega}}(\boldsymbol{I\omega} + \boldsymbol{h})$ 为陀螺力矩；$\boldsymbol{h}$ 为动量装置对航天器本体的控制力矩；$\boldsymbol{T}$ 为外力矩。取航天器 3 个主惯量轴为本体坐标系三轴，惯量矩阵为对角矩阵，$\boldsymbol{I} = \mathrm{diag}[I_x, I_y, I_z]$，动量装置的合成角动量沿本体坐标轴方向的分量为 h_x，h_y 和 h_z，式（10.57）可展开为

$$\begin{cases} I_x\dot{\omega}_x + (I_z - I_y)\omega_y\omega_z = -\dot{h}_x + h_y\omega_z - h_z\omega_y + T_x \\ I_y\dot{\omega}_y + (I_x - I_z)\omega_z\omega_x = -\dot{h}_y + h_z\omega_x - h_x\omega_z + T_y \\ I_z\dot{\omega}_z + (I_y - I_x)\omega_x\omega_y = -\dot{h}_z + h_x\omega_y - h_y\omega_x + T_z \end{cases} \tag{10.58}$$

式中，T_x，T_y 和 T_z 为作用在航天器本体上的外力矩。

用滚动角 φ、俯仰角 θ 和偏航角 ψ 表示航天器在轨道坐标系中的姿态，在三轴姿态稳定控制问题中，这些角度均为小量。航天器本体坐标系 $O-x_\text{b}y_\text{b}z_\text{b}$ 与轨道坐标系 $O-x_\text{o}y_\text{o}z_\text{o}$ 之间的姿态矩阵为

$$\boldsymbol{A}=\begin{bmatrix} 1 & \psi & -\theta \\ -\psi & 1 & \varphi \\ \theta & -\varphi & 1 \end{bmatrix} \tag{10.59}$$

航天器相对于轨道坐标的转速为 $\dot{\varphi}$，$\dot{\theta}$ 和 $\dot{\psi}$，轨道坐标系在空间中的转速为 $[0,-\omega_\text{o},0]$。因此，航天器在空间中的转速 $\boldsymbol{\omega}$ 在航天器本体坐标系中可表示为

$$\boldsymbol{\omega}=\begin{bmatrix} \omega_x \\ \omega_y \\ \omega_z \end{bmatrix}=\begin{bmatrix} \dot{\varphi}-\omega_\text{o}\psi \\ \dot{\theta}-\omega_\text{o} \\ \dot{\psi}+\omega_\text{o}\varphi \end{bmatrix} \tag{10.60}$$

将式（10.60）代入式（10.58），可得由姿态角表示的航天器姿态动力学方程为

$$\begin{cases} I_x\ddot{\varphi}+\left[(I_z-I_y)\omega_\text{o}^2-\omega_\text{o}h_y\right]\varphi+[(I_y-I_z-I_x)\omega_\text{o}-h_y]\dot{\psi}=-\dot{h}_x+\omega_\text{o}h_z+T_x \\ I_y\ddot{\theta}+h_x(\dot{\psi}+\omega_\text{o}\varphi)-h_z(\dot{\varphi}+\omega_\text{o}\psi)=-\dot{h}_y+T_y \\ I_z\ddot{\psi}+\left[(I_y-I_x)\omega_\text{o}^2-\omega_\text{o}h_y\right]\psi-[(I_y-I_z-I_x)\omega_\text{o}-h_y]\dot{\varphi}=-\dot{h}_z+\omega_\text{o}h_x+T_z \end{cases} \tag{10.61}$$

可以看出，三轴稳定航天器姿态运动的特性与动量装置给出的角动量及其沿三轴方向的分布有关。在此类系统中，如 h_x，h_y 和 h_z 的量级相同，并且与 $I_x\omega_\text{o}$，$I_y\omega_\text{o}$ 和 $I_z\omega_\text{o}$ 的量级相近，则航天器不具有陀螺定轴性，称为零动量系统。若航天器动量装置的角动量分布特性为

$$\begin{cases} |h_y|\gg\max\{I_x\omega_\text{o},I_y\omega_\text{o},I_z\omega_\text{o}\} \\ |h_y|\gg(|h_x|,|h_z|) \end{cases} \tag{10.62}$$

则航天器具有陀螺定轴性，称为偏置动量系统。

与其他飞行器不同，受重力梯度力矩的作用是航天器姿态的固有特性。这是由于航天器各部分质量受到的地球中心引力不同，其合力并不总是通过质心，而是与航天器姿态有关，形成外力矩。当航天器主体坐标相对轨道坐标的姿态 φ，θ 和 ψ 为小角度时，重力梯度力矩在本体轴的分量为

$$\begin{cases} T_{gx}\approx-3\omega_\text{o}^2(I_y-I_z)\varphi \\ T_{gy}\approx-3\omega_\text{o}^2(I_x-I_z)\theta \\ T_{gz}\approx 0 \end{cases} \tag{10.63}$$

式（10.61）和式（10.63）构成对地定向三轴稳定航天器的姿态动力学方程。

若 $\boldsymbol{h}=\boldsymbol{0}$，即三轴稳定航天器不含角动量部件，则式（10.61）和式（10.63）

构成的姿态动力学方程为

$$\begin{cases} I_x\ddot{\varphi}+4\omega_o^2(I_y-I_z)\varphi+\omega_o J\dot{\psi}=0 \\ I_y\ddot{\theta}+3\omega_o^2(I_x-I_z)\theta=0 \\ I_z\ddot{\psi}+\omega_o^2(I_y-I_x)\psi-\omega_o J\dot{\varphi}=0 \end{cases} \tag{10.64}$$

式中，$J=I_y-I_z-I_x$。俯仰稳定的必要和充分条件为

$$I_x \geqslant I_y \tag{10.65}$$

即要求重力梯度产生的俯仰恢复力矩为正。俯仰自由运动的自振频率为

$$\lambda_y=\left[\frac{3\omega_o^2(I_x-I_z)}{I_y}\right]^{\frac{1}{2}} \tag{10.66}$$

由式（10.64）可得滚动—偏航自由运动的特征方程为

$$a_0 s^4+a_1 s^2+a_2=0 \tag{10.67}$$

式中

$$a_0=I_x I_z$$
$$a_1=\omega_o^2[J^2+I_x(I_y-I_x)+4I_z(I_x-I_z)]$$
$$a_2=4\omega_o^4(I_y-I_z)(I_y-I_x)$$

由劳茨判据，稳定性的必要和充分条件为

$$a_1 \geqslant 0, a_2 \geqslant 0, a_1^2-4a_2 \geqslant 0 \tag{10.68}$$

由俯仰稳定条件式（10.65）和条件 $a_2 \geqslant 0$，得三轴姿态稳定的充分条件为

$$I_x \geqslant I_y \geqslant I_z \tag{10.69}$$

由此可以得到对地定向三轴稳定航天器的理想构型：俯仰轴为最大惯量轴且垂直轨道平面；偏航轴为最小惯量轴且沿地心垂线方向；滚动轴为中间惯量轴。此构型可视为绕最大主惯量轴且自旋速率为轨道角速度旋转的自旋航天器。

如果航天器本体仅含有俯仰轴方向角动量部件，即 $\boldsymbol{h}=h\boldsymbol{y}_b$，在重力梯度力矩方程（10.63）作用下，姿态动力学方程（10.61）可简化为

$$\begin{cases} I_x\ddot{\varphi}+\omega_o[4\omega_o(I_y-I_z)-h]\varphi+(\omega_o J-h)\dot{\psi}=0 \\ I_y\ddot{\theta}+3\omega_o^2(I_x-I_z)\theta=0 \\ I_z\ddot{\psi}+\omega_o[\omega_o(I_y-I_x)-h]\psi-(\omega_o J-h)\dot{\varphi}=0 \end{cases} \tag{10.70}$$

滚动—偏航的特征方程与式（10.67）等同，但其系数为

$$a_0=I_x I_z$$
$$a_1=(\omega_o J-h)^2+\omega_o I_x[\omega_o(I_y-I_x)-h]+\omega_o I_z[4\omega_o(I_y-I_z)-h]$$

$$a_2 = \omega_o^2[4\omega_o(I_y - I_z) - h][\omega_o(I_y - I_x) - h]$$

姿态稳定的充分条件为

$$\begin{cases} 4\omega_o(I_y - I_z) - h \geqslant 0 \\ \omega_o(I_y - I_x) - h \geqslant 0 \end{cases} \tag{10.71}$$

与式（10.69）相比，由于航天器本体动量部件的角动量沿俯仰轴方向，为建立姿态的固有稳定性，所以其惯量分布可有较大自由度。

10.3.2 三轴稳定航天器姿态机动

在大角度姿态机动过程中，如果相对参考天体的姿态矢量敏感器不能恒定地进行观测，只能应用速率陀螺测量航天器本体绕各轴的转速，通过运动学方程求解航天器的姿态参数，同时速率陀螺也是控制姿态机动的敏感器。因此，大角度姿态机动过程中采用姿态四元数描述最为合适。姿态四元数为将参考坐标转至姿态航天器本体坐标的欧拉轴/角转动 4 个参数，因此，也可称为坐标系之间的姿态机动四元素。

若令当前姿态四元数为 $\boldsymbol{q}$，目标姿态四元数为 $\boldsymbol{q}''$，按代数四元数的乘法顺序和乘法规则，向目标姿态运动的姿态机动四元数 $\boldsymbol{q}'$ 为

$$\boldsymbol{q}' = \boldsymbol{q}^{-1}\boldsymbol{q}'' = \begin{bmatrix} -q_4'' & q_3'' & -q_2'' & q_1'' \\ q_3'' & -q_4'' & -q_1'' & q_2'' \\ -q_2'' & q_1'' & -q_4'' & q_3'' \\ q_1'' & q_2'' & q_3'' & q_4'' \end{bmatrix} \begin{bmatrix} q_1 \\ q_2 \\ q_3 \\ q_4 \end{bmatrix} \tag{10.72}$$

式中，$\boldsymbol{q}'$ 也可视为目标姿态相对于当前姿态航天器本体坐标的四元数。令目标姿态为参考坐标，更便于姿态机动控制律的设计，即描述目标姿态的四元数为

$$\boldsymbol{q}'' = [0 \quad 0 \quad 0 \quad 1]^{\mathrm{T}} \tag{10.73}$$

代入式（10.72），可得 $\boldsymbol{q}' = \boldsymbol{q}^{-1}$，这与现姿态被定义在目标姿态坐标的结果一致，即姿态机动四元数为当前姿态四元数的逆。在工程实践中，目标姿态以几何方式给出，当前姿态由姿态敏感器测得，两者的初始描述均为姿态矩阵 $\boldsymbol{A}''$ 和 $\boldsymbol{A}$。由此可确定姿态机动的转换矩阵 $\boldsymbol{A}'$ 为

$$\boldsymbol{A}' = \boldsymbol{A}''\boldsymbol{A}^{-1} \tag{10.74}$$

以及与姿态矩阵 $\boldsymbol{A}'$ 相对应的姿态机动四元数 $\boldsymbol{q}'$。按定义式（10.73），当前姿态的四元数则为此 $\boldsymbol{q}'$ 的逆。

根据四元数运动方程，在姿态机动过程中，由姿态转速可得姿态四元数，两者定义在同一坐标系。如对定义在相对轨道坐标的目标姿态进行姿态机动，则由速率陀螺测量值 ω_{xg}，ω_{yg}，ω_{zg} 解算姿态四元数（相对轨道坐标系）的运

动方程为

$$\begin{bmatrix} \dot{q}_1 \\ \dot{q}_2 \\ \dot{q}_3 \\ \dot{q}_4 \end{bmatrix} = \begin{bmatrix} q_4 & -q_3 & q_2 \\ q_3 & q_4 & -q_1 \\ -q_2 & q_1 & q_4 \\ -q_1 & -q_2 & -q_3 \end{bmatrix} \begin{bmatrix} \omega_{xg} - \omega_{ox} \\ \omega_{yg} - \omega_{oy} \\ \omega_{zg} - \omega_{oz} \end{bmatrix} \tag{10.75}$$

式中，ω_{ox}，ω_{oy}，ω_{oz} 为轨道坐标相对空间的转速在航天器本体坐标的分量。如果式（10.75）四元素 $\boldsymbol{q}$ 为当前姿态相对目标姿态的四元数，目标姿态矩阵在轨道坐标中定为 $\boldsymbol{A}''$，则轨道转速分量可表示为

$$\begin{bmatrix} \omega_{ox} \\ \omega_{oy} \\ \omega_{oz} \end{bmatrix} = \boldsymbol{A}(\boldsymbol{q})\boldsymbol{A}'' \begin{bmatrix} 0 \\ -\omega_o \\ 0 \end{bmatrix} \tag{10.76}$$

式中，$\boldsymbol{A}(\boldsymbol{q})$ 为以当前姿态四元数 $\boldsymbol{q}$ 得出的姿态矩阵。

理想的机动方式是欧拉轴/角机动，控制航天器绕欧拉轴 $\boldsymbol{e}$：

$$\boldsymbol{e} \| -q_1\boldsymbol{x}_b - q_2\boldsymbol{y}_b - q_3\boldsymbol{z}_b \tag{10.77}$$

转过欧拉角 φ：

$$\varphi = 2\arccos q_4 \tag{10.78}$$

建立航天器本体转速控制回路，令三轴的转速指令为

$$\begin{bmatrix} \omega_{xc} \\ \omega_{yc} \\ \omega_{zc} \end{bmatrix} = \begin{bmatrix} -Kq_4q_1 + \omega_{ox} \\ -Kq_4q_2 + \omega_{oy} \\ -Kq_4q_3 + \omega_{oz} \end{bmatrix} \tag{10.79}$$

式中，K 为正数。将式（10.79）代入式（10.75），可得姿态机动过程的四元数方程为

$$\begin{cases} \dot{q}_1 = -\dfrac{1}{2}Kq_4^2q_1 \\ \dot{q}_2 = -\dfrac{1}{2}Kq_4^2q_2 \\ \dot{q}_3 = -\dfrac{1}{2}Kq_4^2q_3 \\ \dot{q}_4 = \dfrac{K}{2}(q_1^2 + q_2^2 + q_3^2)q_4 \end{cases} \tag{10.80}$$

姿态四元数收敛至 $\boldsymbol{q} = [0 \quad 0 \quad 0 \quad 1]^{\mathrm{T}}$，与目标姿态重合。

在航天器本体动力学中，简单的转速控制回路不能实现欧拉轴/角机动，因为航天器本体三轴惯量不等，并有惯量积，姿态机动会引起陀螺力矩 $-\boldsymbol{\omega I} \times \boldsymbol{\omega}$。采用姿态四元数和转速联合反馈的力矩控制，可实现大角度机动的稳定收敛。

若令零动量航天器姿态动力学方程为

$$I\dot{\omega}=\tilde{\omega}I\omega+T \tag{10.81}$$

式中，惯量矩阵 $\boldsymbol{I}$ 仅含主惯量，控制力矩 $\boldsymbol{T}$ 正比于姿态四元数的欧拉轴方向元素 $\boldsymbol{q}_\mathrm{e}=[q_1\quad q_2\quad q_3]^\mathrm{T}$ 和姿态速率 $\boldsymbol{\omega}$ 的负反馈，即令

$$T=-Kq_\mathrm{e}-D\omega \tag{10.82}$$

式中，$\boldsymbol{K}$ 为标量系数；$\boldsymbol{D}$ 为标量系数对角矩阵。可利用李雅普诺夫函数法验证此控制律的渐近稳定性。若令李雅普诺夫函数为

$$V=\frac{1}{2}\sum_{i=x,y,z}I_i\omega_i^2+\frac{1}{2}K\left[\sum_{j=1}^{3}q_j^2+(q_4-1)^2\right] \tag{10.83}$$

其导数为

$$\dot{V}=\sum_{i=x,y,z}I_i\omega_i\dot{\omega}_i+K\left[\sum_{j=1}^{4}q_j\dot{q}_j-\dot{q}_4\right] \tag{10.84}$$

根据式（10.75），有

$$\sum_{j=1}^{4}q_j\dot{q}_j=0 \tag{10.85}$$

$$\dot{q}_4=-(q_1\omega_x+q_2\omega_y+q_3\omega_z) \tag{10.86}$$

将控制律式（10.82）代入动力学方程（10.81），再将转速状态 $I_i\dot{\omega}_i$ 代入式（10.84），可得

$$\dot{V}=-\sum_{i=x,y,z}D_i\dot{\omega}_i^2 \tag{10.87}$$

要使李雅普诺夫函数趋向于零值，其充分条件即为 $\boldsymbol{\omega}$，$\boldsymbol{q}_\mathrm{e}$ 趋向零，q_4 趋向 1。

实现欧拉轴/角机动的基本条件是降低机动转速，忽略陀螺力矩的影响，或在控制力矩中包含陀螺力矩的补偿项 $\tilde{\boldsymbol{\omega}}\boldsymbol{I}\boldsymbol{\omega}$。在此情况下，如航天器本体初始转速为零，则控制力矩的作用方向不是沿欧拉轴 $\boldsymbol{q}_\mathrm{e}$ 方向，而应沿 $\boldsymbol{I}\boldsymbol{q}_\mathrm{e}$ 方向。令控制力矩为

$$T=-kIq_\mathrm{e}-dI\omega \tag{10.88}$$

式中，k，d 为标量系数。将式（10.88）代入式（10.81），可得动力学方程：

$$\dot{\omega}=-d\omega-kq_\mathrm{e} \tag{10.89}$$

四元数方程式（10.75）可分解为两部分：

$$\dot{q}_\mathrm{e}=\frac{1}{2}\tilde{\omega}q_\mathrm{e}+\frac{1}{2}q_4\omega \tag{10.90}$$

$$\dot{q}_4=-\frac{1}{2}\omega^\mathrm{T}q_\mathrm{e} \tag{10.91}$$

初始条件为 $\boldsymbol{q}_e(0)$， $q_4(0)$ 和 $\boldsymbol{\omega}(0)$ 等于零。如航天器本体绕欧拉轴 $\boldsymbol{q}_e$ 转动，则转动过程中 $\boldsymbol{q}_e$ 不变，即 $\boldsymbol{q}_e(t)$ 总是平行于 $\boldsymbol{q}_e(0)$，可写为

$$\boldsymbol{q}_e(t) = C(t)\boldsymbol{q}_e(0) \tag{10.92}$$

式中，$C(t)$ 为标量系数。因 $\boldsymbol{\omega}(0)=0$ 且 d，k 为标量系数，式（10.89）的解 $\boldsymbol{\omega}(t)$ 必平行于 $\boldsymbol{q}_e(0)$，可写为

$$\boldsymbol{\omega}(t) = C'(t)\boldsymbol{q}(0) \tag{10.93}$$

式中，$C'(t)$ 为标量系数。由此可知，式（10.90）右端第一项恒为零，航天器本体保持绕轴向 $\boldsymbol{q}_e(0)$ 机动，转速 $\boldsymbol{\omega}(t)$ 与此同向。

参考文献

[1] 章仁为. 卫星轨道姿态动力学与控制［M］. 北京：北京航空航天大学出版社，1998.

[2] 屠善澄. 卫星姿态动力学与控制［M］. 北京：中国宇航出版社，2001.

[3] 西蒙. 最优状态估计：卡尔曼，H_∞及非线性滤波［M］. 张勇刚，李宁，奔粤阳，译. 北京：国防工业出版社，2013.

[4] 李立涛，荣思远. 航天器姿态动力学与控制［M］. 哈尔滨：哈尔滨工业大学出版社，2019.

思考题

1. 思考不同姿态确定方式对姿态敏感器的要求。
2. 对比各类姿态控制方式的性能优劣。
3. 分析比较各种环境执行机构适用的航天器和轨道高度。